钱广荣伦理学著作集　第六卷

道德建设论

DAODE JIANSHE LUN

钱广荣　著

安徽师范大学出版社

ANHUI NORMAL UNIVERSITY PRESS

·芜湖·

图书在版编目(CIP)数据

道德建设论 / 钱广荣著.— 芜湖:安徽师范大学出版社,2023.1(2024.5重印)
(钱广荣伦理学著作集;第六卷)
ISBN 978-7-5676-5794-6

Ⅰ.①道… Ⅱ.①钱… Ⅲ.①道德建设—中国—文集 Ⅳ.①B82-53

中国版本图书馆CIP数据核字(2022)第217848号

道德建设论　　　　　　　　　　钱广荣◎著

责任编辑:郭行洲　　　　　　责任校对:吴毛顺
装帧设计:张德宝　汤彬彬　　责任印制:桑国磊
出版发行:安徽师范大学出版社
　　　　　芜湖市北京东路1号安徽师范大学赭山校区
网　　　址:http://www.ahnupress.com/
发 行 部:0553-3883578　5910327　5910310(传真)
印　　刷:江苏凤凰数码印务有限公司
版　　次:2023年1月第1版
印　　次:2024年5月第3次印刷
规　　格:700 mm×1000 mm　1/16
印　　张:27.25　　插　页:2
字　　数:458千字
书　　号:ISBN 978-7-5676-5794-6
定　　价:168.00元

凡发现图书有质量问题,请与我社联系(联系电话:0553-5910315)

出版前言

钱广荣，生于 1945 年，安徽巢湖人，安徽师范大学马克思主义学院教授、博士生导师，"全国百名优秀德育工作者"，国家级精品课程"马克思主义伦理学"课程负责人。在安徽师范大学曾先后任政教系辅导员、德育教研部主任、经济法政学院院长、安徽省高校人文社会科学重点研究基地安徽师范大学马克思主义研究中心主任。出版学术专著《中国道德国情论纲》《中国道德建设通论》《中国伦理学引论》《道德悖论现象研究》《思想政治教育学科建设论丛》等 8 部，主编通用教材 12 部，在《哲学研究》《道德与文明》等刊物发表学术论文 200 余篇。

钱广荣先生是国内知名的伦理学研究专家。为了系统整理、全面展现钱先生在伦理学和思想政治教育领域的主要学术成果，我社在安徽师范大学及马克思主义学院的大力支持下，将钱先生的著作、论文合成《钱广荣伦理学著作集》。钱先生的这些学术成果在学界均具有广泛而持久的影响，本次结集出版，对促进我国伦理学和思想政治教育学科建设与人才培养具有重要意义。

《钱广荣伦理学著作集》共十卷本：第一卷《伦理学原理》，第二卷《伦理应用论》，第三卷《道德国情论》，第四卷《道德矛盾论》，第五卷《道德智慧论》，第六卷《道德建设论》，第七卷《道德教育论》，第八卷《学科范式论》，第九卷《伦理沉思录 上》，第十卷《伦理沉思录 下》。这次结集出版，年事已高的钱先生对部分内容又作了修订。

由于本次收录的著作、论文大多已经公开出版或者发表，在编辑过程中，我们尽量遵从作品原貌，这也是对在学术田野上辛勤劳作近五十年的钱先生的尊重。由于编辑学养等方面的原因，文集难免有文字讹错之处，敬请方家批评指出，以便今后修订重印时改正。

安徽师范大学出版社

二〇二二年十月

总　序

一

　　第一次见到钱老师，是在我大学二年级的人生哲理课上。老师说，从这一年开始，他将在他的教学班推选一名课代表。这个想法说出来之后，几乎所有的学生都把头低了下去，教室里鸦雀无声。我偷偷地抬起头来，看到大家这样的状态，心里有些窃喜，因为我真的很想当这个课代表，只是不好意思一开始就主动说出来，于是我小声地跟坐在身边的班长说："我想当课代表。"没想到班长仿佛抓到了救命稻草一样，迅速站起来，指着我大声地说："他想当课代表！"课间休息时，我找到老师，一股脑儿把自己内心长期以来积累的思想上的小障碍"倾倒"给老师，期望他一下子能帮助我解决所有的问题，而这正是我主动要当课代表的初衷。老师和蔼地说："你的问题确实不少，可这不是一下子能解决的。这样吧，我有一个资料室，课后你跟我一起过去看看，我给你一项特权，每次可以从资料室借两本书带回去看，看完后再来换。你一边看书，我们一边交流，渐渐地你的这些问题就会解决了。"从此，我跟着老师的脚步，一步一步地走进了思想政治教育的领域，毕业后幸运地留在了老师的身边，成为思想政治教育战线上的一员。

　　转眼之间，我已经工作了三十年，从一个充满活力的青年小伙变成了一个头发灰白的小老头，本可以继续享用老师的恩泽，在思想政治教育领域徜徉，不料老师却在一次外出讲学时罹患脑梗，聆听老师充满激情的教诲的机会戛然而止，我们这些弟子义不容辞地承担起老师手头正在整理文稿的工作。

老师说："你把序言写一下吧，就你写合适。"我看着老师鼓励的眼神，掂量着自己的分量，尤其想到多年来，在思想政治教育领域学习、实践、深造，每一步都得益于老师的指点和影响，尽管我自己觉得，像文集这样的巨著，我来作序是不合适的，但从一个弟子的视角来表达对老师的尊重和挚爱，归纳自己对老师学术贡献的理解，不也有特殊的价值吗？更何况，这些年，我也确实见证了老师在学术领域走出的坚实步伐，留下的清晰印迹。于是，我坚定地点点头说："好，老师，我试一试。"

二

老师生于1945年的巢湖农村，"文革"前考入当时的合肥师范学院，毕业后在安徽师范大学工作。老师开始时从事行政管理工作，先后做过辅导员、团总支书记。1982年，学校在校党委宣传部下设立了思想政治教育教研室，老师是这个教研室最早的成员之一。后来随着教研室的调整升级，老师担任德育教研部主任。从原来的科级单位建制，3个成员，到处级建制的德育教研部，成员最多时达到13人，在老师的带领下，德育教研部成为一个和谐、快乐的战斗集体，为全校学生教授"大学生思想道德修养""人生哲理""法律基础""教师伦理学"四门公共课。老师一直是全省高校《大学生思想道德修养》教材的主编，在教师伦理学领域同样颇有建树，是当时安徽省伦理学学会第五届、第六届副会长。

受当时大环境的影响，老师从事科研工作是比较晚的，但是因为深知思想政治教育教学的不易，所以老师要求每一位来到德育教研部的新教师"首先要站稳讲台"。我清晰地记得，当我去德育教研部向老师报到的时候，老师就很和蔼地告诉我，为了讲好课，我得先到中文系去做辅导员。

我当时并不理解，自己是来当教师的，为什么要去做辅导员工作呢？老师说："如果你想讲好思想政治理论课，就必须去一线做一次辅导员，因为只有这样才能深入了解和认识教育对象。"老师亲自将我送回我毕业的中文系，中文系时任副书记胡亏生老师安排我担任93级汉语言文学专业60名学生的辅导员。正是因为有了这样的经历，我从此与学生结下了不解之缘，这不仅涵养了我的师生情怀，还培育了我的师德和师魂。

用老师自己的话说，他是逐步意识到科研对于教学的价值的。我最初看到的老师的作品是1991年发表在《道德与文明》第1期上的《"私"辨——兼谈"自私"不是人的本性》这篇文章。后来读到的早期作品印象比较深刻的是老师主编的《德育主体论》和独著的《学会自尊》，现在都通过整理收录在文集中。和所有的学者一样，老师从事科研也是慢慢起步的，后来的不断拓展和丰富都源于多年的教学实践。教学实践中遇到的问题逐步启发了老师的问题意识，从而铸就了他"崇尚'问题教学'和'问题研究'的心志和信仰"。与一般学者不同的是，老师从事科研后就没有停下过脚步，做科研不是为了职称评审而敷衍了事，而是为了把工作做得更好，不断深入和拓展研究的领域，直至不得不停下手中的笔。老师的收官之作是发表在国内一流期刊《思想理论教育导刊》2019年第2期上的《"以学生为本"还是"以育人为本"——澄明新时代高校思想政治教育的学理基础》这篇文章。前后两百多篇著述，为了学生，围绕学生，也诠释了老师潜心科研的心路历程。因为他发现，"能够令学子信服和接受的道德知识和理论其实多不在书本结论，而在科学的方法论，引导学子学会科学认识和把握道德现象世界的真实问题，才是伦理学教学和道德教育的真谛所在。"也正是这个发现，成为老师一生勤耕的动力，坚实的脚步完美注解了"全国百名优秀德育工作者"的荣誉称号。

三

一个人在学术领域站住脚并产生一定的学术影响力，大约需要多长时间，没有人专门地研究过。但就我的老师而言，我却是真切地感受到老师在学术之路跋涉的艰辛。如今将所有的科研成果集结整理出版十卷本，三百多万字，内容主要涉及伦理学和思想政治教育两个领域，主要包括伦理学、思想政治理论、思想政治理论教育教学、辅导员工作四个方面，如此丰厚的著述令人钦佩！其中艰辛探索所积累的经验值得我们认真地总结和借鉴。总起来说，有两个研究的路向是我们可以从老师的研究历程中梳理出来的。

一是以教学中遇到的现实问题为导向，深入思考，认真研究，逐个解决。

对于一个初学者来说，科研之路从哪里开始呢？"我们不知道该写什么"这样的问题几乎所有的初学者都曾遇到过。从遇到的现实问题入手，这是我的老师首先选择的路。

从老师公开发表的论文中，我们可以清晰地看到老师在教学过程中不断思考的足迹。就老师长期教授的"大学生思想道德修养"课程来说，主要内容包括适应教育、理想教育、爱国主义教育、人生观教育、价值观教育和道德观教育六个部分。从老师公开发表的论文看，可以比较清晰地看出老师在教学过程中的相应思考。老师在1997年《中国高教研究》第1期发表《大学新生适应教育研究》一文，从大学生到校后遇到的生活、学习、交往、心理四个方面的问题入手，提出针对性的对策，回应教学中面对的大学新生适应教育问题。针对大学生的理想教育，老师在1998年《安徽师大学报》（哲学社会科学版）第1期发表《社会主义初级阶段要重视共同理想教育》一文，直接回应高校对大学生开展理想教育应注意的核心问题。爱国主义教育如何开展？老师早在1994年就在《安徽师大学报》（哲学社会科学版）第4期发表《陶行知的爱国思想述论》一文，通过讨论陶行知先生的爱国思想为课堂教学中的爱国主义教育提供参考。而关于道德教育，老师的思考不仅深入而且全面，这也是老师能够在国内伦理学界占有一席之地的基础。对学生进行道德教育是"大学生思想道德修养"这门课程的主要内容之一，也是伦理学的主要话题。教材用宏大叙事的方式，简约而宏阔地将中华民族几千年的道德样态描述出来，从理论的角度对道德的原则和要求进行了粗略的论述，而这些与大学生的现实需要有较大距离。为了把课讲好，老师就结合实际经验，逐步进行理论思考。从1987年开始，先后发表了《我国古代德智思想概观》（《上饶师专学报》社会科学版1987年第3期）、《略论坚持物质利益原则与提倡道德原则的统一》（《淮北煤师院学报》社会科学版1987年第3期）、《"私"辨——兼谈"自私"不是人的本性》（《道德与文明》1991年第1期）、《中国早期的公私观念》（《甘肃社会科学》1996年第4期）、《论反对个人主义》（《江淮论坛》1996年第6期）、《怎样看"中国集体主义"？——与陈桐生先生商榷》（《现代哲学》2000年第4期）、《关于坚持集体主义的几个基本理论认识问题》（《当代世界与社会主义》2004年第5期）。这七篇论文的发表，为老师讲好道德问题奠定了厚实的基础。正如老师在他的《"做学问"要有问题意识——兼谈高校辅导员的人生成长》（《高校辅导员学刊》2010年第1期）一文中所说的那样："带着问题意识，在认识问题中提升自己的思维品质，丰富自己的知识宝库，在解决问题中培育自己的实践智慧，提升自己的实践能力，是一切民族（社会）和人成长与成功的实际轨迹，也是人类不断走向文明进步的基本经验（包括人生经验）。"正是因为这种强烈的问题意识，成就了老师在伦理学和思想政治教育两个领域的地位，也给予所有学人一条宝贵经验——工作从哪里开始，科研就从哪里起步。

二是以生活中遇到的社会问题为导向，整体谋划，潜心研究，逐步展开。

管理学之父彼得·德鲁克说："人们都是根据自己设定的目标和要求成长起来的，知识工作者更是如此。"根据德鲁克的认识指向，目前高校的教师群体大致可以划分为三类：一类是主动设定人生奋斗目标的人，他们大多年纪轻轻就能在自己从事的学科领域崭露头角建树不凡；一类是在前进中逐步设定目标的人，他们虽然起步慢，但一直在跋涉，多见于大器晚成者；还有一类是基本没有什么目标，总是跟随大家一道前进的人。从人生奋斗的轨迹看，我的老师应该属于第二类人群。从他公开发表的科研成果的时间看，这一点毋庸置疑。从科研成果所涉及的研究领域看，这一点也是十分明显的。这种逐步设定人生目标的奋斗历程，对于普通大众来说具有可借鉴性，对于后学者而言更具有学习价值。

老师在逐步解决教学实际问题的过程中，渐渐地开始着迷于社会道德问题研究。20世纪末，我国正处于改革开放初期，东西方文明交融互鉴的过程中，在没有现成经验的条件下，难免会出现一些"失范"现象。当时的道德建设在社会主义市场经济建设的大背景下到底是处于"爬坡"还是"滑坡"的状态，处在象牙塔中的高校学子该如何面对社会道德变化的现实，诸如此类的问题，都成为老师在教学过程中主动思考的内容，并且逐步形成了自己独特的科研方向和领域。这一点，我们可以通过老师先后完成的三项国家社科基金项目来识读老师科研取得成功的清晰路径。

其一，中国道德国情研究。社会主义市场经济建设新时期如何进行道德建设？老师积极参与了当时的大讨论。他认为，我国当前道德生活中存在着不少问题，其原因是中华民族传统道德与"新"道德观念的融合与冲突同时存在，纠葛难辨。存在这些问题是社会转型时期的必然现象，是由道德的历史继承性特征及中国的国情决定的。《论我国当前道德建设面临的问题》（《北京大学学报》哲学社会科学版1997年第6期）一文明确提出：解决问题的根本途径是建设有中国特色的社会主义道德体系。《国民道德建设简论》（《安庆师院社会科学学报》1998年第4期）一文进一步提出：国民道德建设当前应着重抓好儿童和青少年的学业道德的养成教育，克服夸夸其谈之弊；抓紧职业道德建设，尤其是以"做官"为业的干部道德教育；抓紧伦理制度建设，建立道德准则的检查与监督制度。接着，《五种公私观与社会主义初级阶段的道德建设》（《安徽师范大学学报》人文社会科学版1999年第1期）一文提出：当前的道德建设应当把倡导先公后私、公私兼顾作为常抓不懈的中心任务。做了这些之后，老师还觉得不够，认为这条路径最终可能会导致"公说公有理，婆说婆有理"，并不能为当时的道德建设提供有益的参考。受毛泽东思想的深刻影响，他认为只有通过调查研究，实事求是，一切从实际出发，才能找到合适的道德建设的路径。于是，他在已经获得的研究成果的基础上，提出了中国道德国情研究的思路，并深刻指出，我们只有像党的领袖当年指导革命战争和在新时期指导社会主义现代化建设那样，从研究中国道德国情的实际出发，才能把握中国道德的整体状况，提出当代中国道德建设的基本方案。几乎就是从这里开始，老师的科研成果呈现出一个新特点，不再是以前那样一篇一篇地写，一个问题一个问题地提出和解决，而是以"问题束"的形式出现，就像老师日常告诉我们的那样，"一发就是一梭子"。这"第一梭子"，"发射"在世纪之交的2000年，老师一口气发表了《"道德中心主义"之我见——兼与易杰雄教授商榷》（《阜阳师范学院学报》社会科学版2000年第1期）、《道德国情论纲》（《安徽师范大学学报》人文社会科学版2000年第1期）、《中国传统道德的双重价值结构》（《安徽大学学报》哲学社会科学版2000年第2期）、《关于中国法治的几个认识问题》（《淮北煤师院学报》哲学社会科学版2000年第2期）、《中国传统道德的制度化特质及其意义》（《安徽农业大学学报》社会科学版2000年第2期）、《偏差究竟在哪里？——与夏业良先生商榷》（《淮南工业学院学报》社会科学版2000年第3期）、《"德治"平议》（《道德与文明》2000年第6期）七篇科研论文。紧接着在后面的五年，老师又先后公开发表近20篇相关的研究论文，从不同角度讨论新时期道德建设问题。

其二，道德悖论现象研究。老师笔耕不辍，在享受这种乐趣的同时，也很快找到了第二个重要的"问题束"的线索——道德悖论。以《道德选择的价值判断与逻辑判断》《关于伦理道德与智慧》两篇文章为起点，老师正式开启了道德悖论现象的研究之路。有了第一次获批国家社科基金项目的经验，这一次，老师不再是一个人单干，而是带着一个团队一起干。他将身边的同仁和自己的研究生聚集起来，相互交流切磋，相互砥砺奋进，从道德悖论现象的基本理论、中国伦理思想史上的道德悖论问题、西方伦理思想史上的道德悖论问题、应用伦理学视野内的道德悖论问题四个方向或层面展开，各个成员争相努力，研究成果陆续问世，一度出现"并

"喷"态势。到项目结项时，围绕道德悖论现象，团队成员公开发表论文四十多篇，现在部分被收录在文集第四卷中。

这一次，老师也不再是"摸着石头过河"，而是直面问题："悖论是一种特殊的矛盾，道德悖论是悖论的一个特殊领域。所谓道德悖论，就是这样的一种自相矛盾，它反映的是一个道德行为选择和道德价值实现的结果同时出现善与恶两种截然不同的特殊情况。"他明确地指出，自古以来，中国人对道德悖论普遍存在的事实及道德进步其实是社会和人走出道德悖论的结果这一客观规律，缺乏理性自觉，没有形成关于道德悖论的普遍意识和认知系统，伦理思维和道德建设的话语系统中缺乏道德悖论的概念，社会至今没有建立起分析和排解道德悖论的机制。因此，研究和阐明道德悖论的一些基本问题，对于认清当代中国社会道德失范的真实状况，促进社会和个人的道德建设，是很有必要的。老师自信满满地说："道德悖论问题的提出及其研究的兴起，是当代中国社会改革与发展的实践对伦理思维发出的深层呼唤……是立足于真实的'生活世界'的发现，表达了当代中国知识分子运用唯物史观审思国家和民族振兴之途所遇挑战和机遇的伦理情怀。"

从道德悖论问题的提出到现在编纂集结，已经过去十几个年头，道德悖论现象研究这一引人入胜的当代学术话题，到底研究到了什么程度呢？老师不无遗憾地说，至今还处在"提出问题"的阶段。不仅一些重要的问题只是浅尝辄止，而且还有不少处女地尚未开发。但是，老师依然充满信心，因为正如爱因斯坦所说，提出一个问题往往比解决一个问题更重要，解决一个问题也许是一个数学上的或实验上的技能而已，而提出新的问题，从新的角度去看旧的问题，却需要创造性的想象力，它标志着科学的真正进步。因此，要真正解决它，尚需有志的后学者们积极跟进，坚持不懈，不断拓展和深入。

其三，道德领域突出问题及应对研究。通过主持道德国情研究和道德悖论研究两个国家社科基金项目，老师不仅获得了丰富的科研经验，而且积累了更为厚实的学术基础。深厚的学养没有使老师感到轻松，相反，更增加了他的使命感。道德领域以及其他不同领域突出存在的道德问题，都成为老师关注的焦点。于是，通过深入的思考和打磨，"道德领域突出问题及应对"研究应运而生，并于2013年获得国家社科基金重点项目的立项。

与道德悖论问题的研究不同，"道德领域突出问题及应对"研究不仅涉及道德领域的突出问题，而且关涉不同领域存在的道德问题，所涉及的面远比道德悖论问题面广量多，单靠老师一个人来研究，显然是不能完成的。从某种程度上来说，老师是用自己敏锐的洞察力探得了一个"富矿"，并号召和带领一群有识之士来共同完成这个"富矿"的开采。因此，老师把主要精力用在了理论剖析上，先后发表了《道德领域及其突出问题的学理分析》（《成都理工大学学报》社会科学版2014年第2期）、《道德领域突出问题应对与道德哲学研究的实践转向》（《安徽师范大学学报》人文社会科学版2014年第1期）、《"基础"课应对当前道德领域突出问题的若干思考》（《思想理论教育导刊》2014年第4期）、《应对当前道德领域突出问题的唯物史观研究》（《桂海论丛》2015年第1期）四篇论文。在上述论文中，老师深刻指出：道德领域之所以会出现突出问题，首先是社会上层建筑包括观念的上层建筑还不能适应变革着的经济关系，难以在社会管理的层面为道德领域的优化和进步提供中枢环节意义的支撑；其次，在社会变革期间，新旧道德观念的矛盾和冲突使得社会道德心理变得极为复杂，在道德评价和舆论环境领域出现令人困惑的"说不清道不明"的复杂情况。正因为如此，社会道德要求和道德活动因为整个上层建筑建设的滞后而处于缺失甚至缺位的状态。老师认为，当前我国道德领域存在的突出问题大体上可以梳理为：道德调节领域，存在以诚信缺失为主要表征的行为失范的突出问题；道德建设领域，存在状态疲软和功能弱化的突出问题；道德认知领域，存在信念淡化和信心缺失的突出问题；道德理论研究领域，存在脱离中国道德国情与道德实践的突出问题。对此必须高度重视，采取视而不见或避重就轻的态度是错误的，采用"次要"或"支流"的套语加以搪塞的方法也是不可取的。

事实上，老师对存在突出问题的四类道德领域的划分，也是对整个研究项目的整体设计和谋划。相关方面的研究则由老师指导，弟子和课题组其他成员共同努力，从不同侧面对不同领域应对道德突出问题深入地加以研究。相关的理论和成果都被整理收录在文集中，展示了道德领域突出问题及应对研究对于道德建设、道德教育、道德智慧等方面的潜在贡献。

四

回过头来看，从道德国情到道德悖论，再到道德领域的突出问题及应对，三项国家社科基金项目的确立和结项，不仅彰显了老师厚实的科研功底，更是全面地呈现出老师作为一名教育工作者所具有的深厚学养。如果我们把老师所有的教科研项目比作群山，那么，三项国家社科基金项目则是群山中的三座高山，道德领域突出问题及应对研究无疑是群山中的最高峰。如此恢弘的科研成果，如此丰富的科研经验，对于后学者来说，值得认真学习和借鉴。

从选题的方向看，要有准确的立足点并坚持如一。老师一直关注现实的社会道德问题，即使是偶尔涉及一些其他方面的问题，也都是从道德建设、道德教育或道德智慧的视角来审视它们。这一稳定的立足点，既给自己的研究奠定了基础，也为研究的拓展指明了方向。老师确立了道德研究的方向，就仿佛有了自己从事科研的"定海神针"，从此坚持不懈，即使是退休也没有停下来。因为方向在前，便风雨兼程，终成巨著。正如荀子曰："蚓无爪牙之利，筋骨之强，上食埃土，下饮黄泉，用心一也。"

从选题的方法看，从基础工作开始再逐步拓展，做好整体谋划。如果说道德国情研究是对当时国家道德状况的整体了解，那么，道德悖论研究则是抓住一个点，通过"解剖麻雀"的方式来认识道德的现状并提出应对策略。而"道德领域突出问题及应对"研究，则是从道德悖论的一点拓展到道德领域所有突出的问题。这种从面到点再到面的研究路径，清晰地呈现出老师在研究之初的精心策划、顶层设计。这种整体设计的方略对于科研选题具有很高的借鉴价值：不是"打洞"式地寻找目标，而是通过对某一个领域进行整体把握——道德国情研究不仅帮助老师了解了当时的社会道德样态，也为他后面的选择指明了方向；然后再找到突破口——道德悖论研究从道德领域的一个看似不起眼却与每个人都十分熟悉的生活体验入手，通过认真细致的分析、深入肌理的讨论，极好地训练了团队成员科研的功力；再进行深入的拓展式研究——"道德领域突出问题及应对"研究，从整体谋划顶层设计的高度探得道德领域研究的富矿，在培养团队成员、襄助后学方面，呈现出极好的训练方式。这种做法对于一个初学者来说值得借鉴，对于一个正在科研路上的人来说也值得参考。

　　或许是因为自己如今也已经年过半百，我时常回忆起大二时与老师相识的场景，觉得人生的相识可能就是某种缘分使然。如果当初没有老师的引领，我现在大概在某所农村中学从事语文教学工作，无论如何也不可能成为一名高校思想政治教育工作者。而每一次回望，我都会看到老师的身影，常常有"仰之弥高，钻之弥坚，瞻之在前，忽焉在后"之感。越是努力追赶，越是觉得自己心力不济，唯有孜孜不辍，永不停步，可能才会成就一二，诚惶诚恐地站在老师所确立的群峰之旁，栽下几株嫩绿，留下一片阴凉。

　　万语千言，言不尽意，衷心祝福我的老师。

　　是为序。

路丙辉

二○二二年八月于芜湖

目　录

第三编　道德建设与道德治理

第四编　中国道德建设通论

第一编 道德建设的唯物史观

中国伦理道德建设的社会主义方向*

改革开放和社会主义市场经济发展以来，中国人的伦理道德观念发生了一系列极为重要也极为复杂的变化，传统伦理观念中的优良与腐朽因素、产生于变革大潮的"新"道德观念中的先进与落后因素、借着变革之风涌进来的西方伦理文化中的可借鉴与应抵制的因素，所有这些混杂交织在一起，发生着多样的磨合又存在着各种各样的深刻矛盾。无疑，这种变化是我们思考当代中国伦理道德建设必须面对的现实，立足于这种现实思考和重建当代中国的伦理新秩序，既是一种严峻的挑战，也是一种极好的机遇。

要不要坚持社会主义的方向，应当是我们在研究当代中国伦理道德建设的时候必须解决的一个首要问题。为什么中国的伦理道德建设必须坚持社会主义的方向？这是因为，中国是社会主义国家，社会主义既是一种社会制度，也是一种社会意识形态，社会主义国家的伦理道德问题理所当然属于社会主义的社会意识形式范畴；中国人在自己的土地上研究自己的伦理道德建设问题，目的不能是别的，只是为了建成有中国特色的社会主义道德体系和健康文明的社会主义伦理新秩序。

在研究中国伦理道德建设的问题上是不是坚持社会主义方向，我以为有三个基本的标准。

---

* 原载《高校理论战线》2001年第2期。

一、在世界观和方法论上，是不是坚持以马克思主义的基本理论和原则为指导

马列主义、毛泽东思想和邓小平理论，是科学的世界观和方法论，其基本理论和原则的普遍指导意义已为中国的革命和建设实践所证明。思考和研究当代中国的伦理道德建设问题，同样离不开马克思主义的指导，不可背离马克思主义的基本理论和原则。

这些基本理论和原则，总的来说，就是马克思主义关于经济基础与上层建筑的辩证关系的理论和实事求是、一切从实际出发的原则。马克思在说到经济基础是特定社会的生产关系的总和，阐述经济基础同上层建筑的关系时指出："人们在自己生活的社会生产中发生一定的、必然的、不以他们的意志为转移的关系，即同他们的物质生产力的一定发展阶段相适合的生产关系。这些生产关系的总和构成社会的经济结构，即有法律的和政治的上层建筑竖立其上并有一定的社会意识形式与之相适应的现实基础。"①恩格斯在说到人的道德价值观念产生的根源时指出："人们自觉地或不自觉地，归根到底总是从他们阶级地位所依据的实际关系中——从他们进行生产和交换的经济关系中，获得自己的伦理观念。"②当代中国的经济基础是什么？诚然，中国的经济成分和经济体制发生了重大的变革，人们在市场经济体制下运作的"进行生产和交换的经济关系"，与过去相比也已经有了很大的不同。但是，我们经济结构的公有制性质并没有改变，一切"生产和交换的经济关系"的基础并没有改变，"竖立其上"的人民当家作主的政治制度和社会意识形式的主体并没有改变。就是说，从马克思主义的观点看来，当代中国的社会主义性质并没有改变。我们现在建设的是"有中国特色的社会主义"，"中国特色的社会主义"只是相对于过去国际上通行的一个模式的"社会主义"而言的。

---

① 《马克思恩格斯选集》第2卷,北京:人民出版社1995年版,第32页。

② 《马克思恩格斯选集》第3卷,北京:人民出版社1995年版,第434页。

坚持以马克思主义的基本理论和原则为指导，我们在研究中国的伦理道德建设的时候就应当从建设有"中国特色的社会主义"的实际需要出发，使调整和建立的道德体系和伦理新秩序能够与社会主义制度相适应。

在这个至关重要的问题上，恕我直言，目前理论界存在着的一种倾向是不好的，那就是：一些伦理学人在分析和研究当代中国伦理道德建设的时候，对"社会主义"讳莫如深，所采用的理论方法并不是马克思主义的。他们喜欢照搬西方学者或学派看问题的理论方法，或者高谈阔论，或者乐于艰涩文字，把简单的问题弄复杂，把复杂的问题搞得更复杂，说的多是同胞听不清听不懂的话，发表的文论看起来也不是中国人站在中国的土地上谈中国的事情。这样的研究，于当代中国的伦理道德建设实在无益。

马克思主义是科学，科学是老老实实的学问。以马克思主义的基本理论和原则为指导，不仅要坚持社会主义的方向，也需要一种老老实实、脚踏实地的科学态度和作风。

二、在对待中华民族优良传统道德的问题上，是不是坚持继承和创新相统一的原则

坚持这个原则，从根本上来说，是由道德存在和发展的规律决定的。道德与其他他律性的社会规范不一样，它作为一种特殊的社会意识形式是通过转化为人的自律形式，以人的精神需要和精神生活方式发挥其特殊的社会功能的。这种转化意味着道德的生命在于以社会的形式转化为个人形式，并以个人的伦理思维习惯和行为习惯沉积和渗透在社会生活广阔海洋的每个角落。因此，没有这种转化也就没有道德。

在这种转变过程中，道德的生命受到两大社会因素的影响。一是社会制度的变迁。道德作为特殊的社会意识形式，不同的社会制度有不同的道德，这就必然导致道德在不同形态的社会有着不同的表现。二是民族思维方式的固守。从世界范围看，一个国家的社会制度更迭是普遍现象，而民

族瓦解和散落的情况并不多见。民族思维方式的固守，意味着民族的思维方式不只是受到特定的经济结构和政治制度的根本性制约，而且受到民族特有的区域、气候等生存环境的深刻影响。民族思维方式的固守及其特有的生存环境的影响，使得道德的转化过程，实际上是由特定的社会形式转化为民族的特有的精神生活需要和精神生活方式的过程。民族思维方式固守的社会性因素，使得一个民族的道德在其社会制度的更替和推进中，必然渐渐地形成特有的民族品格、特有的民族传统。自古以来，世界上找不出一种可以脱离特有的民族品格和民族传统的道德，当我们说到道德的时候，实际上同时是在说哪个民族的道德。所谓"全人类因素"的"共同道德"，也只具有相对的意义，因为它一旦具体存在于一定的民族之中就必然会带有民族的特色。这就是道德存在和发展的特殊规律。

正因为如此，道德在一个国家总是以民族的特性和品格而存在和发展的。黑格尔在谈到民族的精神现象和精神生活时曾指出："民族的宗教、民族的政体、民族的伦理、民族的立法、民族的风俗，甚至民族的科学、艺术和机械的技术，都具有民族精神的标记"[1]，魏特林说的"在这一个民族叫做善的事，在另一个民族叫做恶"[2]是世界范围内十分普遍的现象。这使得民族道德的继承成为一种历史必然。也正因为如此，特定历史时代的道德创新在不同民族之间不可以"互借"，不可以"全盘西化"，道德的继承和创新是各民族自己的事情，是真正需要各个民族"自力更生"的。泰戈尔曾将那种全盘套用别个民族文化的做法形象地比喻为"好像将别人的皮肤附在我们的骨架上，每一个动作都会使皮肤和骨架之间发生不停的摩擦"，他嘲讽那种借从外国学来的东西而炫耀的人是"花花公子"，是"他重视他的新头饰，而不那么重视自己的头"[3]。

当然，对于现实来说，与任何历史遗产都存在优良与腐朽并陈的情况一样，传统道德也存在优良与腐朽并陈的问题。因此，对民族传统道德的

---

① [德]黑格尔：《历史哲学》，王造时译．北京：三联书店1956年版，第104页。
② [德]魏特林：《和谐与自由的保证》，孙则明译．北京：商务印书馆1979年版，第154页。
③ [印]泰戈尔：《民族主义》，谭仁侠译．北京：商务印书馆1982年版，第2、29页。

继承应采取科学的态度，一是要丢弃不良的道德传统，二是要继承优良的道德传统。民族传统道德的优良部分是一个民族对自己的道德不断继承和创新的产物，继承的实质是将历史与现实合乎逻辑地联系起来，创新的实质是在这种联系的基础上提出适应现实需要的新的道德价值体系，建设新的健康的道德生活。就是说，创新不是另搞一套。中华民族的传统道德的优良部分，如尊重国家和民族整体利益的爱国主义精神，推崇人际和谐和与人为善的仁爱原则，强调个人对于社会的责任、重视理想和精神生活等等，是我们先人不断继承和创新的结晶，体现着中华民族特有的民族特性和品格，它们在价值取向的实质内涵上与今天改革开放和发展社会主义市场经济的实际需要并不矛盾。我们正在建设"有中国特色的社会主义"，无疑同时要建设有中国特色的社会主义伦理道德，但是，如果离开中华民族的道德传统，我们将从何谈论"中国特色"？因此，在今天，继承中华民族优良传统道德并在此基础上加以创新，是坚持中国伦理道德建设的社会主义方向的客观需要，这是当代中国伦理道德建设的必由之路。

三、在构建社会道德价值的基本导向上，是不是坚持集体主义

众所周知，每个社会的伦理道德要求都是一个完整的体系，在这种体系中都有一个居于核心地位、起着主导作用的基本要求，这就是道德原则。道德原则在总体上反映一定社会伦理道德要求的价值导向，体现着一定社会制度的性质。

集体主义作为社会主义伦理道德体系的基本原则，与原始社会的平均主义、奴隶社会和封建社会的整体主义以及资本主义社会的个人主义，有着本质的不同，它决定了社会主义制度下人们道德生活应有的基本方式和基本的价值取向，从伦理道德上体现社会主义制度的性质。因此，在思考和研究中国的伦理道德建设的时候是否坚持集体主义的道德原则，实际上是一个是否坚持社会主义方向的问题。

　　人类社会有史以来的四种道德原则，在价值取向上尽管存在着这样那样的不同之处，以至根本的对立，但总的看是如何看待个人与集体的关系。注重个人的道德原则将个人与集体看成是对立的两极，在价值理解、价值目标和价值追求的手段上以个人为中心，将集体仅仅看成是实现个人目的的手段，这是个人主义的基本特征。注重集体的道德原则情况比较复杂。原始平均主义将个人与集体和个人与个人看成是一回事，是一种无差别的绝对同一。奴隶社会和封建社会的整体主义将集体与个人看成是对立的两极，通常要求个人无条件服从集体，为集体作出无条件的牺牲。社会主义的集体主义确认个人是集体的部分，两者在根本上是一致的，个人与集体的差别与对立是客观事实但只具有相对的意义，个人服从集体和为集体作出牺牲是有条件的、相对的，而不是绝对的。

　　由此可见，任何形式的道德原则其基本的价值导向都是求得个人与集体的协调与和谐，差别仅在于求得协调与和谐的价值导向不同而已。社会主义的集体主义是人类社会有史以来最科学的道德调节方式。

　　资本主义社会特有的私有制，使得个人主义的出现成为一种历史必然。个人主义的调节方式是不可能真正使个人与集体达到资本主义社会所必需的协调与和谐的。这是一个再简单不过的道理。资本主义社会促使个人与集体实现其必需的协调一致的基本做法是，一方面不断修正个人主义，一方面逐步健全资本主义法治，以法律来规范伦理道德问题，实行道德法律化。这是西方发达资本主义国家的通用原则。

　　中国没有经过资本主义的发展阶段，现在实行的是以公有制为主体的经济制度；中国自古以来的社会道德调整都没有把个人放在"中心"的位置，即没有个人主义的传统。中国实行依法治国才刚刚起步，建成社会主义的法治国家将是一个相当长的历史过程。在这个过程中，既需要加强法制，也需要坚持集体主义的价值导向，加强集体主义教育。这是一个相辅相成的互动过程。

　　一些人对集体主义加以责难，始于20世纪80年代初期。那时，在理论界和许多社会活动场合批评集体主义是一种"时尚"。当然，在当时，集体主义的内涵本身确实有一个需要改造和完善的问题。在这个重要的问题上，伦理学界一些具有远见卓识的人持续不断地作了许多有益的探讨，使集体主义的内涵丰富起来，趋向完善，真实地反映了改革开放和发展社会主义市场经济的客观需要。但是，理论界抵制和批评集体主义的倾向却一直存在着，近几年越演越烈。在这种倾向中有两种公开的主张是需要认真讨论的：一是主张用个人主义替代集体主义，二是主张用公正替代集体主义。

有的人抱怨"个人主义在中国历史上从未占据过一席之地"，由此而造成中国伦理道德文明的"落后"，中国的伦理道德建设要想赢得文明进步，就必须丢弃集体主义而代之以个人主义，因为"集体主义被少数个人或少数个人的利益集团所利用，在冠冕堂皇的旗帜下成为消灭个人主义的致命武器"①。

作为社会公开倡导的伦理道德原则，中国历史上从来没有个人主义，这确实是值得深思的现象；说集体主义成了反对个人主义的"冠冕堂皇的旗帜"，也并没有错，因为集体主义和个人主义是两种不同社会制度下的道德原则，社会主义中国要公开倡导集体主义就必须公开反对个人主义。但是，认为集体主义已经成为少数人手中的玩物，只有用个人主义取代集体主义才能解决中国的伦理道德建设问题，却是完全错误的。

诚然，目前集体主义的提倡和推行还不尽如人意，在有些地方和单位确实可以说还只是"少数人"说和做的事情，但是就全局看目前崇尚和提倡集体主义的人和地方绝不是"少数个人或少数个人的利益集团"，更不是正在"被少数个人或少数个人的利益集团所利用"。别的不说，单是数以几十万计的各级各类学校，就正在真诚地"利用"这一原则教育和培养数亿计的学生，老师和学生及学生的家长们并没有因此而感受到什么"致命武器"的打击，或者是感到正在遭受什么愚弄。学人们只要走出书斋到平民百姓中去走一走就不难发现，目前国人的普遍心态是希望有更多的人倡导和实践集体主义，而不是对集体主义成为个人主义的"致命武器"感

---

① 参见夏业良：《个人主义论辩——兼与钱广荣先生商榷》，《人文杂志》1999年第3期。

到惊慌；同时也将会发现，将个人主义奉为法宝，主张用个人主义改造中国伦理道德的人，才正是"少数个人或少数个人的利益集团"或"被少数个人或少数个人的利益集团所利用"的代言人。

在伦理学界提出以公正代替集体主义道德原则的主张，提出者的论题是关于道德权利与道德义务的对应关系问题。此后冷却了一段时间，近几年这个问题被重新提了出来。

在我看来，在研究中国伦理道德建设中引进公正范畴是很有必要的，这不仅是因为中华民族传统道德在处理个人与集体关系问题上确实存在片面强调个人义务而漠视个人权利的问题，而且也是当代中国改革开放和发展社会主义市场经济的实际需要。但是，能不能因此而将公正作为一种普遍的道德原则代替集体主义呢？我以为不能。

这首先是因为，公正是一个涉及政治、法律、伦理等多学科共有的范畴，将一个多学科共有的范畴仅仅作为伦理学的专有范畴，容易引起学科领域里的理论歧义和概念混淆。

其次，公正虽然是一个普遍实行的基本价值原则，但由于受经济关系和政治制度因素的制约，其内涵是一个历史范畴，不同的历史时代有不同的公正观，社会主义的公正观与历史上的公正观有着本质的不同。如果将历史上共同使用的公正作为社会主义专有的道德原则，也会在伦理学和实际道德生活中引起理论和概念上的混淆。而集体主义是社会主义特有的基本的道德价值原则，不仅易于与历史上的多学科的公正观区别开来，而且易于与历史上的其他形态的道德原则区分开来，不会出现基本道德原则上的混淆。

再次，公正不能面对在特殊情况下个人需要服从集体、为集体作出必要牺牲的客观事实。在人类历史上，个人与集体之间的矛盾是一种客观事实。在社会主义社会，由于各种原因所致个人与集体之间有时会发生矛盾也是一种客观事实，集体主义在面对这种事实时为了维护大多数人的利益要求个人作出服从集体的必要牺牲。若是将公正作为社会主义社会的道德基本原则来推行，一味强调个人与集体之间权利与义务的平等、均等，那么将如何来面对和解决这种矛盾？

最后，集体主义道德原则本身内含着公正。集体主义认为，在社会主义制度下个人与集体两种利益在根本上是一致的，在一般情况下主张将个人利益与集体利益统一起来、结合起来，只是在发生矛盾而又暂时不得解决的情况下要求个人服从集体，为大多数人作出必要的牺牲。这里的"统一起来""结合起来"，强调的就是公正。

由此看来，主张以公正来代替集体主义道德原则的观点，也是不可取的。

综上所说，当代中国的伦理道德建设必须坚持社会主义方向，而要如此，就必须坚持以马克思主义的科学世界观和方法论为指导，正确处理关于传统道德的继承与创新，坚持集体主义的主导价值地位不动摇。这是当代中国伦理道德建设摆在我们面前的最重大的历史性任务，需要一切有志于中国伦理道德建设事业的人们发扬特别能战斗的精神，积极奋进，不断进取。

历史唯物主义视野：人民群众在创建道德文明中的主体地位*

历史唯物主义认为，人民群众是创造世界历史的真正动力，是推动历史发展和进步的主体力量。然而，过去人们理解这个唯物史观的基本观点多限于创造物质财富和推动政治变革的视域，很少关注人民群众在道德文明创建中的主体力量和主体地位。过去，道德文明的创建活动简单地把人分成教育者和受教育者，教育者多为教育主管部门的公务员和学校的老师，受教育者是包括未成年人在内的为数众多的"群众"。这种创建模式的弊端是：受教育者易于以"置身度外"的被动消极的态度看待道德教育，道德教育出现低效或缺效时就会怀疑道德教育本身的有效性，教育者出了道德问题时就会对道德教育失去信心和信任。面对改革开放以来社会出现的较为严重的"道德失范"及由此引发的"道德困惑"问题，许多"群众"只是把抱怨的目光投向教育主管部门，指责一些公务员丧失官德，学校的教师今不如昔，却不能从自己身上寻找原因，自觉进行道德修身和道德自律。这种情况表明"人民群众"对道德文明创建活动的认知和评价缺乏主体担当的态度，而这又与人民群众在道德文明创建活动中实际上没有居于主体地位直接相关。

人民群众在道德文明创建活动中之所以应当居于主体地位，从根本上

---

* 原载《皖西学院学报》2009年第4期。

来说是由精神文明和精神生活的生产方式决定的。在历史唯物主义视野里，一切精神文明形式和样式都根源于物质生产和物质生活的实际过程，马克思指出："物质生活的生产方式制约着整个社会生活、政治生活和精神生活的过程。不是人们的意识决定人们的存在，相反，是人们的社会存在决定人们的意识。"①道德文明是精神生活的主要部分，对此自然也应作如是观。人民群众在物质生产和交换的实际过程中，一方面创造着物质财富，另一方面也随之创造着精神财富。这可以从两个逻辑方向来分析和理解。其一，经验式的道德文明。恩格斯说："人们自觉地或不自觉地，归根到底总是从他们阶级地位所依据的实际关系中——从他们进行生产和交换的经济关系中，获得自己的伦理观念。"②恩格斯这里所说的"伦理观念"，就是伴随着物质生产（和交换）的实际过程而自发产生的经验式的道德文明，它赋予生产（和交换）的实际过程的基本道义，使之具备基本的伦理秩序。其二，意识形态式的道德文明，即我们通常所说的"特殊的社会意识形态"，它是道德文明的真理部分，包含道德价值标准及其推演和假定的道德行为准则。这种道德文明属于观念的上层建筑，它是超越一定社会的"伦理观念"和道德经验的结晶，体现的是道德上的"统治阶级意志"，因而具有鲜明的时代特性，在阶级社会里具有鲜明的阶级性。在几千年的阶级对立和阶级统治的社会里，这一逻辑方向推演的逻辑程序及精神产品是依附统治阶级的"士阶层"构建和承担的，这给今人一种错觉：道德文明创建活动的主体力量只是知识分子。不能不指出，这一错觉几乎成了一种"思维范式"，妨碍了我们对人民群众在创建道德文明活动中的主体地位的认识和把握。

从道德文明创建活动的实践逻辑来看，我们可以从三个方面来认识和把握人民群众在创建道德文明活动中的主体地位。

①《列宁选集》第2卷,北京:人民出版社2012年版,第424页。
②《马克思恩格斯选集》第3卷,北京:人民出版社1995年版,第434页。

一、创建承担主体

如上所说，人民群众在创建道德文明中的主体地位在根本上是由精神文明和精神生活的生产方式决定的。沿此逻辑进一步分析就不难发现，人民群众在进行生产和交换的物质生产过程中"自觉地或不自觉地"创造社会道德文明的同时，也"自觉地或不自觉地"创造着他们直接需要的道德和精神生活，这一点，我们至今仍然可以从广袤的乡村所开展的各类民风民俗式的道德生活方式中看得很清楚。恩格斯说："在社会历史领域内进行活动的，是具有意识的、经过思虑或凭激情行动的、追求某种目的的人；任何事情的发生都不是没有自觉的意图，没有预期的目的的。"①显然，这样的"意识""思虑""激情""目的""意图"，不可能不包含对道德文明的"自觉或不自觉"的追求，虽然阶级社会里的"群众"对于超越和超验的道德文明之需多需要通过他们的"代表者"来实现。中国共产党代表广大人民群众的根本利益，包括广大人民群众在道德和精神文明方面的根本利益，党关于道德文明创建活动的方针政策唯有同时转变为广大人民群众的"自觉的意图"和"预期的目的"，充分肯定广大人民群众在创建道德文明活动中的承担主体地位，发挥他们的承担主体的作用，才能真正行之有效。

二、创建评价主体

道德评价，功能在于检测和衡量道德文明的实际水准和创建活动的实际功效，在每一个历史时代都既是道德文明的生态条件和环境，也是道德文明创建活动的重要形式。在阶级社会里，"群众"对于道德文明的创建活动及其成效如何，是没有多少评价方面的发言权的，对统治者的创建活动只能歌功颂德，不可评头论足，否则就可能会受到惩治。在我国社会主

---

① 《马克思恩格斯选集》第4卷,北京:人民出版社1995年版,第247页。

义制度下，人民群众当家作主，对道德文明的创建活动及其成效应当以"当家人"的姿态承担评价主体的社会责任，积极开展有效的道德评价。而从党和国家的主管部门来看，关于道德文明创建活动搞得怎么样的评价，应当组织和发动广大人民群众进行评价，广泛尊重和听取广大人民群众的评价意见，以广大人民群众高兴不高兴、赞成不赞成、满意不满意为评价标准。2009年全国道德模范评选活动组织和发动了5000多万普通群众参与投票①，这一做法就在道德评价方面体现了唯物史观的基本精神。

三、创建接受主体

一个国家和社会的道德文明创建搞得怎么样，当然要看国家管理人员的道德品质即"官德"或"官风"，但归根到底还是要看广大人民群众的道德水准亦即"民德"或"民风"。我国，"官"本来自"民"，"官风"是"风头"，"民风"是"风源"，两者相辅相成、相得益彰；"风头"不正会腐蚀"民风"，"风源"不清也会在基础的意义上影响到"风头"的端正。如果说，在社会主义初级阶段，人民群众作为道德文明创建活动的承担主体和评价主体其作用的发挥依然离不开相关的代表者和替代渠道来体现，那么，作为接受主体却无论如何也是做不到这一点的。

从以上简要分析可以看出，人民群众在创建道德文明的活动中既是创建承担者、创建评价者，也是承担和评价的对象，其主体地位和主体力量是这三者的有机统一。在阶级社会尤其是封建专制社会里，阶级的偏见和其他历史条件文化的限制必然会导致这三者脱节，人民群众不可能真正居于道德文明创建活动的主体地位，发挥道德文明创建活动的主体作用。在封建专制社会，统治者信奉"圣人之性""唯上智与下愚不移"的唯心史观，只把芸芸众生的广大劳动人民看成是道德文明创建活动的接受者，忽视发挥他们在创建道德文明活动中作为承担者和评价者的主体作用，在道

① 这里所说的5000多万，是2009年7月30日中国人民大学伦理学与道德建设研究中心主任吴潜涛教授在招待笔者的晚宴上说的，他当日出席了中宣部的评选会议。

德文明创建的问题上同样实行"劳心者治人，劳力者治于人"的统治模式，而"治"和"治于"的关系则被绝对地划分为教育者和受教育者的关系。资本主义私有制，为实行资本主义民主法制和文化自由主义提供了天然的土壤，人民群众在其道德文明创建活动中获得了一定的评价主体和承担主体的权利，其接受主体也变得相对自由。但是，资本主义剥削和压迫的不平等制度的本质决定人民群众在道德文明创建中不可能真正或全面获得主体地位，发挥主体作用。社会主义本质上是人民群众当家作主的社会，这在应然的意义上为人民群众在创建道德文明活动中全面实现承担、评价和接受主体的地位提供了前所未有的历史条件，也为社会主义的道德发展与进步指明了广阔的发展前景。但是，这对于我们来说，尚是一个有待需要在历史唯物主义方法论原理的指导下，建构相关认知体系的重大的历史性的课题。为此，需要在认识上厘清三种逻辑关系。

首先，需要厘清人民群众主体地位与其代表者之间的逻辑关系。如上所说，在阶级社会里，广大人民群众作为道德文明创建活动的承担主体，其"自觉的意图"和"预期的目的"多是通过其代表者来表达和实现的。在社会主义社会的初级阶段，由于受其自身的历史文化条件的限制，这种情况自然不可能根本改变，但应当有重要不同，有重要改变，这样就存在如何正确认识和把握两者之间的逻辑关系的问题。在阶级社会，道德的阶级性必然使得"治者"在道德文明创建上的"自觉的意图"和"预期的目的"带有鲜明的阶级性，不可能真正代表广大劳动人民的道德意志和体现广大劳动人民对道德进步的客观要求，因此两者之间的关系不可能真正合乎人类道德文明创建活动的逻辑。社会主义制度下的情况则不同，中国共产党代表广大人民群众的根本利益，自然也代表广大人民群众的道德意志，反映广大人民群众对道德进步的客观要求，党在道德文明创建活动中的"自觉的意图"和"预期的目的"应当与人民群众的期望保持一致，思人民群众之所思，想人民群众之所想。为此，要注重调查研究，倾听人民群众心声，坚决抵制和批评那些违背广大人民群众根本利益、无视广大人民群众的道德意志和道义呼声的错误言论（奇谈怪论）。要培育广大人民群众的主体参与意识，充分调动人民群众参与道德文明创建活动的可能性和积极性，组织广大人民群众投身道德文明的创建活动。要发挥20世纪80年代初可爱的大学生们提出的"从我做起，振兴中华"的主体参与意识和主体创造精神，致力于改变目前存在的"置身度外"的不良风气。要让传媒特别是大众传媒充分反映广大人民群众的道德需求，让人民群众在道德评价中担当评价主体。如今网络传媒和一些"大分量"的报纸，所载的内容不少为广告，极少注意反映广大人民群众的道德和精神生活需求。在这个问题上，应当下决心改变目前这种"越是大众传媒越不关心大众"的不正常现象。

其次，需要厘清"官风"建设与"民风"建设的逻辑关系。上文提到，我们过去长期重视的是"风头"之正，而不重视"风源"之清，这种认识理路并不合乎社会主义道德文明创建活动的逻辑。"民风"其实是"官风"的前提和基础，在"官风"与"风头"之间，片面强调哪一种"风"其实都是违背道德文明创建活动的认知和实践逻辑的。所谓"君子之德风，小人之德草，草上之风必偃"①，强调"治者"道德人格的至上性和榜样示范作用，不过是封建专制社会实行"德治"统治的一种思维模式，并不具有永恒性的历史意义，不可直接"移植"为今日道德文明创建活动的普遍认知和实践模式。以毛泽东为首的中国共产党在领导中国人民进行革命战争年代，一刻没有放松党内和军队内的思想政治教育和道德教育，为此毛泽东还发表了一系列的著名文章，如《关于纠正党内的错误思想》《反对自由主义》等，这些教育所针对的恰恰正是带进党和军队内的不良的"民风"，其纠偏和创建的活动实则是在补"民风"教育的课，那是因由当时代的历史条件所限。社会主义制度下的道德文明创建活动，既不可一味沿袭以"君子之德风"影响"小人之德草"的传统模式，以为树立一个（或一群）道德榜样便可以犹如20世纪60年代那样引导千千万万个道德榜样在成长，也不可因袭战争年代补"民风"教育之课的做法，放任一些"民风"本来不正的"民"进入党和国家公务员的队伍，再行补

---

①《论语·颜渊》。

课。在大力建设和繁荣中国特色的社会主义文化的过程中，应当始终把"民风"建设作为基础性的社会建设，常抓不懈，常抓常新；党风和政风建设主要不应当再是纠"民风"之偏和补"民风"之缺，而应当主要是在应有"民风"的基础上锦上添花。当然，在理顺这种逻辑关系的问题上，我们也要防止出现"文革"动乱期间那种把每个人都变为革命对象，都须挨上"斗资批修"大刀的错误做法。

再次，需要厘清社会道德意识形式的内在逻辑关系。这是一个较为复杂的学理问题，需要稍加展开。道德文明作为一种社会意识形式大体上可以分为属于道德经验的"伦理观念"和属于观念上层建筑的道德意识形态，这一点上文已经论及。"伦理观念"是在由"生产和交换的经济关系"演绎的"物质活动"中自发形成的，一个社会有什么样的"生产和交换的经济关系"及其"物质活动"就会有什么样的"伦理观念"，这种逻辑演绎过程是：有什么样的生产和交换关系及其实际的"物质活动"，就会顺其自然地形成什么样的伦理关系，随之也就会形成体认和维护这种伦理关系的伦理观念。如：小生产的生产和（极为有限的）交换关系及其实际的"物质活动"，形成了自力更生、自给自足的伦理关系，随之形成了体认和维护这种伦理关系的"各人自扫门前雪，休管他人瓦上霜"的伦理观念。在任何一个历史时代，与生产和交换的经济关系直接相关的"伦理观念"都是最基本因而也是最重要的道德意识形式，因而拥有最广大的"人民群众"，它以道德经验的形式伴随着生产和交换的实际过程，维护着生产和交换的基本的伦理关系和道德秩序。试想一下：若是没有"各人自扫门前雪，休管他人瓦上霜"的伦理观念和道德经验，能有中华民族几千年封建文明和社会稳定吗？没有发端于古希腊的商品交换及"竖立其上"的城邦民主以及后来资本主义市场经济崇尚的自由竞争，能有西方数百年来以公正公平为表征的近现代的资本主义的道德文明吗？实际上，就社会主义道德文明创建需要承接人类道德文明的优秀遗产而言，人类阶级社会的道德文明对于社会主义的道德文明的创建活动，最具有借鉴价值的就是它们各自时代的"伦理观念"和道德经验，而不是它们意识形态化了的主流价值观。在这个问题上，应当看到，承认和尊重"伦理观念"和道德经验，就是承认和尊重广大人民群众在道德文明创建活动中的主体地位。

一定历史时代的"伦理观念"和道德经验，经过当时代的文化精英特别是伦理学人的梳理、分析、加工和提炼，便成为观念形式的上层建筑——道德上的"特殊的意识形态"。在阶级社会里，这样的道德意识形式所体现的是道德上的"统治阶级意志"，其解构和建构后的规则形式就成为一定社会提倡的道德价值准则和行为标准体系，它在价值取向上与作为"伦理观念"和道德经验的道德意识形式相比，通常是"相左"的。西汉初年统治者之所以把儒学伦理文化推到"独尊"的地位，目的就是要用"推己及人"的儒学道德价值观遏制和改造"各人自扫门前雪，休管他人瓦上霜"的伦理观念和道德经验，将小农分散和带有无政府倾向的自私自利意识引向"大一统"的国家和民族意识，实现封建专制统治。资本主义有史以来之所以推崇宗教，鼓吹博爱，就是因为建立在垄断私有制基础上的公正和公平伦理与道德，本质上是反他人意识的个人本位主义，是垄断私有者的专利和专用话语。不难理解，站在道德社会意识形态的理论立场来看，认为"有什么样的经济关系就应当提倡什么样的道德"的看法，是不正确的，我们只能在"归根到底"的意义上来理解道德社会意识形态与经济关系的关系。中国实行改革开放和发展社会主义市场经济以来，一直有人要"为个人主义正名"，主张以个人主义代替集体主义，以为这就是坚持了历史唯物主义。这种不正确的看法的失误，就在于没有看到作为"特殊的社会意识形态"的道德意识形式与作为"伦理观念"和道德经验的道德意识形式之间的原则区别，没有认清两者之间的逻辑关系。而从另一面来看，也不可因强调道德意识形态的重要性而否认"伦理观念"和道德经验的人民性、群众性的普遍意义。

总而言之，今天肯定人民群众在道德文明创建活动中的主体地位，发挥人民群众在道德文明创建活动中的主体作用，就须在学理上充分肯定"伦理观念"和道德经验在道德社会意识形式体系中的地位和作用。也就是说，必须充分肯定直接产生于社会主义市场经济"生产和交换的经济关系"中并与社会主义市场经济直接相适应的"伦理观念"和道德经验——公平和正义。在这一理论的指引下，培育崇尚社会主义公平和正义的"民风"，以逐步养成用公平正义的观念评判和把握个人与社会集体的关系的社会主义新风尚。

历史唯物主义视野：传统美德及其承接的基本问题*

传统美德是现实社会道德发展与进步的逻辑基础，也是现实社会道德教育和道德建设的基本内容，因此，现实社会要推动道德发展与进步就不可不重视科学认识和把握传统美德及其承接的问题。改革开放以来，我国社会取得了辉煌成就和巨大进步，与此同时也出现了较为严重的"道德失范"及由此引发的"道德困惑"，这需要我们自觉地在历史唯物主义的视野里审视和把握传统美德及其承接的基本问题。

一、传统美德的评价标准

历史唯物主义认为，道德根源于一定社会的经济关系并对经济关系及"竖立其上"的整个上层建筑具有"反作用"，人们只有立足于一定社会的经济关系才能认识和把握道德的本质特性，发挥其应有的"反作用"价值。所谓美德，就是与一定社会的"生产和交换的经济关系"及"竖立其上"的物质形态的上层建筑包括其他观念形态的上层建筑相适应的优良道德，传统美德则是可以与现实社会的"生产和交换的经济关系"及"竖立其上"的物质形态的上层建筑包括其他观念形态的上层建筑的客观要求相

＊原载《光明日报》（理论周刊）2009 年 7 月 1 日。

适应的优良的传统道德。换言之，传统美德之"美"就在于它曾是历史上的优良道德，既能与历史上的社会经济和政治等上层建筑的建设与发展相适应，又能与现实社会的经济和政治等上层建筑的建设与发展进步相适应。虽然两种"相适应"存在时序上的差别，但却内含着质的同一性，可以在现实社会发展的进程中实现历史与逻辑的统一。"相适应"本质上内含着"决定"与"反作用"、历史与现实相统一的逻辑关系，因此是评判一种传统道德是否为"美德"的唯一科学的真理性标准。

由此观之，传统美德之"美"的价值有着两个显著的特点：一是永恒性，即内含永恒性的价值因子，这是其可为现实社会承接、成为现实社会道德进步的逻辑基础的内在根据。二是有限性，不仅适应度有限，而且适应对象和情境（范围）也有限，这是其（在现实社会的人们不能观其有限性的情况下）可能干扰现实社会新"伦理观念"生长和新道德意识形态建构、因而可能沦为妨碍现实社会道德进步的内在根由。以"推己及人"——"己所不欲，勿施于人"①"己欲立而立人，己欲达而达人"②"君子成人之美，不成人之恶"③为例，其"美"之价值的永恒性特质不言自明，而其有限性也十分明显：或缺了"己所不欲"也可（或也应）"施加于人"的道义标准、所涉之"人"没有区分不同"人"及不同伦理情境等特殊情况。概言之，传统美德之"美"的真谛在于其内含有限的道德真理。正因如此，对于特定的现实社会来说，任何传统美德都不能体现其普遍提倡和推行的道德价值标准和行为规范体系所体现的时代精神，更不可充当现实社会普遍实行的道德基本原则（如原始社会的平均主义、专制社会的整体主义、资本主义社会的个人主义），在社会处于变革时期尤其应当作如是观。这就要求现实社会的人们在理解和把握传统美德的评价标准的时候，一定要将其"美"的价值看成是永恒与有限的统一体。

---

①《论语·卫灵公》。

②《论语·雍也》。

③《论语·颜渊》。

二、传统美德的鉴赏价值与实用价值

从美学观念来看，美的事物通常含有可供鉴赏价值和可供实用价值两个部分，优良道德作为一种"社会美"的形式自然也是这样。纵观人类道德文明发展史的轨迹，相适应于现实社会的传统美德之"美"的价值（功能）大体上也可以划分为两种：可鉴赏性价值和可实用性价值。

可鉴赏的传统美德，一般为历史上特定时代的道德意识形态及由此推行和教化而形成的理想人格，体现的多是道德上的"统治阶级的意志"，具有超越当时代"生产和交换的经济关系"及其"伦理观念"的特性，多带有"政治道德"的特性。如中国封建社会的"天下"意识和"民本"主张——《礼记·礼运》描绘的"大道之行也，天下为公……是谓大同"、范仲淹抒发的"先天下之忧而忧，后天下之乐而乐"、孟子宣示的"民为贵，社稷次之，君为轻"①等，史上新兴阶级在为推翻旧政权建立新制度而发起的革命斗争（战争）中形成的"英雄诗篇"——古希腊《荷马史诗》中有关道德的叙述等，对于后时代来说都属于可鉴赏性的传统美德。可实用的传统美德，一般是历史上庶民阶级在生产和交换的过程中积淀和传承下来的"伦理观念"和道德经验，同时也包含经由道德意识形态教化而世俗化的道德心理和风俗习惯。在中国，前者如自力更生、勤俭自强、自给自足等，后者如友善邻里、同情弱者、助人为乐等。历史地看，传统美德中的可鉴赏价值多具有义务论的倾向，强调道德义务，漠视道德权利和自由；可实用价值则多具有明晰的道德权利和自由的价值倾向，主张道德责任。这两种传统美德的价值，对于任何一个现实社会来说都是不可或缺的。

每一个现实社会都需要可鉴赏性的传统美德引领和示范，更需要可实用的传统美德的普遍支撑和奠基，两者的有机统一构成一个国家和民族传统道德文明的特殊样式和道德国情的特殊结构与风格，为现实社会的道德

---

① 《孟子·尽心下》。

发展与进步提供逻辑基础。其间，可鉴赏部分因其崇高和先进而对全社会具有榜样和示范的价值；可实用部分因其散落和积淀在"庶民社会"，拥有最广泛的认同者和实践者，又与生产方式和生活方式密切相关而具有普遍适用的价值。任何现实社会的道德发展和进步，都既需要运用可鉴赏的传统美德肯定自己文明的过去，以维护和保持一种不可或缺的民族自豪和自尊的道德心态；也需要可实用的传统美德的普遍规约和推行，维护社会基本的道德秩序，以接种和催生产生于新的"生产和交换的经济关系"的新"伦理观念"，并在此基础上创新和建构当时时代的道德意识形态。

三、承接传统美德的基本理路

承接传统美德是一项复杂的系统工程，需要从认识和实践上厘清一些基本理路。

首先，正确理解和把握"传统美德"这一概念的本质内涵，明白这一概念本身所包含的承接之意——"承"之历史，"美"在现实。因此，当我们谈论传统美德时，伦理文化立场应是为现实社会的发展与进步服务，出发点应是适应现实社会发展与进步的客观要求。若是背离这种伦理文化立场和出发点，传统美德这一概念就不能成立，就成为一个虚假的命题。

其次，在两种意义上恪守传统美德与现实社会相适应的评价标准。在"归根到底"的意义上要促使传统美德与现实社会的"生产和交换的经济关系"及"竖立其上"的整个上层建筑的客观要求相适应，在直接的意义上要促使传统美德与产生于现实社会的"生产和交换的经济关系"的新"伦理观念"及由此建构的新的道德意识形态相适应。因此，承接传统美德的核心任务就是要揭示和阐明传统美德中具有永恒性质的价值因子，使其融会到现实社会提倡的道德价值标准和行为规范体系之中。这一方面要求现实社会高度重视传统美德的承接问题，另一方面要求现实社会不能把解决自己面临的"道德失范"和"道德困惑"的问题寄托在承接传统美德上面，更不可以承接传统美德替代现实社会的道德建设和道德进步。

再次，注重研究和弘扬中华民族传统美德包含"公平"的价值因子。当代中国社会正在大力推进社会主义市场经济，在这种"生产和交换的经济关系"及其"物质活动"中产生的"伦理观念"，以及在此基础上以超越的方式建构的新道德意识形态，应是社会主义的公平和正义的价值观念和标准，这是承接中华民族传统美德基本的文化立场和立足点。由此出发，我们应该注重承接具有公平和正义价值特性的传统美德。这需要做两个方面的工作：一是实行价值预设，以纠正传统美德的历史局限性；二是重新阐释传统美德。如对传统孝道，今天的提倡和推行应当按照这样的理路作出新的解释：孝在封建社会被不平等的专制统治政治化了，宗法化了，而其价值本义实则是公平——父母抚养我们长大成人，我们从小就应当养成孝敬父母的品性，否则是不公平的，违背了家庭伦理的基本道义。如此等等，只要我们恪守"相适应"的原则，就能够成功地进行承接。

历史唯物主义视野：应对道德领域突出问题的社会认知基础*

　　我国改革开放在取得辉煌成就包括人的思想道德观念的巨大进步的同时，也出现了诸多社会矛盾，包括以"道德失范"和"诚信缺失"为主要表征的道德领域突出问题，其危害集中表现在滋生片面的思想认识和消极的社会心态，干扰深化改革、推进中国特色社会主义现代化和实现伟大中国梦的进程。

　　为此，中共十八大报告在阐述"扎实推进社会主义文化强国建设"的战略布局中，作出"深入开展道德领域突出问题专项教育和治理"的重大工作部署。实施这项重大的社会建设工程，需要运用马克思主义哲学的"看家本领"①，纠正目前普遍存在的社会认知偏差，夯实应对当前道德领域突出问题的社会认知基础。

---

　　* 原载《马克思主义研究》2015 年第 3 期。原文题目为《历史唯物主义视野：开展专项教育和治理的社会认知基础》，收录此处作了一些修改。

　　① 国家社科基金重点项目"当前道德领域突出问题及应对研究"（13AZX020）的阶段性成果。2013 年 12 月 3 日，中共中央总书记习近平在主持政治局集体学习历史唯物主义基本原理和方法论时强调指出，要推动全党学习历史唯物主义基本原理和方法论，更好认识国情，更好认识党和国家事业发展大势，更好认识历史发展规律，坚定理想信念，坚持正确政治方向，提高战略思维能力、综合决策能力、驾驭全局能力，更加能动地推进各项工作。党的各级领导干部特别是高级干部要努力把马克思主义哲学作为自己的看家本领，团结带领人民不断书写改革开放历史新篇章。

一、运用社会基本矛盾的原理认知道德领域突出问题的必然成因

马克思在《〈政治经济学批判〉序言》中简练深刻地概括了社会基本矛盾及其运动的社会功效：这些生产关系的总和构成社会的经济结构，即有法律的和政治的上层建筑竖立其上并有一定的社会意识形式与之相适应的现实基础……社会的物质生产力发展到一定阶段，便同它们一直在其中运动的现存生产关系或财产关系（这只是生产关系的法律用语）发生矛盾。于是这些关系便由生产力的发展形式变成生产力的桎梏。那时社会革命的时代就到来了。随着经济基础的变更，全部庞大的上层建筑也或慢或快地发生变革。

中国历史上长期是一个以高度集权政治适应（控制）普遍分散小农经济的封建专制国家。与这种社会结构模式相适应的道德社会意识形式，是"大一统"的"天下意识"和"各人自扫门前雪，休管他人瓦上霜"的"小农意识"并存、并以前者为主导的双重价值结构。它作为一种道德文化传统，如同儒家"仁学"伦理文化那样源远流长①。19世纪中叶之后，中国曾一度沦为半殖民地半封建国家，在帝国主义殖民文化无孔不入的渗透之下，又在原有双重价值结构中滋生了盲目崇拜西方文明的民族自卑心理。这就使得中华民族的传统道德价值观，实际上是一种"天下为公""拔一毛以利天下而不为""外国的月亮比中国的圆"相混杂的多种价值观体系。

新中国成立后，一度实行高度集权的计划经济和政治。其间，思想观

---

① 一直以来，学界有种主流看法认为，中华民族的传统道德文化就是儒学仁学文化所主张的"推己及人"和"为政以德"，看不到它的双重结构及其根深蒂固之"小农意识"的另一面。不难理解，在今天改革开放和发展社会主义市场经济的历史条件下，诸如"各人自扫门前雪，休管他人瓦上霜""拔一毛以利天下而不为"的小农意识，在社会认知上是不可能与社会主义核心价值观发生认同的。这是贯彻党的十八大精神，"积极培育社会主义核心价值观""全面提高公民道德素质"所面临的最需要引起重视的挑战。

念和道德文化上受到"左"的思潮控制，除了"天下为公"观念被发挥到极致，其他元素的价值观都因被剥夺表现的机会，仅作为社会心理沉积在人们的"潜意识"之中。新中国的社会基本矛盾以一种"主要矛盾"——当家作了主人的人们日益增长的生活需要与落后的生产力、僵硬的生产关系的矛盾方式，也因此而被扭曲的道德意识形态遮蔽了起来，致使我们未能适时发现和运用社会基本矛盾运动推动新中国社会主义社会的建设和发展，也迟迟未能提出与之相适应的道德意识形式。

改革开放和社会主义市场经济，实质就是要揭示、激活新中国的社会基本矛盾，通过把握和驾驭基本矛盾运动的内在张力，改革旧的生产关系，解放生产力，特别是要释放广大劳动者长期被压抑的渴望改善物质生活的生产积极性与创造性，那些过去被遮蔽、掩饰而没有表现机会的非社会主义道德观念，也纷纷借机获得"解放"，释放和张扬其能量。这种解放和释放的内在张力具有两面性，既可以作为正能量的动力牵引和推动社会发展进步，也可能会成为破坏力阻碍和危害社会的发展进步，渐而演化为突出的道德问题。在历史唯物主义视野里，当前我国社会道德领域出现的以"道德失范"和"诚信缺失"为主要表征的突出问题，是改革开放和发展市场经济激活、推动社会基本矛盾运动的"副产品"，它是不以人们的主观意愿为转移的，具有某种必然性。

究竟如何尽可能地促使改革开放和发展社会主义市场经济激发正能量，最大限度地遏制其负能量的破坏力，取决于我们科学认识和把握新的历史条件下社会基本矛盾运动的特性，加以合理的调控。同时，也受人们对这种两面性的社会认知，因为这必定是一个需要"摸着石头过河"的探索过程。在这种过程中，如果人们对出现的诸如贪腐和食品药品安全之类的道德突出问题，缺乏应有的社会认知，感到"困惑"，甚至由此出现社会认知偏差，对执政党和国家大政方针产生片面看法和偏激情绪，那就势必不仅会妨碍应对道德领域突出的专项治理和教育，反而会"雪上加霜"，使得问题变得似乎"积重难返"。然而不少年来，我们的道德理论研究却缺乏与"摸着石头过河"相适应的学科自觉和探索精神，面对社会道德领域出现的问题，不能自觉运用唯物史观的方法论原理加以分析和说明，积极引导社会认知。

立足社会基本矛盾运动认知当前道德领域突出问题的必然性成因，要运用唯物史观的道德创生和意识形态的理论来认知当前道德领域出现的突出问题，实行道德批判与经济批判相统一的原则。道德根源于一定社会的经济关系，但是每一个社会提倡的道德都不是其实行的经济关系自然而然的产物。恩格斯说："人们自觉地或不自觉地，归根到底总是从他们阶级地位所依据的实际关系中——从他们进行生产和交换的经济关系中，获得自己的伦理观念。"①这里所说的"伦理观念"是伴随一定社会的"生产和交换的经济关系"自发产生的，并不就是一定社会倡导和推行的道德价值观念和行为准则。后者，作为一定社会的道德意识形态，是依据经济及"竖立其上"的整个上层建筑建设的客观要求，经过主流社会意识形态的"理论加工"而被创生出来的。马克思、恩格斯说："任何一个时代的统治思想始终都不过是统治阶级的思想。"②这就使得社会倡导和推行的道德的实质内涵必然是"统治阶级的思想"，体现统治阶级的道德意志。在一定的社会里，"伦理观念"多带有"轻视"乃至"忽视"上层建筑的自发倾向，社会倡导的道德作为一种特殊的意识形态则多表现出与"伦理观念"具有某种"相左"或"纠偏"的价值取向。为什么在弥漫着"各人自扫门前雪，休管他人瓦上霜"之"伦理观念"的小农经济社会里，封建统治者要大力倡导"仁者爱人""推己及人"的儒学伦理文化和道德标准，道理就在这里。同样之理，在今天大力推进市场经济建设的进程中，我们必须要在全社会大力倡导真心实意为人民服务和集体主义精神，认真学习和践行爱国、和谐、平等、公正、法治、诚信、友善等社会主义核心价值观，以此来纠正伴随市场经济自发产生的个性自由至上化、个人利益最大化以及以邻为壑等"伦理观念"及其所造成的社会危害性。由此观之，那种把"伦理观念"等同于社会提倡的主流道德、把经济与道德的关系"直译"

①《马克思恩格斯文集》第9卷,北京:人民出版社2009年版,第99页。
②《马克思恩格斯文集》第2卷,北京:人民出版社2009年版,第51页。

为"实行什么样的经济就倡导什么样的道德"的论调，其实是违背历史唯物主义的，在应对当前道德领域突出问题上势必会造成社会认知偏差。

历史地看，社会处于变革时期的道德领域都会出现突出问题。究其原因主要是，将自发产生于新型生产和交换的经济关系实际运行过程中的"伦理观念"，创生出适应于"竖立其上"的整个上层建筑和社会发展进步客观要求的道德意识形态，需要一个过程，而这个过程又会受到批判和继承本民族传统道德文化和异域文化的复杂影响。这就会使得这一过程总是要以"牺牲"某些传统美德为"代价"，一些旧道德会"乘虚而入"，致使"道德失范"和"诚信缺失"成为突出问题。如我国奴隶制向封建制过渡的春秋战国时期，政治伦理和人际伦理全面出现"礼崩乐坏"那样的突出问题；在中世纪政教合一的封建制度土崩瓦解时期，道德领域也曾出现人欲横流、极端利己主义风靡一时的突出问题等。虽然，当代中国改革发展和社会转型不同于那些变革时期，当前我国道德领域突出问题与历史上的道德领域突出问题也不可同日而语，但它们演绎的是同一种历史逻辑。当前我国道德领域突出问题，不过是"道德领域突出问题史"上的一个特例，是人类社会道德发展进步规律在当代中国社会上演"英雄史诗"的一个旋律。作如是观，面对道德领域突出问题，人们在社会认知上就不会感到"今不如昔"和"无所适从"，不会出现关于道德价值的"信仰危机"，失却道德建设和道德进步的信心，生发消极的社会心态和偏激的政治情绪，干扰国家和社会的稳定与和谐。

而实际情况是，面对社会变革道德领域出现突出问题，一些人就会出现社会认知的偏差，对此有的思想家也没有例外，身处启蒙时期的让·雅克·卢梭（1712—1778）就是这样的思想家。他在考察了人类不平等的起源与基础之后认为，人类"真正的青年期"是"野蛮"的蒙昧期，后来的种种进步，表面上看起来是使个人走向完善，但实际上却使整个人类走向堕落。他由此大发感慨道：人类已经老了，但人类依然还是个孩子。卢梭的这种"道德倒退"历史观，当时就受到伏尔泰辛辣的批评，称其《论人与人之间不平等的起因和基础》是主张回到"使我们变成野兽"的蒙昧时期。后来又被约翰·伯瑞嘲讽为是在鼓吹"一种历史倒退论",因为他认为社会发展是一个巨大的错误,人类越是远离纯朴的原始状态,其命运就越是不幸,文明在根本上是堕落的,而非具有创造性的。20世纪80年代中期以来,诸如卢梭的这种"倒退论"的消极心态在中国学界并不鲜见,作为一种社会认知偏差则更为普遍。这就说明,运用社会基本矛盾运动的原理来分析当前道德领域问题的必然性成因,并由此进而确立对道德发展进步客观规律的理性认识,是应对道德领域突出问题的一项首要的社会认知工作。

二、立足于"自然历史过程"的规律认知应对道德领域突出问题的客观过程

在历史唯物主义视野里,人类社会的发展进步不是线性运动,展现的不是直线轨迹,而是一种辩证扬弃的运动,展现的是一种"自然历史过程"。应对当前道德领域突出问题以推动道德的发展进步,无疑是要遵循这种总规律和总过程。这方面的社会认知,应当既不是急于求效,也不是无视其光明前景。

"自然历史过程"是马克思在《资本论》的序言中首先提出来的,他说:"我的观点是把经济的社会形态的发展理解为一种自然史的过程。"①1890年9月21—22日,恩格斯在给约瑟夫·布洛赫的信中描述社会发展轨迹呈现"自然历史过程"时,重申马克思在《路易波拿巴的雾月十八日》中关于"人们自己创造自己的历史,但是他们并不是随心所欲地创造,并不是在他们自己选定的条件下创造,而是在直接碰到的、既定的、从过去承继下来的条件下创造"②的历史唯物主义观点时指出:"我们自己创造着我们的历史,但是第一,我们是在十分确定的前提和条件下创造的。"这个"十分确定的前提和条件"就是一定的经济制度及"竖立其上"的政治

---

① 《马克思恩格斯文集》第5卷,北京:人民出版社2009年版,第10页。
② 《马克思恩格斯文集》第2卷,北京:人民出版社2009年版,第470—471页。

和法制上层建筑包括观念的上层建筑的事实基础。"第二，历史是这样创造的：最终的结果总是从许多单个的意志的相互冲突中产生出来的，而其中每一个意志，又是由于许多特殊的生活条件，才成为它所成为的那样。这样就有无数互相交错的力量，有无数个力的平行四边形，由此就产生出一个合力，即历史结果，而这个结果又可以看做一个作为整体的、不自觉地和不自主地起着作用的力量的产物。因为任何一个人的愿望都会受到任何另一个人的妨碍，而最后出现的结果就是谁都没有希望过的事物。所以到目前为止的历史总是像一种自然过程一样地进行，而且实质上也是服从于同一运动规律的。"①

科学理解社会发展这种"自然历史过程"的运动规律，要防止陷入"自然主义"的认知误区，即机械地将社会等同于自然、将社会历史等同于自然过程、将社会历史规律机械地等同于自然规律，从而将社会发展的"自然历史过程"解读为"自然而然"的自然过程，完全抹杀人在社会历史发展过程中的主体性地位与主导作用。有一本高校"马克思主义哲学基本原理"课程的教科书曾是这样阐释"自然历史过程"的："'自然历史过程'指：人类社会和自然界一样，都不是人的自由创造，而是物质的表现形式，是不依赖于人的意志的客观存在；人类社会和自然界一样，不是凝固不变的，而是处在经常地发展变化的过程中；人类社会和自然界一样，都有自身内在的由低级向高级发展的客观规律性。所以，人类社会同自然界的本质是一致的，是客观的、合乎规律的辩证发展过程。"②

恩格斯基于唯物史观描述的"平行四边形"的"自然历史过程"，是我们科学认识和把握人类社会历史发展的总规律和主要轨迹的最高范式，具有普遍的方法论意义，同样适合我们认知应对当前道德领域突出问题、推动道德发展进步的客观规律的重要方法论原则。理解和把握这一重要方法论原则的关键，就是要分析社会道德发展进步之"平行四边形"的"两

①《马克思恩格斯文集》第10卷，北京：人民出版社2009年版，第592—593页。

②上海市高校"马克思主义哲学基本原理"编写组：《马克思主义哲学基本原理》，上海：上海人民出版社1988年版，第223页。

边"及其整合和建构的"对角线"。

在今天，"两边"之一就是中国共产党作为执政党和社会主义国家关于应对道德领域突出问题的各项政策措施和推进思想道德建设的指导思想、战略部署和社会实践，它立足的是现实"前提和条件"，体现社会道德发展进步的逻辑方向，主导道德发展进步的实际过程。"两边"之二是"许多单个的意志"，它们多不是直线式反映社会道德进步的现实"前提和条件"，也不代表道德发展进步的逻辑方向。它的情况十分复杂。对道德发展进步的实际过程不能起到主导作用，在一些情况下甚至还可能会产生干扰的作用。可以说，在口头上，没有一个"单个意志"者不是反对道德领域突出问题的，而在社会认知上则不一定。其中，有些人可能缺乏应对道德领域突出问题的理性认识和实际行动，有的人还可能会在特定的伦理情境中与"携带"突出问题的人"同流合污"，或者自身就存在突出的道德问题。他们的"讲道德"其实只是"讲"道德。这两条"边"的较量，构成当代中国社会应对道德领域突出问题的实际内涵，其整合的"拉力——"合力"即"平行四边形"的"对角线"，展现的就是应对道德领域突出问题、推进道德进步的"自然历史过程"。

就是说，应对当前道德领域突出问题以推进道德发展进步的"自然历史过程"，有两点社会认知最为重要。其一，必须坚持道德建设的国家意志和社会理性的指导和主导，同时又要看到指导和主导意见并不就是道德发展进步本身，不能取代"许多单个的意志"，更不能以指导和主导的意见为标准来评判指导和主导意见科学正确与否，忽视将指导和主导意见转化为道德发展进步的实际功效本来就是一种"自然历史过程"，其间尚需经由教育和宣传的许多中间环节，如果直接用作评价标准，就会产生主观主义或唯意志论的社会认知偏差。其二，推进这种转化是每个"单个意志"者都责无旁贷的实际责任。面对道德领域突出问题，感到麻木不仁或仅表现出某种道德义愤，充当评论员而不能采取积极的实际行动，都是不可取的社会认知缺陷。

客观地看，应对当前道德领域突出问题的"自然历史过程"，也是创生适应新制度新体制的新伦理新道德的过程。在这个过程中必然会存在某种意义上的"道德风险",不可避免要经历"阵痛"。其逻辑走向能否最终产出新生儿,与能否形成这样的社会认知密切相关:承认并忍受"阵痛",勇于渡过"阵痛"难关、积极催生新生儿,在此前提下确立人人参与、"自己创造自己的历史"的道德治理观。这势必会是一个长期的过程。

三、依据"人们自己创造自己的历史"的实践观认知人民群众在应对道德领域突出问题中的主体地位

视人民群众为历史发展进步的主体力量和根本动力,是历史唯物主义的一个重要观点。马克思和恩格斯在他们合作的第一部著述《神圣家族》中说:"历史活动是群众的活动,随着历史活动的深入,必将是群众队伍的扩大"[①]。后来在《共产党宣言》中又指出:"过去的一切运动都是少数人的,或者为少数人谋利益的运动。无产阶级的运动是绝大多数人的,为绝大多数人谋利益的独立的运动。"[②]在迎接新中国诞生之前,毛泽东在《论联合政府》中指出:"人民,只有人民,才是创造世界历史的动力。"[③]

过去,我们理解历史唯物主义关于人民群众是历史的真正创造者这一基本原理的问题上,多局限在创造物质财富和推动社会变革的层面,这自然是无可厚非的。不过,仅仅做这样的理解又是不够的。这其实是在阶级对立和对抗社会里形成的一种解读范式,轻视以至忽视了广大人民群众在道德和精神文明创建活动中的主体地位和作用,故而是需要丰富和发展的。在人民群众当家作主的当代中国,广大人民群众不仅是创造物质财富和推动社会改革的主体、感受道德文明和精神生活的主要对象,也应是创造精神财富和道德生活的主体;在应对当前道德领域突出问题的道德建设实践中,不仅是接受道德教育和道德建设、也应是开展专项道德教育和

---

①《马克思恩格斯文集》第1卷,北京:人民出版社2009年版,第287页。
②《马克思恩格斯文集》第2卷,北京:人民出版社2009年版,第42页。
③《毛泽东选集》第3卷,北京:人民出版社1991年版,第1031页。

治理的主体力量。应对当前道德领域突出问题，固然需要人民当家作主的国家厉行法治，加强法律惩罚和道德教育的力度，但同时应当有这种广泛的社会认知：这些代表人民行使权力的举措不能代替人民群众的直接参与，国家的主导力量不能替代人民群众的主体力量。

中国几千年的封建专制统治，使得"治者"在国家管理和社会建设方面形成了"上智与下愚不移"的政治伦理观和道德教化观，以及由"治者"教化"被治者"的道德实践模式。这种旧传统的影响在当代中国依然存在，其表现就是缺乏相信和尊重群众的观念，不能自觉倾听群众的呼声、走群众路线，不重视动员、组织和依靠群众办大事，以至于背离群众心愿和认知、与群众"对着干"的霸道和弄权作风盛行，导致民怨随处可闻，失落"治者"在群众中的威望。而从道德水平的实际情况看，诸如贪污腐败之类的突出问题恰恰多发生在"治者"当中。在这种情势下，不能采取有效措施让人民群众切实参与应对道德领域突出问题的道德实践，只是让群众当"看客"和"评论员"，也就可能会在社会认知和社会心态层面上缺失广泛的群众基础。

理解和实践中共十八大关于"深入开展道德领域突出问题的专项教育和治理"的重大工作部署，需要在唯物史观指导下，在广大人民群众中形成"人们自己创造自己历史"的社会认知，确立人民群众应对道德领域突出问题的主体地位。"深入开展道德领域突出问题专项教育和治理"之"深入"，应作两种理解。一是针对形式主义而言，强调深入应对道德领域突出问题要深入到问题的内部，有针对性地提出教育和治理的方略，而要如此就要有解决问题的坚定性和彻底性。二是相对于"上层"而言，强调深入社会基层和广大人民群众，把应对当前道德领域突出问题的工作做扎实，使之具有广泛性和普遍性。这两层意思是相互关联的，要具有针对性，做到坚定和彻底，就必须做到广泛和普遍地动员和组织群众。由是观之，应对当前道德领域突出问题需要确立人民群众为主体的道德实践观。

长期以来，我们重视道德榜样的正能量，祈求以道德榜样的先进性影响其他人，这是无可厚非的。但是，若是笃信"榜样的力量是无穷的"，以为树立一个道德高尚的榜样就可以感动所有的人，以至于足以应对当前道德领域突出问题，因而就能够推动整个社会的道德进步，那就失之偏颇了。用康德的批判话语来说就是"总是喜欢用一种虚构的高尚动机来哄骗自己"，因为"事实上，即使通过最严格的省察，永远也不会完全弄清那隐藏着的动机"①。应当看到，局限于用道德榜样的示范作用来应对道德领域突出问题，实则是唯心史观在道德实践问题上的表现。这样说，并不是要否认道德榜样的示范作用，而是要强调不可以榜样示范来替代普遍的群众性道德实践。

在唯物史观视野里，社会生活本质上是实践的，而社会实践的主体从来都是人民大众，对社会道德生活的本质自然也应作如是观。关于道德生活的实践本质，道德哲学和伦理学等相关学科至今并没有给出一个引人关注的学理性界说，虽然实践哲学乃至实践智慧的研究已经成为一个世界性的理论"热点"，但是，这种研究至今仍然缺乏观照道德实践的理论自觉。这种缺陷表明，关于以人民群众为主体的道德实践的理论研究，其实还是一个有待耕作的荒地。存在这种缺陷的根本原因，是道德建设和道德实践中一直存在以主观愿望替代道德自身发展进步之客观规律的偏向，没有把思想上的合目的性需要与实践中的合规律性要求真正统一起来。由此，在应对当前道德领域突出问题的社会认知上，有必要特别强调"思想本身根本不能实现什么东西。思想要得到实现，就要有使用实践力量的人"②。

多年来，我们一直在坚持评选"道德模范""中国好人""感动中国人物"等精神文明创建活动。这些做法，作为群众性的道德教育和建设的实践活动体现了唯物史观道德原理的基本精神，是必要的。但也应当看到，仅有这种引导式的"正面教育"又是不够的。

实际上，就文明样式和实质内涵而言，道德实践历来是属于"实践力量"的广大人民群众的，极少数或个别的先进分子并不能真正代表社会和

---

① [德]伊曼努尔·康德：《道德形而上学原理》，苗力田译.上海：上海人民出版社2012年版，第407页。

② 《马克思恩格斯文集》第1卷，北京：人民出版社2009年版，第320页。

个人实际的道德水准、真正体现广大人民群众在道德实践中的主人翁地位，也不能真正调动广大人民群众在创建中国特色社会主义道德和精神文明建设中的主体作用。为此，要改造阶级对立和对抗社会中的道德建设的实践观，创建人民当家作主的中国特色社会主义的道德实践新模式。

余 论

在历史唯物主义指导下建构应对当前道德领域突出问题的社会认知基础，是一项极为重要的社会建设工程。推进这项工程建设，需要哲学伦理学立足中国道德国情实行与时俱进的理论创新，加强和改进道德和思想政治教育的道德宣传工作。

我国伦理学的理论研究自改革开放以来大体上经历了两个发展阶段。邓小平南方谈话发布之前，伦理学直面经济改革和发展过程中正在出现的"道德失范"和"诚信缺失"问题，围绕"爬坡"与"滑坡"和"代价"与否的中心话题，广泛开展"改革与道德"之逻辑关系的讨论，给当时的人们一种"实践理性"的警示。邓小平南方谈话发布之后，市场经济大潮快速汹涌起来，此前已经出现的"道德失范"和"诚信缺失"渐渐演化为道德领域的突出问题，给经济和整个社会建设与发展进步带来的危害也越发凸显出来。在此情势之下，伦理学干预社会生活的固有气派反而渐显沉默之势。不少伦理学人或者归因书斋，或者把解决中国问题所需理论祈求的目光转向西方，热衷于转述近代以来资本主义社会的道德哲学或伦理学的理论著述，如德性主义、社群主义等，却缺少"借他山之石，为我所用"的中国国情意识和理论自觉。

道德，就其本性和内在品格而论，历来是一种国情或国情的组成部分。它是一国一民族"实际存在的一切与道德有关的社会现象，包含道德社会意识形式、社会道德风尚和国民的风俗习惯，通常表现为国民的精神生活方式和精神生活需要"[①]。黑格尔在谈到民族的精神现象和精神生活

[①] 钱广荣：《中国道德国情论纲》，合肥：安徽人民出版社2002年版，第5页。

时曾指出："民族的宗教、民族的整体、民族的伦理、民族的立法、民族的风格，甚至民族的科学、艺术和机械的技术，都具有民族精神的标记。"①由此观之，应对当前道德领域突出问题的伦理学研究，需要在历史唯物主义基本原理和方法论原则的指导之下，立足中国道德国情实行理论创新。这种创新，在研究范式上应当是在实行"解构"性批判同时，力行"建构"性的建设，致力于应对当前道德领域突出问题的社会认知和实践理路与对策研究。

建构应对当前道德领域突出问题的社会认知基础，应加强和改进道德和思想政治教育工作，各种大众传媒应在黄金时间和版面安排这样的专题节目，让尽可能多的受众得到教育。从长远看，还应当让上述唯物史观指导下的社会认知进课堂，特别是高等学校道德和思想政治教育的课堂。

---

① [德]黑格尔：《历史哲学》，王造时译．北京：三联书店1956年版，第104页。

应对当前道德领域突出问题的唯物史观研究*

历史唯物主义是马克思的两大科学发现之一。在认识和把握伦理道德的问题上，唯物史观走出此前唯心史观仅拘泥于"优先逻辑"和抽象人性论的思维窠臼，将道德现象置于社会历史发展的长河之中，科学地揭示和描述了道德的起源、根源、本质、作用及历史发展的规律与轨迹，赋予道德理论以理论逻辑、实践逻辑与历史逻辑的内在统一性品格，从而使得历史唯物主义道德理论成为真正的道德科学。

2013年12月3日，中共中央总书记习近平在主持政治局集体学习历史唯物主义基本原理和方法论时强调，要推动全党学习历史唯物主义基本原理和方法论，更好认识国情，更好认识党和国家事业发展大势，更好认识历史发展规律，坚定理想信念，坚持正确政治方向，提高战略思维能力、综合决策能力、驾驭全局能力，更加能动地推进各项工作。党的各级领导干部特别是高级干部要努力把马克思主义哲学作为自己的看家本领，团结带领人民不断书写改革开放的历史新篇章。

我国改革开放和发展社会主义市场经济，在取得举世公认辉煌成就的同时，也出现了诸多社会问题，包括以"道德失范"和"诚信缺失"为表征的道德领域突出问题，其危害性已经引起全党和全国人民的高度关注。

---

* 原载《桂海论丛》2015年第1期。基金项目：国家社科基金重点项目"当前道德领域突出问题及应对研究"（13AZX020）。

在实施党的十八大报告作出的"深入开展道德领域突出问题专项教育和治理"的重大工作部署、书写"全面提高公民道德素质"之历史新篇章的过程中，我们同样需要运用历史唯物主义这个"看家本领"，科学认识当前我国道德领域突出问题的必然成因，理解应对当前道德领域突出问题是一种"自然历史过程"，广泛动员和组织广大人民群众开展专项教育和治理活动。

一、立足社会基本矛盾运动理解当前道德领域突出问题的成因

在历史唯物主义视野里，当前我国社会道德领域之所以出现突出问题，是改革开放和市场经济激活、推动社会基本矛盾运动的"副产品"，具有某种必然性。只要实行改革开放和发展社会主义市场经济，就必然会出现"道德失范"和"诚信缺失"之类的突出问题，这是不以我们的主观意愿为转移的。

中国历史上长期是一个以高度集权政治统摄（适应）普遍分散的小农经济封建专制国家，经济基础和上层建筑之间以普遍分散与高度集权相统的逻辑程式展现出来。这种社会结构模式，反映在观念的上层建筑领域便铸就了"大一统"的"天下意识"和"各人自扫门前雪，休管他人瓦上霜"的"小农意识"并存的双重结构的伦理道德价值观。它作为一种伦理文化传统，如同儒家仁学伦理文化一样"源远流长"。19世纪中叶之后，中国逐步沦为半殖民地半封建国家，在帝国主义殖民文化无孔不入的渗透下，又在原有民族传统文化的土壤上滋生了盲目崇拜西方文明的民族自卑心理。这就使得中华民族的传统价值观，实际上是一种"天下为公""拔一毛以利天下而不为""崇洋媚外"相混杂的多种价值观体系。

新中国成立后，一度实行高度集权的计划经济，政治思想观念与道德文化又受到"左"的思潮控制，除了"天下为公"观念被发挥到极致，其他元素的价值观都因被剥夺表现的机会而作为社会心理沉积在人们的"潜

意识"之中。新中国的社会基本矛盾表现为一种"主要矛盾",即当家做了主人的人们日益增长的生活需要与落后的生产力、僵硬的生产关系的矛盾,也因此而被扭曲的意识形态遮蔽了起来,致使我们未能适时发现和运用社会基本矛盾推动新中国社会主义社会的建设和发展。

在唯物史观视野里,改革开放和发展社会主义市场经济,实质就是要揭示、激活新中国的社会基本矛盾,通过把握和驾驭基本矛盾运动的内在张力,改革旧的生产关系,解放生产力,特别是要释放广大劳动者长期被压抑的渴望改善物质生活的生产积极性与创造性。不难理解,这种解放和释放的内在张力是具有两面性的,既可作为动力牵引和推动社会发展进步,也可能会成为破坏力阻碍和危害社会的发展进步。究竟如何,取决于我们科学认识和把握新的历史条件下社会基本矛盾运动的特性,加以合理的调控。不难理解,这必然是一个需要"摸着石头过河"的探索过程。在这种过程中,出现包括食品药品安全、党和政府部门公职人员的腐败问题,并不足为奇;人们在这些严重问题面前感到"困惑",由此产生诸多思想认识上的问题,使得一些问题因"雪上加霜"而变得似乎"积重难返",也不足为奇。然而,不少年来,我们的道德理论研究却缺乏与"摸着石头过河"相适应的学科自觉和探索精神,面对社会道德领域出现的问题,不能自觉运用唯物史观的科学方法加以分析和说明,通过主动积极的宣传和引导营造社会道德舆论的正能量。

立足社会基本矛盾运动分析和说明当前道德领域突出问题的成因,在理解上应把握两种基本的逻辑方法。从理论逻辑的方法来分析,要把握唯物史观的道德发生论。恩格斯说:"人们自觉地或不自觉地,归根到底总是从他们阶级地位所依据的实际关系中——从他们进行生产和交换的经济关系中,获得自己的伦理观念。"①立足于唯物史观的道德发生论来分析当前我国道德领域突出问题的成因,需要从历史和现实两个思维向度展开:一是如何传承根植于小农经济汪洋大海之中的中华民族传统伦理文化,二是如何创新自发产生于市场经济生产和交换关系的新"伦理观念"。在展

---

① 《马克思恩格斯文集》第9卷,北京:人民出版社2009年版,第99页。

开两种向度的思辨考量中理解当前道德领域突出问题深层成因的必然性和复杂性，培育科学认识道德领域突出问题的社会认知心理，创建适合当代中国改革和发展的中国特色社会主义道德价值体系。为此，要切忌将简单化或庸俗化的思维方式，或者简单地全盘继承中华民族传统伦理文化，或者简单地套用生长在资本主义市场经济基础上的西方价值观。

从历史逻辑来分析，要在全社会宣传唯物史观的道德发展观。历史地看，社会处于变革时期的道德领域都会出现突出问题，这一过程的实质就是要以"牺牲"某些传统美德为"代价"，呼唤和创新适应社会变革和建设客观要求的新道德。如我国奴隶制向封建制过渡的春秋战国时期，政治伦理和人际伦理全面出现"礼崩乐坏"那样的突出问题；在中世纪政教合一的封建制度土崩瓦解时期，道德领域也曾出现人欲横流、极端利己主义风靡一时的突出问题，等等。虽然，当代中国改革发展和社会转型不同于那些变革时期，当前我国道德领域突出问题与历史上的道德领域突出问题也不可同日而语，但它们演绎的是同一种历史逻辑。当前我国道德领域突出问题，不过是"道德领域突出问题史"上的一个特例，是人类社会道德发展进步规律在当代中国社会上演"英雄史诗"的一个旋律。作如是观，人们就没有必要感到"今不如昔"和"无所适从"，自然也就不会因出现道德领域问题突出而淡化和失落对于道德价值应有的理想与信念，甚至生发和散布不良的政治情绪，直至做出激化社会矛盾、影响社会和谐的不文明事情来。

由此看来，运用唯物史观的基本原理分析和认识当前我国社会道德领域突出问题的成因，是一种必须的方法论选择。由此出发，才能使党的十八大关于"深入开展道德领域突出问题的专项教育和治理"的重大工作部署具备必要的思想认识的前提和基础。

二、应对道德领域突出问题的道德进步是一种"自然历史过程"

在历史唯物主义视野里，人类社会的发展进步不是线性运动和直线轨迹，而是一种辩证的扬弃运动和"自然历史过程"。应对我国当前道德领域突出问题推动道德进步，无疑也是这样的"自然历史过程"，既不应急于求效，也不应看不到其光明前景。

1890年9月21—22日，恩格斯在给约瑟夫·布洛赫的信中描述社会发展轨迹呈现"自然历史过程"时指出："我们自己创造我们的历史，但是第一，我们是在十分确定的前提和条件下创造的。"这个"十分确定的前提和条件"就是一定的经济制度及"竖立其上"的政治和法制上层建筑包括观念的上层建筑的事实基础。"第二，历史是这样创造的：最终的结果总是从许多单个的意志的相互冲突中产生出来的，而其中每一个意志，又是由于许多特殊的生活条件，才成为它所成为的那样。这样就有无数互相交错的力量，有无数个力的平行四边形，由此就产生出一个合力，即历史结果，而这个结果又可以看做一个作为整体的、不自觉地和不自主地起着作用的力量的产物。因为任何一个人的愿望都会受到任何另一个人的妨碍，而最后出现的结果就是谁都没有希望过的事物。所以到目前为止的历史总是像一种自然过程一样地进行，而且实质上也是服从于同一运动规律的。"①

恩格斯在这里基于唯物史观描述的"自然历史过程"，是我们科学认识和把握人类社会历史发展的总规律和主要轨迹的最高范式，具有普遍的方法论意义，同样适合我们理解应对当前道德领域突出问题、开展专项教育和治理的实际过程。

在这个问题上，重要的是要客观认知当代中国社会道德发展进步之"平行四边形"的"两边"，在此基础上理解它的"对角线"。"两边"之一

①《马克思恩格斯文集》第10卷，北京：人民出版社2009年版，第592—593页。

是"许多单个的意志"，它们多不是直线式反映社会道德进步方向的现实"前提和条件"，其间的具体情况十分复杂，很多"单个意志"者是反对道德领域突出问题的，却又可能在特定的伦理情境中与"携带"突出问题的人"同流合污"。不仅如此，有些"单个意志"者自身就"携带"着道德突出问题，它们的"讲道德"其实只是要求别人的。"两边"之二是中国共产党作为执政党和社会主义国家关于道德建设的指导思想、战略部署和实际行动，它立足的是现实"前提和条件"，体现社会道德进步的逻辑方向。这两条"边"的较量构成当代中国社会应对道德领域突出问题的实质内涵，其所整合的"拉力"所形成的"合力"即"平行四边形"的"对角线"，就是道德进步展现的"自然历史过程"。立足于唯物史观关于"自然历史过程"的方法论原理来看待应对当前道德领域突出问题，就是要通过加强"专项教育和治理"等道德建设活动来增强其"平行四边形"的"合力"，使其铺设的"自然历史过程"朝着有助于推动社会道德进步的方向拓展和延伸。为此，需要从三个方面加强和改进道德建设工作。

首先，要加强道德宣传的舆论工作，在全社会普及道德进步是一种"自然历史过程"的唯物史观的道德进步观，淡化和消解目前普遍存在的消极等待的社会心态，引导人们以实际行动表达自己的"单个意志"，积极主动地参与应对当前道德领域突出问题的道德建设活动。

历史地看，每逢社会变革时期，面对道德领域出现突出问题，社会上都会有出现"今不如昔"的消极心理和悲观情绪，甚至有的大师级思想家也不例外。例如，卢梭在考察了人类不平等的起源与基础之后认为，人类"真正的青年期"是"野蛮"的蒙昧期，后来的种种进步，表面上看起来是使个人走向完善，但实际上却使整个人类走向堕落。他由此大发感慨道：人类已经老了，但人类依然还是个孩子。卢梭的这种"道德倒退"历史观，当时就受到伏尔泰辛辣的批评，称其《论人与人之间不平等的起因和基础》是主张回到"使我们变成野兽"的蒙昧时期。后来又被约翰·伯瑞嘲讽为是在鼓吹"一种历史倒退论"，因为他认为社会发展是一个巨大的错误；人类越是远离纯朴的原始状态，其命运就越是不幸；文明在根本上是堕落的，而非具有创造性的。20世纪80年代中期以来，诸如卢梭的这种"倒退论"的消极心态在中国学界并不鲜见。由此看来，在全社会普及应对当前道德领域突出问题和推动道德进步是一种"自然历史过程"的唯物史观，作为当代道德建设一项重大的举措是十分必要的。

其次，要加强道德意识形态建设，创建适应中国特色社会主义现代化的道德理论意识形态体系。道德作为一种特殊的社会意识形态属于观念上层建筑范畴，在社会变革和新制度初创时期，需要经由一种"理论加工"的升华过程。"自然而然"产生于一定社会的生产和交换关系中的"伦理观念"，尚不属于道德意识形态范畴，唯有运用唯物史观的方法论原理给予"理论加工"才能升华为道德意识形态，进入上层建筑体系，反映一定经济关系的客观要求并展现其适应（"反作用"于）经济关系的功能。因此，将道德与经济的关系"直译"式地解读为"实行什么样的生产和交换关系就倡导什么样的道德"，并不合乎唯物史观的道德理论。作为观念的上层建筑，道德要与一定社会的经济关系"相适应"，不可简单地被解读为"相一致"。

实际情况是，创新的道德意识形态在"相适应"的意义上一般都具有"相左"于"伦理观念"的特质。如中国传统儒学倡导的以"仁者爱人"为核心——"己所不欲，勿施于人"①"己欲立而立人，己欲达而达人"②"君子成人之美，不成人之恶"③等，在社会道德价值取向上与"各人自扫门前雪，休管他人瓦上霜"之类的小生产者的"伦理观念"，就是"相左"的。垄断资本私有制基础上自发形成的"伦理观念"，如同霍布斯说的那样是人对人之间关系像"狼"的观念、"战争观念"。然而，近代以来资本主义社会一直在倡导"合理利己主义"，包括其在《新教伦理与资本主义精神》和《正义论》中得到马克斯·韦伯和罗尔斯重新阐释的现代形态，本质上都是与极端利己主义"相左"的，或者说具有"相左"的价值特

①《论语·卫灵公》。

②《论语·雍也》。

③《论语·颜渊》。

性。这就是说，"相适应"遵循和恪守的是道德与经济之间的辩证逻辑，旨在加强"平行四边形"之立足于现实"前提和条件"的"边"，促使"对角线"朝着有助于道德发展进步的方向拓展。

创建适应中国特色社会主义现代化的新的道德意识形态体系，应与科学解读社会主义核心价值观结合起来。党的十八大提出的"倡导富强、民主、文明、和谐，倡导自由、平等、公正、法治，倡导爱国、敬业、诚信、友善"的社会主义核心价值观，是内含丰富的道德价值观。其中的"文明""和谐""爱国""敬业""诚信""友善"，乃至"自由""平等""公正"等，都是典型的社会主义道德观范畴，需要在传承中华民族传统美德的基础上，吸收西方相关伦理文化的有益成分，结合中国特色社会主义现代化建设的实际需要，进行道德意识形态的理论创新。这就决定了中国特色社会主义道德意识形态的创建过程，势必要经历新旧道德理论交锋与交融、磨合与洗礼、淘汰与新生的对接和较量，是一种需要实实在在地必须经历的"过程"。

最后，要加大专项教育和治理的力度。众所周知，道德领域突出问题多属于明知故犯、既违背道德又违背法律乃至犯罪的"低级错误"，所谓专项教育和治理就是要有针对性地遏制和打击——"抑恶"。因此，应对当前道德领域突出问题的主要方式不应是"正面讲道理"，如"什么是道德"和"道德的社会功能"等，而应是"反面教育"或"问题教育"，讲明道德领域突出问题的表现及其对于国家、社会和个人的危害性。这就是说，实行"反面教育"或"问题教育"的目的是"讲正面道理"。要重视在"反面教育"或"问题教育"的过程中"讲正面道理"，这应是专项教育的基本模式。专项治理的主要手段无疑必须是惩治，通过惩治来遏制当前道德领域突出问题泛滥的势头。为此，运用法治加大惩治和打击的力度，是十分必要的。

党的十八大作出"深入开展道德领域突出问题的专项教育和治理"的重大工作部署以来，通过厉行"八项规定"和反对"四风"，坚持"打老虎"和"拍苍蝇"，严惩国家公务和生产经营活动中的违法违规行为，道德领域突出问题现象受到迎头遏制。但同时也应看到，从根本上解决道德领域突出问题、推动道德进步是一种"自然历史过程"。

不难理解，这种"自然历史过程"是适应新制度新体制的新伦理新道德精神的生长和诞生的过程，不可避免要经历"阵痛"，承担某种意义上的"道德风险"。能否合乎历史逻辑地产出新生儿，取决于我们在应对道德领域突出问题、加强道德建设的基本理路上确立什么样的道德实践观。

三、确立人民群众为主体的道德实践观

笔者认为，党的十八大关于"深入开展道德领域突出问题的专项教育和治理"重大工作部署之"深入"，应有两层意思：一是针对形式主义而言，强调深入到突出问题的内部，深入研究问题生成的深层原因，有针对性地提出教育和治理的方略，而要如此就要有解决问题的坚定性和彻底性；二是相对于"上层"而言，强调深入社会基层和广大人民群众，把应对当前道德领域突出问题的工作做扎实，使之具有广泛性和普遍性。这两层意思是相互关联的。要具有针对性，做到坚定和彻底，就必须做到广泛和普遍地动员和组织群众。由是观之，应对当前道德领域突出问题需要确立人民群众为主体的道德实践观。

在唯物史观视野里，人民群众是社会历史的创造者和实践主体。过去，我们理解这一基本原理，多局限在创造物质财富和推动社会变革的层面，这自然是无可厚非的。不过也应同时看到，这种解读范式是在阶级对立和对抗社会里形成的，它轻视以至忽视了广大人民群众在道德和精神文明创建活动中的主体地位和作用，因而也需要丰富和发展。在人民群众当家作主人的当代中国，广大人民群众不仅是创造物质财富和推动社会改革的主体，也应是创造精神财富和道德生活的主体；不仅是接受道德教育和参加道德建设、感受道德文明和精神生活的主要对象，也应是开展专项道德教育和治理的主体力量。应对当前道德领域突出问题，固然需要人民当家作主的国家加强道德教育和法律惩罚的力度，但是，这些代表人民行使

权力的举措不能代替人民群众的直接参与，国家的主导力量不能替代人民群众的主体力量。

中国两千多年的封建专制统治，使得"治者"在国家管理和社会建设方面形成了"上智与下愚不移"的政治伦理观，以及由"治者"教化"被治者"的道德实践模式。这种旧传统的影响在当代中国依然存在，其表现就是缺乏相信和尊重群众的观念，不能自觉倾听群众的呼声、走群众路线，动员、组织和依靠群众办大事，以至于与群众"对着干"的霸道和弄权作风盛行，导致民怨随处可闻。而从道德水平的实际情况看，诸如贪污腐败之类的突出问题恰恰多发生在"治者"当中。在这种情势下，不能采取有效措施让人民群众切实参与应对道德领域突出问题的道德实践，只是让群众当"看客"和"评论员"，也就可能会在社会心态层面上缺失广泛的群众基础。

长期以来，我们重视道德榜样的正能量，祈求以道德榜样的先进性影响其他人，这是无可厚非的。但是，若是笃信"榜样的力量是无穷的"，以为树立一个道德高尚的榜样就可以感动所有的人，以至于足可以应对当前道德领域突出问题，因而就能够推动整个社会的道德进步，那就大失偏颇了。殊不知，这种叙事性的浪漫伦理情怀，其实是缺乏实事求是的客观态度和思辨精神的。用康德的话来说就是"总是喜欢用一种虚构的高尚动机来哄骗自己"，因为"事实上，即使通过最严格的省察，永远也不会完全弄清那隐藏着的动机"①。在笔者看来，局限于用道德榜样的示范作用来应对道德领域突出问题，实则是唯心史观在道德实践问题上的表现。这样说，并不是要否认道德榜样的示范作用，而是要强调不可以榜样示范来替代普遍的群众性道德实践。

在唯物史观视野里，社会生活本质上是实践的，而社会实践的主体从来都是人民大众，社会道德生活的本质自然也应是这样。何谓道德实践？道德哲学和伦理学等相关学科至今并没有给出一个引人关注的学理性界

① ［德］伊曼努尔·康德：《道德形而上学原理》，苗力田译．上海：上海人民出版社2012年版，第407页。

说，虽然实践哲学乃至实践智慧的研究已经成为一个世界性的理论"热点"，但是，这种研究至今仍然缺乏观照道德实践的理论自觉。这种缺陷表明，关于以人民群众为主体的道德实践的理论研究，其实还是一个有待耕作的荒地。存在这种缺陷的根本原因，实际上是以主观愿望替代道德自身发展进步之客观规律的偏向，是没有把合目的性需要与合规律性要求真正统一起来。

实际上，就文明样式和实质内涵而言，道德实践历来是属于广大人民群众的，极少数或个别的先进分子并不能真正代表社会和人实际的道德水准，真正体现广大人民群众在道德实践中的主人翁地位，也不能真正调动广大人民群众在创建中国特色社会主义道德和精神文明建设中的主体作用。为此，要改造阶级对立和对抗社会中的道德建设的实践观，创建人民当家作主的中国特色社会主义的道德实践新模式。

多年来，我们一直在坚持进行评选"道德模范""中国好人""感动中国人物"等精神文明创建活动。这些做法，作为群众性的道德教育和建设的实践活动体现了唯物史观道德原理的基本精神，是必要的。但也应当看到，仅有这种引导式的"正面教育"又是不够的。与此同时还应有群众性的道德治理活动，包括惩戒式的"反面教育"。

四、组织人民群众开展"专项教育和治理"的道德活动

发动、动员和组织广大人民群众开展"专项教育和治理"活动，是应对当前道德领域突出问题的主要方式和必由之路。

其一，要采取多种形式让人民群众直接参与"专项教育"活动，从中接受教育。中国共产党在领导血与火的革命战争年代，一直坚持开展思想政治工作，进行道德教育。毛泽东在当时曾就此发表过一系列的战斗式檄文，如《纠正党内错误思想》《反对自由主义》等。那时所针对的"错误思想"和"自由主义"其实多是小生产者民众带进党组织和革命队伍内部的，开展的教育包括整风式教育具有某种"纠偏"和"补课"的性质。如

今时代不同了，我们完全有条件抓住"专项教育和治理"的契机，开展群众性的思想道德教育和政治教育。这一方面有助于将党的十八大提出的"全面提高公民的道德素质"的要求落到实处，另一方面能够让公民中的一部分先进分子在未进入党组织和国家公务员队伍之前就能受到相关的教育和训练。比如，可以在基层举办形式多样的"道德领域突出问题专项教育和治理"展览，组织民众参观。再如，一些地方举办官员贪腐犯罪的教育展览，在组织其他官员参观以接受教育的同时，也可以组织群众代表参观。这样，可以让民众看到执政党反腐倡廉的决心和智慧、新的社会历史条件下滋生道德领域突出问题的特点，使警钟长鸣天下，让更多的人受到教育。在一定意义上可以说，唯有立足于全面提高公民思想道德和政治素质，才能从根本上应对当前道德领域突出问题，实行从严治党和依法治国。

其二，把专项道德教育与道德治理结合起来。道德教育和道德治理是两个相互关联的不同概念，内涵上相互包容渗透、相辅相成、相得益彰。道德治理的实质内涵和关键要素在于"治"，重在遏制和矫正恶行，充分发挥道德"抑恶"的社会作用。从道德治理角度看，道德教育也是一种治理，"抑恶"不能离开道德教育。从道德教育角度看，道德治理本身也是一种教育，道德教育不能仅仅是"扬善"——"正面说"，而没有"抑恶"——"反面说"。道德治理和道德教育都是道德建设的题中之义，都需要通过道德建设的各种方式和途径来展开和推进[1]。让人民群众直接参与"专项道德治理"活动，旨在形成一种"群起而攻之"的舆论环境和正能量，迎头遏制突出问题泛滥的势头。因此，不能让群众置身于应对当前道德领域突出问题之外，仅是充当看客和评论员。当然，也不可像"文化大革命"动乱时期那样发动群众斗群众，搞"大批判"。在做法上，应因地制宜、广泛开展群众性的"道德学习"活动。如：在道德问题突出的生产经营企业，可以组织员工开展检讨和批评；在"虎患"突出的地区和部门，可以组织普通公务员开展反思性批评，总结教训；在师德师风问题突

---

[1] 钱广荣：《道德治理的学理辨析》，《红旗文稿》2013年第13期。

出的学校，可以组织教师开展专业性的专题讨论，如此等等。过去每周例行的"政治学习"，由于受"左"的思潮支配而流于形式，必须加以改进和完善，但并不能因此而否定一切群众性的"道德学习"制度。

其三，要立足于长远，组织青少年参与"专项教育和治理"活动，使他们了解党的十八大关于"深入开展道德领域突出问题的专项教育和治理"的基本精神，作为"后备军"从中接受教育。青少年参与"专项教育和治理"活动的主渠道应是课堂教学。基础教育阶段的思想品德和思想政治课程、高校的思想政治理论课都应增加应对当前道德领域突出问题的内容、贯彻理论联系实际的教学原则，引导学生了解社会道德问题，运用唯物史观的方法论原理正确认识社会道德问题，确立应对道德领域突出问题的社会责任感。学校的道德教育，尤其是高校课堂形式的道德教育应有"问题意识"，纠正只是"正面灌输"道德知识的片面性，引进社会道德问题，开展"问题教学"，把"正面教育"与"反面教育"——"问题教育"结合起来。

其四，改进和优化大众传媒，充分发挥大众传媒在人民群众应对道德领域突出问题中的舆论导向和监督作用。所谓大众传媒，一般是指报纸、广播、电视、杂志、图书、电影、网络等媒体，其中又以报纸、广播、电视的影响最为大众化。毋庸讳言，如今一些大众传媒本身存在庸俗、低俗、媚俗的道德问题，有的甚至目无法度，随意侵犯他人的人格尊严，直至批评、攻击我国社会主义制度。诚然，后者或许不失为一种"媒体监督"，但笔者以为，这种"小字报上网"的"民主"与"自由"，在某种程度上恰似"文革"期间"大字报上墙"的"大民主"和无政府主义，是对社会主义民主与自由的亵渎，并没有真正体现广大人民群众当家作主的意志，它所释放的主要不是正能量而是负能量，于应对道德领域突出问题的"专项教育和治理"不但无益，反而有害。

大众传媒应充分反映广大人民群众在应对当前道德领域突出问题、开展"专项教育和治理"上的主人翁要求和主体作用。为此，大众传媒需要在人民群众监督下实行治理和改进。从应对当前道德领域突出问题的"专项教育和治理"的实际需要看，大众传媒特别是电视、广播和报纸，应在黄金时段或版面，郑重地面向人民大众宣传应对当前道德领域突出问题之唯物史观的相关内容，引导民众以科学的认识和健康的心态应对道德领域的突出问题，并对此实行有效管理。

五、结语

实行改革开放以来，中国共产党高度重视运用历史唯物主义的方法论原理分析和阐述中国特色社会主义现代化建设面临的道德问题和挑战，提出相应的战略性对策。如党的十四届六中全会通过的《中共中央关于加强社会主义精神文明建设若干重要问题的决议》提出道德建设要把先进性要求与广泛性要求结合起来的指导原则；党的十六大报告提出"建立与社会主义市场经济相适应、与社会主义法律规范相协调、与中华民族传统美德相承接的社会主义思想道德体系"的指导方针；党的十六届六中全会作出并通过《中共中央关于构建社会主义和谐社会若干重大问题的决定》等。虽然关于唯物史观的课堂知识传授一直在坚持、学术研究也曾一度显得很活跃，然而，在全社会倡导和普及历史唯物主义的方法论原理，我们做得还很不够，致使如今不少人对中国共产党的这种"看家本领"已经很生疏，不能据此来看待当代中国社会的改革与发展及其进程中出现的问题包括道德领域突出问题。在这种情况下，有必要在全社会强调和普及："历史唯物主义的真实核心、从而历史唯物主义作为历史科学方法论的根本要义就在于：充分而彻底地把握住客观的社会现实，并在此基础上描述人类的历史运动，来理解各种各样的历史事变和历史现象。"①

应对当前我国道德领域的突出问题，为在全社会倡导和普及历史唯物主义的方法论原理和基本原则，推动当代中国社会道德发展进步，提供了极佳的现实机遇。在这种情势下，道德哲学和伦理学应当主动担当自己的

---

① 孙麾、吴晓明：《唯物史观与历史评价——哲学与史学的对话》，北京：中国社会科学出版社2009年版，第3页。

学科使命，实行理论与方法创新。

中国伦理学惯以"显学"自诩，但在市场经济以不可阻挡之势的大潮形成之后，面对越发严重的"道德失范"和"诚信缺失"问题，却渐渐失落干预和引领现实生活的固有气派，不少伦理学人开始失语或归隐"自娱自乐"的书斋，或者热衷于转述西方著述。马克思恩格斯在《德意志意识形态》中基于"新的历史观"指出，"这个市民社会是全部历史的真正发源地和舞台"①；进而又以狭义的资本主义市民社会的"世界市场的存在为前提"指出："人们的世界历史性而不是地域性的存在同时已经是经验的存在了"，"无产阶级只有在世界历史意义上才能存在，就像共产主义——它的事业——只有作为'世界历史性的'存在才有可能实现一样"②。不难理解，这种"世界历史意义"是双向的，如果采"他山之石"不是"为我所用"，而仅是要在本土垒砌"他家之墙"，那就不合历史逻辑了。中国伦理学的理论研究和建设，唯有遵循唯物史观的"看家本领"，找准自己的立足点、出发点和意义主题，才可能会大有作为，成为一门真正的"显学"。

①《马克思恩格斯文集》第1卷,北京:人民出版社2009年版,第540页。
②《马克思恩格斯文集》第1卷,北京:人民出版社2009年版,第538—539页。

第二编 道德建设的基本理路与方法

道德建设论要[*]

改革开放二十多年来，道德建设已经成为中国社会实践的基本方式之一，成为中国人理论思维的重要概念和日常精神生活用语。但是，在中国权威的辞书和伦理学的专门工具书里，却找不到道德建设的词条。近几年出了一些专论道德建设的著作，也没有对道德建设的特定涵义作出界说，很少涉及道德建设的特定内涵和特殊规律问题。然而，道德建设是一个有着自己特定含义及范畴体系的认识和实践领域，目前对此进行全面的分析、研究和阐发的时机已经成熟。与时俱进地从事关于道德建设的研究工作，对于全面认识和把握道德建设的特定内涵和特殊规律，规范和指导中国的道德建设，具有重要的理论和现实意义。

一

道德，不论是作为社会意识形式的道德规范和价值标准、个人素质的道德品质或德行，还是作为两者的现实表现形式的社会道德风尚，从来都不是自然生成的，而是人的实践的产物。在人类道德文明发展史上虽然从来没有道德建设一说，但推动道德进步的社会实践活动却从来没有停止过。

＊原载《道德与文明》2003 年第 1 期。

道德作为一种社会的精神理性，首先是以传统观念和习俗文化的形式而存在的。对于现实社会的客观需要来说，这些东西既有适应的成分也有不适应的成分，自觉的人们会承认、接受和遵循适应现实社会需要的传统，规避不适应的传统，不自觉的人们则不然，这就使得传统道德对现实社会人们的影响具有不确定性。如果没有道德建设这个必要的环节，那么传统道德对现实人们究竟发生何种影响只能全凭人们的自觉。

现实社会的道德理性，一般是通过社会提倡和推行的道德规范体系表现出来的，而道德规范总是以广泛渗透的方式存在于其他社会规范形式和人的思维活动中，其独立形式只具有相对的意义，在社会规范系统中从来不存在什么"纯粹"意义上的道德规范。这一方面表明其他社会规范形式的价值实现离不开道德的参与和支持，另一方面也表明，道德只有通过其他社会规范形式的价值实现活动才能发挥自己应有的作用。如"敬业奉献"如果离开职业纪律和操作规程方面的规范，"办事公道"如果离开公务员的政治准则，就都失去了各自存在的依据和价值实现的途径。就是说，道德"渗透"式的存在方式，决定着其价值实现的途径必定是"搭车"式的，这是道德规范的特点和优势，也是其弱势所在。所以，一个社会如果没有形成承认和保护道德规范的机制，道德规范及其体系就会形同虚设。

道德作为社会的精神理性最终表现为特定的道德关系，也就是人们通常所说的道德风尚，如家庭中的家风、学校中的校风、职业部门中的行风、公务员活动中的政风、公共生活领域里的社会风气，等等。道德关系是思想的社会关系的基本形式之一，其形成与道德规范相关却不仅仅是道德规范使然，道德规范只是道德的价值可能，道德关系才是道德的价值事实。追求道德的价值事实，营造某种道德风尚，正是有史以来人类社会道德建设的根本宗旨和最终目标，它的实现不能仅仅诉诸道德规范及其体系的完善，而要依靠促使道德规范的价值可能转化为道德价值事实的道德建设工程。这是人类道德文明发展史的规律，也是人们道德生活的基本经验。

在个体的意义上，道德表现为人的"德性"。在人的发展进步和人的精神生活的意义上，个人的"德性"本身就是一种道德价值事实，同时它又是道德规范实现其价值、形成一定的道德关系或道德风尚的基础。个人的"德性"的形成是个体对于社会道德规范要求实行内化的过程，即"外得于人，内得于己"。道德建设的着眼点就是要促使这一过程的实现，以改造和提升人们的"德性"。那么这一过程是怎么出现的？传统的解释方式是依靠主体的自觉性，主体自觉性的形成依靠的是社会的道德教育。这种解读方式，在学理上是没有任何问题的。但是实际的问题是，主体的自觉性是逐步形成的，已经形成的自觉性又总是有限的、可变的，因此接受道德教育应当是终生的；而我国现在的道德教育在许多地方早已落空，或者流之于形式，或者失之于科学，不仅与改造和提升人们的"德性"无益，反而在有些情况下还在起着某种反面作用，而面对这种情况人们又似乎束手无策。这表明，在主体对社会的道德规范要求实行内化以形成相应"德性"的过程中，仅依靠主体的自觉性是靠不住的，必须进行个体意义上的道德建设，也就是说要加强道德教育和道德修养。

二

道德建设是一种系统工程，起点是关于道德的理论建设问题。理论建设是道德进步的先导因素，这个道德建设的前提条件却往往被人们所忽视或误解。

在任何一个历史时代，道德建设所面临的首要课题便是要提出社会的道德规范和价值标准体系，这就是关于道德的理论建设。这一建设承担着两大历史任务，一是理顺传统道德与现实道德之间的必然联系，二是理顺经济与道德之间的逻辑关系。

恩格斯在说到经济与道德的关系时指出："人们自觉地或不自觉地，归根到底总是从他们阶级地位所依据的实际关系中——从他们进行生产和交换的经济关系中，获得自己的伦理观念。"①过去不少人对恩格斯的这个著名论断一直作这样的理解：一个社会有什么样的经济关系，这个社会就必须要提倡什么样的道德。这种理解是不正确的。否则，我们当如何解释在小农经济如汪洋大海的中国封建社会为什么要提倡重视国家和民族整体利益的爱国主义精神、在今天的市场经济条件下为什么要提倡为人民服务和集体主义的道德价值观呢？

实际上，每一个社会所提倡和推行的道德规范和价值标准，是社会对产生于经济关系基础之上的"伦理观念"进行理论建设的产物，建设的基本价值向度是维护国家与社会的稳定和促使经济的发展。这就使得任何一个时代的道德规范和价值标准"都不过是统治阶级的思想"②，任何一个社会所提倡和推行的道德规范和价值标准，基本的价值趋向都与经济发展、国家和社会的稳定以及人际关系的和谐的客观需要相一致。不少年来有些人极力主张要把社会道德进步的基点放在高扬人的主体性地位上，不赞成提出"约束性"的社会道德规范和价值标准，进而反对以国家和社会的稳定和人际关系的和谐为道德的基本价值向度。这种主张忽视了一个基本的历史事实：人类社会发展演变至今，除了社会面临变革和处于变革之中，国家和社会的稳定、人际关系的和谐同人的主体性地位和人性的发展与完善总是一种互动的过程，后者离开了前者就成了无源之水，无本之木。

在自发、直接的意义上，汪洋大海式的自然经济必然产生普遍的自私自利乃至离心离德的"伦理观念"，这势必不利于封建专制政治制度和封建社会的稳定；在市场经济的"生产和交换的经济关系中"产生的必然是"个人中心""企业中心"的"伦理观念"，这势必不利于社会主义国家的社会稳定和繁荣。所以，封建国家所崇尚的是"大一统"的整体意识，社会主义在市场经济条件下依然崇尚为人民服务和集体主义精神。

个人主义在自由放任的资本主义经济关系上找到自己存在的历史和逻

①《马克思恩格斯选集》第3卷，北京：人民出版社1995年版，第434页。
②《马克思恩格斯选集》第1卷，北京：人民出版社1995年版，第292页。

辑根据。它作为一种理论化了的道德原则，在促使资本主义取代封建主义的历史演变过程中曾是一种极为重要的道德进步力量，但它的本性与社会整体的稳定和发展的需要是背道而驰的，在道德建设问题上，资本主义社会一直处于这样的悖论中：一方面不得不承认和高扬个人主义，另一方面又不得不同个人主义自身存在的缺陷及其所造成的危害作斗争。西方近现代伦理思想发展史有一条清晰的"限制"和"修正"个人主义的线索。从由霍布斯鼓吹的"人对人是狼"的极端个人主义，历经密尔等人主张的"最大多数人的最大幸福"的功利主义，到以爱尔维修、费尔巴哈等人提出的合理利己主义的演变过程，可以清楚地看出，资本主义社会一直没有放弃"改造"和"完善"个人主义的努力。从当代西方一些人文学者所发出的"个人主义可能已经变异为癌症"，"无论是对个人而言还是对社会而言，我们面临的一些最深层的问题，也同我们的个人主义息息相关"的警告，现代西方的正义论从瓦尔策的社群主义到米勒提出的需要、应得和平等的正义三原则，我们甚至可以看到，现代资本主义要向个人主义"开火"了。资本主义维护自己基本的道德文明的手段并不是个人主义，而是宗教和法制——把人们的灵魂交给上帝，把人们的行为交给法制，这是他们的基本做法，也是他们的成功经验。

由上可知，自发产生于一定的"生产和交换的经济关系中"的"伦理观念"，惟有经过道德的理论建设，才可以成为社会提倡和推行的道德规范和价值标准，我们只能在"归根到底"的意义上来理解道德与经济的关系。

三

道德的理论建设，作为把握历史与现实之间的必然联系和经济与道德的逻辑关系的必要环节，其根本任务就是要提出与经济建设和发展相适应的道德规范和价值标准体系。"相适应"不是"相一致"，前者立足于经济发展和社会制度的根本要求以及社会整体发展的客观需要，后者立足于市场经济运作的自然需要。我们今天道德理论建设的根本任务，是要建立与社会主义市场经济的发展相适应的道德体系。

市场经济会带来经济的繁荣，但从社会和人的发展与进步的总体要求看它却具有两重性，既可以高扬人的主体性和主体精神，促使新道德的生长，也可能诱发、激活"人性的弱点"，导致人的主体性和主体精神的失落，使人服从于金钱，做金钱的奴隶，致使拜金主义和利己主义泛滥。如果从"相一致"的意义上来理解道德体系与市场经济的关系，那就等于肯定了市场经济的两重性，这样的道德体系于市场经济的发展不仅无益，而且是有害的，因为人性的失落必然会带来道德的堕落，带来社会的衰败，最终影响到市场经济自身的发展。

因此，从"相适应"的意义上理解道德体系与市场经济的关系是至关重要的。所谓"相适应"，其实是"相互适应"，即道德要为市场经济的发展提供精神和舆论支持，市场经济要接受道德所提供的价值导向的指导。概言之，也就是我们所建立的道德体系要适应社会主义市场经济发展的客观需要，不是适应其自发的要求。在这里，适应不是被动式的，更不是"服从"式的，道德体系不是被动地"服从"市场经济。

20世纪80年代中期以来，理论界一直有人主张"为个人主义正名"，以个人主义替代集体主义。这种主张在理论思维上的失误正在于没有分清"相适应"与"相一致"的原则界限。

四

家庭、学校和社会的道德教育，是道德建设系统的基础工程。三者之中，家庭道德教育又是基础，学校道德教育是中心环节，社会道德教育是关键。从一个人接受道德教育的规律来看，在父母的怀抱阶段主要是听父母的，上学以后在基础教育阶段一般是听老师的，到了高等教育阶段则主要是"听"自己或社会的。因此，一个人的道德养成取决于三者的综合效应。我国目前的道德教育，在这三个环节上都存在着突出的问题。

家庭道德教育目前存在的突出问题有二：一是教育势弱，很多家庭对孩子的教育多限于"智"，轻视"德"，关心的是孩子将来成为什么样的"才"，而不大关心孩子将来成为什么样的"人"。有的家长甚至错误地认为，教孩子将来如何"做人"，就等于教孩子将来如何"上当"。二是不规范，"龙生龙，凤生凤"的古话当然是先验论，但"龙教龙，凤教凤"却是千古定律，而这种不规范的情况正是目前我们家庭道德教育存在的问题。就国家的教育管理来看，目前尚没有关于家庭道德教育的指导性意见和要求，事实上是把人的道德教育的任务全交给了学校。

我国学校的道德教育，内容是科学的，实践方式是规范的，但由于受"升学率"这种"看得见的手"的实实在在的指挥，学校和老师无暇真正把德育放在应有的位置，德育实际上成了"看不清的战线"。目前的学校德育课目教育多是为了应付考试，高中阶段又因高考制度的改革，连这样的应付性的考试也被大大地削弱，以至于根本取消了。再比如，实施德育教育的教师，不少并不是"科班出身"，又很少经过专门的训练，在知识结构和能力方面不能适应目前学习德育工作的实际需要，这种情况在高等学校更为严重。

至于社会道德教育，需要国家和社会有计划有组织的引导和建设，需要全社会的共同关心。但是，目前我们离形成这样的环境机制还相差甚远。且不说目前存在的腐败问题和行业不正之风对社会道德教育环境所造成的严重污染，就目前普通公民普遍缺乏关心下一代的健康成长的自觉性的情况就令人担忧。2001年6月26日，辽宁省本溪市平山小学金某同学在上学的路上拾得一只塑料袋。袋内装有两张身份证，一张2.3万元美金的存单和一张1000元人民币的存折，折合人民币近20万元，其中5000元美金已经到期，凭袋中一张身份证则可提取。金某即随其母亲张某女士将失物送到派出所，希望失主领取失物后能够送给金某一面锦旗。然而失主安某某在领取失物时却态度冷淡："我不会送锦旗，而且一分钱也不会花。她拾到钱就应该还给我，如果她不还给我就是违法，我可以告她。"张某告诉记者："我们归还失物并不是为了要得到报酬。我曾向我的女儿许诺，等人家拿到失物时，一定会送一面大锦旗给你，到时你一定会得到学校和老师的表扬，同学们都会夸你的。现在，每天女儿都在问我锦旗在哪里，这次的拾金不昧给孩子留下什么印象呢？对她以后会有什么影响呢？我真的不知道。"①这个典型事例其实具有一定的代表性，说明了为了关心青少年的健康成长，我们的社会急需营造一种有助于道德教育的机制。

五

自从有社会分工以来，职业活动便是人类社会实践活动的基本形式，职业道德建设也因此而成为道德建设的主体工程。

中国传统社会以自然经济为基础，职业分工单纯，除了官德、师德和医德以外，职业道德文化不发达。在计划经济年代，由于受到"左"的思潮的影响，职业领域里的道德教育为"抓革命，促生产"所替代。在实行改革开放特别是发展社会主义市场经济以后，由于职业活动中渐渐出现大量的道德问题，我们才开始重视职业道德的研究和教育。

当代中国的道德问题主要是职业道德问题。《公民道德建设实施纲要》指出："社会的一些领域和一些地方道德失范，是非、善恶、美丑界限混淆，拜金主义、享乐主义、极端个人主义有所滋长，见利忘义、损公肥私行为时有发生，不讲信用、欺骗欺诈成为社会公害，以权谋私、腐化堕落现象严重存在。"中国社会的发展与进步，目前正为这些"道德失范"的问题所困扰。因此，当代中国的道德建设应当突出职业道德建设的主题。而其中，又应当突出公务员职业道德的教育。

有人据此认为，现在颁发和贯彻《公民道德建设实施纲要》是不合适的，应当突出抓公务员的道德教育和道德建设问题。这种看法实际上是把公务员与公民的道德教育和建设对立起来了。在我国，公务员首先是公民，首先要接受公民道德教育；公务员不是特殊公民，但担负着特殊的责任，在接受公民道德教育问题上又是特殊的公民，要带头学习和贯彻《公

①《辽宁日报》2001年8月8日。

民道德建设实施纲要》。从这个角度看，抓公民道德建设与抓公务员道德建设是完全一致的。

六

道德建设是一种开放的系统，其实际过程与功效同国家和社会其他方面的建设是一个互动的过程。从正面效应看，道德建设可以通过改造和优化人的素质为其他方面的建设提供可靠的支持，其他方面的建设又可以促进道德建设，为道德建设提供可靠的保障。从负面影响看，道德建设不力，人的素质低下，其他方面的建设就失去了可靠的支持，其他方面的建设不力，道德建设就失去了可靠的环境保障。

在其他方面的建设对道德建设所发生的影响的意义上，一切具有道德意义的社会生产、社会生活和社会管理活动都可以被视为道德建设或道德建设的有机组成部分。在经济繁荣、政治清明、法制完备的社会里，道德建设无疑会如鱼得水，反之，则不可能有效地进行。某地或某些人出了道德上的问题，人们常常指责从事道德建设的人没有尽到责任，这其实是不公平的。道德可以通过建设发挥其认识与鉴别、教育与培养、调节与控制等方面的社会作用，推动社会和人走向文明进步，但道德和道德建设不是万能的，就道德建设讲道德建设是不可能从根本上加强道德建设的。

因此，就完整的道德建设的要求来说，从事其他各项社会生产和管理工作的人们，都应当同时具有"道德建设意识"，努力使自己从事的工作富含道德意义，工作的计划和目标要含有道德建设的目标，管理过程要注意到管理人的思想和道德，工作的成效应有道德进步的文化蕴涵，如此等等。

七

道德建设不论从其内部需要还是从其外部条件看，都需要一定的社会保障机制。这种社会保障机制就是伦理制度。

伦理制度在内涵上与道德规范既有联系，也有区别。伦理制度因道德规范而设置，其职能是督促、监督、保障主体遵循道德规范和实现道德价值。道德规范是告诉人们应当怎样做，伦理制度是要求人们必须怎样做。道德规范不论如何的得体和先进、如何的完备，说到底都要依靠社会舆论、传统习惯和人们的内心信念起作用，它的基础是人的自觉性，而在不自觉的人的面前则无能为力，在人们普遍缺乏自觉性的社会里更是这样。

伦理制度与其他一切管理意义上的制度既有联系，又有区别。可以说，其他一切管理意义上的制度都是因"人性的弱点"设置的，其立论的解读方式是"不相信人"，核心的价值理念是约束和惩罚。伦理制度的设置无疑也看到了"人性的弱点"，但它同时也肯定人性的价值，不仅看到了人履行道德义务的不自觉性一面，也看到了人履行道德义务的自觉性一面，因此，其核心的价值理念应既有"惩罚"的一面，也有"鼓励"的一面。如吸烟有害健康，对谁都有害，有些地方就规定公共场所"不准吸烟"，这是道德规范，同时又规定"违者罚款"，这就是一项保障"不准吸烟"得以实行的惩罚性的制度。再如见义勇为和拾金不昧，是道德规范，广东等有些地方为使之行之有效便设立了"见义勇为奖"和"拾金不昧补偿办法"，对那些见义勇为和拾金不昧的人给予表彰，这就是一种鼓励性的伦理制度。如果没有这类奖惩机制，"见义勇为""拾金不昧""不准吸烟"的风尚就不可能真正形成，已经形成的风尚也会渐渐地消退，同时对"见义不为""拾金有昧""就是吸烟"者也就无计可施。由此看来，所谓伦理制度，可以被视作倡导特定的道德规范而制定的"鼓励"与"惩罚"制度，本质上是一种与道德建设密切相关的社会保障和监督机制。

就社会调控的方式看，在社会调控系统中，伦理制度是对法律规范和行政法规的补充，又不是法律、行政法规意义上的规范制度。它的确立，填补了道德规范体系与法律和行政规范留下的空白地带。这是它之所以必须成为一种独立形式的制度的又一逻辑依据。

八

建立健全作为道德建设的社会保障机制的伦理制度，应当注意抓住以下两个基本环节。

一是要在全社会相应建立道德建设的执行机制。道德建设主要不在说、写、贴，而在做。道德建设不是向人们宣布一通道德规范要求就算完事，也不是营造一种社会舆论就算完事。这种宣布和营造是必要的，但这只是促使道德进步的前提和外部条件。道德建设一旦成了人人都可以说、可以写、可以贴，却人人都可以不这样做的东西，也就成了空洞的说教和徒有形式的空名，也就无道德进步可言。中华民族有着重视道德建设的优良传统，但在道德建设上也一直存在着形式主义的陋习。后者的主要表现就是看重热热闹闹的虚假"繁荣"与"进步"，如看到一个时期或一个单位到处在说道德、贴道德，就以为这个时期或这个单位的道德风尚不错，听到一个人满口仁义道德就以为这个人的道德品质是高尚的。道德建设贵在执行，而要认真执行就必须坚决反对道德建设上的形式主义，反对这种形式主义的最有效办法，就是从伦理制度上相应建立必要的执行机制。道德建设的执行机制，是全社会关怀道德进步和道德建设的伦理保障。

就《公民道德建设实施纲要》（以下简称《纲要》）来说，道德建设的执行机制应是关于贯彻落实《纲要》的严格制度和保障措施。以《纲要》第六部分的精神为例，理论、宣传、广播、电影、电视、报刊、戏曲、音乐、舞蹈、美术、摄影、小说、诗歌、散文、报告文学等思想阵地和大众传媒，怎样才能做到与加强公民道德建设的要求保持一致，不是颁布一下就行的，必须要有一种与执行有关的制度性保障体系。舍此，关于全社会关怀道德进步的舆论氛围即使形成了，也不能从根本上解决《纲要》的贯彻与落实问题。

具体来说，这种制度性的执行保障机制，应当体现在各行各业的目标管理和过程管理之中，体现在组织人事工作的章程和计划之中，将道德建设的任务和目标具体列入各行各业的发展规划中。

二是要健全道德建设和道德进步的社会评价机制。这是最具有"道德特色"的伦理制度,是道德建设的社会保障机制的中心环节。任何一种社会实践过程的管理都需要借助健全的社会评价机制的控制和调节,道德建设作为促进道德进步的实践过程自然也是这样。如果说,立足全社会建立道德建设的执行机制是为道德建设创设了外部机制的话,那么,社会评价机制的建立则为道德建设提供了内部机制。没有健全的评价机制,道德建设的各种要求就不能落在实处。如高等学校的评职称,每年的文件上都要写明"爱岗敬业""教书育人"等道德要求,这是必要的,但实际执行起来恐怕没有一个学校是真的按章办事的,问题就在于没有建立相应的评价机制,在建立道德建设的社会评价机制方面,我们过去做了一些工作,取得了一些成效,但离"健全"的要求还相差甚远。

健全的社会评价机制,首先应当是全面的,全社会各个方面的道德建设都应当有评价机制。其次应当实行制度化,具有"按章办事"的特质。再次,要形成系统,这个系统应由督促、检查、评判三个基本层次构成。为了保证社会评价机制系统的有效性,督促、检查和评判特别是评判都应当在"按章办事"的意义上体现出一个"严"字。比如对生产经营活动中因不讲信誉而危害社会和消费者的问题,就应从严惩治,"治"得令其"下不为例"。在有些情况下,评判甚至可实行"一票否决"的制度。比如对选拔任用和考察干部工作中存在的严重的道德问题,对学校德育工作中存在的严重忽视德育的问题,就可以实行"一票否决",如此等等,其实并不难做到,难就难在缺少这种严格评价的意识,难在没有健全这种评价机制。

论道德建设*

二十多年以来，道德建设已经成为中国社会实践的基本方式之一，成为中国人理论思维的重要概念和日常精神生活用语。但是，在目前中国权威的辞书和伦理学的专门工具书里，却找不到道德建设的词条。近几年出了一些专论道德建设的著作，也没有对道德建设的特定含义做出界说，很少涉及道德建设的特定内涵和特殊规律问题。中国道德建设的实践过程和已经取得的经验表明，道德建设是一个有着自己特定含义及范畴体系的认识和实践领域，目前运用"原理"的思维范式对此进行全面的分析、研究和阐发的时机已经成熟。与时俱进地从事关于道德建设的研究工作，对于全面认识和把握道德建设的特定内涵和特殊规律，规范和指导中国的道德建设，具有重要的理论和现实意义。

一

道德，不论是作为社会意识形式的道德规范和价值标准、个人素质的道德品质或德性，还是作为两者的现实表现形式的社会道德风尚，从来都不是自然生成的，而是人的实践的产物。这当中就有一个道德建设的问题。

---

* 作者2002年的手稿。

　　道德作为一种社会的精神理性，首先是以传统观念和习俗文化的形式而存在的。对于现实社会的客观需要来说，这些东西既有适应的成分，也有不适应的成分，自觉的人们会承认、接受和遵循适应现实社会需要的传统，规避不适应的传统，不自觉的人们则不然，这就使得传统道德对现实社会人们的影响具有不确定性。如果没有道德建设这个必要的环节，那么传统道德对现实社会究竟产生何种影响只能全凭人们的自觉。

　　现实社会的道德理性，作为特殊的社会意识形式，一般是通过社会提倡和推行的道德规范体系表现出来的，而道德规范总是以广泛渗透的方式存在于其他社会规范形式和人的思维活动中，其独立形式只具有相对的意义，社会规范系统中从来不存在什么"纯粹"意义上的道德规范。这一方面表明其他社会规范形式的价值实现离不开道德的参与和支持，另一方面也表明，道德只有通过其他社会规范形式的价值实现活动才能发挥自己应有的社会作用。如"敬业奉献"倘若离开职业纪律和操作规程方面的规范，"办事公道"倘若离开公务员的政治准则，都将失去各自存在的依据和价值实现的途径。就是说，道德"渗透"式的存在方式，决定着其价值实现的途径必定是"搭车"式的，这是道德规范的特点和优势，也是其弱势所在。所以，一个社会如果没有形成承认和保护道德规范的建设机制，道德规范及其体系就会被其他社会规范淹没而形同虚设。

　　道德作为社会的精神理性最终表现为特定的道德关系，也就是人们通常所说的道德风尚，如家庭中的家风、学校中的校风、职业部门中的行风、公务员活动中的政风、公共生活领域里的社会风气，等等。马克思曾将全部的社会关系划分为物质的社会关系和思想的社会关系两种基本类型，列宁也认为思想的社会关系就是"不以人们的意志和意识为转移而形成的物质关系的上层建筑，是人们维持生存活动的形式（结果）。"①道德关系是思想的社会关系的基本形式之一，其形成与道德规范相关却不是道德规范使然，道德规范只是道德的价值可能，道德关系才是道德的价值事实。追求道德的价值事实，营造某种道德风尚，正是有史以来人类社会道

① 《列宁选集》第1卷，北京：人民出版社1955年版，第131页。

德诉求的根本宗旨和最终目标，它的实现显然不能仅仅诉诸道德规范及其体系的完善，而要依靠促使道德规范的价值可能转化为道德价值事实的道德建设工程。这是人类道德文明发展史的规律，也是人们道德生活的基本经验。

在个体的意义上，道德表现为人的"德性"。在人的发展进步和人的精神生活的意义上，个人的"德性"本身就是一种道德价值事实，同时它又是道德规范实现其价值、形成一定的道德关系或道德风尚的基础。个人的"德性"的形成是个体对于社会道德规范要求实行内化的过程，即"外得于人，内得于己"。道德建设的着眼点就是要促使这一过程的实现，以改造和提升人们的"德性"。那么这一过程是怎么出现的？传统的解释方式是依靠主体的自觉性，主体自觉性的形成依靠的是社会的道德教育。这种解读方式，在学理上是没有任何问题的。但实际的问题是，主体的自觉性是逐步形成的，已经形成的自觉性又总是有限的、可变的，因此接受道德教育应当是终生的；而我国现在的道德教育在许多地方不尽如人意，或者流之于形式，或者失之于科学，解决起来又并不容易。这表明，在主体对社会的道德规范要求实行内化以形成相应"德性"的过程中，仅依靠主体的自觉是不行的，必须进行个体意义上的道德建设，也就是说要加强道德教育和道德修养。

二

道德建设是一种系统工程，起点是关于道德的理论建设问题。理论建设是道德进步的先导因素、道德建设的前提条件，却又往往被人们所忽视或误解。在任何一个历史时代，道德建设所面临的首要课题便是要提出社会的道德规范和价值标准体系，这就是关于道德的理论建设。这一建设承担两大历史任务，一是理顺传统道德与现实道德之间的必然联系，二是理顺经济与道德之间的逻辑关系。

恩格斯在说到经济与道德的关系时指出："人们自觉地或不自觉地，

归根到底总是从他们阶级地位所依据的实际关系中——从他们进行生产和交换的经济关系中，获得自己的伦理观念。"①过去，学界不少人对恩格斯的这个著名论断一直做这样的理解：一个社会有什么样的经济关系，这个社会就必须要提倡什么样的道德。这种理解是不正确的。否则，我们当如何解释在小农经济如汪洋大海的中国封建社会为什么要提倡重视国家和民族整体利益的爱国主义精神？在今天的市场经济条件下为什么要提倡为人民服务和集体主义的道德价值观呢？

实际上，每一个社会所提倡和推行的道德规范和价值标准，是社会对产生于经济关系基础之上的"伦理观念"进行理论建设的产物，建设的基本价值向度是维护国家与社会的稳定和促使经济的发展。这就使得任何一个时代的道德规范和价值标准所体现的"都不过是统治阶级的思想"②。任何一个社会所提倡和推行的道德规范和价值标准，基本的价值趋向都与经济发展、国家和社会的稳定以及人际关系的和谐的客观需要相一致。

这里顺便指出，近年来有些人极力主张要把社会道德进步的基点放在高扬人的主体性地位上，不赞成提出"约束性"的社会道德规范和价值标准，进而反对以国家和社会的稳定和人际关系的和谐为道德的基本价值向度。这种主张忽视了一个基本的历史事实：人类社会发展演变至今，除了社会面临变革和处于变革之中，国家和社会的稳定、人际关系的和谐同人的主体性地位、人性的发展与完善总是一种互动的过程，后者离开了前者就成了无源之水，无本之木。

在自发、直接的意义上，汪洋大海式的自然经济必然产生普遍的自私自利乃至离心离德的"伦理观念"，这势必不利于封建专制政治制度和封建社会的稳定；在市场经济的"市场和交换的经济关系中"自发产生的必然是"个人中心""企业中心"的"伦理观念"，这势必不利于社会主义国家的社会稳定和繁荣。所以，封建国家所崇尚的是"大一统"的整体意识，社会主义在市场经济条件下依然是在全社会大力提倡为人民服务和集

---

① 《马克思恩格斯选集》第3卷，北京：人民出版社1995年版，第434页。

② 《马克思恩格斯选集》第1卷，北京：人民出版社1995年版，第292页。

体主义精神。

个人主义在自由放任的资本主义经济关系上找到了自己存在的历史和逻辑根据。它作为一种理论化了的道德原则，在促使资本主义取代封建主义的历史演变过程中曾是一种极为重要的道德进步力量，但它的本性与社会整体的稳定和发展的需要是背道而驰的，并不能完全反映资本主义社会的道德文明要求，不能体现人类社会道德进步的前进方向。在道德建设问题上，资本主义社会一直处于这样的悖论中：一方面不得不承认和高扬个人主义，另一方面又不得不同个人主义自身存在的缺陷及其所造成的危害做斗争。西方近现代伦理思想发展史有一条清晰的"限制"和"修正"个人主义的线索：一直没有放弃"改造"和"完善"个人主义的努力。从当代西方一些人文学者所发出的"个人主义可能已经变异为癌症"的警告，现代西方的正义论从瓦尔策的社群主义到米勒提出的需要、应得和平等的正义三原则①，我们甚至可以看到，现代资本主义要向个人主义"开火"了。资本主义维护自己基本的道德文明的手段并不是个人主义，而是宗教和法制——把人们的灵魂交给上帝，把人们的行为交给法制，这是他们的基本做法，也是他们的成功经验。

由上可知，自发产生于一定"市场和交换的经济关系中"的"伦理观念"，惟有经过道德的理论建设，才可以成为社会提倡和推行的道德规范和价值标准，我们只能从"归根到底"的意义上来理解道德与经济的关系。

道德的理论建设，作为把握历史与现实之间的必然联系和经济与道德的逻辑关系的必要环节，其根本任务就是要提出与经济建设和发展相适应的道德规范和价值标准体系。但须知，"相适应"不是"相一致"，前者是立足于经济发展和社会制度的根本要求以及社会整体发展的客观需要，后者是立足于市场经济运作的自然需要。我们今天道德理论建设的根本任务，是要建立与社会主义市场经济的发展相适应的道德体系，而不是要建立与市场经济相一致的道德体系。

---

① ［英］戴维·米勒：《社会正义原则》，应奇译.南京：江苏人民出版社2001年版。

市场经济会带来经济的繁荣，但从社会和人的发展与进步的总体要求看，它却具有两重性，既可以高扬人的主体性和主体精神，促使新道德的生长，也可能诱发、激活"人性的弱点"，导致人的主体性和主体精神的失落，使人服从于金钱，做金钱的奴隶，致使拜金主义和利己主义泛滥。如果从"相一致"的意义上来理解道德体系与市场经济的关系，那就等于肯定了市场经济的弱点和消极方面，也即激活"人性的弱点"，这样建构起来的道德体系于市场经济的发展不仅无益，而且是有害的，因为人性的失落必然会带来道德的堕落，带来社会的衰败，最终影响到市场经济自身的发展。

因此，从"相适应"的意义上理解道德体系与市场经济的关系是至关重要的。所谓"相适应"，其实是"相互适应"，即道德要为市场经济的发展提供精神和舆论支持，市场经济要接受道德所提供的价值导向的指导。概言之，也就是我们所建立的道德体系要适应社会主义市场经济发展的客观需要，不是适应其自发的要求。在这里，适应不是被动式的，更不是"服从"式的，道德体系不能被动地"服从"市场经济。

20世纪80年代中期以来，理论界一直有人主张"为个人主义正名"、以个人主义替代集体主义。这种主张在理论思维上的失误正在于没有分清"相适应"与"相一致"的原则界限。

三

道德建设是一个社会工程。首先，家庭、学校和社会的道德教育，是道德建设的基础工程。三者之中，家庭道德教育又是基础，学校道德教育是中心环节，社会的道德教育是关键。从一个人接受道德教育的规律来看，在父母的怀抱阶段主要是听父母的，上学以后在基础教育阶段一般是听老师的，到了高等教育阶段则主要是"听"自己或社会的。因此，一个人的道德养成取决于三者的综合效应。

我国目前的道德教育，在这三个环节上都存在着突出的问题。

　　家庭道德教育目前存在的突出问题有二，一是教育势弱，很多家庭对孩子的教育多限于"智"，轻视"德"，关心的是孩子将来成为什么样的"才"，而不大关心孩子将来成为什么样的"人"。二是不规范，"龙生龙，凤生凤"的古话当然是先验论，但"龙教龙，凤教凤"，即家庭和家长用好的内容和方法教出好的子女，却是千古定律，但这情况并不普遍，更不规范，而这种不规范的情况正是目前我们家庭道德教育存在的问题。就国家的教育管理来看，目前尚没有关于家庭道德教育的指导性意见和要求，人们把道德教育的任务全交给了学校。

　　学校的道德教育，从目前的国家要求看，内容是科学的，实践方式是规范的。但这些科学规范的要求由于受到多种因素的制约，在实施的过程中都部分甚至严重地缺损了它的本义。比如，尽管有素质教育的要求和舆论，但由于受"升学率"这只"看得见的手"的实实在在的指挥，学校和老师无暇真正把德育放在应有的位置，德育实际上成了"看不清的战线"。也因受此制约，目前的学校德育课教育多是为了应付考试，离真正的素质教育要求相差甚远。再比如，实施德育教育的教师，不少并不是"科班出身"，又很少经过专门的训练，在知识结构和能力方面不能适应目前学校德育工作的实际需要，这种情况在高等学校更为严重。

　　至于社会道德教育，本来就是一种发散、不确定的教育领域，它与受教育者的成长的关系实际上是一种环境与人的关系，不仅需要国家和社会有计划有组织的引导和建设，而且需要全社会的共同关心。但是，目前我们离形成这样的环境机制还有相当大的距离。且不说目前存在的腐败问题和行业不正之风对社会道德教育环境所造成的严重污染，就目前普通公民普遍缺乏对于下一代健康成长的关心和不重视发挥道德奖赏机制作用的情况就令人担忧。因此，为了青少年的健康成长，我们的社会亟须营造一种有助于道德教育的环境和机制。

　　其次，自从有社会分工以来，职业活动便是人类社会实践活动的基本形式，职业道德建设也因此而成为社会道德建设的主体工程。

　　中国传统社会以自然经济为基础，职业分工单纯，除了官德、师德和医德以外，职业道德文化不很发达。在计划经济年代，由于受到"左"的思想的影响，职业领域里的道德教育为"抓革命"所替代。在实行改革开放，特别是发展社会主义市场经济以后，由于职业活动中渐渐出现大量的道德问题，我们才开始重视职业道德的研究和教育。

当代中国的道德问题主要是职业道德问题。《公民道德建设实施纲要》指出："社会的一些领域和一些地方道德失范，是非、善恶、美丑界限混淆，拜金主义、享乐主义、极端个人主义有所滋长，见利忘义、损公肥私行为时有发生，不讲信用、欺骗欺诈成为社会公害，以权谋私、腐化堕落现象严重存在。"这些"道德失范"问题首先就表现在职业道德生活领域。

因此，当代中国的道德建设应当突出职业道德建设的主题。而其中，又首先应当突出公务员职业道德的教育。在我国，公务员首先是公民，不是特殊公民，要接受公民道德教育，但公务员又担负着特殊的责任。因此，他们要带头学习和贯彻《公民道德建设实施纲要》，要坚决遵守并做出榜样，要接受人民群众的监督。

再次，道德建设是一种开放的系统，其实际过程与功效同国家和社会其他方面的建设是一个互动的过程。道德建设可以通过改造和优化人的素质为其他方面的建设提供可靠的支持，其他方面的建设又可以促进道德建设，为道德建设提供可靠的保障。反过来说，道德建设不力，人的素质低下，其他方面的建设就失去了可靠的支持，而其他方面的建设不力，道德建设也就失去了可靠的环境保障。

在其他方面的建设对道德建设所发生的影响的意义上，一切具有道德意义的社会生产、社会生活和社会管理活动都可以被视为道德建设的有机组成部分。在经济繁荣、政治清明、法制完备的社会里，道德建设无疑会如鱼得水，反之，则不可能有效地进行。某地或某些人出了道德上的问题，人们常常指责从事道德建设的人没有尽到责任，其实这是不公平的。道德可以通过建设发挥其认识与鉴别、教育与培养、调节与控制等方面的巨大社会作用，推动社会和人走向文明进步，但道德和道德建设并不是万能的，单靠道德和道德建设是不可能从根本上达到提高社会或人们道德水平的目的的。

因此，就完整的道德建设的要求来说，从事其他各项社会生产和管理工作的人们，都应当同时具有"道德建设意识"。要努力使自己从事的各项工作都富含道德意义，工作的计划和目标都要含有道德建设的目标，管理过程要注意到管理人的思想和道德，工作的成效应当包含道德进步的文化蕴涵，如此等等。

四

从以上的论述中我们不难看出，道德建设不论从其内部需要还是从其外部条件看，都需要一定的社会保障机制。这种社会保障机制就是伦理制度。

伦理制度在内涵上与道德规范既有联系，也有区别。伦理制度依道德规范而设置，其职能是督促、监督、保障主体遵循道德规范，实现道德价值。道德规范是告诉人们应当怎样做，伦理制度是要求人们必须怎样做。道德规范不论如何得体和先进，如何的完备，说到底都要依靠社会舆论、传统习惯和人们的内心信念起作用，它的基础是人的自觉性，而在不自觉的人的面前则无能为力，在人们普遍缺乏自觉性的社会里更是这样。

伦理制度与其他一切管理意义上的制度既有联系，又有区别。可以说，其他一切管理意义上的制度都是因"人性的弱点"而设置的，其核心的价值理念是约束和惩罚。伦理制度的设置无疑也看到了"人性的弱点"，但它同时也肯定人性的价值，不仅看到了人履行道德义务的不自觉性一面，也看到了人履行道德义务的自觉性一面，因此，其核心的价值理念应既有"惩罚"的一面，也有"鼓励"的一面。如吸烟有害健康，对谁都有害，有些地方就规定公共场所"不准吸烟"，这是道德规范，同时又规定"违者罚款"，这就是一项保障"不准吸烟"得以实行的惩罚性的伦理制度。再如见义勇为和拾金不昧，是道德规范，广东等有些地方为使之行之有效便设立了"见义勇为奖"和"拾金不昧补偿办法"，对那些见义勇为和拾金不昧的人给予表彰，这就是一种鼓励性的伦理制度。不难想见，如果没有这类伦理制度所确立的奖惩机制，"见义勇为""拾金不昧""不准吸烟"的风尚就难以真正形成，已经形成的风尚也会渐渐地消退，同时对"见义不为""拾金有昧""就是吸烟"者也就无计可施。由此看来，所谓伦理制度，可以被视作倡导特定的道德规范而制定的"鼓励"与"惩罚"制度，本质上是一种与道德建设密切相关的社会保障和监督机制。

就社会调控的方式看，在社会调控系统中，伦理制度是对法律规范和行政法规的补充，但又不是法律、行政法规意义上的规范制度。它的确立，填补了道德规范体系与法律和行政规范留下的空白地带。这是它之所以必须成为一种独立形式的制度的又一逻辑依据。

建立健全伦理制度，作为道德建设的社会保障机制应当注意抓住两个基本环节：

一是要在全社会相应建立道德建设的执行机制。道德建设主要不在说、写、贴，而是在做。道德建设贵在执行，而要认真执行就必须坚决反对道德建设上的形式主义，反对这种形式主义的最有效办法，就是从伦理制度上建立相应的执行机制。道德建设的执行机制，是全社会关怀道德进步和道德建设的伦理保障。如以贯彻《公民道德建设实施纲要》来说，理论、宣传、广播、电影、电视、报刊、戏曲、音乐、舞蹈、美术、摄影、小说、诗歌、散文、报告文学等思想阵地和大众传媒，怎样才能做到与加强公民道德建设的要求保持一致，这就必须要有一种与执行有关的制度性保障体系。舍此，即使关于全社会关怀道德进步的舆论氛围形成了，也不能从根本上解决《公民道德建设实施纲要》的贯彻落实问题。具体来说，这种制度性的执行保障机制，应当体现在各行各业的目标管理和过程管理之中，体现在组织人事工作的章程和计划之中，全社会将道德建设的任务和目标具体列入各行各业的发展规划中。

二是要健全道德建设和道德进步的社会评价机制。这是最具有"道德特色"的伦理制度，是道德建设的社会保障机制的中心环节。由于社会实践过程是一种开放的系统，过程本身的展示又受着自身诸种因素的影响，所以实践过程往往会出现偏离主体行动目的的问题。因此，任何一种社会实践过程的管理都需要借助健全的社会评价机制的控制和调节，道德建设作为促进道德进步的实践过程自然也是这样。如果说，立足全社会建立道德建设的执行机制是为道德建设创设了外部机制的话，那么，社会评价机制的建立则为道德建设提供了内部机制。没有健全的评价机制，道德建设的各种要求就不能落在实处。健全的社会评价机制，首先应当是全面的，全社会各个方面的道德建设都应当有评价机制。其次应当实行制度化，具有"按章办事"的特质。再次，要形成一种内在的逻辑系统，这个系统应由督促、检查、评判三个基本层次构成。为了保证社会评价机制系统的有效性，督促、检查和评判，特别是评判，都应当在"按章办事"的意义上体现出一个"严"字。比如对生产经营活动中因不讲信誉而危害社会和消费者的问题，就应从严惩治，"治"得令其"下不为例"，如此等等。其实许多问题并不难解决，难就难在缺少严格的评价意识，没有健全的评价机制。

国民道德建设简论[*]

国民道德建设是整个国民思想文化建设的核心内容。如何加强国民思想文化和道德素质的建设，一直是伦理学界与社会有识之士普遍关心的重大问题。本文就社会主义初级阶段的国民道德建设问题发表几点看法。

研究国民道德，首先必须回答什么是"国民"。人们通常认为，"国民"就是"公民"，即具有本国国籍、依法享有权利并承担义务的人，属法律范畴。在我看来，这种理解并不确切。国民的内涵实际上比公民丰富，它把"国"与"民"联系起来，使"民"与"祖国""民族"这些概念相关联。就概念本身看，如果说"公民"强调的是公民在该国的主体地位，那么"国民"所强调的除此含义之外，尚有公民与该国的联系，使人除了有"公民"感，另有"祖国"感——地域感、历史感、文化归依感，因而带有鲜明的整体意识和浓厚的情感色彩，使人倍感亲切。再从道德的本质来看，我们知道，道德产生于一定社会的经济关系，经济关系在任何社会里首先又是以利益关系表现出来的，所以利益关系是道德的基础，研究国民道德用"国民"而不用"公民"不仅可以避免与法律概念相混淆，而且能够提醒公民在思考与实践道德问题时，必须把个人利益与国家利益、个人命运与祖国命运联系起来。

所谓国民道德，简言之，就是国民应遵守的道德准则及由道德准则转

＊原载《安庆师院社会科学学报》1998年第4期。

化而成的个体道德素质。国民道德有以下三个鲜明的特点。

一、广泛性与普遍性

人不论是个体还是群体都有物质生活和精神生活两个方面的基本需要，而道德需要又是人在精神生活方面的基本需要。人的这种"本性"必然使得道德的价值观念"渗透"在国民社会生活的各个领域，由此而产生道德的广泛性与普遍性的特点。这个特点可以从两个方面来理解：（一）凡是有国民的地方和有国民参与的社会活动，都存在国民道德问题，因为利益关系渗透在国民社会活动的所有领域；（二）一个人的一生只要不改变其作为某国国民的身份，在他身上就会时时处处体现出那个国家的国民道德。经验可以证明这一点：一个人，可能一辈子不问政治，是一个"政盲"；可能一辈子不问津文学艺术，没有"艺术细胞"；也可能一辈子守规矩而不问法律，不知法律是什么，但是，他不可能不问道德，不可能不知道德为何物，不可能是一个"德盲"，即不知人与人之间、个人与社会集体之间的利益或利害关系。这样看来，国民道德的广泛性与普遍性特点可以表述为：无处不在，无时不有。

二、历史继承性与批判性

一国之民的道德，总是在既定的地域和民族范围内经过历史长河奔腾不息的流变而形成的，因而从来就是历史和民族的范畴，就是一种道德传统。传统道德作为一种历史文化形式，其流变有两种基本线索或方式，即"民间"和"官方"。"民间"的主要通过家庭伦理的养成教育以民间风俗的方式流变，"官方"的主要通过社会舆论、社会准则和社会风尚的方式流变并对前者起着深刻"教化"作用。两者对于道德进步方向来说都有精华与糟粕之分，在实践上都存在继承与批判的问题，当历史发生变革时，"官方"的国民道德一般随着"统治阶级意志"的改变而随即得到改造，

"民间"的国民道德却总是顽强地以"习惯势力"的方式"随波逐流",跟着历史长河的走向流变,不因"统治阶级意志"的改变而随之得到改造,这就决定了传统道德主要是存在于国民之中,存在于国民的心理,而不是存在于各种文化典籍里。正因为如此,我主张:在使用"传统道德"时要在前面加上"国民"或"民族",称为国民传统道德或民族传统道德,以标明其历史、地域和文化归依的含义。不言而喻,国民道德的历史与现实之间有一种必然的逻辑联系,对于今天的国民来说,传统的国民道德只能改造,不能改换;只能"教化",不能割断。国民道德的批判与继承共存的特点,正是由这种内在的逻辑联系决定的。

三、与法律相衔接并部分重叠

众所周知,法律是最基本的行为准则,因而也是最严格的行为准则。学生考试以60分为及格线,这是最基本的要求,同时也表明它是最严格的要求,因为不达60分就被视为不合格,"基本"上存在天壤之别。国民道德的广泛性与普遍性特点决定了它必然也是一种最基本的行为准则,因而也是最严格的道德要求,在这一点上它与法律相同。也正因为如此,作为行为准则它不仅与法律"搭界",而且部分地与法律重叠,从各类行业准则的逻辑联系看,道德与法律本来就具有内在的同质性,这种同质性在最基本的道德准则与最常见的法律之间表现最为明显。从这一点上可以说,法律是最基本的国民道德,国民道德是最高的法律。所以,世界上许多国家的法律特别是宪法,都写进了国民道德("公民道德")要求,那些要求既是公民的法律准则,也是国民的道德准则,两者相互衔接,相互重叠。目前,我国理论界不少人提出道德立法和伦理制度化的问题,也正是基于国民道德的这种特点而言的。

我国宪法第二十四条规定:"国家提倡爱祖国、爱人民、爱劳动、爱科学、爱社会主义的公德"。"五爱"是向所有中国人提出的道德要求,既包含了中华民族几千年的优良的道德传统,也包含了社会主义新时期的道德精神，它们既是法律规范，也是道德规范。因此我认为"五爱"就是我国的国民道德，它们是衡量作为中国国民的资格的"及格线"，国民唯有以此来塑造自己的道德人格，才能表明自己"我是中国人"。"五爱"概括反映了国民个人与国民集体之间的利益关系的所有方面，因而集中体现了社会主义的集体主义精神。一个国民在道德价值取向上与"五爱"一致，就会于人于己于集体都有益处，他就在主观上尽了"我为人人"的道德义务，同时在客观上获得"人人为我"的道德权利，就是一个具有社会主义国民道德精神的人，就是一个值得称道的高尚者。换言之，国民做到了"五爱"，也就遵循了集体主义的道德要求

目前学界有不少人在研究社会主义道德体系，我认为"五爱"就是社会主义道德体系的基础，是现阶段国民共同的道德理想和基本的道德现实。还有人提出，应当把全心全意为人民服务作为社会主义道德体系的基础和核心，这种看法是需要商榷的。全心全意为人民服务代表着社会主义道德的发展方向，它是在"五爱"这种共同理想和基本现实的基础上，向共产党人和领导干部提出的高标准的共产主义道德要求。就是说，全心全意为人民服务是部分国民应当遵循的行为准则和特有的道德品质，对于今天社会主义初级阶段的道德要求来说，它是最高的道德理想和部分的道德现实，将其作为整个国民道德的基础和核心是不合适的。这样说，并不是要否认在现阶段提倡全心全意为人民服务的必要性，更不是要否认全心全意为人民服务与"五爱"之间的逻辑联系（在一定意义上甚至可以把全心全意为人民服务看成是"五爱"的题中之义），而是要强调，从道德生活的实际情况来看，我们目前最需要的还是广大国民都可以达到的"60"分，对于共产党人和领导干部来说，首先也是要达到"60"分做一个好国民，然后才是达到和争取"70"分、"80"分、"90"分等等，这才是实事求是的态度。不难想见，假如连"60"分都达不到，不能做到"五爱"，却还在那里大讲"全心全意为人民服务"，那就脱离了实际，那样的道德建设给国民大众除了以一种"虚假""虚伪"之类的印象以外，还会有别的什么益处吗？因此，从宏观思维或战略意义上来讲，今天道德建设的基

本任务应当是"五爱"意识的培养和"五爱"行为的养成，以此为基础同时向共产党人和领导干部提出全心全意为人民服务的更高要求。

国民道德因国民的社会活动领域和角色的不同而有四种基本类型，即学业道德、恋爱与家庭道德、职业道德、环境道德。后三者，魏英敏先生在他的《关于国民道德建构的思考》一文①中，发表了精到的见解，笔者只就学业道德发表一点看法。学业道德也可称学生道德，它是国民——主要是儿童和青少年在求学期间所应遵循的道德准则及与此相适应的道德品质。主要包括：为社会主义祖国富强和自己早日成才而发奋学习的动机与理想，热爱科学的学习态度和钻研精神，热爱劳动、热爱普通劳动者的"国民意识"等。

当前的国民道德建设应着重抓好三个方面的工作：

首先，要抓好儿童和青少年的学业道德的养成教育，这是国民道德建设的基础。因为，绝大多数国民的道德品质水准经过儿童—少年—青年时期，大体上也就定型、定性了。但是，这种基础性的建设往往被伦理学人所忽视。笔者在《简论德育与伦理学》一文中②，曾对此发表过一些议论，此处不赘。要强调的有两点：（一）学业道德建设的方式主要是养成教育。我国目前的中小学由于受应试教育根深蒂固的影响，对学生进行道德教育，重视知识讲授而不重视行为养成，大学的道德教育更是如此，把所谓"传道""解惑"放在第一位，忽视大学生的道德行为习惯的养成，此弊端使一些大学生形成了爱夸夸其谈说别人而不注意自我要求的毛病。（二）伦理学很少涉足学业道德建设问题，将它推给了教育学和思想政治工作，这是不应有的疏漏。伦理学是以道德价值观念和道德准则的宣传和推动道德建设为己任的，自然不应忽视学业道德建设这个基础工程。与学业道德建设密切相关的是家庭道德建设问题，家庭道德建设无疑有一个如何关心下一代的健康成长的问题。目前，我国绝大多数家庭还是用"读书做官""读书就业"的价值观念影响他们的孩子，督促孩子考上大学成为家庭教育的核心任务，

---

① 参见《北京大学学报》(哲学社会科学版)1997年第2期,《哲学动态》1997年第4期文摘。

② 参见《道德与文明》1995年第5期。

所谓"五爱"讲的主要是"爱学习——学习文化知识和本领"。为解决家长对孩子的教育问题，世界上有的国家盛行举办"家长学校"，我国也有些地方开展这种试验工作，伦理学工作者也应对此表现出热情。

其次，抓紧职业道德建设，尤其是以"做官"为业的干部道德教育。在我国，从业国民无高低贵贱之分，但却有职责大小之别。干部代表人民群众掌权，可谓有权有势，责任比其他国民重大，他们应当更多地思考如何"爱祖国、爱人民、爱劳动、爱科学、爱社会主义"和"全心全意为人民服务"，否则必然滋生特权思想。目前国民痛恨的"以权谋私"之类不道德现象之所以难以禁止，与这项工作抓得不紧不力有关（当然，这方面的工作除了抓紧道德建设以外，还有一个加强法制建设的问题）。"上梁不正下梁歪"，一些未成年国民变坏总是直接或间接地与一些成年国民已经变坏有关，抓住职业道德建设特别是干部道德建设不放，势必会对儿童和青少年产生良好的影响。

最后，抓紧伦理制度建设。伦理制度是关于道德准则的保障制度。伦理制度不同于道德准则，它是关于道德准则的执行与检查制度，是道德准则通过社会舆论监督和个人修养的途径而转化成社会行动和个人德行的保障。改革开放以来，特别是党的十四届六中全会作出《中共中央关于加强社会主义精神文明建设若干重要问题的决议》以来，我们各方面的国民道德准则订得并不少，但执行如何，收效如何，却缺乏制度性的监督和检查。这与伦理学界和思想政治工作领域一些人没有跳出这样的思维框框有关：道德是舆论和自律的工具。伦理制度应包含两大类型：法律保障制度和行政保障制度。前者可通过完善法律体系和法律制度来体现，后者涉及的面比较广，但总的说来，凡是国民涉足的地方都应有关于国民应当践履的道德准则的检查与监督制度。如吸烟有害健康，于己于人于国家均有害，有些地方便规定公共场所不准吸烟，这是公共场所的国民道德准则，环境道德范畴。为了保障这个规定的有效执行，便又规定"违者罚款"，这"违者罚款"就属于行政性的伦理制度。诸如此类的伦理制度，伦理学人应当积极参与研究、试验，并积极推广。

五种公私观与社会主义初级阶段的道德建设*

人类社会自从有道德调节需要以来，公与私的关系问题就一直是人们道德生活的主题，因此公私观历来是道德观的基础和核心，也是任何时代的伦理学研究和道德建设的重大问题。具体分析我国社会主义初级阶段各种不同形态的公私观，对于当前加强道德建设是很有必要的。

一

从实际情况来看，我国社会主义初级阶段的道德生活中存在着五种不同的公私观，即：大公无私、先公后私、公私兼顾、先私后公、私利至上。

大公无私亦称公而忘私，其基本意思是：每事当前能自觉自愿地从公众利益出发，为了人民的利益不惜牺牲自己的一切，直至自己的生命。自古以来，践履大公无私道德观的人并不鲜见，在今天，它同样是共产党人的道德观。中国共产党自从成立以来，千百万共产党人遵循这种道德观，为着中国人民的解放事业和幸福生活前仆后继、艰苦奋斗，涌现出许多可歌可泣的杰出人物和先进事迹。在今天改革开放和社会主义现代化建设事业中，大公无私，仍然是共产党人必须奉行的道德观和人生观。有些人包括一些共产党员认为，如今是发展市场经济，讲的是如何赚钱、走个人发

*原载《安徽师范大学学报》(人文社会科学版)1999年第1期。

家之路，因此共产党员也不应例外，也可以成为"老板""大款"，还谈什么大公无私和全心全意为人民服务呢？对这种看法是需要进行分析的。

（一）那些讲赚钱、走个人发家之路的共产党员，他们的人生宗旨是不是都是为了个人，不可一概而论，因为个人发了财而去积极援助他人，支持集体公众事业的共产党员也大有人在。（二）赚钱发家仅仅是为了个人的共产党员确实有一些，不仅如此，还有一些共产党员以权谋私、道德败坏，早把共产党的宗旨丢在了脑后，但不应因此而认为共产党人整体上的道德观和人生观都是如此，甚至认为共产党的道德宗旨也应当因此而改变。也有的人的看法与此相反，认为大公无私和全心全意为人民服务就是不要个人利益，共产党人不应当有任何的个人利益方面的要求，其他人和集体对共产党人的个人利益问题可以不管不问。这当然也是不对的。共产党人不是清教徒，他们需要正当的个人利益以维护自己及其家庭的生存和发展，他们希望像常人那样过富裕生活的要求也是正当的，合乎道德标准的。本来，大公无私说的是为了公众的利益而不计较个人利益，并不反对共产党人在为人民服务的过程中，同时获取正当的个人利益，包括使自己富裕起来。

先公后私者，在处理公与私的关系问题上能够把公利放在第一位，把私利放在第二位。与遵循公私兼顾的人一样，他们认为，个人利益是重要的，但集体的利益更重要。所不同的是，先公后私者在公利与私利发生矛盾的情况下，能够以私利服从公利。而主张公私兼顾的人由于更多考虑是把公与私两者兼顾起来，所以在公与私发生矛盾的情况下往往采取驻足观望的态度，甚至在有些情况下为了个人利益牺牲集体利益。这两种人在目前我国道德生活中为数最多，他们的公私观代表了我国现阶段人们道德生活的主流。

先私后公的人，以个人利益为出发点和归宿，一事当前先替自己打算，在私利得到保证的前提下能在一定程度上考虑到公众的利益。这种人将个人利益当作目的，他人和集体利益当作手段，为了实现个人利益不得不承认和"照顾"到他人和集体的利益。就理论特征来看，先私后公的公

私观与西方盛行的"合理利己主义"是相似的。

私利至上，在道德上即是个人主义和利己主义。持这种公私观的人，不关心集体和他人利益，缺少互助友爱精神。道德上的利己主义和个人主义在行为上有三种表现。一是以个人的物质利益为中心。在对待集体分配和个人索取上斤斤计较，为了实现个人利益可以毫不犹豫地牺牲他人和集体利益，或损人利己，或损公肥私。这就是我们通常所说的极端利己主义。二是以个人功名为中心。一心想自己尽快晋职晋级，为此甚至会不择手段，或公开伸手邀功要名，或背地里诋毁他人，散布诽谤集体和领导者的言论。三是个人意见第一。这种人对个人的物质利益倒不一定很看重，但却总是把自己的意见看得最重要，不尊重他人意见，不尊重不服从集体意志。他们很难与人相处，在集体生活中给人的印象是"天生的反对派"。

如此来分析和把握我国社会主义初级阶段的五种公私观，是合乎我国人民道德水准的实际情况的。过去，在这一点上我们存在过于简单化的倾向，只是从集体主义和个人主义这两个方面来看人们的道德水准，要么是集体主义的，要么就是个人主义的，看不清人们道德水准客观上存在的差异性和层次性，不善于根据不同的情况进行道德教育和道德建设。值得注意的是，这种形而上学的思想方法在今天还制约着不少人的道德思维，影响着当前的道德建设。诚然，从价值倾向来看，五种公私观是可以分成两种基本类型，即重视公众利益的公私观和重视个人利益的公私观。但是，重视公众利益的公私观与集体主义的道德原则毕竟不是同一个道德概念，重视个人利益也并不等于个人主义。

二

恩格斯说："人们自觉地或不自觉地，归根到底总是从他们阶级地位所依据的实际关系中——从他们进行生产和交换的经济关系中，获得自己的伦理观念。"①经济关系是产生道德观念的客观基础。就根本的性质来

①《马克思恩格斯选集》第3卷，北京：人民出版社1995年版，第434页。

看，人类有史以来的经济关系只有两种，即私有制与公有制，在此基础上产生私有观念和公有观念。既然如此，为什么在我国社会主义初级阶段会存在五种不同的公私观呢？

这个问题比较复杂。但是总的说来，道德观念的产生和发展有其自身的客观规律，"经济关系是产生道德观念的客观基础"这一命题，不能简单地理解为在一定社会里有什么样的经济关系就必定只会有什么样的道德观念，更不能简单地认为在私有制社会里人们的道德观念都是个人主义的，在公有制社会里人们的道德观念都是公而忘私的。社会经济关系对人们公私观念的形成与发展的作用，我们只能在"归根到底"的意义上来理解。

人们的公私观念在其形成与发展的过程中，受到多种社会因素的影响。

首先是传统道德的影响。一个时代的道德观念总是以特定的社会舆论、人们的内心信念和行为习惯的方式，传递和延伸到下一个历史时代，在一定的程度上被下一个历史时代的人们所注意、认可和悦纳。道德之所以会"源远流长"，成为一种文化传统，全在于它的历史继承性。这种传递和延伸不仅时效久远，而且对后人的影响巨大。为什么萌发于人类原始公有制时期的公有观念、牺牲与奉献精神，到了小农经济（私有制）如汪洋大海的封建社会还以"天下为公"之"大道""舍生取义""杀身成仁"等之"大德"的方式被推崇？而产生于先秦时期的"拔一毛以利天下而不为"及后来的"人不为己，天诛地灭"的利己主义道德观念，在今天社会主义制度下仍然统摄着不少人的灵魂？……原因就在这里。

其次，是现实社会发展的整体需要和其他诸因素特别是教育与文化因素的作用。传统道德作为历史遗产，在如何对待公与私的问题上对现实社会人们的道德影响总是具有积极和消极的两方面，去其消极面，继承和发扬其积极面，是现实社会的人们不可或无法推卸的历史性责任，也是现实社会的人们进行道德建设的基本出发点。同时，现实社会还要研究、肯定和宣传产生于新的经济关系基础之上的新的道德观念，使之在与优良的传统道德相结合的过程中得到普及，这同样是现实社会的人们思考和进行道德建设时所承担的重大责任和任务。这个历史和现实的责任与任务是由现实社会的政治、法律、教育和文化等共同承担的，其中教育担当着主要的责任。如果说在私有制社会里，私利至上、先私后公之类的个人主义、合理利己主义公私观的产生具有某种"自发性"的话，那么在公有制（包括以公有制为主）的社会里，公私兼顾、先公后私、大公无私之类的进步的公私观的产生，则不可能是"自发"的。因为，在社会主义制度之前，私有制度和私有观念是社会的物质生产和精神生活的主流，私有观念早已形成一种强大的历史惯性；在社会主义制度建立之后，进步的公私观念的产生和发展以及新道德观的建设，是在面对个人主义私有观念的强大的历史惯性的严重挑战的情况下，通过坚持不懈的艰苦努力才能逐步实现。再次，民族道德文化的影响。道德由于受其形成和发展的特定地域与历史条件的制约，具有鲜明的民族特点，国情色彩很浓。什么是公，什么是私，不同的民族在认识和理解上是存在差别的。如果说在较为封闭的传统社会，民族之间的道德文化的相互影响并不明显的话，那么在现代社会这种影响就显得越来越突出了。

最后，需要特别指出的是，我们正处在社会主义初级阶段，我们是在改革开放的环境中建设有中国特色的社会主义，上述各种因素的影响和作用同时存在。社会主义市场经济条件下的公有观念，与历史上、过去计划经济条件下以及西方的公有观念有没有或应当有什么不同？我们应当倡导什么样的公有观念，承认和允许什么样的私有观念？如此等等，都需要我们从实际出发，进行认真的研究和分析，作出科学、中肯的回答。

正因为如此，在我国社会主义初级阶段这个历史新时期，才会呈现出多种公私观错综复杂的情况。

三

集体主义作为社会主义制度下调整公与私之间关系的基本原则，是社会主义道德建设的根本指导原则，也应当是社会主义精神文明建设的核心内容。从道德要求和道德建设来看，集体主义应当包含两个层次的公私观，即公私兼顾和先公后私，前者是基本要求，后者是较高要求。就是说，应当从公私兼顾和先公后私这两个方面来理解和把握集体主义的科学内涵。因为，集体主义确认个人利益和集体利益在根本上是一致的，主张在一般情况下要将两者结合（兼顾）起来，当两者发生矛盾的时候要求个人利益服从集体利益（先公后私）。

大公无私——全心全意为人民服务，与集体主义既有共同点又有重要的区别。共同点表现在两者都尊重社会公众利益，区别表现在大公无私把社会主义公众利益放在至高无上的位置，持这种公私观的人一切从人民的利益出发，从不计较个人的得与失。显然，大公无私是五种公私观中最高的道德意识形式，它比集体主义的道德要求高。一般说来，人的道德品质的发展是由低层次向高层次递进的，基本要求达不到，较高要求就难达到，达到最高要求更不可能。因此，当前的集体主义教育应以公私兼顾为基本内容，以先公后私为主要的价值导向。毋庸讳言，相对于私有制社会来说，在社会主义初级阶段要求广大群众做到公私兼顾已是历史性的进步，要求先公后私并非易事，要求做到大公无私——全心全意为人民服务就更难，因为它属于共产主义的道德范畴。毛泽东同志在20世纪五六十年代就主张"必须兼顾国家、集体和个人三个方面"①的利益。"提倡以集体利益和个人利益相结合的原则为一切言论行动的标准的社会主义精神"来教育广大群众。在这里，他充分肯定了公私兼顾的社会主义性质。但是，过去由于受"左"的思潮的影响，这种思想并没有贯彻到底，而是长期在人为"拔高"的层次上进行所谓的集体主义教育，甚至把对共产党人提出的大公无私的要求也作为衡量广大人民群众的道德标准，结果适得其反。现在回过头来看这个问题，用公私兼顾这种"社会主义精神"来教育广大群众，并以先公后私的价值导向与之相配合，仍然十分必要，这绝不是什么降低了道德建设的要求，而是抓住了当前道德建设的基本环节和中心任务。如此来看待当前的道德建设，不仅反映我国广大人民群众思想品

---

① 《毛泽东选集》第7卷，北京：人民出版社1999年版，第28页。

质形成与发展的客观规律，而且也反映了社会主义道德建设的客观规律。

不过，也应当指出另一种错误的观点，这种观点认为人在"本质上都是自私的"，人人都是"主观为自己，客观为他人"，搞市场经济人人都是私利至上，充其量也只是先私后公，提倡用集体主义精神教育人民群众脱离社会主义初级阶段的现实。诚然，就动机来看，积极参与市场经济建设的人似乎都是在"主观为自己"，由此才形成了他们的"客观为他人"。但是，实际情况并不都是这样，"主观为他人"的也大有人在。就是说，同样是"客观为他人"的价值事实，既可能产生于"主观为自己"的动机，也可能产生于"主观为他人"的动机。不仅如此，问题还有另一面：不论是"主观为自己"还是"主观为他人"，结果总是既"客观为他人"也"客观为自己"，既利公也利私，将"道德人"与"经济人"统一于一身，这正反映了社会主义市场经济发展的客观规律和要求。因此，不加分析地仅从动机或仅从效果上来看人们在市场经济条件下的公私观念，是不妥的。这样说，并不是主张在市场经济环境中可以轻视私利至上、先私后公之类的利己主义和自私自利思想对人的侵害。

我们主张把公私兼顾作为当前道德建设的基本要求，在全社会大力倡导先公后私，并不是要否认在当前提倡大公无私的必要性，而是要强调指出当前道德建设的总体思路和基本任务必须立足于社会主义初级阶段的现实。大公无私，目前应当主要是对共产党人、领导干部和其他社会先进分子提出的要求；就全社会来说，目前还主要是一种道德提倡。作如是观，才真正体现了集体主义和大公无私在实践过程中的逻辑联系。

四

要在当前的道德建设中广泛地进行公私兼顾的教育并大力倡导先公后私，就需要正确理解个人利益。可以说，自从人类的利益分化为集体利益和个人利益以来，所有的道德问题都与如何理解个人利益有关，而"正确理解的个人利益，是整个道德的基础"。依据社会主义初级阶段的公私观的实际情况和道德建设的客观需要，"正确理解的个人利益"应当从两种意义上理解：一是个人利益与集体利益保持一致性，正如马克思所说的那样："既然正确理解的利益是整个道德的基础，那就必须使个别人的私人利益符合于全人类的利益。"①二是个人利益的获取方式。在我国思想理论界，个人利益与个人主义之间的区别和联系，似乎一直是一个难以说得清楚的问题。这个问题其实并不复杂。个人利益本是一个"中性"概念，一个人的个人利益的多少并不能说明他的公私观念是集体主义的还是个人主义的，那种认为个人财富多的"大款"必定是个人主义者的看法，并不正确。只有个人利益的获取方式才将人的公私观念的"属性"区别开来。在我国，正确理解的个人利益，其获取方式必须符合社会主义的道德和法律的准则，不以损害他人和国家集体的利益为前提。不言而喻，用这种方式获取个人利益，正是我们今天大力提倡的，它与个人主义并没有必然的联系。

要有效地进行公私兼顾、先公后私方面的道德教育和道德建设，还必须加强社会主义法制建设，依靠法制建设来加强道德建设的力度。道德是依靠社会舆论、传统习惯和人们的内心信念来维系的，这就决定了公私兼顾、先公后私作为道德准则在要求人们正确调整和处理"公利"与"私利"的关系问题上，有其"软"的一面，没有法律作为"硬"的基础和后盾有时会难以奏效。过去，由于种种原因，一些从事道德教育和思想政治工作的人有一种不好的思维定式和行为习惯，认为自己的工作是万能的，似乎可以包打天下，想不到或不情愿与法制建设等其他工作协调起来，结果反而削弱了思想道德建设。这不能不说是一个值得汲取的历史教训。

---

① 《马克思恩格斯全集》第2卷，北京：人民出版社1957年版，第167页。

和谐心态：构建和谐社会的伦理基础*
——兼论道德教育创新问题

　　和谐心态是相对于失衡心态而言的，其基本特征是心态的相关要素结构合理，发展水平正常，即人们通常所说的心理健康。在心理学界，人们一般认为，人的心理结构有十大要素，即感觉、知觉、记忆、思维、想象、兴趣、情绪、性格、气质、意志。当这十大要素具备、各要素发展水平基本正常时，人的心理就处于和谐状态，反之就会出现心理失衡，产生心理问题乃至心理疾病。事实证明，一个人的心理处于和谐状态，就会以积极进取和乐观豁达的态度看待社会和人生的各种问题，包括乐于与人相处和善于与人交往，以正确的方式表达自己的欲望和需要，追求自己的发展和成就，从而成为维护和营造和谐社会的"和谐因子"；反之，就会以消极悲观的态度看待社会和人生的各种问题，不能正确地表达和实现自己的需求，这不仅会影响自身的发展和成就，而且会损伤他人、危害社会，使自己成为社会的"不和谐音符"。由此观之，和谐心态既是人自身和谐发展的基础，也是构建和谐社会的基础。

　　人的心理要素结构是否合理、发展水平是否正常，即人的心态是否处于和谐与健康的状态，与人是否具备相应的道德和法制观念是密切相关的。心理是人脑反映外部事物的产物，而事物又是彼此联系的，这就使得

　　*原载《道德与文明》2007年第2期。

人脑所反映的外部事物通常不是作为实体存在的事物，而是作为"事物实体之间的关系体"存在的事物，反映社会事物尤其是与认识主体有关的事物更是这样。众所周知，当对象作为"关系体"出现的时候，主体所获得的认识多为价值认识和价值观念。由于社会事物中的"关系体"通常都是利益关系，而道德与法律作为社会的规范都是一定社会为调节特定的利益关系而设置的，所以人在反映社会事物的心理活动中所获得的价值认识和价值观念通常都是道德和法制意识，这就使得人的心理现象总是与社会的伦理和法理意识交融在一起，相互依存、相互说明、相得益彰。这种现象的社会形式是以特定的机制建立起来的一定社会特有的思想观念和价值标准体系，而个体形式则是以感觉、记忆、思维、兴趣、情绪、性格、气质、意志等心理要素而出现的特定个体的思维和行为方式。社会生活的无数事实表明，心理、伦理与法理三者之间的这种逻辑关系是普遍的客观存在：具备了应有的伦理与法制观念的人一般就是一个心态和谐和健康的人，反之则不是。因此，不能离开道德和法制观念来谈论人的心理要素结构是否合理、发展水平是否正常，即人的心态是否和谐与健康的问题。除了因发生精神分裂或严重心理障碍而导致行为能力失常或丧失的情况以外，考察人的心理问题不能离开社会道德要求和法制规则的视阈，在有些情况下甚至应当主要或只能从伦理与法理的视阈来分析和把握，唯有如此，才能真正分析和把握一个人的心理问题。

这里顺便指出，心理学的社会功用在于运用心理分析的方法帮助人们培养和维护心理和谐与健康，诊断和治疗心理疾病，增强或恢复人应有的道德和法制意识，而不在于淡化甚至否认心理现象中的社会伦理和法理的实质内涵。改革开放以来，为适应人的心理发展和健康维护的需要，我国的心理学研究与应用发展很快，成效明显，但同时也存在一种"纯粹心理学方法""去伦理和法理化"的倾向。这种倾向不仅干扰了道德建设和法制建设，也影响心理学研究特别是心理学应用的应有功效。

在分析和认识人的和谐健康的心态的时候，仅仅看到人的心理现象与社会伦理和法理之间的内在逻辑联系是不够的，还应当看到人的道德观念和法制观念，尤其是人的道德观念在人的实践活动中总是表现为心理诸要素结构及发展水平的本质方面、主导方面。恩格斯说："在社会历史领域内进行活动的，是具有意识的、经过思虑或凭激情行动的、追求某种目的的人；任何事情的发生都不是没有自觉的意图，没有预期的目的的。"①这就是说，当人由认识（反映）主体转变为实践（活动）主体时，人的道德观念作为价值判断和选择的主要依据就演化为人的心理活动的本质内涵，它以"思虑""激情""意图""目的"等形式充当人的行为方向的主导力量，从根本上决定和影响着人的心理状态。正是在这种意义上，我们认为和谐心态是构建和谐社会的伦理基础。

培养和谐心态无疑需要深化改革，大力发展经济，不断提高广大人民群众的物质文化生活水平；需要通过适时制定和推行相关的政策调整相关的利益关系，缩小不断扩大的不合理的贫富差距；需要加强社会主义法制建设，坚决打击损伤"人心"的贪污腐败分子和腐化堕落现象，纠正"以职谋私"的行业不正之风等。但社会环境的改善对人和谐心态的积极影响并不是自发产生的，而是在人接受相应的教育特别是道德教育的过程中产生的。

毋庸讳言，当前的道德教育与培养当代中国人的和谐心态，促进当代中国构建和谐社会的客观要求之间，存在着较大的差距，因此需要创新。

首先，要普及道德教育的对象。从逻辑分析的角度看，道德作为一种价值，不论是其社会形式还是其个体形式都是以广泛渗透的方式生成和走向进步的，这决定了人的思维过程和行为过程都必然包含关于道德价值问题（善或恶）的思考和选择，因而也决定了每个人的一生都与道德问题"纠缠不清"，都需要接受道德教育，因此成年人也应当是实施道德教育的对象。从实际情况来看，学校作为受教育的环境之一与校外的职业环境和生活环境有很大的不同，前者是所谓的"一方净土"，后者是所谓的"红尘"，后者情况要复杂得多，存在着大量的"道德问题"。立业成家的一些成年人在这样的环境中易于把以前在"一方净土"上接受的良知"还给他

----

①《马克思恩格斯文集》第4卷，北京：人民出版社2009年版，第302页。

们的老师"，转而沾染"道德问题"甚至进而制造"道德问题"，由此而使自己的心态时常处于失衡状态。这是目前我国社会的道德问题主要发生在职业领域和家庭生活中、不少成年人存在着较为严重的心理问题的根本原因所在。如果说青少年是道德教育的"可塑对象"，那么，成年人就是道德教育的"纠偏对象"，后者是更重要的道德教育对象。但是，我们所坚持的道德教育却一直是学校教育意义上的道德教育，对象主要是青少年，而忽视了成年人，普及性严重不够。道德教育的对象亟须从"可塑对象"普及到"问题对象"，切实实行全民道德教育。

其次，要丰富道德教育的内容，尤其是要突出关于伦理公平的内容。党的十六大报告在阐述"切实加强思想道德建设"时强调指出："要建立与社会主义市场经济相适应、与社会主义法律规范相协调、与中华民族传统美德相承接的社会主义思想道德体系。"①这为丰富和发展新时期道德教育的内容指明了方向和方法论原则。市场经济运行的基本法则是公平，虽然不同社会制度下公平的内涵有所不同，甚至根本不同，但公平作为市场经济的运行法则是不能动摇的。既然如此，要实现社会主义的道德体系与社会主义市场经济相适应的目标，就必须将公平作为伦理观念和价值标准引进和渗透到道德教育的内容体系之中。伦理公平的要义是主张义务与权利的对等性。比如在社会主义市场经济条件下贯彻集体主义道德原则，就不能只注重个人对于集体（他人）的义务和牺牲而轻视个人对于集体的权利要求，反之，也不能只要求集体（他人）对于个人的关心和责任而不要求个人对于集体的维护和贡献。然而值得注意的是，现今比较通行的伦理学体系对公平在伦理学知识和范畴体系中的学科地位虽有重视，但在实践中要得到贯彻仍比较困难，社会的道德宣传和教育也极少提及公平问题，许多情况下基本上还是在"纯粹义务论"的意义上开展各种形式的道德教育活动，这让人感到道德教育的价值取向与发展市场经济的客观要求不那么一致，不那么适应。而实际上，如今因心态失衡而危害着我们社会安宁与人际关系和谐的人，多与其缺乏伦理意义上的公平观念有关。这样的人

①《江泽民文选》第3卷，北京：人民出版社2006年版，第560页。

主要有两类。一类是惯以焦躁的投机心理对待个人功名利禄的人，如一些坑蒙消费者的生产经营者、受贿索贿的公务员、剽窃他人著作的投机分子等。另一类是惯用平均主义看问题的守旧者、惯于"依赖"集体和他人而坐享其成或不思进取的懒汉懦夫等。市场经济条件下的道德教育如果只在"纯粹义务论"的意义上展开，对前一类人显然是对牛弹琴或隔靴搔痒，难以矫正他们失衡或变态的心理；对后一类人则是文不对题或火上浇油，反而会助长他们已经失衡或变态了的心理。

再次，要改进道德教育的方式。如前所说，道德的广泛渗透性特征，使得道德的生成和演进过程总是与其他社会意识形态的生成和演进过程"纠缠"在一起，不论是社会还是个体都是这样。因此，所谓纯粹的道德是不存在的，纯粹的道德进步也是不存在的，人们不应用孤立的方法看待社会与人的道德进步，也不能用孤立的方式理解和把握道德教育，从而使道德教育陷入一种"单兵突进""孤军奋战"的窘境。但是，目前道德教育在许多地方和许多方面仍然是"单兵突进""孤军奋战"。这是道德教育在许多情况下效果不佳甚至毫无效果的一个重要原因。改进和创新道德教育，需要把心理咨询、法制教育、文学艺术陶冶等同道德教育结合起来，以培养人的和谐心态。

最后，要创设自我教育的制约机制。自我教育的重要性不言而喻，因为社会教育传递的信息只有通过自我教育才能实现"内化"，形成相应的个体品质。由于心态本质上反映的是人的道德与法制意识的结构状态和实际水准，所以和谐心态的培养和失衡心态的调整，归根到底取决于人在道德与法制上特别是道德上的自我教育。为什么处在大体相同的环境中的人们，有的能够以一种和谐的心态面对自己的各种人生问题和矛盾，有的却不能，原因正在这里。自我教育是否应该有一种社会制约机制？回答应当是肯定的，但对这一问题伦理学界过去很少有人认真研究过，好像自我教育纯粹是个人的事情，社会无能为力，无须社会制约机制。其实这种近乎约定俗成的看法并不科学。诚然，自我教育的心理基础是个体的自觉性，但是自觉性并不是天生的，已经形成的自觉性也不是一成不变的。因此，从根本上来说，培养和维护自我教育的自觉性离不开一定的社会制约机制。培养与维护和谐心态的自我教育，也需要类似这样的社会性制约机制。如今到处可见这样一些心态浮躁的从业者，他们惯于以"主人翁"的心态向单位要求个人待遇，而不能同时以"主人翁"的心态忠于自己的职责，动辄发牢骚和责难领导，甚至制造事端，危害所在单位的稳定与和谐，却从来不作自我检讨，缺乏自我教育的自觉性。这样的人，如果没有一定的制约机制，就很难使其形成自我教育的自觉性和调整其失衡了的心态。至于应当制定什么样的制约机制，不可一概而论，总的来说应因地制宜，因时制宜。

创设自我教育的制约机制，有一点是绝对不能忽视的，这就是：应高度重视"软环境"尤其是舆论环境的建设。机制是制度与"软环境"的统一体。现代化的一个重要特征就是强调制度的权威性，中国社会（宏观和微观）目前在走向制度化的同时又身处舆论环境不良的"软环境"，后者既是社会和谐与心态和谐缺失的一个标志，也是影响和谐社会构建与和谐心态培养的一个重要因素。因此，目前创设自我教育机制的重点，应是加强舆论环境尤其是微观领域内的舆论环境的建设。要通过有组织的学习、宣传和教育等活动，在全社会形成这样的舆论环境：建设和谐社会要从调整每个人的心态做起，要运用合乎时代要求的公平观念和法制精神看待正在发生变化的社会现实，要学会运用正确的方法开展批评，并自觉进行自我批评。这样的机制能够引导人们理性地看待社会存在的矛盾和不和谐现象，合法地向社会诉求自己的利益需求，并在此过程中培养和维护自己的和谐心态。

道德教育之道德的内容结构探讨*

　　道德教育之"道德"的内容结构并不等于道德的结构，除了伦理学视野里的道德结构要素以外，尚有涉及教育学、心理学和法学等学科与道德相关的结构因素。本文所要探讨的是道德教育之道德的内容结构。

　　关于道德教育之道德的内容结构，长期以来人们理解和把握的立足点和视点是文本叙述的道德知识。传播道德知识所蕴含的社会理性与普遍原则，引导和劝诫受教育者愿意做"道德人"，是至今一切道德教育活动的宗旨和轴心。然而笔者以为，在这个根本性的问题上人们需要反思这样一个认知与实践相脱离的问题：限于传播道德知识教育和培养出来的人其实只是"道德书生"，他们多是"知道人"，而不一定是"'得'道人"；即使是"'得'道人"也多为愿做"道德人"的"'得'道人"，而不一定是会做"道德人"的"'得'道人"，这样的"'得'道人"的道德人格是不健全的，在此后的道德实践——行为选择和价值实现过程中会时常陷入道德悖论现象①的"困惑"，以至于渐渐地背离愿做"道德人"的初衷，把所"得"之"道""还给了他们的老师"。因此，从道德教育的应有宗旨来看，道德教育所培养的一代代新人的道德人格不仅表现为愿做"道德

---

　　* 原载《道德与文明》2010年第5期。

　　① 所谓道德悖论现象，指的是道德选择(包括富含道德价值却不是直接意义上的道德选择)和价值实现的过程中同时出现的善与恶相矛盾的现象，它是社会和人在道德实践中经常相遇的一种客观事实，也是在道德评价的意义上借助逻辑悖论的建构方法表达的一个主观范畴。

人"，而且表现在会做"道德人"，必须把两者有机地统一起来。这是探讨道德教育之道德的内容结构的必要性和意义所在。

一、从康德的"实践理性"说起

康德道德哲学超越前人的一个突出标志就是在充分肯定经验的道德意义之后，又强调以"实践理性"超越经验的必要性。康德的"实践理性"是相对于"纯粹理性"或"理论理性"而言的，要旨是宣示"实践理性"的"可实践"，即可为人的道德实践——道德行为选择和价值实现提供合乎社会理性的指示，并能以"绝对命令"——"定言命令"的普遍原则（相对于"如果……就……"的"假言命令"）引导和促使人愿意做"道德人"。与此同时，康德并不关注人是否会做"道德人"这一根本性的道德实践问题。

但是，人类创造道德知识（理论）的根本目的在于通过道德实践赢得实际的道德价值，维护和促进社会与人的文明与进步。人的这种实践本性决定道德教育不仅要培养受教育者具备遵循"绝对命令"、愿做"道德人"的德行，而且还要培养受教育者具备善循"假言命令"、会做"道德人"的"慧性"。康德的"实践理性"只是道德知识（理论）层次的"理性"，是关于道德实践的理论逻辑前提而并未涉及道德实践过程所需的半截子的实践理性，也就是说，并未揭示道德实践的全部理性。康德说："人是惟一必须受教育的被造物"，"人完全是教育的结果"①。他所说的教育所指主要还是关于道德知识的教育。这样的"实践理性"作为道德知识被列入道德教育之道德的内容，是必要的，但不是充分的，其被列入的同时也标志着一种前置性的缺陷。

任何实践都是在特定的自然和社会的现实环境中进行的，都需要主体具备相应的"实践能力"并最终对道德实践自然也应作如是观。培根说"知识就是力量"，这里的"知识"所指当是文本知识，"力量"所指当是

---

① ［德］康德：《论教育学》，赵鹏，何兆武译．上海：上海人民出版社2005年版，第1、5页。

"认识能力"，并不就是"实践能力"。"知识"，可能是"实践理性"的，也可能是"纯粹理性"的，不论属于哪一种"理性"，作为能力都只属于"认识能力"范畴，在没有经过与实践主体对自身及环境有利因素进行整合之前是不可能转变为"实践能力"、显现真实的道德价值和意义的。道德实践主体获得道德上的"实践能力"，自然不可离开文本叙述的道德知识，但这种获得只是关于"认识能力"的理解和贮备，并不是"实践能力"的积蓄和展现，它可以解决受教育者"愿做'道德人'"的认识和情感问题，而不能解决受教育者"会做'道德人'"的问题。这主要是因为，道德文本叙述的"道德"与道德实践过程所遇到的道德现实的"道德"有着重要的不同，前者是"纯粹的善"的理性和普遍原则，后者则是善恶同在的客观事实。要使受教育者既愿做"道德人"又会做"道德人"，就要使之了解特定社会的道德现实，具备相应的道德能力①。

由此看来，道德教育之道德的内容结构除了道德文本知识叙述的"实践理性"之外，还应当包含特定社会的道德现实和主体的道德能力。

二、道德教育之道德内容结构的三个层次及其逻辑关系

在历史唯物主义视野里，人类有史以来的道德知识在"归根到底"的意义上都是一定社会的"生产和交换的经济关系"的产物。恩格斯说："人们自觉或不自觉地，归根到底总是从他们阶级地位所依据的实际关系中——从他们进行生产和交换的经济关系中，获得自己的伦理观念。"②"伦理观念"经过理论思维过程（特别是伦理学的理论思维过程）的"社会加工"，就可以被提升为一定社会的道德意识形态和价值形态，进而表现为一定社会的道德价值标准和行为准则，作为观念的上层建筑体现统治

---

① 劳伦斯·科尔伯格(Lawrence Kohlberg)的道德发展理论认为，受教育者的道德发展可分为前习俗、习俗和后习俗三种水平，每种水平有两个阶段共计六个阶段；道德教育在每种水平和阶段上都应以启发和培养受教育者的道德判断能力为轴心。本文这里所说的"道德能力"，主要是从相对于道德"实践理性"而言的道德"实践能力"，不是仅指"道德判断能力"。

②《马克思恩格斯选集》第3卷,北京:人民出版社1995年版,第434页。

者的道德理想和意志，成为一定历史时代的道德上的"实践理性"和培养"道德人"的道德文本知识，成为道德教育之道德的基本内容，以至于过去长期被作为唯一的内容。

社会道德现实的情况一般都比较复杂。如从形态特征来看，有各种各样的道德意识（历史的与现实的，本土的与舶来的）、道德活动（社会的、群体的、个体的）和道德关系（和谐与不和谐的，"和而不同"的与"同而不和"的）；从阶级和时代属性来看，有先进与一般的道德、落后与腐朽的道德，等等。所有这些现实的道德现象都不是纯粹的善，也不是纯粹的恶，而都是以善与恶交织在一起的性状存在的，在很多情况下都会给受教育者一种"与书本不一样"、是非善恶难辨的认知困惑。这种困惑其实并不是道德文本知识和老师教导的过错，而是学生在接受道德教育期间缺少了"特定社会的道德现实"的内容，把在道德教育中掌握的"纯粹的善"的知识当作了评判和认知特定社会的道德现实的标准，把"本应"当作了"本真"。值得注意的是，在固有的伦理关系和固守的"实践理性"受到冲击的社会变革时期，道德教育之道德如果缺乏社会道德现实的内容，受教育者是很难认同道德教育之道德的，道德教育就会因此而出现缺效、低效以至失效的普遍现象。

道德能力，指的是主体进行道德选择和价值实现的能力，是由思维（判断）能力和实践（行为）能力两个部分构成的道德"实践能力"，前者主要是指道德智慧，后者主要是指道德经验。道德能力作为道德教育之道德的内容，核心是"怎样讲道德"，也就是了解和把握"会做'道德人'"的问题，它是把"向善"的道德知识和"求善"的善良动机转变为实际的道德价值的关键环节，也是主体成为真正"道德人"的关键所在。如果说道德文本所叙述的"实践理性"是在价值论（为什么要讲道德）和知识论（讲什么样的道德）的意义上讲道德，那么道德能力就是在方法论（怎样讲道德）的意义上讲道德，道德实践——道德行为选择和价值实现过程就是价值论、知识论和方法论的有机统一的过程。这个有机统一过程的重要性是不言而喻的。试想一下，如果司马光见义勇为不是采用"砸缸"的方法，而是"扑通"跳进缸里，这个道德故事还具有流传千古的经典意义吗？

概言之，道德教育之道德的内容结构，应是以道德现实为基础、道德知识的理性为主线、道德能力的培育为轴心的逻辑体系。

三、道德教育之道德内容缺失的弊端与危害及其成因分析

如前所述，道德教育之道德如果缺失特定社会的道德现实和主体的道德能力的内容，其弊端在于教育和培养的人必然多为"道德书生"，他们愿做"道德人"而不一定会做"道德人"。这种"道德人"会读书考试"讲"道德，却缺乏面对社会道德现实、正确看待和适应社会道德生活的意识（意志）品质，在不能理解"道德现实为何与书本不一样"的困惑之中可能会产生两个方面的社会性危害：或者误以为道德现实破坏了道德的"实践理性"而抱怨道德现实，甚至抱怨整个现实社会，以消极的态度对待社会和人生；或者误以为道德知识所蕴含的"实践理性"是伪科学而怀疑道德知识的逻辑力量，进而怀疑道德教育本身的价值和意义。这种弊端和危害在当代中国社会一些成年人身上的实际表现就是：依据书本道德知识叙述的价值观念与标准评判和批评现实，却不愿运用唯物史观的方法论原理去正确地观察、分析和解读道德现实；或者信奉道德无用论，散布种种不利于加强和改进道德教育的错误观点（这样的人当中有一些正在从事道德教育工作）。这种"道德人"的人格缺陷所存在的弊端还可能会危害到主体自身的道德成长和进步：由于缺乏道德智慧和经验，他们的道德选择和价值实现时常会出现"事与愿违"甚至"适得其反"的道德挫折，由此而动摇积极参与道德实践的热情和信念，直至会由愿意做"道德人"转而变为不愿做"道德人"。众所周知，未成年人在接受学校道德教育期间一般都能成为愿做"道德人"的"道德人"，他们一般都会对做"道德人"充满热情，而当他们走出校门融进社会生活海洋之后，随着职业能力的增

强和社会阅历的增加，有些人就渐渐地成为不是那么愿意做"道德人"，有的人甚至变成"道德冷漠"者。这种道德上的"负增长"的情况，究其原因除了缺乏面对社会道德现实、正确看待和适应社会道德生活的意识（意志）品质之外，便是自己在屡经道德挫折中消极地接受了教训，渐渐地"学坏""变坏"了。正是基于这种分析和认识，笔者曾在一篇拙文中指出：人的不良品质的形成与道德教育存在某些相关因素是毋庸置疑的。[①]

从学理逻辑来分析，道德教育之道德知识的"实践理性"并不是"实践方案"，更不是实践本身，在其付诸实践的过程中会因各种主客观因素的干扰而部分以至全部地失落，结果既可能合乎逻辑地走向"善"，也可能合乎逻辑地走向"恶"，由此而合乎逻辑地同时出现道德悖论现象。就是说，道德教育之道德如果缺失特定社会的道德现实和主体的道德能力的内容，受教育者的人格就会存在先天性的缺陷，他们一旦进入道德实践，其缺陷潜在的反逻辑张力就会合乎逻辑地演绎出"恶"的结果来。这表明，道德实践并不是完全按照"实践理性"的逻辑设计和安排展现其实际过程的，主体即使像"敬畏""在我头上的星空和居我心中的道德法则"[②]那样视"实践理性"为"绝对命令"，也不一定就能够如愿以偿。

长期以来，我们的道德教育恪守的立足点是以社会为本而不是以人为本，片面强调社会的需要，对于社会道德现实存在的不良现象，我们指望通过受教育者充当道德先进分子来加以改造和纠正，而忽视道德教育的根本目的在于促进人的全面发展，使受教育者成为真正的"道德人"，帮助他们在现实社会中赢得人生发展和价值实现的道德实践能力。当他们由于缺乏道德智慧和经验而在"愿做'道德人'"中"吃亏"了，社会又试图以"讲道德的人总是要或多或少地伴随个人牺牲的""讲道德的人最终是不会吃亏的"之类的道德宣传来调整他们的心态。不难想见，这种脱离有效提升"道德人"的道德实践能力的社会舆论，其调整功能是很有限的。

---

① 钱广荣：《不良品德形成与道德教育的相关因素分析》，《合肥师范学院学报》2009年第4期。
② ［德］康德：《实践理性批判》，韩水法译．北京：商务印书馆1998年版，第117页。

实际上，社会道德的文明进步与人在道德上的全面发展本是一种相辅相成、相得益彰的互动过程，而其立足点应是培养既愿做又会做"道德人"，使之具备应有的道德实践能力。如果说，"道德万能论"在人类伦理思想史上是一个缺乏科学性的伪命题，那么"道德知识万能论"就在根本上背离道德科学了。

四、完善道德教育之道德的内容结构的基本理路

首先，要树立新的道德内容结构观，将特定社会的道德现实、主体作为"道德人"应具有的道德能力用文本叙述的方式列入道德教育的内容体系。关于特定社会的道德现实的内容，要描述当代中国社会的道德现实，不回避普遍存在的"道德失范"及由此引发的"道德困惑"，说明"失范"并非都是"失德""困惑"孕育创新，而是一种道德悖论现象的真实情况。关于道德能力的内容，包含道德智慧和道德经验，核心是要分析和阐明道德实践——道德行为选择和价值实现过程中的各种不变和可变、有利和不利的主客观因素，以启发受教育者充分利用这一过程中的各种有利因素，尽量避免这一过程中的各种不利因素，以充分实现道德价值。

其次，要增加道德思维训练的内容，使道德教育的内容具有思辨的特色。这样的训练需要接触社会道德现实，但不一定要走出校门，只要内容是反映社会道德现实的，有助于受教育者的锻炼成长，在校内同样可以进行。训练的内容，可以参照科尔伯格的"两难道德故事法"，以"思考题"或"案例分析"的形式设计若干伦理情境和道德难题，让受教育者在"身临其境"中面对道德困惑，在老师的启发和引领下"动脑筋、想办法"，作出正确的价值判断和行为选择。这种教育内容的设计，也可以放到社会道德的现实环境中进行，让受教育者"实地"经受实实在在的锻炼。

最后，要调整对道德教育传统原则与方法的认识。一是要调整对道德教育传统原则与方法之功用的认识。道德教育与知识教育的根本不同在于，其原则方法在充当联结内容和目标的"纽带"的同时，也作为教育的

内容和目标参与教育的过程，表现出"用什么样的原则方法教育人，也就是在教育和培养什么样的人"的功能与价值。在这种意义上说，应当把道德教育的原则与方法纳入道德教育之道德的内容体系。二是要调整对正面教育的原则的认识。毋庸置疑，道德教育尤其是关于未成年人的道德教育必须坚持正面教育的原则，但不可把正面教育理解为"只讲正面内容"的教育。正面教育原则，旨在引导受教育者正面认识——正确认识社会和人生的伦理道德问题，形成积极健康的道德情感和应有的道德智慧，积累应有的道德经验。"正面内容"可以用来进行正面教育，"反面内容"也可以用来进行正面教育，关键是要运用科学的方法进行分析和引导，揭示"正面"内容和"反面"内容的本质方面，促使受教育者既愿做"道德人"又会做"道德人"。

道德文明的先进与高尚*

——兼论道德文明建设的应有理路

　　人类的道德文明，不论是社会之"道"还是个体之"德"，历来都存在先进与高尚的差别，然而自古以来人类却多在"高尚"而不在"先进"的意义上研究和阐发道德文明及其作用和意义，并在此认识前提下推进道德文明的建设与发展。这种由来已久的认知理路在一些特别推崇高尚道德的民族尤其盛行。由于高尚道德多为历史文明发展长河中的结晶物即所谓传统美德，所以在社会处于变革时期，这种认知理路会让人们产生这样的错觉：社会变革鼓动我们向前看，道德建设要求我们向后看。由此而产生道德认知上的"困惑"，诱发行为上的"失范"，出现道德建设与社会改革和发展不协调、不和谐的状况。因此，当社会处于变革时期，分析和说明道德文明的先进与高尚的差别及其内在的统一性关系，并在此基础上厘清道德文明建设的应有理路，是一个具有重要意义的理论和现实问题。

一

　　先进是相对于后进和落后而言的，指的是"最为进步、可作学习榜样的"人物或事物。依照这种语言逻辑推断，所谓先进道德文明就是最为进

---

　　* 原载《理论与现代化》2009年第5期。

步、可供学习和示范，因而可以加以推广的道德文明。人类伦理思想史上极少有"先进道德文明"或"先进道德""先进文明"的概念。在中国，这一概念是在中国共产党十二届六中全会作出的《中共中央关于社会主义精神文明建设指导方针的决议》中第一次提出的，《决议》提出："在道德建设上，一定要从实际出发，鼓励先进，照顾多数，把先进性要求与广泛性要求结合起来。"此后，一些学人对"先进性要求"的道德文明作过诸多有益的探讨，但都是在与"广泛性要求"（即一般性、大众化的要求）相区别的意义上说的，认为"先进性要求"实则是高尚的道德要求。

先进道德文明是特定历史时代的产物。它之所以先进，根本的原因是它形成的社会物质基础是相对于以往时代处于先进状态的经济关系，包括为建立这样的经济关系和新的社会制度而进行的革命斗争。恩格斯说："人们自觉地或不自觉地，归根到底总是从他们阶级地位所依据的实际关系中——从他们进行生产和交换的经济关系中，获得自己的伦理观念。"①经济关系的先进性，决定了道德文明具有超越以往时代的道德文明包括高尚文明的先进性。孔子提出的"为政以德"的政治道德和"推己及人"的人伦道德，呼应了在"分崩离析"中生长着的新型的经济关系和政治制度的客观要求，超越了"以德配天""敬德保民"的奴隶社会的高尚文明，实现了"事鬼敬神而远之，近人而忠"的历史超越，终至汉武帝时被推崇到"独尊"的位置。"独尊"者，独尊其适应新兴地主阶级登上政治舞台之后社会建设和发展的客观要求也，亦即其所具备的先进性品格。

在阶级社会，先进道德的社会"实践理性"形式（道德观念、价值标准和行为准则）一般是由处于上升时期的统治阶级的"仁人志士"和"士阶层"提出来的，其转化的个体之"德"也多体现在这些社会先进分子的身上，但由于受进步潮流和道德教化的影响也会在一些"庶人"和"治者"的身上表现出来。这使得阶级社会的先进道德也能够表现出社会之"道"与个人之"德"相统一的特性，发挥道德文明推动社会建设和发展的积极作用。

①《马克思恩格斯选集》第3卷，北京：人民出版社1995年版，第434页。

道德文明是社会文明总系统的重要组成部分，其先进的道德文明也是总系统中先进文明系统的重要组成部分，它们的物质基础都是当时处于先进状态的"生产和交换的经济关系"，在文明属性上具有"横向"意义上相互说明、相得益彰的内在的一致性，其整合的力量是"文化软实力"的重要形式。在特定的历史时代，社会文明总系统的先进性部分如果缺乏先进的道德文明成分，那么，这个时代的先进文明系统的建设和发展就会出现不协调的情况，影响"文化软实力"的形成和发挥作用。

就道德文明属性来看，先进道德本质上属于道德文明体系合乎规律性的真理部分，突显的是道德文明体系的科学理性。在任何历史时代，道德文明体系都应是道德真理与道德价值的有机统一体。其真理内涵，揭示的是道德文明的本质及生成与发展的规律，在形而上的层面上说明"道德是什么"（这或许是伦理学一直被当作一种哲学或哲学的一个分支学科的根据），以确证"道德应当是什么"，为道德文明的"实践理性"形式（道德观念、价值标准和行为准则）提供本体论和发生论意义上的证明。道德价值反映的是道德文明合目的性的要求，道德价值与道德真理的有机统一是合目的性与合规律性的统一，统一结构的合理性反映的是道德文明体系的"文明程度"。如果合目的性的要求不是建立在合规律性要求的逻辑基础之上，"道德应当是什么"的价值就具有虚拟和假说的特性，道德文明体系就会存在"先天不足"的根本缺陷，其可信度和接受度就会遭到人们的怀疑，不能真正发挥作用。它给特定时代的人们一个提示：当社会提倡的道德价值——价值标准和行为准则不具有应有的感召力和影响力的时候，检查一下那些道德价值的真理基础即其是否合乎合规律性的要求，是十分必要的。

作为人类面对世界和自身的一种理性力量，道德文明历来是一种"实践理性"而不是"纯粹理性"，即使是道德理想乃至于道德信念，都应当建立在合乎规律的基础之上，这是道德文明与一切宗教信仰的根本区别之所在。历史唯物主义诞生以前，人类大体上是从人之外的"神谕"或"绝对精神"（黑格尔）、人生而有之的"善性"（儒学）、"善良意志"（康德）

或"性命之源"（法国的居友）、物质生活实有的水平（如管子说的"仓廪实则知礼节，衣食足则知荣辱"）等视点，考证和说明道德文明的本质、生成及发展规律的。这种缺乏真理内涵和基础、带有虚拟和假说特性的道德本体论和发生论学说，其实并非什么形而上的思辨结晶，而是关于"统治阶级的意志"和庶人对精神生活基本"需要"的直觉形式，只不过经过"折光"式的处理罢了。所谓"善端"，不就是直觉式地为"推己及人""为政以德"提供证明吗？所谓"天理""天命"不就是为世俗的"三纲五常"形式的"地理""人命"提供证明吗？把统治阶级的意志推到彼岸世界，运用精致的本体论和发生论进行论证，以提升其推行的道德价值的至上权威，这是阶级社会里一切伦理学说的共同特点。正因如此，阶级社会关于道德价值（道德观念、价值标准和行为准则）的提倡和建设，更多的不是依靠道德的"实践理性"和人们的自觉，而是凭借政治和法制的强制力量，这是专制时代推行"道德政治化""道德法律（刑法）化"的真实原因。

先进道德形成的社会物质基础及其真理属性，决定了它必然代表着一定历史时代道德文明的应有水准和发展进步的客观方向，同时也决定了它必然是一种历史范畴，将会随着社会发展进步发生两极分化：代表"应有水准"的部分蜕变为历史文明长河中的"沉渣"，代表"客观方向"的部分演变为历史文明长河中的"结晶"，并与以往的"结晶"物汇合作为一种高尚道德文明的因素传承到下一个新的历史时代。

二

高尚的道德文明与其先进的道德文明不同，它是道德评价用语，专指人道德品质的"崇高"。从概念内涵来看，高尚与先进的差别在于它不仅指崇高的个人道德品质，也指最进步的社会之"道"即道德观念、价值标准和行为准则。分析和把握高尚道德文明与先进道德文明之间的辩证统一关系，是厘清道德建设理路的最重要的思想理论前提。

一般说来，特定历史时代的高尚的道德文明都不是那个时代创造的，而是以往时代创造、洗礼、积淀和传承下来的，是人类道德文明的精华。正因如此，高尚文明在任何历史时代都是"少数人的文明"，它可以影响一个时代道德文明的发展与进步，却不能代表一个时代道德文明的实际水准。特定历史时代可以丰富和发展高尚，却不能创造高尚，这种丰富和发展包含凭借当时先进文明加以重新解读和改造的成分。而先进文明总是特定的历史时代创造的，它虽然不一定是其所处的历史时代的高尚文明，也不一定能代表当时的高尚文明，但是，由于它的社会基础是当时的"生产和交换的经济关系"，所以它代表着当时的道德文明的应有水准，体现着当时道德文明的前进方向，因而应是当时维护经济发展和促进整个社会文明进步的最重要的道德文明。不仅如此，它还是未来社会的高尚文明，或是未来社会的高尚文明的质料，因而总是在发挥现实作用的同时孕育着未来社会某种新的更重要的高尚文明。纵观人类道德文明发展史，任何一种高尚道德文明本质上都是当时的先进的道德文明，两者之间并不存在本质的差别，差别仅在于它们的"时间标记"不同，前者是"历史文明"，后者是"现实文明"。昨天的先进是今天的高尚，今天的先进是未来的高尚，这是道德文明历史演进的内在逻辑。我们今天推崇的先人后己、助人为乐、尊重他人、关心集体等高尚文明，实际上都可以从原始社会实行的"平均主义"、专制社会推崇的"推己及人"和"三纲五常"、资本主义社会宣扬的"自由、平等、博爱"中找到它们曾有过的先进文明的"历史标记"，那些多是历史上曾经彰显过的先进文明。中国共产党在领导中国人民推翻"三座大山"、建立新政权的革命斗争中形成的革命道德，在当时是中国社会最进步、最先进的道德文明，在今天则是高尚的传统文明，只要经过"时间刷新"就能发挥应有作用。我们今天倡导的"集体主义""（全心全意）为人民服务"等先进道德文明，在今后历史发展的进程中无疑也将渐渐地成为传统文明，一部分作为未来高尚文明的"质料"留给后时代，一部分作为"后进文明"留在后人的记忆里。这种辩证统一的逻辑关系，在人类社会总体文明发展的历史长河中演绎着道德文明发展的实际过程。

作如是认识无疑是重要的，但仍未触及问题的实质，因为继续分析我们还会发现关乎道德文明建设理路的两种不同的分析方法及由此得出的两种不同的结论。一种是用高尚文明分析和说明先进文明的方法，把当时正在生长和实际发挥作用的先进文明归结为"继承传统美德的结晶"，这是向后看的方法。另一种是用先进文明分析和说明高尚文明的方法，把在特定时代仍可发挥作用的高尚文明归结为"传统美德"。这两种方法有一个共同的特点：规避"先进文明"的概念。后一种分析方法和结论，确认在特定的历史时代高尚的道德文明一般并不代表先进的道德文明，也不一定能够包容先进的道德文明，它只有经过"时间刷新"才能与当时代的先进的道德文明共存，参与新型的道德文明体系的构建。否则，它就可能会因"时间标记"不同而在人们的"盲读"中阻碍先进道德文明的生长，影响人们对当时新型的道德文明体系应有结构的整体把握，干扰道德文明建设的应有理路。

从以上分析可以进一步得出如下结论：

（一）在特定的历史时代，高尚文明的价值和意义在于"维护"社会道德的基本秩序，先进文明的价值和意义在于"引领"社会道德的前进方向。道德文明对社会与人的发展进步发生深刻影响的其实只是它的先进部分，每个历史时代的人们都不应离开先进文明谈论道德文明体系，更不应因维护高尚文明的传承需要而"抵御"先进文明的生长，否则就是在肢解道德文明体系的整体结构，妨碍社会和人的道德进步。比如我们今天讲继承发扬中华民族精神，就不可离开"以改革创新为核心的时代精神"，因为"以改革创新为核心的时代精神"是对"以爱国主义为核心的民族精神"的继承和发展，体现的是当代中国社会应具有的一种先进的道德文明，也是人们发扬爱国主义精神的具体表现。在今天，一个缺乏改革创新的精神、甚至对改革开放采取消极抵制态度或抱有不良心态的人，能视其为真正的爱国者吗？

（二）一代代人承接高尚的传统文明，本质上是在社会之"道"和个人之"德"相统一的意义上承接以往时代先进文明或先进的文明因素。这是社会道德文明发展进步的基本规律，也是培育个人道德文明素养的基本经验。在社会处于变革的特定的历史时期，这样的承接一般都会经历一次革旧图新的过程，在起初阶段一般都会发生思想理论上见仁见智的意见分歧，甚至会引发像先秦时期百家争鸣那样的广泛的社会争论，冲击新的先进文明的萌芽和生长，但最终所承接的势必是以往时代先进文明或先进的文明因素。看不到或不承认这一普遍现象，其实是在无视道德文明发展进步的客观规律，也是在漠视人类承接传统美德的基本经验。

（三）每个时代道德文明体系的合理结构及其生命力之所在应是先进文明与高尚文明的并存与统一，个体道德品质的合理结构及其人格魅力之所在应是高尚之"德"与先进之"德"的并存与统一。只是强调和凸显高尚文明而轻视甚至忽视先进文明的道德文明体系，是"跛腿"的道德文明体系，反之亦然，均难能适应当时道德文明建设和社会整体发展的客观要求，相反，还可能会引发"道德无用论"的社会心理；只是乐于接受传统高尚之"德"或只是乐于接受先进之"德"的人，其人格水准是落伍的，或是缺乏历史根基的。

三

道德文明作为一种价值样式，不论是高尚文明还是先进文明，都包含可能价值和事实价值两种基本形态，前者指的是道德意识（社会倡导的道德观念、价值标准和行为准则，个人的认识和理想等）和道德活动（社会的公益活动、道德评价和个人的道德行为等），是道德文明价值的假说和预设的形式，后者指的是道德关系（社会风尚和人际关系等），是道德文明价值的真实存在。道德文明对社会和人的发展进步的终极意义，其实只是通过道德关系——优良的社会风尚与和谐的人际关系表现出来的。这就决定了任何时代的道德文明建设都面临两个方面的基本任务，一是科学说明道德文明体系中的可能价值与事实价值的应有的逻辑结构及走向的理论建设，二是推动将道德文明体系的可能价值转变为事实价值的实践活动。

推进这两个方面的任务，最重要的是要确立"进步"的观念和方法，在社会处于变革时期尤其应当这样。所谓"进步"的观念和方法，简言之，就是尊重道德文明发展和进步的规律的方法。2005年底，英国著名学者约翰·伯瑞（1861—1927）的《进步的观念》被翻译介绍到我国，译者范祥涛在卷首以"进步：一个永恒的主题"为题对该书的基本思想作了这样的介绍："观念作为一种力量，不仅影响了政治，而且影响了人类文明的每一个领域，如艺术、文学、经济和社会风俗，等等。在这些观念中，进步的意义最为重大，产生的影响也最为深刻。"①约翰·伯瑞所研究和阐发的"进步的观念"在许多情况下都是关于道德文明的进步的观念。他认为，进步的观念自然与人类的意志和理想有关，但它本质上则是"一个关于事实的问题"。这种见解对我们厘清道德文明的认知和建设理路是颇有启发意义的。道德文明的价值和意义历来在于能够运用于现实社会的建设，指引社会与人道德发展和进步的方向。这就要求身处变革年代的人们要乐于和善于发现、梳理和接受因社会变革和发展而萌发、生长的先进的道德文明因素。如果恪守和倡导某种高尚文明，那么这种高尚文明必须曾经是历史上的先进文明，并且可以与当时的先进文明建立某种内在的逻辑联系，能够为先进文明的生长和发展提供历史和逻辑的证明，否则就应将其归于"落后"，即使让人感到甚为"高尚"也应"忍痛割爱"。这样的选择或许会令人痛苦，但实则是明智之举。这就要求特定历史时代的人们，为了促使高尚文明与先进文明相统一以赢得其新的生长空间，就必须以"牺牲"自己的某些高尚文明为"代价"，并且要在合规律与合目的相一致的意义上赋予这种"代价"以理性的说明，使之大众化，成为一种新的社会理性。

历史表明，上述"代价"可能会产生两个方面的错觉，在一定时期内可能会带来两个方面的消极影响。一种错觉可称其为"理性错觉"，表现在以为"代价"是人类道德文明建设与发展的总规律，于是或者偏执地发

①［英］约翰·伯瑞：《进步的观念》，范祥涛译．上海：上海三联书店2005年版，第1页。

表反传统的意见，或者悲观地散布无奈的情绪。卢梭曾对人的美好的"自然状态"和邪恶的文明社会相对立的现象感到大惑不解，由此而发出这样的感慨："文明社会的发展只不过是一部人类的疾病史而已。"伏尔泰曾嘲讽说，读了《论人类不平等的起源和基础》一书"使人不禁想用四肢爬行"。约翰·伯瑞嘲讽卢梭的"发现"是"提出了一种历史倒退论"。因为他认为，社会发展是一个巨大的错误；人类越是远离纯朴的原始状态，其命运就越是不幸；文明在根本上是堕落的，而非具有创造性的。20世纪80年代中国理论界出现的"代价论"主张，认为改革开放所带来的社会繁荣和文明进步就是要以牺牲诸如先人后己、大公无私之类的高尚的道德文明为代价的，也属于这种理性错觉。另一种错觉可称其为经验错觉，其表现很直接：感到"世风日下""今不如昔"，留恋一切传统的高尚文明而抵抗先进文明的生长。中国20世纪90年代发生的关于"滑坡论"的消极论调正是这种错觉的历史记录。理性错觉的危害往往表现为割裂道德文明体系应有的内在价值结构，在学界造成思想理论上的混乱。经验错觉的危害在于造成善恶评价心理的失衡，生发社会不和谐因素，甚至直接引发社会排斥或动乱。当经验错觉的危害已经成为带有普遍性的事实的时候，道德文明建设的基本理路应当注意扶持和倡导当时代正在生长的先进文明，引导人们把高尚文明与先进文明合乎逻辑地统一起来，而不至于拘泥于一切传统高尚、希冀高扬高尚文明的传统风格，来抵制和消解现实社会存在的"道德失范"及由此造成的社会不和谐问题。

中国三十多年来的改革开放和大力推进社会主义市场经济，推动了经济社会全面发展和进步，关于道德文明的研究和建设一天也没有停止过，但从理路上来看，着力点主要放在"与中华民族传统美德相承接"上，轻视了"与社会主义市场经济相适应，与社会主义法律规范相协调"（"相适应""相协调"和"相承接"是党的十六大报告中提出来的道德建设原则），即对先进的道德文明因素的研究和建设做得不够。其突出表现就是忽视有关伦理公平与正义的研究和阐发，不仅伦理学体系中没有这样的范畴，社会提倡的道德文明也缺少关于公平和正义的价值观念、标准和行为准则，而公平与正义是市场经济的生命法则，也无疑是中国社会主义民主政治和法制建设重要的价值理念和原则。

诚然，改革开放和发展市场经济具有两个方面的冲击力，它在催生先进道德和创新观念生长的同时，也会诱发和强化人的"破坏意识"，唤醒以往时代的旧道德并与之结盟，形成与传统的高尚文明相抗衡的"后进势力"；在这种情势下，强调以某些合时宜的高尚文明抵御和消解"落后道德"的破坏力和消极影响是十分必要的。但是，与此同时也应当防止高尚文明孤军作战，以至于把正在生长着的先进的道德文明当成"落后"和"腐朽"的道德加以抵制和批评。须知，当代中国社会发展中存在的"破坏意识"和"后进势力"，如坑蒙拐骗、先己后人等，在价值取向上本身就是反公平反正义的，对抗和消解其消极影响和破坏力，可以运用高尚文明中的先公后私、先人后己等传统美德，也可以运用正处于生长中的公平和正义之类的先进文明，究竟运用哪一种合乎实际、体现时代精神因而能够获得广泛的社会认同和社会效应呢？无须赘论。

历史地看，任何先进文明都是特定时代的产物，因而都具有历史局限性，这使得本是先进道德文明沉积物的一切高尚道德文明也都具有局限性，因此道德文明建设需要不断创新。在阶级社会里，统治者由于受阶级偏见和历史条件的局限不能自觉意识到这一规律，一般都不能以创新的心态和姿态面对势在必行的道德建设创新。孔子创建以"仁"为核心的儒学伦理文化，推崇"推己及人"和"为政以德"，经孟子的继承和创新，为新兴地主阶级登上政治舞台提供了先进的道德文明。但在汉武帝实行"罢黜百家，独尊儒术"的国策之后，历代王朝在道德建设（教化）上都不能真正坚持在道德文明整体观的统摄之下推进儒学的创新和发展，相反只是一味地固守儒学传统，厉行注经立说、树碑立传，致使儒学文明蜕变成为一种锈迹斑斑的"高尚"，在许多方面只可供欣赏和"做学问"，而难以用作指导当代中国社会的道德实践。这是儒学文明在被宋明理学推向极致之后渐渐走上穷途以至于被五四运动试图彻底"打倒"的根本原因。

实行改革开放和发展社会主义市场经济以来，中华民族几乎所有传统的高尚文明及由其建构的道德心理和道德秩序都在经受严峻的挑战和考验。这让我们的道德文明建设面临着这样一个历史性的课题和走向进步的机遇：努力把中华民族传统的高尚文明与今天正在生长的现实的先进文明统一起来，在中国特色社会主义理论体系和社会主义核心价值体系的指导之下，创建适应当代中国社会和人全面发展与进步的新型的道德文明体系。

道德继续教育刍议*

　　学界至今没有"道德继续教育"的概念，也很少有人关注这一领域。道德继续教育是相对于家庭和学校的道德教育而言的，指的是面向全体社会成员尤其是成年人的道德教育，它是一个需要认真探讨的重要问题。本文就道德继续教育的必要性、道德继续教育的基本特点和要求，实施道德继续教育的基本策略和措施，发表几点粗浅的看法。

一

　　重视人的道德品质及其教育是毋庸置疑的。在人的素质结构中，如果说智能素质反映人参与社会实践活动的"本领"的话，那么道德品质则反映人参与社会实践活动的"本性"，"本领"表现为"会不会"的能力问题，"本性"表现为"愿不愿"的态度即行为倾向问题。经验表明，人的"会不会"历来是受"愿不愿"支配的；只要"愿"，不"会"会转而"会"，只有"愿"，"会"才会转为实际行动和功效；反之，则不然。就是说，"会不会"的"本领"的积累及其作用的发挥，取决于"愿不愿"的"本性"。

　　人的道德品质的养成需要接受道德教育，道德教育的目的在于培养和

＊原载《安徽师范大学学报》（人文社会科学版）2004年第1期。

塑造人的道德品质，使之由"自然人"转变为"社会人"，适应一定社会道德进步与发展的客观需要。人刚离开母体还是个"小动物"，大约长到四个月左右开始"认生"，萌发了以"亲"为标准识别身边人的初步的道德意识，从此也就开始接受家庭道德教育。长到周岁左右，有了主动接受道德选择命令的初步能力，中国民间至今仍流传的让孩子"抓周"的习俗，就是对这种初步能力的认可和开发。家庭道德教育，不仅受到家长是否重视道德教育的影响，也受到家长对道德教育的目标、内容和方法的认识水平和自身道德素质的制约。一国之中，家庭道德教育是千差万别的、不规范的，遵循着"龙教龙，凤教凤"的规律，孩子在家庭中的受教育程度基本上取决于家长自身的素质。如今中国家庭的父母，即使是比较重视孩子健康成长的父母，在孩子上学后就把道德教育的责任交给了学校的老师。孩子在校读书期间，在系统接受科学文化知识和技能教育的同时，也系统接受道德教育。我国各级各类普通学校的道德教育，目前都有明确的目标、系统的内容和成套的原则与方法，比较规范。过去，人们道德品质的养成主要得益于学校的道德教育，学界对道德教育的理解也基本上局限在学校道德教育的范围之内。

但是，学校的道德教育不论如何强调"养成"，其基本功能其实多是使受教育者"知善"，学生道德品质的结构基本上处在道德认识的知识层次，需要在以后的职业生活和社会实践中进行体认和实践，逐步完善。

二

接受道德继续教育，是人一生保持与其时代发展和进步相适应的道德品质所提出的内在要求。人的道德品质，在养成的意义上需要接受家庭尤其是学校的道德教育，而在发展的意义上则需要接受社会的道德继续教育。

一个人离开父母怀抱和学校老师之后便进入社会生活的海洋，其已养成的道德品质在认识和实践领域既可能"从师之道"甚至"青出于蓝而胜于蓝"，也可能"还给了老师"，因为他会受到社会道德环境和自身修养的影响。

社会道德环境亦即人们通常所说的社会道德风尚，表现为政风、行风、民风等，其价值观念和标准总是以多元的性状而存在的，既有优良、先进的成分，也有腐朽、落后的东西，《礼记·礼运》中所描绘的"大道之行"的盛世景况人类社会至今并没有出现过，将来的社会也会存在先进与落后之别。人处在这样的环境里，既可能受到好的影响，也可能接受不良的影响，究竟会受到何种影响，一要看社会提倡什么样的道德价值观和标准，二要看主体进行道德修养的自觉性。道德环境中的价值观念和标准又是随着时代的发展和变迁而不断发展变化的，一般来说，常与人们在家庭和学校所接受的道德教育的内容有所不同，甚至存在重要差别，在社会处于变革的年代更是这样。我国改革开放20多年来，道德观念发生了许多不同于以往时代的重要变化，其中既有与时俱进的进步因素，也有与时相悖的落后因素。如果没有继续教育，人们就可能会丢弃在家庭和学校教育中接受的进步的道德观念和价值标准，使得道德环境中消极落后的东西乘虚而入，以至于逐渐地"变坏"起来。一些起初道德品质优良的人后来沦为阶下囚的事实，充分证明了这个规律。或者，可能会抵制和拒绝社会变革所带来的道德进步，导致自己在社会道德生活中落伍，逐渐变得"顽固"起来。

由此而论，就人的道德品质形成过程和性状来看，家庭和学校的道德教育仅是道德教育的初级阶段，人在家庭和学校道德教育中养成的道德品质仅是道德品质性状的初级水平；人的道德品质既需要养成，也需要养护、巩固和完善；它既不是一种自然过程，也不是一次或一个阶段的过程，不可能"一劳永逸"。

三

提出道德继续教育的问题，也是当代中国社会发展和人的进步的客观需要，这种需要是很迫切的。众所周知，经过20多年的改革开放和社会主义市场经济的发展，中国在物质文明建设方面取得了举世瞩目的成就，建立了门类齐全的现代工业体系，经济实力显著增强，十二亿多中国人不仅解决了温饱问题，而且总体上达到小康水平，党的十六大报告又提出全面建设小康社会的目标和任务。同时人们也普遍地感到，20多年来中国人在物质生活水平不断得到提高的同时，"文明素养"似乎停步不前，甚至似乎在下降。一方面，适应改革开放和发展社会主义市场经济而产生的新的道德价值观念的认同和普及困难重重，不少国人至今还固守一些旧的观念和价值标准，缺乏与时俱进的时代精神，对待新生事物和观念是耿耿于怀的，这使得中国社会的持续发展和进步缺少一种必不可少的道德心理基础。另一方面，落后乃至腐朽的道德观念泛起，拜金主义、享乐主义、利己主义泛滥。不少人，除了物质利益的驱动便很难打起精神，生产和工作积极性很难调动起来。在如何看待个人与社会、集体和国家的利益关系上，在如何把握"富贵不能淫，贫贱不能移，威武不能屈，美人不能动"（陶行知语）的人格品性方面，失却了应有的标准，这又使得当代中国社会发展缺少一种"道义"上的精神支撑。P.科斯洛夫斯基曾借用亚当·斯密的观点，提醒市场经济条件下的人们应当"谨防"得出"经济主义的错误结论"："即相信，一种在经济上高效率的系统就已经是一个好的或有道德的社会了，而经济就是社会的全部内容。"①这种警告虽然是出于对资本主义社会发展的经验教训的总结，但对于我们来说不失为一种有益的启示。

为了促使社会发展和人的进步，我国正在实行把以德治国和依法治国结合起来的发展战略。以德治国，说到底是"以德治人"，立足点和目标都在于提高人的"文明素养"。它的对象主要不应是父母膝下的孩子和学校里的学生，它的可靠基础不仅是学校的道德教育，而且是全社会意义上的道德继续教育。从某种意义上说，没有切实实施道德继续教育，所谓以

---

① [德]P.科斯洛夫斯基:《资本主义的伦理学》，王彤译.北京:中国社会科学出版社1996年版，第2页。

德治国就成了空中楼阁。

四

强调实施道德继续教育，也是改造和完善继续教育专门机构的德育目标和内容体系的实际需要。现代社会根据科学技术和生产与管理的发展需要，一般都比较重视对走出校门的从业人员进行继续教育，或外出进修，或在职培训，以不断提高他们的业务"本领"，但与此同时却轻视甚至忽视提升他们的道德品质即"本性"。诚然，目前专门的继续教育机构大体上也有道德教育方面的要求，但由于种种原因所致，多存在形同虚设或目的不到位的弊端。这是目前继续教育存在的一个需要认真研究和加以解决的突出问题。没有道德继续教育的继续教育，是不完整的继续教育。

五

道德继续教育有其自身的特殊对象和规律。它的特定对象是成年人。成年人与父母膝下的孩子和在学校的学生是不一样的，因此道德继续教育有其自身的特点。成年人过去接受的家庭和学校的道德教育本来就有所不同，在自己以往的社会实践中的人生经历和思考又不一样，所以其道德品质是参差不齐的。有的在正确的家庭和学校道德教育的基础上，经过自身修养形成了合乎社会发展与进步需要的"本性"，走向道德成熟；有的则相反，缺乏自我要求的自觉性，对社会与人生有了自己的一些"成见"，甚至自以为把道德世界"看透"了。这是道德继续教育的现实基础。

立足于这个现实基础，道德继续教育在内容上应当突出"道德问题"。成年人，不论其个人的"本性"如何，个人道德品质优劣与否，由于其社会阅历丰富而对道德世界有自己的看法，其中不少是"道德问题"，以至于"问题成堆"。有的人碰到"道德问题"能够经过自己的思考做出正确的判断和选择，有的人则不能，最终影响到自己的道德长进。有的成年人本来道德品质不错，后来出现道德滑坡和堕落的问题，一个重要的原因就在于他们的"道德问题"没有得到及时的解决，在道德品质养成和维护方面没有适时得到他人为其"传道"和"解惑"。

因此，专门实施道德继续教育的学校的教育内容不应当强调知识的完整性，强调要有什么规范统一的教材，而应当紧密联系社会道德生活的实际、成年人所思所为的实际。职业部门或单位、社区是道德继续教育的广阔天地和主要实施途径，在内容上涉及的范围更广泛，更应紧贴"道德问题"，一般应突出社会公德和家庭道德，家庭道德中又应突出尊老爱幼、夫妻和睦、邻里团结等内容。

正因如此，承担道德继续教育任务的人一般应是"成年人"，而不应是刚出校门的"娃娃"。他们应当具备相应的人生阅历和学识水平，具备理解和分析社会和人生"道德问题"的能力，否则"以其昏昏，使人昭昭"是难以奏效的，有些情况下不仅不能解决问题，反而会带来新的问题。他们不应当是只会传播道德理论知识和规范标准的"诵经"者，只会对人讲道德上"做人"的"大道理"，而应当是善于分析"道德问题"的智者和专家。在道德继续教育过程中，教育者始终要有一种真正平等的态度，更忌"师道尊严"。在方法上，道德继续教育应当注重采用分析研讨和榜样示范，同时重视道德环境的建设。

六

道德继续教育需要国家高度重视，社会全员关怀。首先，党和政府有关部门、社会群众团体，要根据《公民道德建设实施纲要》的基本精神和要求，制定切实可行的工作计划，营造适宜的社会舆论和道德环境，面向全体公民坚持不懈地开展道德教育。在这个问题上，应当改变多少年来把道德建设的任务仅仅交给社会群众团体去进行的片面认识和做法。国家关于继续教育的方针和政策，要有关于道德教育和培养的明确要求和措施，并应将其列入教育培养目标、教学计划和课程体系，制定相关的考核和管理办法，配有专门的教育和管理队伍。专门的继续教育学校，如同普通学校一样，也应当把教育和培养学生具有一定的道德素质放在首位。社区的道德继续教育也应有相应的计划和措施。国家的法制建设，关于继续教育的立法应当有道德继续教育的内容。承担继续教育任务的普通学校，应当根据国家的方针和政策重视道德继续教育，不能把办继续教育仅仅看成是提高成年人的文化素养，更不能将其仅仅看成是增加经济收入的渠道。

其次，坚持不懈地开展职业道德教育。职业道德教育是道德继续教育的典型形式，也是实施道德继续教育的主要途径。人的一生的大部分时间是在职业岗位上度过的，主要的"本性"和"本领"也是在职业岗位上展示的，道德素质如何不仅直接影响到职业活动的功效，也影响到从业人员个人的精神生活质量，最终影响到社会的发展与进步。《公民道德建设实施纲要》指出："社会的一些领域和一些地方道德失范，是非、善恶、美丑界限混淆，拜金主义、享乐主义、极端个人主义有所滋长，见利忘义、损公肥私行为时有发生，不讲信用、欺骗欺诈成为社会公害，以权谋私、腐化堕落现象严重存在"①。这些"道德失范"问题主要反映在职业活动领域，换言之，职业活动领域的"道德失范"问题最为严重。加强职业道德建设是当代中国社会实施道德继续教育的主要任务。职业道德教育的重点，应是国家公务员和教育者。目前我国公务员的继续教育一般是在党校和专门的行政教育机关进行的，这样的继续教育应当有道德方面的内容。比如讲授"行政学"或"管理科学"的教材和课程就应当有"行政道德"或"管理道德"。教育者应先接受教育。教育者特别是学校的教师，从"为人师表"的基本要求看，应当特别被重视进行道德继续教育。根据国家教育主管部门的统一要求，目前我国正在对中学教师普遍实行继续教育，为使这项教育工程行之有效，地方教育部门还有一些政策性的制约措施，所开设的课程包含师德修养。高校也在实行"岗前培训"的制度，课程体系也包含师德修养。这些都是十分必要的。

最后，把道德继续教育与法制教育结合起来。从一定意义上说，面向

①《公民道德建设实施纲要》，《人民日报》2001年10月25日。

全体公民的法制教育是一种继续教育。改革开放以来，我国普及法制教育抓得比较正常，对于提高公民的法制意识和遵守法律的自觉性、实施依法治国的治国方略发挥了积极的作用。法律与道德是社会两大调控体系，虽然调控方式有别，但在规范性质和价值取向上具有质的同一性，都是为了控制和引导人们扬善避恶、维护和张扬社会正义。法律是最低限度的道德，道德要求比法律要求高，一般来说，能够守德的人就能够守法。因此，把面向全社会的道德继续教育与面向全体公民的法制教育结合起来，既是必要的，也是可行的。人在道德品质的养成和锻炼方面，需要社会在"继续"的意义上实施终身的道德教育制度和机制，把全体社会成员纳入道德教育的视野，坚持不懈地面向全体国民开展道德教育。

七

在实施道德继续教育的环境里，作为个人，最重要的是要确立终身接受道德教育的观念，不能把在校读书期间接受道德教育看成一劳永逸的事情，而要在坚持提高业务素质、增强自己的"本领"的同时，高度重视自己的道德修身，不断改善和优化自己的"本性"，以适应社会发展和进步的客观要求。

解读"用正确的方式处理人际关系"的理论视点及其教育意义*

党的十七大报告在阐述加强和改进思想政治工作时指出，思想政治工作要"注重人文关怀和心理疏导，用正确方式处理人际关系"。这个精辟思想从一个全新的视角重申了思想政治工作要"以人文本"的根本宗旨，是我们党关于加强和改进思想政治工作一次重大的理论创新。本文试就如何理解"用正确的方式处理人际关系"的理论视点及其教育意义，发表几点粗浅的看法。

一、"用正确的方式处理人际关系"在现实性意义上反映了人的本质特性及发展要求

马克思在批评费尔巴哈鼓吹抽象的人性时指出："人的本质不是单个人所固有的抽象物，在其现实性上，它是一切社会关系的总和。"①这个著名论断是我们认识和把握人的本质特性的方法论原则。依据这个方法论我们可以推论：人之为人就在于人是"现实的社会关系存在物"——人的生存方式是通过"现实的社会关系"展现的，人的发展要求是在"现实的社

＊原载《阜阳师范学院学报》2008年第4期。

①《马克思恩格斯选集》第1卷,北京：人民出版社1995年版,第56页。

会关系”中表现的，人的价值实现是在“现实的社会关系”中进行的，如此等等。

在社会历史发展的实际过程中，具有“现实性”的“社会关系”的一般形式，无疑主要是经济关系、政治关系和法律关系，而在“终端”意义上的具体形式则是“人与人”的关系即人际关系，考察人的本质特性就应当在这样的“一切社会关系的总和”中进行。这可以从两个方面来理解：其一，人们总是在特定的人际相处和交往的活动中表现他们在经济活动、政治活动和法律活动中的实际地位、实际承担的“经济人角色”和“公民角色”，从而相应形成他们的经济关系、政治关系、法律关系。这就使得经济关系、政治关系和法律关系从来都不是抽象的，而是具体的，在其现实性上都会表现为“人与人”相处和交往的人际关系。其二，在以一定的经济关系、政治关系和法律关系为“社会物质条件”的公共管理和公共生活领域，人们总是要以特定的人际相处和交往的方式表现他们所实际承担的“社会角色”。由此看来，人们用何种方式处理人际关系，其实就是在用何种方式表达自己属于何种“经济人角色”和“公民角色”，以及“社会角色”，进而表明自己属于什么样的“现实的社会关系存在物”，具备什么样的人性。

换言之，人的本质特性及其发展水平就是在现实的人际关系中表现出来的，“用正确的方式处理人际关系”不但是衡量人性发展水平及其社会化程度的重要标志，也是人自我完善和正确实现自我价值的基本途径。在这种意义上可以说，“用正确的方式处理人际关系”实际上就是用正确的方式促进人性的发展和完善，体现了思想政治工作“以人为本”的根本宗旨。

二、“用正确的方式处理人际关系”与集体主义的道德原则的基本精神是一致的

主张个人利益与集体利益之间的一致性，并在实际生活中将两者统一

起来，是社会主义集体主义的基本精神。过去，在贯彻集体主义道德原则的问题上，我们的思想政治工作和道德教育注重的是教育和引导人们关心集体（包括国家和社会）利益，要求人们正确处理自己与集体之间的关系，成为关心集体、为集体所悦纳的人。这自然是毋庸置疑的。然而，与此同时我们却一直忽视教育和引导人们注重和学会用正确的方式处理人际关系，帮助人们成为"善与人处""受人欢迎"的人，不能不说这是一个偏差。存在这种偏差主要有两个方面的原因：一是认为"用正确的方式处理人际关系"是'旧用伦理'的小事情，不属于集体主义道德教育的范畴；二是没有看到"用正确的方式处理人际关系"与"用正确的方式处理"个人与集体之间的关系的内在联系。

实际上，"用正确的方式处理人际关系"、成为"善与人处""受人欢迎"的人，与"用正确的方式处理"自己与集体之间的关系、成为为集体所悦纳的人，在根本上是一致的。集体，不论是团队、单位和部门还是国家和民族，都是具体的，不是抽象的，更不是"虚幻"的，因此，集体与其成员的关系也不是抽象的，而是具体的。集体同个人发生关系，通常是以其"法人代表"或其他代表的身份出现的，这就使得集体与个人发生的关系具有某种"人与人"的人际关系性质，"用正确的方式处理人际关系"具有"用正确的方式处理"个人与集体的关系的性质。如在一个工作单位，职工个人与单位集体之间发生了某种矛盾、需要加以协调时，通常就是通过职工个人与单位代表（法人代表或领导者）这种特殊的"个人"之间发生的交往关系表现出来的，双方用何种方式处理这种问题，直接关系到矛盾能否妥善解决，而这种"面对面"的领导与被领导的关系，显然既体现个人与集体的关系性状，也体现"人与人"之间的关系性状，因而具有某种人际关系的特性。在这种意义上可以说，个人与集体的关系在现实或直接的意义上一般就是通过"人与人"的人际关系表现出来的，"用正确的方式处理人际关系"既是"用正确的方式处理"个人与集体的关系的必要前提，也是"用正确的方式处理"个人与集体的关系的本质要求。如此看来，在思想政治工作中贯彻集体主义的道德原则，应当要把教育和引导人们"用正确的方式处理"个人与社会集体之间的关系同"用正确的方式处理人际关系"有机地结合起来，并从教育和引导人们注重和善于"用正确的方式处理人际关系"做起。在这个问题上，集体的代表者（法人代表或领导者）应当具有"人与人"的人际关系意识，当其与集体成员打交道的时候也要学会和善于"做人的工作"，"用正确的方式处理人际关系"。

这里的关键词是"用正确的方式"，因为正是"用正确的方式"在认识和实践上使得人与人之间和个人与集体之间两个方面的关系在社会理性的基本点上一致起来。所谓"正确的方式"，无疑是符合国家法律和社会道德的方式，符合主张把个人利益与集体利益统一起来的集体主义的方式，客观地反映了中国特色社会主义社会的本质要求和普遍共识，从而使得"用正确的方式处理人际关系"与"用正确的方式处理"个人与社会集体的关系具有内在的质的统一性。实际生活也表明，一个能够"用正确的方式处理人际关系"的人，在处理自己与社会集体的关系的问题上一般就能够遵循国家法律和社会道德要求的准则，正确处理自己与集体的关系。

三、"用正确的方式处理人际关系"适应了市场经济社会对公平价值原则的客观要求

市场经济体制下的生产与交换关系是在实际的人际相处和交往中展现的，其生态条件在社会生活的实际层面上其实就是人际关系环境。小农经济是自力更生、自给自足的经济，是在家庭关系和"熟人社会"中进行的。新中国成立后一度实行的计划经济是"统一安排、统一指挥、统一分配"的经济，是在"领导与被领导"的关系和"指挥系统"中进行的，两者的经济活动与人际关系的联系不大，人际关系的状态如何对经济活动不具有"生态条件"的价值。而市场经济则不同，它是自由自主的经济，本性开放，所面对的是"陌生人社会"，人际关系的性状和发育程度，决定了市场经济的发展水平，决定了市场经济社会的成熟程度，也决定了"竖立其上"的民主政治和法制建设的历史进程。"用正确的方式处理人际关

系"成为普遍的社会风尚，就表明市场经济发展获得了适宜的生态条件，民主政治和法制建设的进程处于常态，反之则不是。我国实行改革开放和发展社会主义市场经济以来的无数成功人士和一些发达国家与地区的成功之道，证明了这一点。当代中国，从揭露出来的行贿受贿的大案要案来看，当事人的犯罪活动多与在市场经济活动中不能用正确的方式处理人际关系直接相关。换言之，可以说，行贿受贿的违法犯罪行为就是在用不正确的方式处理人际关系的过程中发生的。如今，人们之所以越来越重视处理人际关系，为建立适合自己生存和发展的人际关系而忙碌，以人际相处和交往为研究对象和内容的社会科学学科之所以发展十分迅速，原因也在于此。

公平和公正，是以市场经济、民主政治和健全法制为标志的现代社会的价值体系的核心。恩格斯说："人们自觉地或不自觉地，归根到底总是从他们阶级地位所依据的实际关系中——从他们进行生产和交换的经济关系中，获得自己的伦理观念。"[①]市场经济的"生产与交换的经济关系"是在公平竞争中构建的，以公平竞争的方式分配资源和市场，公平是其生命法则，确认和推行这一法则是市场经济社会所需要的正义。"经济人"在市场经济活动中形成的"伦理观念"应是关于公平与正义的观念，这样的观念在影响市场经济活动同时势必会在"基础"的意义上影响整个上层建筑和社会意识形态，要求政治、法制和文化建设活动都必须贯彻和体现公平与正义的原则，要求"经济人"之外的其他人群必须具备公平正义的素质和素养，以公平和正义的价值原则维系市场经济活动，在全社会形成崇尚公平与正义的"风气"和"人气"。在市场经济条件下，"用正确的方式处理人际关系"就是要用公平与正义的价值原则处理人际关系。这就要求市场经济活动所关涉的人际关系，必须通行公平与正义的价值原则。不难设想，在发展市场经济的条件下，社会如果普遍存在不能用公平的方式处理人际关系，那么就不仅会妨碍市场经济自身的健康运作和发展，而且会在"归根到底"的意义上影响全社会形成崇尚和维护公平正义的良好风

①《马克思恩格斯选集》第3卷,北京:人民出版社1995年版,第434页。

尚，影响民主政治和法制建设。

概言之，市场经济的建设和发展需要"用正确的方式处理人际关系"，以营造适合市场经济健康发展的生态环境，这样的"正确方式"最重要的就是公平和公正的价值原则。

四、"用正确的方式处理人际关系"是构建社会主义和谐社会的实践基础

社会不和谐的表现形式及其原因一般都会是多方面的，但归根到底都会表现为人际关系不和谐。不能用正确的方式处理人际关系，既是社会不和谐的基本形式，又是产生社会不和谐的基本原因。党的十六届六中全会作出的《中共中央关于构建和谐社会若干重大问题的决定》指出，当代中国社会总体上是和谐的，但也存在经济社会发展很不平衡、人口资源环境压力加大、关系群众切身利益的问题比较突出、一些社会成员诚信缺失、一些领导干部的素质和作风与新形势新任务的要求还不适应、一些领域的腐败现象仍然比较严重等方面的不和谐问题。事实证明，这些不和谐的问题多与人际不和谐存在着直接或间接的联系，最终多直接或间接地以人际不和谐表现出来。因此，提倡和引导人们用正确的方式处理人际关系，对于解决社会不和谐问题，构建社会主义和谐社会来说具有极为重要的意义。

在这个问题上，目前学界有一种看法是需要商榷的，这就是：社会不和谐主要表现为"阶级分层"，"阶级分层"又是由社会分配不公造成的，因此要构建社会主义和谐社会就要通过调整政策解决分配不公的问题，加大反腐倡廉的力度。这种意见自然是正确的，但它同时又主张用"阶级分析"和"阶级斗争"的方法看待我国社会目前存在的不和谐问题，看不到解决社会不和谐问题的其他途径，又是片面的，不可取的，其本身就缺乏"和谐因子"，不仅不利于促进社会和谐，反而可能会强化已经存在的社会不和谐问题，诱发新的不和谐因素。

促进社会和谐，构建社会主义和谐社会，既需要党和国家调整相关政策，缩小贫富差距，坚持开展反腐倡廉等，也需要教育和引导自觉主动地用和谐的思维和主张面对社会不和谐的问题，而其中一个重要的途径就是要教育和引导人们用正确的方式处理人际关系，积极推进人际和谐，做社会和谐的促进派，这是构建社会主义和谐社会的基础工程。

五、"用正确的方式处理人际关系"，有助于抵制消极颓废现象，提高人们的精神生活质量

当前社会生活领域存在着大量的消极颓废现象，如不讲原则、消极怠工、庸俗娱乐、"酒桌文化"等。这些不良现象多与不能用正确的方式处理人际关系有关，或多是在用不正确的方式处理人际关系中发生的。与此同时，健康文明的精神生活没有真正形成社会风尚。消极颓废现象的危害，集中表现在腐蚀人的灵魂，涣散人的斗志，毒化社会风气，致使一些人尤其是青年人的精神生活质量不高。

精神生活本是人的基本需要。马斯洛的"需要层次论"把人的需要分为衣食男女、安全、交往、自尊、自我实现五个层次，并认为人的低层次需要得到满足后就会随之追求高层次的需要。五个层次的四个层次基本上都属于精神需要范畴。马斯洛的这一学说所包含的合理性，在我国学界是得到公认的。然而，一个不争的事实是，改革开放近三十年来虽然人们的物质生活水平普遍有了很大的提高，但是，人们对精神生活的欲求却没有得到相应的提高，精神生活的质量也普遍不高。精神生活是人不断走向文明进步的基本标志，在现代社会人对精神生活的需求程度和追求方式，更是衡量社会文明进步的基本尺度。而人作为"现实的社会关系存在物"对精神生活的需求总是在相应的人际关系中获得的，这样的获得大体上通过两种方式，一种是人际相处和人际交往的社会方式，另一种是自我欣赏、自我修养、自得其乐的个人方式。两种方式的实质内涵都表现为人际关系性状，即人际相处和交往的"方式"是否"正确"，区别仅在于前一种是

直接方式，后一种是间接方式。提倡和要求人们"用正确的方式处理人际关系"，实际上就是要引导人们在人际相处和交往中尊重、遵循国家法律和社会道德，从中体验人际相处和交往的社会理性，感悟"做人"的尊严和价值，获得应有的精神满足。不难想见，当我们的社会"用正确的方式处理人际关系"蔚然成风时，消极颓废现象自然就会得到根本性的扼制和纠正。

综上所述，从多种理论视点解读"用正确的方式处理人际关系"，对于进一步明确思想政治工作的目标和任务、加强和改进思想政治工作来说具有多方面的教育意义。而从目前的实际情况来看，不仅日常思想政治工作忽视教育和引导人们注意用正确的方式进行人际相处和交往，建立合乎国家法律和社会道德要求的人际关系，而且高校的思想政治理论课程也忽视对大学生进行"用正确的方式处理人际关系"的教育，即使有所涉及也多放在"生存艺术"的层面，不能提升到思想政治教育的目标和任务的层面上来认识和把握。从这点来看，解读"用正确的方式处理人际关系"的理论创新和教育意义，也是很有针对性的。

社会公德维护需要建立社会公平机制*
——从"见义不为"说起

　　每个社会的道德建设都需要在维护和创新两个基本层面展开，维护的任务主要是继承和发扬传统美德，创新的任务是提炼和普及现实社会发展对道德进步提出的新要求。社会公德作为社会之"道"，通常的理解有两种含义，即"人们在一些事关重大的社会关系、社会活动和社会交往中，应当遵守并维护由国家提倡或认可的道德规范"和"日常的公共生活中所形成的起码的公共生活规则"①。"公共生活规则"历来是每个社会最基本的社会之"道"，由此养成的个人之"德"也是每个人最基本的道德素质，其公认性和历史继承性的特点在社会道德体系中最为突出，这就使得社会公德维护成为每个社会公德建设的中心任务。本文试图在历史唯物主义方法论的视野里，以"见义不为"为例，运用道德悖论的方法分析目前社会公德缺失的主要原因，推导出社会公德维护需要建立社会公平机制。

　　* 原载《道德与文明》2009 年第 6 期。基金项目：国家社会科学基金项目"道德悖论现象研究"（08BZX065）。

　　① 罗国杰：《伦理学名词解释》，北京：人民出版社1984年版，第56页。

一、"见义不为"缘于无力走出见义勇为的"怪圈"

镜头回放——

镜头一：男子称扶摔倒老太反被告，被判赔四万余元。2006年11月20日，徐女士自称被正在下公交车的彭某撞倒；彭某则称是出于善意将自个儿摔倒的徐女士扶起，并与其亲属一起送徐女士到医院，还垫付了200元的医药费，然而事后却被徐女士告上法庭。法院一审判决彭某赔偿40%的医疗费，计45876元。①

镜头二：南京小学生下河救落水女子，大人围观看热闹。2006年12月12日，两位小学生看到有人落水，向周围大人求救却得不到帮助，于是跳下冰冷的水里将落水者救起。事后，围观的成年人纷纷推说自己当时不在场。②

镜头三：老汉跌倒无人敢搭救，大喊是我自己跌的。2009年2月22日，一名75岁的老汉在公交站台下车时，一头从公交车后门跌倒在地，当场爬不起来，跟在身后的乘客都不敢上前救他，老汉大喊："是我自己跌的，你们不用担心。"听了这话，众乘客才上前救他。③

镜头四：七旬老人晕倒南京街头20分钟，尤一人敢伸出援手。2009年6月2日，一位七旬老人倒在地上，口吐白沫动弹不得，可是20分钟内，周围围了一圈人却没人伸出援手。后城管队员叫来救护车送其入医院。④

这四组镜头是在描述见义勇为的一种"怪圈"——"好心不得好报"，

---

① 曾玉燕：男子称扶摔倒老太反被告，法院判其赔四万[EB/OL].(2007-09-06)[2007-06-22].http://news.sohu.com/20070906/n251994979.shtml。

② 黄艳：南京小学生下河救落水女子，大人围观看热闹[EB/OL].(2006-12-15)[2009-06-22].https://news.sina.com.cn/s/2006-12-15/093010779910s.shtml。

③ 宋宏俊：老汉跌倒无人敢搭救，大喊是我自己跌的[EO/OL].(2009-02-24)[2009-06-22].https://news.sina.com.cn/o/2009-02-24/11015211921.shtml。

④ 何明等：七旬老人晕倒南京街头20分钟，无一人敢伸出援手。[EB/OL].(2009-06-04)[2009-06-22].http://news.CCTV.com/society/20090604/100857.shtml。

为见义勇为者鸣不平，同时也在谴责"见义不为"的公德缺失现象。它们反映的是某一个地方的社会公德问题，但是诚实的人们心里都明白这类缺德现象在目前社会公共生活领域里并不鲜见。记者或网络报道和炒作这种新闻不是要讨论什么高深的理论问题，因为无论怎么说，见难不帮、见死不救的"见义不为"现象总是不道德的，而是要发出一种正义呼声：目前的社会公德太需要维护了！

这种正义呼声自然是十分可贵的，因为任何传统道德与文明的维护都离不开相应的社会舆论。但是事实证明，维护社会公德是一种令人深思的道德两难问题：社会公共生活需要见义勇为，但见义勇为往往会"好心不得好报"，甚至"好心反得恶报"。这种两难问题就是社会公德实践中存在的道德悖论现象。由此看，维护社会公德不能仅仅依靠制造道义舆论，否则不仅不能从根本上解决问题，相反还可能会误导社会认知心理，让人们以为"人心不古""世风日下"了。要从根本上纠正目前社会公共生活领域内存在的诸如"见义不为"的不道德现象，以维护社会公德的应有水准，首先就需要从实际出发，实事求是，运用道德悖论的方法分析维护见义勇为这项社会公德的道德行为存在的自相矛盾。

所谓道德悖论现象，是指主体（个体或社会）依据一定社会的道德价值判断标准选择行为和实现道德价值的过程同时出现善与恶两种截然相反的自相矛盾的结果。[1]道德悖论现象是这样一种"矛盾等价式"的"怪圈"："不讲道德不对"，"讲道德也不对"，行为之善必然导出行为之恶，因此承认行为之善就必须同时承认行为之恶，反之亦是。在道德选择和价值实现的过程中，道德悖论现象的出现是难以避免的，同时也是普遍存在的，这主要是因为道德价值标准和行为准则本身可能存在迷误对象的问题、主体选择和实现道德价值存在智慧和能力不相适应的问题、选择和实现道德价值的过程存在诸多不利于道德价值实现的可变性或不确定性的客

---

① 参见钱广荣：《道德悖论的基本问题》(《哲学研究》2006年第10期)、《道德悖论界说及其意义》(《哲学动态》2007年第7期)、《把握道德悖论概念需要注意的学理性问题》(《道德与文明》2008年第6期)等。

观情况和环境因素问题等。①

镜头一的彭某之所以会陷入道德悖论现象的"怪圈",从客观原因来看是人群中本来就有一些爱占便宜、不讲道德的人,这样的人爱坐享或利用他人讲道德的成果。从主观因素分析,他没有注意和不能认清自己遇到的受助者是一个不讲道德的人,而又持"好人做到底"的道德态度,在受助者亲属到达现场后没有适时脱身,继而做了不该做或完全可以不做的善事。一句话,他缺乏见义勇为的道德判断能力和道德选择的经验。

因为见义勇为而身陷"怪圈"的伦理困境本质上是一个"怎样讲道德"的问题。这种问题在自然状态下即在没有给予科学分析和说明的情况下,必然会出现这样的后果:身陷过"怪圈"的人势必会"吃一堑,长一智",其此后的道德选择会从中总结出讲道德的能力和经验,从此学会了"怎样讲道德",既愿意维护社会公德又不会让自己陷入道德悖论的"怪圈",或者从"好心不得好报"的反面吸取了教训,从此绕开"怪圈"走,放弃具体伦理情境中的道德选择,走向"道德冷漠",成为"怪圈"的旁观者,于是就会出现如同镜头二和四那样的情景。

二、走出"怪圈"的认识论理路

揭示和描述任何道德悖论现象的"怪圈",目的都是为了"解悖",帮助人们正确进行道德价值选择,最大限度地实现道德价值,维护和创新社会道德规范,而要如此就要运用历史唯物主义的方法论原理,厘清走出"怪圈"的认识论理路。

很多人将"见义不为"之类的缺德现象归因于市场经济的"负面效应",说中国本是一个"礼仪之邦",如今让市场经济等价交换的法则把人情变薄了,该讲"礼仪"的地方也不讲"礼仪"了。这种看法其实是一种

---

① 这种可变的、不确定的客观情况和环境因素包括道德选择和价值实现的对象的不良品行,也可以造成道德悖论现象,让行为者陷入难以自拔的"怪圈"。镜头三中的那位老人深谙此理,所以大声申明"是我自己跌的,你们不用担心",以此来排解人们的顾虑。他的申明实际上是在为他人选择见义勇为的行为可能产生的道德悖论现象进行"解悖",实行自救。

错觉，把道德与经济的内在逻辑关系弄颠倒了。我们不应否认市场经济确实有其负面的作用，它污染了我们的精神生活环境，使我们失却了一些传统美德包括"公共生活规则"中的优良传统。但笔者以为，造成"见义勇为"之类"公共生活规则"缺失的根本原因不是所谓的市场经济的"负面效应"损害了传统"礼仪"，而恰恰是市场经济的正面效应没有被认真揭示和叙述出来并得到社会的普遍认同，创建出体现市场经济发展客观要求的新"礼仪"。

在历史唯物主义视野里，社会公德的水准（不论是社会之"道"还是个人之"德"）与其他道德一样，根本上是由一定社会的经济关系决定的。恩格斯说："人们自觉地或不自觉地，归根到底总是从他们阶级地位所依据的实际关系中——从他们进行生产和交换的经济关系中，获得自己的伦理观念。"[1]在小农经济社会里，"生产和交换的经济关系"及其"物质活动"围绕的轴心是自力更生和自给自足，人们偶然出没于一些公共生活场所也多是为了谋求"生计"，或者是如同《茶馆》描述的那样是出于寻求某种情感和心灵的交换与共享，这就决定了小农经济社会里的公共生活空间十分有限，而且多在"熟人社会"里进行。可见，"礼仪之邦"之"礼仪"实际上多是"熟人社会"里的"潜规则"和风俗习惯。而在陌生人的公共生活场所，中国人并没有真正形成遵守"公共生活规则"的优良传统，一直不是那么讲究"礼仪"的。上列几组镜头所揭露的"见义不为"的缺德现象，反映的正是这种"先天不足"的历史缺陷。

市场经济本性开放，客观上要求有相对成熟的公共生活空间与之相适应，因而也就要求有相应的社会公德。市场经济是交换经济，生产是为了交换，交换是在公共生活场所或以公共生活方式进行的，而交换的唯一法则就是公平，这就决定了公平法则既是市场经济关系的构成要素，也是市场经济赖以生存的公共伦理关系的构成要素。由此推论不难得出这样的结论：健全的市场经济运作体制必须有成熟的公共伦理关系与之相适应，而成熟的公共伦理关系必须有公平机制来进行建构和维护。这样的客观要

①《马克思恩格斯选集》第3卷,北京:人民出版社1995年版,第434页。

求，不仅应表现为"人们在一些事关重大的社会关系、社会活动和社会交往中，应当遵守并维护由国家提倡或认可的道德规范"，也应表现为"日常的公共生活中所形成的起码的公共生活规则"。而现在的实际情况是，这两个方面的公德要求都存在与社会主义市场经济的建设与发展不相适应的问题。就是说，在历史唯物主义视野里，目前社会公共生活场所出现的见难不帮、见义不为的"道德失范"现象，本质上不是什么市场经济的所谓"负面效应"造成的"人心不古""世风日下"的"道德沦丧"问题，而是需要立足于建立与发展社会主义市场经济相适应的社会公共生活秩序，实现社会公德理论及其规则体系和实践的创新问题。

不难理解，见义勇为的道德悖论现象一般不会发生在"熟人社会"里，即使发生也不难"解悖"。因为在"熟人社会"里，主体践行和维护公德的行为一般是自觉的或是自愿的，崇尚"友情为重""将心比心"，而行为的对象也是崇尚"友情为重""将心比心"的人，如果自己吃亏也会心甘情愿，或情有可原。就是说，在"熟人社会"的公共生活场所发生的道德悖论现象，依靠人们的自觉意识和情感一般就可以得到调节。而在"陌生人社会"则不一样，人们相互之间不存在崇尚"友情为重"的伦理关系和道德共识，"将心比心"的良知在许多情况下也是不对等的，在"陌生人社会"中也就不会出现"熟人社会"那样的道德认同和情感体验。这就要求，对"陌生人社会"的公共生活场所发生的"吃亏"现象进行科学的说明，并在此前提下提出解决问题的可行路径，不然，就势必会从根本上影响到社会公德维护，动摇人们维护和遵守社会公德的自觉性及社会公认度和公信力，由见义勇为走向见义不为。

三、解决道德悖论的关键是要建立社会公平机制

前文已说及，对于社会公共生活领域出现"见义不为"之类的不讲道德现象，仅是给予"曝光"和舆论谴责是不够的，长吁短叹也是无济于事的，借机鼓吹"道德无用"更不应该，正确的态度应当是积极寻找"解

悖"的方法和途径。这样的方法和路径，总的来说，在个人要提倡道德智慧和道德能力，即"既注重讲道德，又学会和善于讲道德"，在行善的同时避免出现恶，或减少恶的纠缠和影响；而在社会，则要建构和培育一种帮助人们"解悖"的公平机制，不让真心讲道德的人吃亏，同时鞭笞不讲道德的丑恶现象。

机制这一概念在我国学界使用率很高，但不少人只是在制度或体制的意义上来理解和使用，这其实是不准确的，它在理论研究和实际工作中时常会产生误导，以为有了制度和体制这样的"硬件"就可以畅行无阻。机制应是一个集合性的概念，结构上应是由制度、观念和机构三个层面构成的，本质上应是由这三个层面整合而成的工作机理或原理。三个层面之间，制度是"硬件"，观念是"软件"，机构则是执行制度和培育观念、整合"硬件"和"软件"以发挥其整体效应的管理中枢。制度只是机制的一个构成要素，而不是机制的全部；体制一般是指制度与机构的结合体，是工作的硬条件而不是工作的机理或原理。所以，不能仅仅在制度或体制的意义上来理解和把握机制。

在道德建设问题上，长期以来我们忽视相应的机制建设，这不能不说是一大缺陷。造成这一大缺陷的认识原因主要是没有在学理上分清道德与道德建设的界限。道德与道德建设是两个不同的领域。道德是知识和价值领域，需要依托文本叙述，属于认识论范畴，道德建设是认知和活动领域，依靠实践过程，属于实践论范畴。认识上的误差导致实践上走进误区：道德是凭借社会舆论、传统习惯和人们的内心信念发挥作用的，于是就将道德建设主要诉诸造舆论、说道理和启发人们的良心。这是社会公德建设与维护乃至整个道德建设与维护低效的一个重要原因。道德的建设和维护需要机制，社会公德的建设和维护更需要机制，这样的机制必须以公平为核心。

一要有社会公德的公平观念。公平是一个历史范畴，也是一个多学科的概念，但其相通的要义所反映的则是义务和权利之间特定的对应关系。中国伦理学界至今没有普遍确认公平的学科地位，长期在义务论的意义上倡导道德主张，在社会公德倡导方面也是这样，事实证明这在一般情况下是难以奏效的。在发展社会主义市场经济的社会公共生活领域，维护社会公德必须以公平观念为前提和基础。

二要有反映和体现公平观念的制度。首先是法律制度，法律应有这样的明确规定：对诸如见义勇为的维护社会公德的行为给予确认，对诸如"见义不为"的严重的不作为现象予以惩罚，以此表明法律维护社会基本道义的正义立场。镜头一中的彭某行为本来是见义勇为，但却被法官裁定付给徐女士四万多元的所谓医疗赔偿金，其判决书的"司法解释"之所以能够不顾证据学的常识，进行随意性的"推理"，直至荒唐之极①，原因就在于缺乏相关的法律规定，让偏私和徇私的不道德欲念钻了空子。其次是伦理制度，即介于法律规范和行政制度之间的表扬和批评制度，其功用在于以"硬性规定"的范式保障社会提倡的道德规范和价值标准得以实行。维护社会公德主要不应依靠人们的自觉和良知，而要依靠体现"公平合理"的伦理制度。如公共场所不准抽烟，但有的人就是不遵守，于是一些公共场所的管理机构就作出"违者罚款"的规定，这就是伦理制度。对于见义勇为的公德维护，应当与对于"见义不为"的惩罚结合起来，不仅要有相关的表彰和惩罚性的伦理制度，也应探讨建立相关的可行法规。

三要有围绕公平观念维护社会公德的专门机构，其职责在于坚持开展关于公平观念的教育和宣传，以在社会公共生活领域形成维护公平、崇尚公平的正义舆论，在于研究、制订和监督体现公平观念的制度。

---

① 有人披露，给予彭某处罚的"司法解释"的文字是这样"推理"的：1."根据被告自认，其是第一个下车之人，从常理分析，其与原告相撞的可能性较大。如果被告是见义勇为做好事，更符合实际的做法应是抓住撞倒原告的人，而不仅仅是好心相扶；如果被告是做好事，根据社会情理，在原告的家人到达后，其完全可以在言明事实经过并让原告的家人将原告送往医院，然后自行离开，但被告未作此等选择，其行为显然与情理相悖。"2."根据日常生活经验，原、被告素不相识，一般不会贸然借款，即便如被告所称为借款，在有承担事故责任之虞时，也应请公交站台上无利害关系的其他人证明，或者向原告亲属说明情况后索取借条（或说明）等书面材料。但是被告在本案中并未存在上述情况，而且在原告家属陪同前往医院的情况下，由其借款给原告的可能性不大；而如果撞伤他人，则最符合情理的做法是先行垫付款项。"3."从现有证据看，被告在本院庭审前及第一次庭审中均未提及其是见义勇为的情节，而是在二次庭审时才予陈述。如果真是见义勇为，在争议期间不可能不首先作为抗辩理由，陈述的时机不能令人信服。因此，对其自称是见义勇为的主张不予采信。"

上述三个层次，营造崇尚公平观念的社会氛围是基础，体现公平的法律和伦理制度是主体，围绕倡导公平观念与为执行制度而建立的专门机构是关键。在健全这种机构的过程中同时整合三个方面之间的实践逻辑关系，以形成公平机制的整体效应，应是维护社会公德的基本的实践路径。

新时期思想道德体系建设要关注社会公平正义[*]

新时期的思想道德体系建设要与新时期经济和政治建设的客观要求相适应，维护和促进社会公平正义。这是一项重大的新课题，需要从理论研究和实际操作两个方面厘清基本理路。

党的十七大报告在阐述"坚定不移发展社会主义民主政治"时强调要"维护社会公平正义"，十七届五中全会公报在阐述"加快转变经济发展方式，开创科学发展新局面"时又强调要"促进社会公平正义"，这就把维护和促进社会公平正义作为重大战略任务提到全党全国人民面前。新时期思想道德体系建设要适应经济和政治建设与发展进程中的这种战略要求，关注社会公平正义。

一、关注社会公平正义是新时期思想道德体系建设的必然要求

公平正义是历史范畴，也是多学科范畴，在一般意义上是指合理、适当的处事待人的方式和态度，是相对于偏私与不当而言的。在历史唯物主义视野里，公平正义作为伦理学和思想政治教育学的范畴，在"归根到底"的意义上是一定社会的经济关系的产物。恩格斯说："人们自觉地

＊原载《思想政治工作研究》2011年第3期。

或不自觉地，归根到底总是从他们阶级地位所依据的实际关系中——从他们进行生产和交换的经济关系中，获得自己的伦理观念。"①"伦理观念"经由一定社会的主流意识形态的梳理和提升之后便成为"观念的上层建筑"，发挥其调节社会生活和人们心态与行为的"文化软实力"的作用。

显然，我们所要维护和促进的公平正义是社会主义社会的公平正义，它在"归根到底"的意义上是社会主义市场经济的产物，作为特殊的社会意识形态和价值形态同时受着"竖立"在社会主义市场经济基础之上的社会主义民主政治和法制的深刻影响。社会主义市场经济的生产和交换活动要遵循市场经济的世界通则或一般规范，实行机会、过程和结果意义上的公平竞争的运作机制和价值原则。但是，社会主义市场经济本质上是以公有制为主体和主导的市场经济，不实行自由主义的运行机制和价值原则，分配制度上坚持实行以按劳分配为主、其他分配形式为辅的社会主义公平原则。这种公平正义原则反映在国家政治生活中就是要坚持广大人民群众当家作主的社会主义制度属性。这正是我国新时期在经济和政治建设中维护和促进社会公平正义的根本宗旨之所在。在历史唯物主义看来，这一根本宗旨必然要求新时期的思想道德体系建设要关注社会公平正义，以维护和促进社会主义的公平正义为基本立足点、出发点和价值诉求目标，运用自己独特的思维和建构方式维护和促进社会公平正义，把公平正义原则和精神实质融入自己的价值观念和行为规范体系，以使自己与新时期的经济和政治建设的客观要求相适应，成为推动中国特色社会主义社会和人的发展与进步的强大精神力量。

社会主义的公平正义，本质上是社会主义意识形态体系的有机组成部分，必须坚持以为人民服务为核心、以集体主义为基本原则，坚持反对个人主义、拜金主义和享乐主义。这就使得关注社会公平正义的新时期思想道德体系，既不同于中华民族传统的思想道德体系、党在革命和战争年代创建的思想道德体系、新中国成立后计划经济年代的思想道德体系，也不

---

① 《马克思恩格斯选集》第3卷，北京：人民出版社1995年版，第434页。

同于资本主义社会的思想道德体系。在一定意义上可以说，新时期思想道德体系要把关注社会主义公平正义作为自己的立足点、出发点和价值诉求目标，不是降低而是提升了对新时期思想道德体系的要求。

如果说，新时期经济和政治建设必须维护和促进社会公平正义反映了当代中国社会建设与发展的一种客观规律的话，那么，新时期思想道德体系建设要以维护和促进社会主义的公平正义为立足点、出发点和价值诉求目标也是一种客观规律，具有历史必然性。

党的十六大报告曾就新时期思想道德体系建设明确提出"要建立与社会主义市场经济相适应，与社会主义法律规范相协调，与中华民族传统美德相承接的社会主义思想道德体系"的指导思想。这种基于唯物史观的指导思想是具有战略意义的，其核心理念和主张就是要求新时期的思想道德体系要具有社会主义公平正义的"实践理性"。然而毋庸讳言，这一战略指导思想至今并未得到相关学界和思想政治工作领域的重视。这表明，新时期思想道德体系建设要把维护和促进社会公平正义作为自己的立足点、出发点和价值诉求目标，尚需要在历史唯物主义方法论原理的指导下提高人们对思想道德发展与进步的客观必然性的认识。

二、关注社会公平正义是新时期思想道德体系建设的重大新课题

历史地看，我国社会思想道德体系长期缺乏维护和促进社会公平正义的价值观念和规范要求。

中华民族传统思想道德体系的基本结构和文明样式是以家国一体的"大一统"整体意识统摄"各人自扫门前雪，休管他人瓦上霜"的自私自利的小农观念，其社会主导价值是以孔孟儒学为代表的仁学伦理思想和道德主张，它是适应以高度集权的封建专制政治扼制普遍分散的小农经济之封建社会基本社会结构的产物，所以自汉代初被封建统治者推崇到"独尊"的地位。儒学伦理思想和道德主张的基本特点是推崇"为政以德"和

"推己及人"，强调人（包括"治者"）的道德责任和义务，轻视以至忽视人的道德权利和需求，不能公平合理地看待和处置现实社会生活中的各种利益关系。不难看出，就维护和促进社会公平正义的道德要求而言，中华民族传统的思想道德体系存在"先天不足"，不经过"时间刷新"是很难真正适应当代中国社会改革与发展的客观要求的。

党在领导中国广大劳苦大众求翻身解放的整个人民民主革命过程中所创造并身体力行的思想道德体系，崇尚追求真理和不怕牺牲的革命精神、积极进取和勇于变革的创新精神、不畏艰险和顽强拼搏的奋斗精神、全心全意为人民服务和毫不利己专门利人的奉献精神等，生动地体现了用马克思列宁主义武装起来的中国共产党的纲领和性质，是党的政治优势，在革命战争年代发挥了巨大的精神作用。毫无疑问，革命传统思想道德体系应是新时期思想道德体系的重要组成部分，但同时也应看到它是适应革命和战争年代需要的产物，本身并不具备社会主义公平正义的实质内涵，公平正义在其中主要是作为未来社会的价值诉求和理想信念而存在的。

新中国成立后的30年间，经济建设强调一大二公，政治生活强调集中统一，思想道德领域充斥着阶级斗争的观念，实际上并没有建立起社会主义的思想道德体系。实行改革开放后，以《公民道德建设实施纲要》为标志的新时期思想道德体系建设取得了丰硕成果。《公民道德建设实施纲要》面对改革开放和发展社会主义市场经济的新形势，总结了此前精神文明和道德建设的经验，承接了中华民族的传统美德和革命传统道德。新时期思想道德体系建设要关注社会公平正义，还是一个带有"处女地"性质的重大新课题。

三、新时期思想道德体系建设关注社会公平正义的基本思路

新时期思想道德体系建设要关注社会公平正义，需要从理论研究和实际操作两个方向厘清基本理路。

（一）要实行与时俱进的理论创新。一是要舍弃新时期思想道德体系中那些强调单方面道德义务和责任的表述方式，增加关于社会主义公平正义的价值观念和行为规范要求的内容，如职业道德应增加"共谋发展"的内容、社会公德要增加"互相帮助"的内容、家庭美德要增加"相敬如宾"的内容等。

二是在维护和促进社会公平正义的意义上对新时期思想道德体系中的基本价值观念和行为准则作新的理论阐释。新时期思想道德体系要摒弃以往年代的一些概念形式及表述方式，但并非一定要完全代之以公平正义的概念形式。对体现中华民族乃至全人类公认的传统美德如爱国守法、敬业奉献、尊老爱幼等，对那些反映社会主义制度本质特征和中国共产党性质的重大伦理原则和道德要求如集体主义、为人民服务和大公无私等，必须坚持运用其传统的概念形式和规范表述方式，但应当依据社会主义的公平正义的精神实质对它们作新的理论阐释。如关于集体主义的精神实质和基本要求，过去一直被解释为集体利益高于个人利益和个人无条件服从集体，今天就应当被解释为实行集体利益与个人利益相结合、当两种利益发生矛盾又不能协调的情况下，要求个人（个别人或少数人）服从集体利益。作如是观，集体主义道德原则才不至于被淡化乃至抽去人民群众当家作主的实质内涵，背离维护和促进社会公平正义的时代要求，从而防止其蜕变为马克思当年批评的那种"虚幻的集体"主义。

三是要转换思维方式，对革命传统道德作合乎现代社会要求的解释。如前所说的追求真理和不怕牺牲的革命精神、积极进取和勇于变革的创新精神、不畏艰险和顽强拼搏的奋斗精神、全心全意为人民服务和毫不利己专门利人的奉献精神等革命传统的思想道德，在革命和战争年代主要是在不要考虑个人得失乃至个人生命的意义上来倡导的。今天，对全心全意为人民服务和毫不利己专门利人的革命传统道德，就不应当再作"不要有个人私心杂念"和"个人利益追求"的解释和倡导，而应当作这样的解释和倡导：共产党人和国家公务员，在自己的职业岗位上"不要以权谋私"，而要"尽职尽责""毫无保留地贡献自己的聪明才智"。同样，对诸如追求真理和不怕牺牲的革命精神、积极进取和勇于变革的创新精神等，也不应当主要在不要考虑个人得失乃至个人生命、"抛头颅洒热血"的意义上来解释，而应当作这样的解释：勇于探索适应中国特色社会主义现代化建设客观规律和要求包括如何正确借用"他山之石"的改革与创新精神。之所以应作如是观，是因为中国共产党在新中国成立后已经由"革命党"转变为执政党，革命传统的思想道德实际上已经由"革命道德"转变为职业道德。在改革和建设中国特色社会主义现代化建设的历史进程中，共产党人和国家公务员同其他公民一样也有自己正当的个人利益和理想追求，他们的个人发展不仅是当代中国社会与人的发展的组成部分，而且还应当具有某种示范和榜样的时代意义。

（二）要将维护和促进社会主义公平正义列入道德教育和道德建设的规划。家庭道德教育要通过举办家长学校和学校中的家长会议等途径，帮助家长形成关注公平正义的新教育观念，让孩子自幼开始知道公平待人和公平处事的重要意义，养成维护和表达公平正义的良知。学校的道德教育，从培养目标、内容到实施途径和方法，都应当贯彻维护和促进社会公平正义的教育理念。高校思想道德教育要积极开展维护和促进社会公平正义的教育，进教材、进课堂、进头脑，促使大学生在走向社会和职业岗位之前就具备自觉维护和促进社会主义公平正义的思想道德素质。如今不少高校都面向大学生开展了"大学精神"的教育，这样的教育应当把关注、维护和促进社会主义公平正义作为必备内容。

（三）要建立维护和促进社会公平正义的道德评价标准和机制。新时期思想道德体系建设，无疑需要表彰道德先进和模范，但其评价标准不能仅仅是"毫无自私自利之心"，主要应是维护和促进社会公平正义，由此才能在全社会逐步形成"办事公道"和"公平待人"的新风尚。媒体尤其是大众传媒，应为维护和促进社会公平正义营造这样的舆论环境。国家法制和主管道德建设的机构，要建立健全维护和促进社会公平正义的道德评价机制，保障那些为维护和促进社会公平正义作出贡献的"道德人"得到公平待遇包括物质上的补偿，以弘扬正义和正气。对因"讲道德"如见义勇为而致残或牺牲的典型人物，社会除了表彰其高尚以外，还应当有相应的特别保障制度，不至于留下"英雄流血也流泪"的"道德遗憾"，影响维护和促进社会主义公平正义的道德建设。

道德文化建设之“文以载道”视野探微*

如果说哲学给人以智慧（真），伦理学给人以良知（善），文学给人以情趣（美），那么人类追求文明进步之旅就是不断追求智慧、情怀与良知相统一的过程。中华民族在这种文明之旅中最为看重的是良知（善）与美（情趣）的统一，由此而形成了“文以载道”的道德文化建设传统。今天，探讨这一传统的历史意义并观照当代中国的“文以载道”话题，有助于促进中国特色社会主义道德文化建设和伦理学研究。

一、“文以载道”之“文”与“道”

“文以载道”的“文”大体上有文论和文学两种。文论以论述的逻辑演绎“载道”，文学以描述的形象演示“载道”。文学之“文”究竟应当包含哪些样式，文学界的看法并不一致。本文涉论的文学主要是指诗歌、小说、散文、戏剧以及现代影视作品。

“文以载道”的“道”不是如同老子说的“道可道，非常道”[①]，“道生一，一生二，二生三”[②]，亦即不是外在于人的神秘力量，而是俗世社

---

* 原载《道德与文明》2013年第1期。

① 孙以楷注释：《〈老子〉注释三种》,合肥：安徽人民出版社2003年版，第1页。

② 孙以楷注释：《〈老子〉注释三种》,合肥：安徽人民出版社2003年版，第142页。

会的道德观念和行动准则，如同孔子说的"志于道，据于德"①的"道"，荀子说的"道者，非天之道，非地之道，人之所以道也"②的"道"，等等。就是说，"文以载道"的"道"属于伦理学范畴，是儒家伦理学说主张的以"仁"为核心的道德体系。

中国文学很早就注意"文"与"道"的逻辑关系，重视"文"之"载道"的意义。刘勰在《文心雕龙》中指出，文章是道的表现，道是文章的本源；古代圣人创作文章来表现道，用以治理国家，进行教化；圣人制作的各种经不但是后世各体文章的渊源，而且为文学作品的思想和艺术梳理了标准。钟嵘在《诗品》中也发表过类似的看法，他认为诗歌内容只有表现了人们在自然和社会环境中所激发的思想感情，才能够产生"可群可怨"的艺术感染力量。

学界一般认为，"文以载道"是宋代理学创始人周敦颐在《通书·文辞》中正式提出来的，在此之前，韩愈已提出"文以明道"和"文以贯道"的学说主张，广涉文学与道德的关系。由于周敦颐的思想体系和倾向比较复杂，其"道"并非如同韩愈那样专指封建社会的主流伦理文化——儒学道德体系，所以学界凡涉论文学与道德的关系多采用周敦颐的"文以载道"语型而采信韩愈的"文以明道"内涵。

魏晋之前，中国人尚没有清晰的文学观念，魏晋以后经过所谓"文学自觉时代"，文学开始觉醒，并一度繁荣，但其间又滋长了唯美主义的形式主义文风。韩愈提出"文以明道"就是为了批判这种"叛道"的不良倾向，力图恢复刘勰在《文心雕龙》中主张的"文"与"道"的关系，把"文"与"道"关联起来。韩愈的本意是从文学建设与发展的角度言说"文以载道"的。他认为，"文"是"载道"的手段，"文"的优劣受制于能否"明道"及"明道"的程度，这样"文以载道"就必然使"文"在其间得到发展。③这是合乎文学建设与发展规律的，"文"之所以能够成为

---

①《论语·述而》。

②《荀子·儒效》。

③参见孙昌武：《韩愈散文艺术论》，天津：南开大学出版社1986年版，第21-27页。

"学"，一个重要的内在根据就是其"载道"。

一言以蔽之，"文以载道"的道德文化建设功能在于建构了"文"与"道"相互依存、相得益彰的生态模型。一方面，赋予文学以伦理与道德的灵魂和价值核心，充盈和提升了文学之于社会与人生的功能；另一方面，赋予社会道德以形象美感和人格魅力，从而铺垫了道德文化建设的文学艺术之途。

二、"文以载道"之道德文化建设的历史意义

回溯历史可以看出，"文以载道"是道德文化建设的基本途径和普遍方法，对道德文化的生成和发展、传承和普及曾发挥过不可替代的重要作用。

其一，开启和显现了伦理思想和道德价值生成之先河。在人类社会文明发展史的初始阶段，文史哲思想多是通过浑然一体的文本来表达的，并没有严格的界限。那时，关涉道德观念和行为准则的文化形式也并非为伦理文本，而多是文学作品。这在西方可以追溯到《荷马史诗》，在中国可以追溯到第一部诗歌总汇——周代诗歌集《诗经》及此后的《楚辞》《山海经》（学界一般认为后两书成于战国时期，晚《诗经》一个历史时代）。这种历史文化现象是合乎逻辑的。

不难推理，伦理与道德起源于人类"创造自身"的劳动过程——"人"在劳动中创造自身与创造自身必需的伦理和道德本是同一过程。在远古的渔猎"劳动"中，经验告诉"人"们，彼此之间需要"心心相印""同心同德"的配合，以获得行动一致的伦理意义上的"思想关系"（马克思、列宁语），哪怕这种关系极为简单粗俗，也是必需的。于是，在一些情况下有的"人"会偶然发出诸如"唉吆""邪许"之类后来被称为"道德意识"的呼唤或呼喊。这是一种伟大的创造，它的"启蒙意义"在于：向肢体方向发展便有了后来的舞蹈，向声音方向发展便有了后来的音乐（故后人说："乐者，通伦理者也"），而向文字的方向发展便有了诗歌。

这使得舞蹈、音乐、诗歌成为人类承载和表达道德意识的最早形式。故而，西方人叙述西方伦理思想史多是从远古的《荷马史诗》发微。

麦金太尔在解释西方伦理思想史这种研究和叙述范式时指出：提出道德问题和回答道德问题并不是一回事，提出道德问题通常发生在社会变化时期，而回答道德问题一般是在对道德问题有了哲学伦理学的思考以后。所以他认为，古希腊社会变化提出的道德问题是"反映在从荷马时期的作家经过神谱时期的文本（Theognid corpus）到智者学派的过渡时期的希腊文学之中"①的。中国人叙述自己的伦理思想史多没有上溯至《诗经》，更没有观照《楚辞》和《山海经》等古典文本。②这使得中国道德文化在逻辑起点上缺损了《诗经》《楚辞》和《山海经》所"载"之"道"的伦理精神和道德意蕴，致使今人在叙述中国伦理思想史的文本中很难看到这些道德历史价值的影踪，不能不说这是一种"先天不足"。

中国学界叙述本土伦理思想史，多是从《论语》文本直接开始的，涉论此前的"孝"和"亲亲为仁"也多是为了佐证孔子的"仁学"伦理文化，而不是为了揭示麦金太尔所说的"为哲学伦理学提供了最初的动因"③，即《诗经》等真正的古典文学作品所"载"之"道"。不言而喻，这就在传播方式上合乎逻辑地为"上智"推行专制政治伦理和道德教化提供了最为简便的技术工具，因为"不识不知，顺帝之则"④的"下愚"在这种道德文化样式面前只能望而却步，俯首恭听。

其二，开掘和铺垫了道德文化建设的主要渠道。文学以其为广大人民群众所喜闻乐见的形式传播和普及其所载的道德价值，赋予道德以"人民性"的特质，因而成为真正的大众道德文化，由此而赢得自己在道德文化建设中最可靠、最有益的史学地位，充当建构和提升民族道德素质之道德

---

① [美]阿拉斯代尔·麦金太尔：《伦理学简史》，龚群译.北京：商务印书馆2003年版，第28页。

②《山海经》注者者扬帆、邱效谨认为，此书对后世的文学创作和发展"产生了非常大的影响"（参见《山海经》"前言"，安徽人民出版社1999年版）。然而，《山海经》对"文以载道"——构建和传播中华民族传统道德却没有发生过"非常大的影响"。

③ [美]阿拉斯代尔·麦金太尔：《伦理学简史》，龚群译.北京：商务印书馆2003年版，第28页。

④《列子》之《仲尼·康衢谣》语。

文化建设的主要渠道。

历史上，中国文学特别是小说及其衍生的评书等民俗形式的文学作品和戏剧是广大人民群众喜闻乐见的文明样式，其所"载"之"道"易于为广大人民群众所理解和接受，因而实际担当了普及和传承道德文化的主要职能。这有两种情况：一种是被统治阶级认可或默许乃至推崇、因而堂而皇之地活跃在民间的"文以载道"；另一种是被统治阶级列为"禁书"和"禁戏"，只在民间悄然传播的"文以载道"。前一种"文以载道"是封建统治者实行道德教化的主渠道，其盛势始于明末，此后连绵不绝，真正达到了家喻户晓、人人皆知的程度，连平生"没有看戏的意思和机会"的文学巨匠鲁迅，在偶然涉足京城戏场时，也为那种"连插足也难"的盛况感到惊讶。①

综观中华民族道德文明发展史，中国古代文学实际上充当了传播和普及儒家伦理学说和道德主张的教科书。在这种意义上，我们甚至可以说，如果没有"文以载道"的传统，也就没有中华民族"源远流长"的道德传统，中华民族的传统道德文化或许多停留在注释伦理文本的书斋中。

其三，承载和普及了历史上的主流道德文化价值。这在西方主要是起于古希腊的"四主德"即智慧、公正、勇敢、节制，在中国则是被《中庸》誉为"天下之达德"的"智""仁""勇"。这三者的道德意蕴在中国古代文学的传世佳作如《西游记》《三国演义》《水浒传》《聊斋志异》中得到了淋漓尽致的展现。传统中国人对儒学伦理思想和道德文化价值的认知、理解和把握，更多的不是来自文本教化，而是各种"载道"的文学样式的熏陶。这种历史意义，特别值得一提的有两点。

一是承载和普及了以爱国主义为核心的中华民族精神。本来在任何一个民族"文"都是以该民族通俗的母语"载道"的，这种样式在潜移默化中必然会给人们以特定民族的尊严感、认同感和亲和力的熏陶。而"文"所"载"之"道"的内容则会直接给人以爱国主义和民族精神的教育。《最后一课》中韩麦尔先生写在黑板上的"法兰西万岁"成为传诵全球的

---

① 钱广荣：《中国道德国情论纲》，合肥：安徽人民出版社2002年版，第149页。

爱国主义佳话。屈原的《离骚》和岳飞的《满江红》等中国古代文学作品，现代小说《小英雄雨来》《敌后武工队》和影视作品《亮剑》等，给人特别是新生代以爱国主义教育的道德文化价值，都是直叙式文本的道德教科书不可比拟的。

二是承载和普及了最广大劳动人民的道德认知与情感。诸如五言诗"锄禾日当午，汗滴禾下土，谁知盘中餐，粒粒皆辛苦""煮豆燃豆萁，豆在釜中泣，本是同根生，相煎何太急""床前明月光，疑是地上霜，举头望明月，低头思故乡"等文学作品，也是因为其富含伦理精神和道德价值，易于转化为最广大普通劳动者的道德素质而被广为传诵，成为中国历史上传播主流道德文化的千古绝唱。

三、"文以载道"之道德文化建设的当代话题

当代"文以载道"与过去相比较已经发生了很大的变化。如果说过去的"文以载道"多是直觉、直观地告诉读者或观众"'道'是什么"，那么现代社会的"文以载道"则不然，它承载的"道"多为"'道'是什么、也不是什么"，凸显了生活世界中说不清、道不明的"道德悖论"问题。换言之，如果说传统"文以载道"安排的艺术冲突多为是与非、美与丑、善与恶的直接对立或对抗、表现为非此即彼的矛盾的话，那么，当代"文以载道"建构的艺术冲突则多为是与非、美与丑、善与恶难以分辨、相互纠缠的"自相矛盾"，带有"颠覆"传统道德文化价值的悖论特征，因而特别具有艺术震撼力。

文学是生活的集中反映。当代"文以载道"之所以具有这种"道德悖论"的特征，是因为"我们的时代是一个强烈地感受到了道德模糊性的时代，给我们提供了以前从未享受过的选择自由，同时也把我们抛入了一种以前从未如此令人烦恼的不确定状态"①。

---

① [英]齐格蒙特·鲍曼：《生活在碎片之中——论后现代道德》，郁建兴，周俊，周莹译．上海：学林出版社2002年版，第61页。

反映安乐死之"道德两难"的《深海长眠》①、见义勇为之"困惑"的《求求你表扬我》②以及《天下无贼》等"家族相似"的影视作品，所"载"之"道"都是体现当代"文以载道"特征的典型作品。

就是说，当代"文以载道"所承载的"道"多不是现成答案，而是尖锐的问题。它充分体现了如同格罗布曼（Grobman）所指出的那种特性："文学形成的价值在于问题，而不是答案"③。因此，它不再像以往的"文以载道"那样可以直接充当道德教育的教科书。不仅如此，在人们不能把握其艺术逻辑和道德主题的情况下，它甚至还会成为道德教育的"反面教材"。这就提出了如何用"道德问题"的方式理解和把握道德文化建设活动的当代学术话题，同时也就把伦理学需要实行与时俱进创新的学科建设之当代话题提到了人们的面前。

现代西方一些伦理学人在这方面已有发人深思的学术见解。马丁·科恩在其《101个人生悖论》中开宗明义地指出："伦理学关心的，是些重要的选择。而重要的选择，其实是两难问题。"他甚至认为，伦理学应当以解决"两难问题"为己任："伦理学之所为，在于困难的选择——也就是两难。"④

走出道德哲学的思维窠臼，转换研究范式，应是伦理学实行创新的学理前提。视伦理学为道德哲学的学理根据是什么，我们不得而知，不必去深究。然而值得注意的是，这种研究范式因为不大关心道德文化建设而实际上使得伦理学被搁置在社会道德生活的边缘，成为制约当代中国伦理学

---

① 获得奥斯卡最佳外语片奖的电影《深海长眠》以西班牙的真人真事为题材：雷蒙因意外事故高位截瘫，他在床上躺了26年后向政府申请安乐死，政府以违背道德和法律为由拒绝他的要求，此事在社会上引起很大争议。最后，雷蒙在深爱他的妻子的协助之下，驾船沉入他深爱的大海。参见张桂华：《西方道德难题九章》，济南：山东人民出版社2010年版，第10页。

② 老实巴交的"农民工"杨红旗在雷雨交加的深夜从歹徒手中救下女大学生欧阳花。他为了实现老模范、病入膏肓的父亲弥留之际的"唯一心愿"——希望儿子获得一次表扬，便要求报社表扬他的见义勇为行为。然而，记者古国歌鉴于"查无证据"和顾及女大学生的名誉，陷入"为了荣誉"和"顾及名誉"的"自相矛盾"的两难选择之中，最后选择了辞职。

③ 廖昌胤：《小说悖论——以十年来英美小说理论为起点》，合肥：安徽大学出版社2009年版，第1页。

④ ［英］马丁·科恩：《101个人生悖论》，陆丁译，北京：新华出版社2008年版，第1页。

建设与发展的"瓶颈"。诚然，如同其他人文社会科学一样，伦理学研究要借助哲学一般的社会历史观和方法论，但不应因此而将其归于道德哲学。

拓展学科的对象和内涵，将包含"文以载道"在内的社会道德文化现象摄入学科视野，主动关注道德文化建设的实践活动，应是伦理学实行理论创新的主题。本来，道德现象世界就是一种由道德的真理与价值、理论与实践、社会与个体构成的整体性的文化形态，唯有运用"文化建设"的整体性研究范式才能真正理解和把握道德。这就要求伦理学研究要在存在论与建构论整合的维度上将道德作为自己的对象。

立足于道德文化建设的实践活动，综合运用文学和心理学等多种人文科学的方法，应是伦理学实行方法创新的基本理路。文学以"文以载道"的方法关注人的"形象"，心理学以分析和调整的方法关怀人的"心灵"，两者都与道德倡导的"做人"密切相关。伦理学研究和学科建设没有理由置这些人文学科的方法于不顾。

浅析传统道德评价存在的"盲区"*

——兼谈道德悖论"解悖"的一个新视点

　　道德是依靠社会舆论、传统习惯和人们的内心信念进行善与恶的评价才得以生成、维系和不断走向进步的，在这种意义上我们完全可以说没有道德评价也就无所谓道德。道德评价是人类道德实践活动的重要组成部分，人们对它一般有广义和狭义两种不同的理解。广义的道德评价，泛指一切以善或恶为评价用语的评价活动，它以一切具有善或恶的价值和意义的社会和人的思维现象和实际行动为对象，以广泛渗透的方式存在于人们的认知和评判活动之中。狭义的道德评价，特指对主体道德行为的评价。我国通行的伦理学体系所涉论的道德评价，一般都是在这种意义上阐发的。本文所谈论的道德评价，指的是狭义的道德评价。

　　在传统的意义上，人们在进行道德评价时关注的是主体选择道德行为的动机和效果，由此而形成三种不同的道德评价学说。一是动机论，核心主张是以主体行为选择的动机为评价的主要标准，动机如果是善良的，即使效果不好也要对行为给予积极的评价。二是效果论，偏重于看行为效果，效果好则给予积极的评价，反之则加以否定。三是动机与效果统一论，既看行为动机又看行为效果，主张道德评价的标准既不可因动机不纯而无视好的效果，也不可因效果不好而无视善良的动机。不难看出，传统

＊原载《阜阳师范学院学报》2009年第3期。

道德评价观的三种学说主张都有其合理的方面。动机论的合理性在于，它充分肯定人的任何行为选择和价值实现都是从既定的目的和动机出发的，道德选择和价值实现更是这样。恩格斯说："在社会历史领域内进行活动的，全是只有意识的、经过思虑或凭激情行动的、追求某种目的的人；任何事情的发生都不是没有自觉的意图，没有预期的目的的。"①一般说来，行为的目的和动机明确，合乎道义要求，就会有好的效果，反之亦是。效果论的合理性在于充分肯定人的行为选择的价值和意义。只讲善良动机而不讲善良功效的道德行为，给予肯定究竟会有多少的积极作用？人们很少考虑这个问题，因为人们相信只要给动机以积极的评价和肯定就一定会激励更多的人去行善，其实这只是一种假设。实际情况是，"好心得不到好报"即没有好的结果的时候，行善的动机是最容易受到伤害的，久之还会使得行为主体对自己的善心和善行产生怀疑，以至于对道德的价值和功能也会发生动摇。即使不会出现这样的情况，也可能会给行为主体带来伤害。如未成年人与成年罪犯搏斗、自身不会游泳而跳入水中去救同伴、身体弱小而勇斗歹徒等行为，未成年人虽然有着良好的动机，但他们在心智和身体发育方面还很不健全，在行为判断与选择过程中缺乏理性思考，往往出现选择的行为方式超出他们本身的行为能力，最终不能达到应有的效果。以往我们的社会道德对见义勇为行为一律是持鼓励、称颂的态度，今天我们应当重新审视。人作为实践的社会存在物是价值主体，以"以我为轴心"的思维方式看世界，面对自然、社会和人生所选择的一切认识和实践活动（行为）都是从满足自己的需要的价值思考和追求出发的，即使是"无缘无故"的"盲目"选择其实也是抱有某种目的和动机的。人的实践本性在道德选择和价值追求中表现得尤其充分，面临特定的利益关系情境和伦理境遇，人所作的任何选择都会持有某种明确的目的和动机，或者是为了追求某种善果，或者是为实现某种恶果。动机和效果统一论的合理性表现在，试图纠正动机论和效果论的片面性，从道德评价的角度引导人们从善良的动机出发追求良好的结果。

①《马克思恩格斯选集》第4卷,北京:人民出版社1995年版,第247页。

但是，二者的不合理性更为明显，而且是共同的，这就是：规避了对动机和效果不一致的实际情况进行评价，也就是说，忽视了对主体道德价值实现的过程进行分析和评价，使主体的行为过程成为道德评价的"盲区"。①事实证明，主体行为选择的目的和动机明确，不一定就会产生预期的效果，两者既可能是一致的，也可能是不一致的，甚至是相悖的，即事如人意和事与愿违的情况都可能存在。同样之理，主体行为选择的目的和动机不端正，也不一定就没有好的效果，此即所谓歪打正着、仇将恩报。而这类情况在道德现象世界，人们是司空见惯的。概言之，传统的道德评价，无论是动机论、效果论还是动机效果统一论，均无法揭示道德行为选择和价值实现过程的真实情况，难以真正引导人们认识和把握道德价值选择和实现的客观规律，展现道德评价的目的和功能。

道德评价的目的和功能在于扬善惩恶，建设和维护优良的社会风尚，引导人们形成良好的道德品质。道德评价要达到这样的目的，实现这样的功能，不仅要指导人们适时地依据一定的道德价值标准进行正确的道德选择，给行为主体指明应当追求的道德价值目标和努力的方向，而且还要分析和评价主体实现道德价值的行为过程，给主体实现道德价值的成功与否以客观真理性的评判和指导。后者对于实现道德评价的目的和发挥道德评价的功能尤为重要。因为，主体的行为选择能不能实现其价值预期的目的，并不在于其动机是否纯正，态度是否坚定，而在于其在行为过程中、能否适时察觉应对各种可变因素，调整自己的行为方式，甚至包括调整自己的行为方向和追求的价值目标，这就涉及行为过程中的道德智慧了。

所谓道德智慧，指的是适时察觉和处置道德行为过程中出现的各种不确定的可变的因素以实现道德价值既选目标的经验和能力。人们"做事"，影响其"成事"的因素一般可以从两个方面来进行分析，一是"做事"的目的和态度，属于非智力因素的人生价值观范畴；二是"做事"的经验和

① 表面看来,动机与效果统一论显得"辩证"和"公允",而实际上其所叙述的意见只是评价者对行为主体的一种主观愿望和价值预设,同样忽视和规避了主体行为选择和价值实现过程中出现的动机与效果不一致的情况。

能力，即"成事"的"本事"，属于智力因素的智能结构范畴，两者的有机结合方可"成事"。事实证明，仅凭正确的目的和满腔的热情而却缺乏"做事"的"本事"，一般是不可能"成事"的。其实，"做人"的道理也是这样，就选择和实现某种道德价值的实际过程而言，不仅要有"做人"的"善心"和"善举"，也要有"做人"的"明智之举"，"明智之举"主要不是来自善良动机，而是来自道德经验和道德能力。这里需要特别分析和指明的是，对道德智慧的两个构成要素——道德经验和道德能力应当有一种大体准确的理解。道德经验大体可以被理解为一种伦理思维和道德行为的习惯，既与人接受道德教育的科学水准有关，也与人的阅历和积累有关。道德能力，即"做人"的能力，既表现为"纯粹做人"的能力，也包含与"做人"有关的"做事"的能力。如一位医生抱有救死扶伤的善心和爱心，真心诚意地想把患者的病治好，但他看病的技术能力有限，甚至对患者诊断有误，结果自然不会有好的疗效，与其"做人"的初衷相背离。

人的道德行为是在对客观事物认识的基础上，行为主体在一定的道德情境下，根据自己的道德认知作出道德判断、选择道德行为方式、将道德动机转化为道德现实的实践活动，这是一个动态的过程。一般来说，这一过程存在着诸多不确定的可变的因素，立足于道德智慧，我们可以从两个方向来进行分析和认识。一是行为对象的不确定性和可变性。在特定的利益关系和伦理境遇中，人们的道德行为选择和价值实现一般都会以具体的人为对象，如先人后己、助人为乐、见义勇为等，因此行为的选择及其价值实现势必会面对特定的人，这个"特定的人"的真实面貌就决定了选择是否正确，价值可否实现。《西游记》里的唐僧因大发善心救"红孩儿""白鼠精""白骨精"等而差点丢了性命，说的就是这个道理。再比如，一个人在街头看到一个乞丐，觉得他（她）怪可怜的，就想到"做人"应当表达同情弱者、乐善好施的"善心"，于是慷慨解囊，甚至倾其所有，殊不知这种"善举"所成之事既可能是做了"善事"，也可能是做了"恶事"（帮助了一个以乞讨为业乃至因此而发家致富的不劳而获者）。这类事与愿违、适得其反的结果，皆由不识道德行为的对象的真实面貌所致。二是行为环境因素的不确定性和可变性。一个人选择自己的道德行为，可以在自己的想象中消除价值实现过程中的一切矛盾，但一旦付诸实际行动情况就可能会发生变化，如果不凭借自己的经验适时调整行动计划和方案，可能就难以达到预期的目的。"千里送鹅毛，礼轻情意重"，以鹅毛替代鹅，终于实现了"千里送鹅"的价值选择，赞美的就是一种应对行为过程发生变化的道德智慧。不妨设想一下，如果"千里送鹅"却两手空空，结果会是怎样呢？肯定不会有"情意重"的效果。总之，道德行为选择和价值实现过程中的不确定和可变的因素是客观存在的，如果不会加以应变就会直接影响道德价值的实现，由此而产生道德悖论，即从善良动机出发在表明自己做"善事"的过程中却同时做了"恶事"。①

因此，评价主体的道德行为选择和价值实现，不能只是关注动机和效果两个端点，而忽视价值实现过程的可变因素及其诉求的道德智慧。偏重看动机的"动机论"、偏重看效果的"效果论"和动机效果兼评的所谓"统一论"，所评价的其实都是主体道德行为选择和价值实现的后果，都是"后果论"（所谓"动机论"不过是由反思后果而已），都忽视了造成动机与效果不一致的客观原因，致使价值实现的过程成为道德评价的"盲区"。这就要求传统的道德评价需要实行理论创新，把"后果论"与"过程论"统一起来，并在此逻辑前提下突出"过程论"的评价。以传统美德中的"司马光砸缸"为例，这个脍炙人口的道德故事赞扬的是主人翁见义勇为的善心、善举和善果，而在行为过程中起关键作用的"砸缸"，则既是善举也是"智举"，整个过程实现了见义勇为与见义智为的统一。试想一下，如果不是选择"砸缸"这种"智举"，这个古老的道德故事还有什么道德评价和教育的意义吗？

进一步来分析，主张道德评价要把"后果论"与"过程论"统一起来

---

① 道德悖论是一种集合性的概念，由道德悖论现象、道德悖论直觉、道德悖论知觉、道德悖论逻辑、道德悖论理论等构成。这里所说的道德悖论指的是道德悖论现象，它是主体（社会和人）在道德价值选择与实现的过程中同时出现的一种善恶同现同在的自相矛盾。可参见：《道德悖论的基本问题》（《哲学研究》2006年第10期）、《道德悖论界说及其意义》（《哲学动态》2007年第7期）、《把握道德悖论需要注意的学理性问题》（《道德与文明》2008年第6期）等。

并凸显"过程论"的认知价值，反映了道德价值的本质要求。一种道德之所以是有价值的，首先是因为它反映了"生产和交换的经济关系"及"竖立其上"的上层建筑包括其他形态的观念上层建筑的客观要求，具有真理性。人类有史以来的道德文明样式尽管千差万别，不仅不同阶级有不同的道德文明，而且不同的历史时代也有不同的道德文明，但是有一点是共同的，这就是在"归根到底"的意义上建构起与特定时代的经济发展和整个社会的文明进步的客观关系。"知识就是力量"的"知识"，无疑是关于真理的知识，"知识就是力量"的命题无疑应当包含道德知识即道德真理。就是说，道德之所以可以成为一种价值，一种力量，一种魅力，就在于它首先是真理，惟有以真理为基础的道德价值和行为准则，才能在其被选择和实现的过程中展现其价值。由此可以看出，在道德评价中忽视对主体行为过程进行评价，是不利于实现道德评价的目的、发挥道德评价的功能的，甚至会使道德评价流于表面形式，对人们的道德行为选择和价值实现产生误导。诚如梯利所言："那些对道德事实的匆忙和肤浅的判断是和所有别的'半瓶醋真理'一样危险的。"①

中国传统的道德评价之所以会存在上述的弊端，与儒学伦理文化注重"求诚"而轻视"求真"的本质特性是直接相关的。以孔孟为代表的传统的伦理思想体系和道德规则体系，以"人性善"为本体论的立论基础，以"推己及人"为基本的逻辑程式——"己所不欲，勿施于人""己欲立而立人，己欲达而达人""君子成人之美，不成人之恶"等，是一种建立在假说的本体论基础之上的道德假设体系。一味强调"为仁由己"，忽视对道德行为过程进行真理性的考察和思考，在道德行为选择和实现过程中对"应该如何讲道德"关注不多，使得人们长期无视个体和社会道德行为中"如何实现道德价值"的能力与智慧，使得主体在道德价值选择和实现过程中，常常会出现"帮倒忙""好心办坏事"的悖论现象。

总之，在传统儒学伦理思想和道德主张的指导下，人们选择自己的行为只要从"善心"出发就可以了，其结果不论是善还是恶或两者兼而有

---

① [美]弗兰克·梯利：《伦理学概论》，何意译. 北京：中国人民大学出版社1987年版，第16页。

之，在道德评价上都是给以积极肯定的。我们认为，从伦理文化来分析，这是导致传统道德评价长期存在一种"盲区"，不能实现"后果论"与"过程论"的有机统一的根本原因。

如前所述，人的道德行为选择由于受到多种不确定的和可变因素的影响其结果一般都会出现悖论现象，即善与恶同在的"自相矛盾"的现象。在传统的道德评价的指导下，人们的道德行为选择及价值实现的过程必然出现道德悖论的现象，"是客观的、普遍存在的，却往往被人们所忽视，甚至发生错觉，动摇人们对道德价值及其选择与实现的信念和道德建设的信心。"[①]我们的道德评价如果包括乃至凸显"过程论"，给予行为过程的不确定和可变因素以应有的关注，那么无疑就会有效地防止、淡化、消解"恶果"的出现，扩大行为的"善果"，提升主体道德行为选择和价值实现的有效性。由此观之，研究传统道德评价的"盲区"并有针对性地提出"扫盲"的路径，也是一种排解道德悖论的"解悖"新视点。

---

① [美]弗兰克·梯利：《伦理学概论》，何意译. 北京：中国人民大学出版社1987年版，第16页。

第三编　道德建设与道德治理

道德治理的学理辨析

党的十八大报告在论述"扎实推进社会主义文化强国建设"的战略部署时，作出"深入开展道德领域突出问题专项教育和治理"的重大工作部署。过去学术理论界很少谈论道德治理，也鲜有涉论道德治理的学术话题。因此，辨析道德治理的学理问题，以明确道德治理的思想基础是很有必要的。

一、何为道德治理

所谓道德治理，指的是道德承担"扬善"和"抑恶"两个方面的社会职能，用"应当—必须"和"不应当—不准"的命令方式，发挥调整社会生活和人们行为的社会作用。对道德这种社会职能与作用的认识和把握，长期存在一种片面性的误读，以为道德只是用"应当"和"不应当"的命令方式发挥社会作用，轻视以至忽视与"应当"关联的"必须"和与"不应当"关联的"不准"的命令方式。这种误读的问题在于："扬善"的"应当"命令缺乏"必须"的命令支持，"抑恶"的"不应当"命令缺乏"不准"的命令支持，致使道德所能发挥的社会作用很有限，在有些情况下甚至形同虚设。不难理解，当社会处于变革、适应新制度和新体制的新

· 169 ·

道德观念与规则尚未形成社会共识的特定时期，如果将道德命令方式仅归于"应当"和"不应当"，道德就难以担当应有的社会职能、难以发挥应有的社会作用。

道德治理的实质内涵和关键所在是"治"，贵在遏止和矫正恶行，充分发挥道德"抑恶"的社会作用。它是针对当前我国社会道德领域存在的突出问题而提出的社会道德建设工程。道德治理的任务和目标，是要坚决纠正以权谋私、造假欺诈、见利忘义、损人利己的歪风邪气，引导人们自觉抵制拜金主义、享乐主义、极端个人主义，鞭策人们履行法定义务、社会责任、家庭责任，营造劳动光荣、创造伟大的社会氛围，培育知荣辱、讲正气、作奉献、促和谐的良好风尚。道德治理的对象和领域涉及社会生活的所有方面，凡是存在道德突出问题的部门、行业和公共生活场所，都要开展道德治理。道德治理的方法和途径，关涉道德作为特殊的社会意识形态、价值形态和精神活动的基本方面，不是简单地只用道德规范去说教人、说服人。总之，道德治理就是要运用道德的特殊命令方式充分发挥道德"抑恶"的社会作用。

道德治理与道德教育、道德建设，在内涵上是相互包容渗透、相辅相成、相得益彰的关系。从道德治理角度看，道德教育也是一种治理，"抑恶"不能离开道德教育；从道德教育角度看，道德治理本身也是一种教育，道德教育不能缺少"抑恶"。道德治理和道德教育都是道德建设的题中之义，都需要通过道德建设的各种方式和途径来展开和推进。

二、道德治理是社会道德发展进步的必要条件

为什么要有道德治理？对这个问题的回答涉及道德的根源与本质。对此，历史上大体有两种学说。历史唯心主义的先验论将道德的根源与本质归结于人之外的神秘力量或人与生俱来的"人性"。先验论的人性论关于道德根源与本质的学说大体有两种：以孔孟为代表主张"性善论"，以荀子和西方近代哲学史上的霍布斯为代表主张"性恶论"。孟子认为人之初

性本善，道德是因人"扬善"的需要而发生的："恻隐之心，仁之端也；羞恶之心，义之端也；辞让之心，礼之端也；是非之心，智之端也。"①荀子认为人之初性本恶，道德是因社会"抑恶"之必要而产生的："人生而有欲，欲而不得，则不能无求；求而无度量分界，则不能不争。争则乱，乱则穷。先王恶其乱也，故制礼义以分之，以养人之欲，给人之求。"②霍布斯认为，人性本恶（自私）使得人与人之间是"狼"的关系，处于"战争"状态，所以社会必须要有"一个使所有人都敬畏的权力"，这就是政治、法律和道德。③

在历史唯物主义看来，人之初性本无所谓善或恶，道德作为一种特殊的社会意识形态和观念上层建筑，根源于一定社会的经济关系并受整个上层建筑的深刻影响。恩格斯说："人们自觉地或不自觉地，归根到底总是从他们阶级地位所依据的实际关系中——从他们进行生产和交换的经济关系中，获得自己的伦理观念。"④经济关系首先是作为利益关系表现出来的，利益关系总是需要调整，这种客观事实是道德生成和发展进步的内在要求，也是道德价值的功能和目标所在，道德治理因此而成为社会和人的道德发展进步的必要条件。这里有必要特别指出，人"生而有欲"的"本性"并无善恶之分。这种"本性"既可能使人走向善，也可能使人走向恶。"人性"的善恶与否，是人后天是否接受道德教育和道德治理的结果。历史唯心主义道德本质观把"生而有欲"的"本性"归于"人性恶"，其实是无视道德职能与作用的一种误读。

由上可知，道德本来就有"抑恶"和"治恶"的职能和作用，"扬善"和"劝善"的职能和作用是必要的，因而是"应当"的。在社会处于变革、道德领域存在突出问题需要治理的情况下，应当高度重视"抑恶"和"治恶"，视"劝善"和"扬善"为对"抑恶"和"治恶"的必要补充。

---

①《孟子·公孙丑上》

②《荀子·礼论》

③ 参见[英]霍布斯：《利维坦》，刘胜军、胡婷婷译．北京：中国社会科学出版社2007年版。

④《马克思恩格斯文集》第9卷，北京：人民出版社2009年版，第99页。

三、道德治理的基本路径

首先，实行依法治国和以德治国相结合。法律是维护社会基本道义的，道德治理"抑恶"的根本宗旨也是为了维护社会基本道义。当前，我国社会道德领域的突出问题既有悖伦理也有悖法理，对此实行道德治理离不开法治。孔子说："化之弗变，导之弗从、伤义以败俗，于是乎用刑矣。"（《孔子家语》）意思是说：对经过教化和教导还不改变、听从，损害基本道义的人，就得用刑罚来惩处。这种传统思想反映了社会治理的一种客观要求。良知的培育离不开法治的强制手段，法治的实行离不开德治的良知基础，把两"治"结合起来，同时促使坚持依法治国和以德治国相结合的治国理念深入人心，是实行道德治理的首选路径。

其次，创建道德制度，并将此融进社会管理的制度体系。道德制度是一种特殊的社会管理制度。它是介于法律规范和道德规范之间的约束和惩戒制度，既保障道德规范得以推行、为人们普遍遵守，又为遵守法律提供广泛的制度支持。现代社会人们崇尚自由，正因如此更要尊重制度。我国目前社会生活普遍缺乏道德制度的调控，一些基本的道德规范处于可以"自由选择"的伦理窘境，难以发挥应有的道德价值。创建普遍的道德制度，使道德规范特别是那些基本的道德规范能够得到切实的推行，是道德治理的一种必然选择。

最后，把道德教育与道德治理有机统一起来，将关于道德治理的教育融进各行各业的职业道德培养和学校道德教育体系。没有规矩不成方圆，道德规范本也是规矩，其"方圆"的首要功用就是"抑恶"。"抑恶"离不开道德教育中的"反面教育"。当前道德领域的突出问题多属于"明知故犯"，不能说这与当事者没有受到应有的教育没有关系。行业部门和各级各类学校的道德教育，需要在实施"正面教育"的同时进行"反面教育"。道德教育的目标和内容要有关于"抑恶"的知识和理论，道德教育的实际过程要有"抑恶"的训诫方式，从而从正反两方面促使受教育者养成尊重、遵守道德规范的敬畏心理和行为习惯。

论道德治理的思想认识基础[*]

党的十八大报告在论述"扎实推进社会主义文化强国建设"的战略部署时，重申了十七届六中全会通过的《中共中央关于深化文化体制改革推动社会主义文化大发展大繁荣若干重大问题的决定》（以下简称《决定》）关于"深入开展道德领域突出问题专项教育和治理"的重大决策，把治理道德领域突出问题的现实任务提到了全党和全国人民的面前。从实际情况看，需要研究和阐明开展道德治理的必要性、可能性和可行性，通过广泛宣传在全社会奠定关于道德治理的思想认识基础。本文试图就此发表几点看法。

一、道德治理的现实要求

为何要开展道德治理？有学者基于道德是一种观念的上层建筑认为，"道德治理就可以合乎逻辑地被认为是以道德来治理政治制度、政治机构以及国家公职人员"[①]。这种把道德治理理解为"治理"物质的上层建筑及其供职人员的认识，显然是失之偏颇的。《决定》在论述开展道德治理必要性时指出："一些领域道德失范、诚信缺失，一些社会成员人生观、

---

[*] 原载《思想理论教育》2013年第5期。

[①] 马振清：《马克思主义道德治理思想在国家治理方式中的理解》，《科学社会主义》2011年第1期。

价值观扭曲"。这个论断，客观地反映了我国社会生活中道德领域的突出问题和开展专项道德治理的社会现实要求。党的十八大报告进一步明确强调，要"弘扬真善美、贬斥假恶丑，引导人们自觉履行法定义务、社会责任、家庭责任，营造劳动光荣、创造伟大的社会氛围，培育知荣辱、讲正气、作奉献、促和谐的良好风尚。深入开展道德领域突出问题专项教育和治理。"从现实要求来看，道德治理是针对道德领域存在的突出问题，纠正其严重影响，建设社会主义文化强国、坚持走中国特色社会主义道路而言的。具体来看，应当从以下几个角度来认识道德治理的现实要求：

一是道德领域突出问题存在的范围广，危害性大，表现出损人利己、损公肥私、无视良知和基本道义之"家族相似"的共同性状。它们的存在不仅直接危害党风、政风和行风建设，毒化职业、家庭和社会公共生活，消解中华民族几千年形成的传统美德，而且损害在改革开放和中国特色社会主义现代化建设中应运而生的新道德。一句话，妨碍了全面提高民族道德素质的公民道德建设工程，扰乱了中国社会改革和发展所必需的伦理秩序和道德精神的形成，影响了中国特色社会主义现代化建设事业的历史进程。

二是道德领域突出问题由来已久，多为积重难返的"顽症"，并呈现继续发展和恶化之势。如在高校，教师中存在的学术造假等师德师风问题，学生中存在的考试作弊等学风问题，就具有这种屡禁不止的"顽症"性征。为解决这类问题，教育主管部门和学校也采取了一些应对措施，但并没有得到根本遏制。道德领域的突出问题，多是在改革开放浪潮中沉渣泛起的旧陋习，或一直未经唯物史观实行与时俱进的洗礼而发生变种的"新"陋习，故而成为一种"顽症"。笔者曾对这类"顽症"的生态及"逆境"作过概要分析，如今它们中的不少东西更变得"甚嚣尘上"起来。

三是道德领域的突出问题，依照一般的道德教育与建设范式已难以遏制，更谈不上给予根本性的解决。改革开放以来，为应对在道德矛盾和冲突中不断出现的道德问题，党和国家高度重视道德教育和道德建设，先后作出《中共中央关于加强社会主义精神文明建设若干问题的决议》《公民道德建设实施纲要》《中共中央国务院关于进一步加强和改进未成年人思想道德建设的若干意见》等重要决策和部署，各行各业各部门也都积极行动，加强道德教育和道德建设。这些举措取得的成效自然是毋庸置疑的，但也不应讳言，抵制和解决道德失范和诚信缺失之类突出问题的成效还有待进一步加强。有些问题，如贪污受贿、制假售假、坑蒙拐骗、网络恶詈等，在如今社会生活的某些领域还屡禁不止，呈"蔓延"之势。

四是在道德评价的视野里，道德领域突出问题作为一种"顽症"其性状并不复杂，都是善恶、是非、美丑之界限泾渭分明、一目了然的"简单问题"，它们都违背了人类自古以来公认的基本道义准则，不是什么需要讨论才可识其真面目的学术话题。这也是道德领域突出问题的基本特点和本质特性。一个人在遵守基本道义准则问题上，如果是非善恶不分就属于明知故犯，应对此类"缺德"现象的基本策略不应当是只讲道德知识，必须实行道德治理，需要研讨的就是如何加以治理的问题。

最后，对道德领域突出问题的成因及应对策略的认识，目前还存在一种缺乏自知、自觉、自律的意识。如教师学术作假和学生考试作弊，高校不少人包括一些专门从事思想政治教育的人，将此归咎于社会风气不好、作假现象很普遍，等等。而社会出现突出的道德问题，许多人又据此指责学校思想政治教育和道德教育的"失败"。这种"鲸在地球上—地球在鲸上"的相互归因和推诿责任的认知范式，貌似辩证法，实则是相对主义的诡辩论，本身就是道德认知方面的突出问题，在思想认识上增加了道德治理的难度，同样需要有相应的措施实行问责式的道德治理。

二、道德治理的学理依据

道德治理的学理依据是道德本质特性和社会功能的内在要求。作如是观需要我们刷新和优化道德本质观和道德价值观。因为在学理上，中国人过去很少谈论道德治理问题，专门研究道德的人也多不涉论"道德治理"的学术话题。

中国人过去对道德本质和功能的理解一直恪守这样的思维定式和话语范式：道德是以"应当"亦即规劝的方式干预社会和人的精神生活，发挥其社会功能的，涉及需要"治理"的道德问题，那就应该交由法制（治）和政治来处置了，此即孔子说的"化之弗变，导之弗从，伤义以败俗，于是乎用刑矣"（《孔子家语》）。这种源远流长的传统学理观，与儒学为主导的中国传统伦理思想和道德学说的长期影响直接相关。儒学把整个道德的观念上层建筑建立在"人性善"的本体论基础之上，主张人格塑造和纠正都要依赖社会教化和叩问个体良心。儒学伦理思想和道德学说的逻辑构架适应以高度集权的专制政治统摄普遍分散的小农经济的封建社会结构，所以在西汉初年被统治者推崇到"独尊"的主导地位，在此后的历史发展中锻造了中华民族在道德学理上注重社会劝善和个体良知的价值选择和诉求习惯。历史地看，这自然无可厚非。然而，在发展市场经济和推进中国特色社会主义现代化建设的今天，这种传统学理观势必会暴露其逻辑与历史的缺陷，需要对其进行反思、解构和重建。

人和社会为什么要讲道德？在逻辑与历史相统一的唯物史观视野里来认识和把握，其实并不那么复杂：既不是为了张扬"人性善"，也不是为了推动"大道之行"以实现"选贤与能，讲信修睦"之"天下为公"的大同社会。人之初，其性无所谓善或恶，所谓"人性善"不过是一种先验的假设。人的"本性"，不论是从先天本能还是后天人为的意义上来看，都得"为自己"，都要"为自己"。这是道德之所以可能和必要的逻辑前提。试想一下：如果人人都不"为自己"，道德岂不成了一种摆设或纯粹的"精神食粮"了吗？人在没有发生利益矛盾和冲突的情况下，"为自己"本是自然而然的，也是天经地义的，将"为自己"当作"自私"，作出"人的本性是自私的"的伦理学解读，本是违背道德学理的。从这种逻辑理性来看道德，道德的本质特性及其对于社会和人的价值与意义，首先就在于治理即"治恶"和"抑恶"；次之才合乎逻辑地推演出"劝善"和"扬善"之必要。换言之，因为有"治恶"和"抑恶"之须，才有"劝善"和"扬善"之需；运用道德来"治理道德（问题）"正是道德的首要使命和功能之所在！道德的本质特性和功能，除了"必须"和"应当"之外，还应有"正当""本当"。在社会需要变革、道德领域突出问题严重的情况下，尤其需要看重"必须""正当"和"本当"。从学理上看，道德与法律两大社会调控规范的内在逻辑正在这里。

立足于道德治理来回答"人与社会为什么要讲道德"，是推动近代西方社会走上现代资本主义文明之旅的主流伦理思想和道德学说的逻辑基础。近代利己主义创始人霍布斯认为，人在"自然状态"下具有一种自爱和自私的天性，它也是天赋予人的"自然权利"。这样，就使得"自然状态"下的人与人之间的关系变成敌对的关系、战争的关系，于是就需要"一个使所有人都敬畏的权力"，此即所谓"自然法"，包含道德、法律乃至宗教信仰等。①这在逻辑起点上赋予道德以"治理"的使命与功能。西方人讲道德，也讲"劝善"和"扬善"，甚至把心灵托付给"万能的上帝"，但那不过是源于先验逻辑对"治理道德"所做的一种补充而已。基于"人性善"的儒学道德学理其历史适应性和价值毋庸置疑，但在今天需要对其忽视道德治理的内在品质的"先天不足"实行改造和补充，使之适应发展社会主义市场经济和推进社会主义文化强国建设的现实要求。如对"仁者爱人"之"爱""己欲立而立人，己欲达而达人"之"立"与"达""君子成人之美，不成人之恶"之"美"与"恶"等，都要有包含"治理"的理解。

认识和理解道德治理的学理依据，还需要正确理解道德治理之"道德"，这是一个如何进行道德治理的理论问题。道德本是人类把握世界和完善自身的精神产品和社会实践活动，它既是作为知识形式的道德规则，也是作为实践形式的活动，更是作为社会关系形式的道德关系，即马克思所称谓的"思想的社会关系"。伦理和道德关系作为"思想的社会关系"的基本形式，表现为执政党的党风和政风、各行各业各部门的行风、家庭的家风等，概言之即所谓社会风气，其价值核心是和谐。从这个角度理解道德治理，就是要依据相关的道德规则，开展相关的道德活动，纠正导致

---

① 参见［英］霍布斯：《利维坦》，黎思复、黎廷弼译．北京：商务印书馆1997年版，第92-108页。

"思想的社会关系"失衡的道德领域的突出问题,实现社会和人际的和谐。

三、道德治理的实践路径

关注道德领域突出问题及由此带来的社会风险,是20世纪70年代以来中外学界共同涉足的重大学术话题。学者在用诸如"道德危机""道德悖论""道义悖论""伦理困境"等语义相近的概念描述道德领域突出问题的性征的同时,批评传统道德哲学和伦理学面对道德领域突出问题显露的理论缺陷,主张刷新道德的"实践理性"。这种学术范式和价值取向,我们可以从罗尔斯在《正义论》中倡导的"综合性的善理论"、麦金太尔在《德性之后》中主张的重述和回归亚里士多德德性主义传统、科尔斯戈德在《规范性的来源》中主张的强化道德行为者对规范性的反思性认同和接受阿多诺在《道德哲学的问题》中强调的"'我们应当做什么'是道德哲学的真正本质的问题",以及中国学者王南湜在《辩证法:从理论逻辑到实践智慧》中主张的"让辩证法回归实践哲学"等理论观点和学说主张中,看得很清楚。

然而,中外学者多忽视了道德的实践哲学和智慧,尤其是关于应对道德领域突出问题的道德治理智慧研究,致使中外伦理学和道德建设学说至今尚没有道德实践和道德治理的概念。道德治理关键在"治",开展道德领域突出问题的治理,建构和把握相应的实践路径至为重要。

首先,要确立从严治理的思想观念,丰富和发展道德调节社会生活和人的行为的规则体系,创新道德的命令方式,增加"不准""不允许""惩戒"之类与道德治理相关的道德命令。实行道德谴责和惩戒的目的,在于启发当事人的良知,制止和矫正其"缺德"行为,促使他们对人类公认的基本道义怀有敬畏之心。在这个问题上,可以借鉴国外的一些做法和经验,如新加坡的"鞭刑",我们虽然不一定如法移植,但其着眼"实在、长久的效果"的从严策略的精神却是可取的。如今道德领域内一些突出的"缺德"问题,不用"不准""不允许""惩戒"的道德命令来治理,是难以奏效的。

其次，要开展关于道德治理的专项思想理论教育。这样的教育要凸显"敬畏伦理"内容，要求和引导受教育者恪守良知，尊重和践行社会基本道义准则，做道德上合格的公民。敬畏即敬重，并非宗教或迷信用语，它指的是"对与人生命攸关的某种神圣事物或力量的敬畏"①，良知和基本道义就是这样的"神圣事物或力量"。孔子说："君子有三畏：畏天命，畏大人，畏圣人之言。"②意思是说：道德高尚的人，敬重天命、位高的人、圣人说的话。不难想见，一个对基本的伦理秩序和道义准则毫无敬畏之心的人是什么坏事都可以干出来的。为此，宣传、教育和出版部门应将道德治理列入工作规划和计划，传媒应有道德治理的专题节目。各级各类学校的思想道德教育课程应有道德治理方面的内容。高校的"思想道德修养与法律基础"课应增加道德治理方面的内容，并据此打通"思想道德"与"法律基础"的内在逻辑关系。其他课程，如"马克思主义基本原理概论"等也应依据各自特点增加相关道德治理方面的内容。

再次，要创建伦理制度体系，制订和完善相关的法律法规，在道德实践中将两者合乎逻辑地贯通起来。任何道德建设都需要一定的制度保障，对道德治理更应作如是观。伦理制度是20世纪中国学者提出来的道德建设新范畴，针对的是"人性恶"或"人性的弱点"，指的是以社会舆论、传统习惯为基础，督促、监督、保障主体遵循道德规范的道德实践制度，其真谛在于要求行为者必须履行相关道德义务和责任，鼓励和表彰履责者，谴责和惩戒违责者。道德治理实行伦理制度保障，运用的主要是它的谴责和惩戒功能。从谴责和惩戒的功能来看，伦理制度具有法律维护基本道义的性质，是补充法律法规的"准法律"。这就要求，道德的实践活动不能只是鼓励与表彰，同时要有谴责和惩戒，特别是惩戒。伦理制度是贯通法律与道德之间逻辑关系的实践环节。

最后，要与各行各业各部门的管理制度结合起来。事实表明，道德领

---

① 郭淑新：《敬畏伦理研究》，合肥：安徽人民出版社2007年版，序言第1页。

② 《论语·季氏》。

域不少突出问题的出现以至于积重难返，与管理制度长期不健全或执行不力有关。屡屡发生的食品和药品安全事件、炫耀奢侈怪异的个人消费方式、追捧"一脱成名"之类的"人气"等之所以能够招摇过市，产生极其恶劣的影响，与缺乏相关的管理制度或制度形同虚设是直接相关的。因此，为增强道德治理的有效性，还应当引进问责制度，健全管理制度体系。

总之，道德治理思想认识基础结构上是由三个相互关联的部分构成的，其中认清其必要性之现实要求是必备前提，理解其可能性之学理依据是理论条件，厘清其可行性之实践路径是关键环节，三者有机统一方可使道德治理具备必需的思想认识基础，从而得以顺利开展。

社会治理要重视培育理性的敬畏心态*

当前我国社会法律、道德和精神生活领域出现的突出问题，皆与缺失应有的理性敬畏心态有关。因此，社会治理要高度重视创新治理体制和改进治理方式，培育人们对于法纪和道德的理性敬畏心态，夯实广泛的社会认知基础。

一、敬畏心态的实质内涵及理性要求

敬畏，尊重、畏惧之义，是人的一种心态即心灵秩序，也是一种态度即行为选择的倾向，与人们对自然、社会和人自身的认知和价值理解密切相关，实质内涵是一定的社会历史观和人生价值观。就属性来看，敬畏心态大体可以分为理性与非理性两种基本类型。非理性的敬畏心态，视敬畏之物为一种不可认识、不可超越的神秘力量，各种敬畏鬼神的迷信及邪教是其典型形态。理性的敬畏心态，是对自然和社会的规律及由此推演的社会规制特别是法律和道德规则以及精神文明的理性认识，以及由此而产生的价值体验。基于对自然和社会规律的理性认识和价值体验的信仰和信念，如坚信马克思主义的普遍真理、社会主义的光明前景和恪守集体主义

　*原载《红旗文稿》2015年第22期。基金项目："当前道德领域突出问题及应对研究"（13AZX020）。

道德原则等，也是理性的敬畏心态题中应有之义。有些宗教信仰，由于是合乎社会公共理性的要求，又内含"自我立法"的价值理性，也应归于理性敬畏范畴。

两千多年前，孔子把人是否具有敬畏心态当作区分"君子"与"小人"的重要标准。他说："君子有三畏：畏天命，畏大人，畏圣人之言。小人不知天命而不畏也，狎大人，侮圣人之言。"用今天的话来说，"畏天命"就是尊重、畏惧和服从不可抗拒的自然规律；"畏大人"就是尊重、畏惧和服从国家及社会管理者的权威；"畏圣人之言"就是尊重、惧怕和信从贤达志士的警戒与教导。此后，敬畏观被不断赋予形而上学的思辨色彩。在荀子那里，被赋予人性论意义，抽象为"礼"；在老庄哲学那里，敬畏之物被推到彼岸世界，成为"不可道"的神秘力量；唐宋以后，随着佛学的中国化及其与儒道的"圆融"和世俗化，特别是朱熹立足于敬畏"天理"提出"敬畏伦理"、主张"居敬穷理"之后，敬畏天地鬼神、王权和圣人之言逐渐成为中国人的处世原则，演化成为普遍的社会认知。不言而喻，中国传统的敬畏主张，并非都是源自对自然规律和社会规则的理论自觉，但其立足点都是尊重和畏惧自然、社会和生存发展之道。这涉及社会和人生诸方面的利害关系，作为一种社会历史观和人生价值观内含的经验或实践理性是不应置疑的。一个人，尤其是那些执掌权力的官吏，掌握舆论话语权的知识分子和公众人物，如果对诸如"天""大人""圣人"等不能持应有的敬重态度，以至于什么话都敢说，什么事都敢做，他就不可能真正把握自我、实现自己应有的人生价值。一个社会如果普遍缺乏对于道德和法纪的敬畏心态，这个社会就必然会处于不和谐的无序状态，所谓"法治"和"德治"也就无从谈起，不可能在稳定中求得发展和进步。

理性的敬畏心态，"不同于一般的恐惧、畏惧等情感活动，其主要区别就在于它是出于人内在的需要，它要解决的是'终极关怀'的问题，并且能够为人生提供最高的精神需求，使人的生命有所'安顿'"。正因如此，敬畏心态在任何社会里都是人立身处世必须具备的思维方式和心理品质，也是社会治理最重要的认知基础，属于中西方哲学和伦理学共同关注的重要学术话题。重视敬畏心态的价值和意义，是社会和人自觉维护文明与进步的一个重要标志。

二、理性敬畏心态缺失的危害及成因分析

当前我国社会生活中敬畏心态缺失的典型表现，一是历史虚无主义，不懂历史却用轻佻态度对历史说三道四，无所顾忌，甚至恶言诋毁和攻击英雄人物乃至领袖人物。二是三俗（低俗、庸俗、媚俗）主义，追逐与众不同的"我酷故我在"，美丑不分、荣辱颠倒。三是极端利己主义，什么样的钱都敢拿、敢赚，以至于胆敢用救灾款和扶贫款中饱私囊，或推销假冒伪劣食品和药品坑蒙消费者。这些现象，违背法纪和道德、否定中华民族传统精神和挑战人类文明底线，都因缺失理性的敬畏心态所致。如果任凭这些消极因素存在和蔓延，势必会最终危及中国特色社会主义的前途和中华民族的命运。

理性的敬畏心态缺失的原因可以从多种角度来分析。其一，社会发展进步的"副产品"。我国历史上长期实行的是高度集权的封建专制统治，在此基础上形成的思维方式和价值观长期压抑着个性自由和个人表达的欲望。新中国成立后，特别是改革开放以后，伴随着社会的发展进步，人们正当的个性自由和表达要求得以释放，但一些不正当的个性自由和表达欲望也随之获得释放的机会。其二，西方思潮特别是自由主义、民主社会主义，以及极端个人主义和个性至上主义的消极影响。一些人之所以不能正确看待和处置社会主义的民主与法制、自由与纪律、自由个性与公共理性、个人利益与他者和社会集体利益之间的辩证关系，不能正确认识和理解社会历史发展本是一种曲折的"自然历史过程"，全盘否定中华民族的文化传统和新中国建设的成就，与此直接相关。其三，一些凭借个人一技之长或已经取得的成就而自我膨胀、自我放纵，缺乏自律和修身的自觉性，甚至把国家法纪和社会道德当儿戏。这些有影响的公众人物，却缺乏公众认同的道德和政治品质，因而受到惩罚、被公众唾弃也是理所当然的

事情。

在历史唯物主义视野里，伴随社会发展进步出现"负作用"和"副产品"是具有某种必然性的；在改革开放的历史条件下，西方一些错误思潮及不正确的价值观涌入国门也在所难免。正确的选择应当是积极推进社会治理中的法治和德治，努力培育全社会理性的敬畏心态。

三、培育理性敬畏心态的基本思路

培育理性的敬畏心态，要在社会治理的实际过程中进行，与创新治理体制和改进治理方式紧密结合起来。

首先，要"理"字为先，以"理"育人，深入开展以社会主义核心价值观为主导的社会历史观和人生价值观的宣传和教育。这是培育理性的敬畏心态的根本所在。宣传和教育的重点对象应是共产党员、国家公务人员和未成年人，重点内容应是民主与法制、自由与纪律、个性与共性、文明与愚昧之间的辩证关系，目标应是促使人们科学认识和把握这些辩证关系，形成遵守规矩、服从规则、知荣知耻的社会风尚，为形成普遍的理性敬畏心态营造良好的社会环境。

其次，要"治"字当头，以"治"服人，厉行有法可依、有法必依、执法必严、违法必究的法治原则，切实推进依法治国。这是培育理性的敬畏心态的关键所在。对情节严重的违法犯罪和渎职行为，应绝不姑息，绝不手软，以确保法律和纪律的威严，促使共产党员和公务员明确为官做事的法度和尺度，养成应有的政治品格和道德水准，促使广大人民群众养成尊重和恪守法纪的心态和行为习惯。

再次，要动之以"情"，以"情"动人。羞耻感是理性的敬畏心态的情感基础，也是社会治理的心理基础。一个缺失羞耻感的人必然是一个堕落的人，一个缺失羞耻感的社会必然是一个不和谐的社会。纵观当今那些毫无敬畏感、恣意违背法律和道德、挑战文明底线的人，无一不是缺失羞耻感的人。要在全社会开展羞耻感教育，促使广大人民群众知荣辱、讲正气、作奉献、促和谐。

最后，要实行道德与文明立法，促使社会道德和精神文明的相关要求制度化和法律化，具有强制性的约束力，以创新道德治理体制和改进治理方式。这是培育理性的敬畏心态的必要条件。所谓道德与文明立法，一是强化道德与文明要求，将一些道德文明规范转变为法律规定；二是强化道德与文明调节手段，将某些道德调节的手段与法纪惩罚接轨，在舆论谴责的同时伴之以惩罚措施。道德与文明发挥作用需要一定的舆论环境和人们的内心信念。形成舆论压力固然需要"说"，但更需要"治"。以"治"促使人们养成对于社会道德与文明的敬仰和遵从的态度，是社会舆论和内心信念形成的基本途径。

第四编

中国道德建设通论

中国道德建设通论*

＊本部分曾由安徽大学出版社2004年出版。

绪　言

　　1979年9月，中国共产党十一届四中全会通过了叶剑英的《在庆祝中华人民共和国成立三十周年大会上的讲话》，第一次提出了"社会主义精神文明"这一概念。1979年10月30日，邓小平在中国文学艺术工作者第四次代表大会上的祝词中说："我们要在建设高度物质文明的同时，提高全民族的科学文化水平，发展高尚的丰富多彩的文化生活，建设高度的社会主义精神文明。"①两人的讲话和报告在阐述重视社会主义精神文明建设时，都提到了思想道德建设问题。此后，中国共产党在历次颁布的关于加强社会主义精神文明建设的文件中，均提到加强思想道德建设问题。

　　1996年10月10日，中国共产党十四届六中全会就思想道德和文化建设方面的问题，作出了《中共中央关于加强社会主义精神文明建设若干重要问题的决议》，指出："社会主义精神文明是社会主义社会的重要特征，是现代化建设的重要目标和重要保证"，"社会主义思想道德集中体现着精神文明建设的性质和方向，对社会政治经济的发展具有巨大的能动作用"，"思想道德建设的基本任务是：坚持爱国主义、集体主义、社会主义教育，加强社会公德、职业道德、家庭美德建设，引导人们树立建设有中国特色

---

①《邓小平文选》第2卷,北京:人民出版社1994年版,第208页。

社会主义的共同理想和正确的世界观、人生观和价值观。"

2002年11月8日，江泽民在中国共产党第十六次全国代表大会的报告中，强调指出要"切实加强思想道德建设"，"要建立与社会主义市场经济相适应、与社会主义法律规范相协调、与中华民族传统美德相承接的社会主义思想道德体系。"

人类社会发展至今，各国各民族一天也没有停止过精神文明和思想道德建设，世界近代史以来各国的执政党一天也没有停止过精神文明和思想道德建设，但惟有中国共产党和当代中国人明确提出思想道德建设这个概念，并在全社会组织和开展思想道德建设。道德建设的提出，是中国共产党人的独创，它是适应改革开放和社会主义现代化建设伟大事业的客观需要的产物，反映了当代中国人在伦理思维和道德生活方面的与时俱进的杰出智慧和实践品格。

这是人类精神文明建设发展史上一个重要的里程碑性质的工程。20多年来，中国在以经济建设为中心，全面推动改革开放和大力发展社会主义市场经济的过程中，在实现中国共产党十六大提出的全面建设小康社会、开创中国特色社会主义事业新局面的伟大历史进程中，一直坚持物质文明与精神文明协调发展、两手都要硬的发展战略，使得道德建设已经成为中国社会主义现代化建设的伟大实践的基本内容和重要方式，同时也成为中国伦理学乃至所有人文社会科学的专用术语，成为人们日常精神生活的用语。

但是，在目前中国权威的辞书和伦理学的专门工具书里，却找不到道德建设的词条。近几年出了一些专论中国道德建设的著作，但也没有对道德建设的特定含义作出比较公认的界说，没有把道德建设特别是中国的道德建设作为一个特定研究对象，全面系统地分析和阐述中国道德建设的特殊规律和特殊要求等方面的一系列问题。

而中国道德建设的理论研究和实践过程以及已取得的成功经验表明，道德建设是一个有着自己特定含义及范畴体系的认识和实践领域，目前运用"通论"的思维方式对此进行全面的分析、研究和阐发的时机已经成熟。因此，开展这方面的研究工作，对于全面认识和把握道德建设的特定内涵和特殊规律，规范和指导中国的道德建设，其重要的理论和现实意义是不言而喻的。

第一章　道德文明与道德建设

　　道德建设的对象无疑是道德。道德建设的宗旨一方面是推进文明或先进道德，维护道德文明的现状，促使道德不断走向文明和进步；另一方面是抵制和批判落后或腐朽的道德，使之退出历史舞台，帮助人们摒弃落后的旧的伦理思维和道德生活方式。这一过程就是道德建设。道德的文明进步从来不是自然过程，而是人类社会不断进行道德建设的结果。

第一节　道德及其结构与特征

　　道德是社会调控的一种重要手段，也是人们精神生活方面的一个重要内容。在任何一个社会里，道德现象总是丰富多彩，也总是纷繁复杂的，人们的伦理思维和道德生活方式总是千差万别，也总是文明与落后的因素并存的。因此，对道德现象世界作一具体分析是十分必要的。

一、道德的概念

　　在科学研究领域，人们对有些基本概念的理解并不一致，对道德这个伦理学基本概念的理解就属于这种情况。新中国成立以来至今比较有影响的伦理学教材和论著，关于道德的概念明显存在不确定的问题。因此，研究道德建设的对象，首先有必要对道德的概念作出合乎道德实际的科学阐释。

"道德"一词，在中国是由"道"与"德"两个词演变而来的。"道"，最初的含义是指外在于人的自然规律或自然本质，后来引申为人应当遵循的社会行动准则和规范。"德"，本义是指人得"道"即对"道"发生认知和体验之后的"心得"，或曰"得道"之后的个人品质状态。从这里我们可以看出，在中国古代"德""得"曾是相通的，即如《礼记·乐记》说的"礼乐皆得，谓之有德，德者得也"，从这点看，作为个人道德品质的"道德"实则为"德（得）道"。

在中国伦理思想史上，第一个将"道"与"德（得）"联系起来，赋予后来道德的意义的人是荀子。有人说是老子，因为他有一本《道德经》。这种说法是需要讨论的。老子所说的"道"，主要是哲学本体论意义上的范畴，指的是"天之道"，是可生万物的世界本原，虽也有反映社会规律意义层面的"人之道"的含义，但并不代表其主要旨意。老子所说的"德"，有无私、容人、谦让、守柔等，从形式上看与世俗社会中的个人道德品质无异。但须知，老子将这些"德"都归于自然的本性，他的"德（得）道"，主要不是"德（得）"社会之"道"（社会的行为准则和规范）。在他看来，大自然是无私、容人、谦让、守柔的，人应当"法自然"，因此也应当是无私、容人、谦让和守柔的。由此可见，老子的"道德"，主要还是自然观或宇宙观意义上的。第一个将"道"与"德"联系起来、创造出"道德"这一概念的人是荀子。他认为，在一个社会里，如果人们能够知晓和遵循《诗》《书》《礼》，可"谓之道德之极"，即最好的道德。在这里，荀子不是在"天道"而是在"人道"的意义上讲道德的，他的"道德"都是社会的规律和法则。

当代中国伦理学人在建设自己的学科体系的时候，运用的方法通常是从介绍上述古人的理解范式，说明"道""德"及"道德"的由来起步，但是，在此后分析和阐述道德的时候却只立足于古人所说的"道"，把道德仅仅看成是独立于个体而存在的一种特殊的社会意识形式和"社会规范的总和"。一些流行的伦理学教科书和专著是这样表述道德的含义的:"道德是由一定的社会经济关系决定的,依靠社会舆论、传统习惯和人们的内心信念来评价和维系的,用以调整人们相互之间以及个人与社会集体之间的关系的行为规范的总和。"这种伦理学的观点影响甚广,一些权威性工具书的解释也如出一辙。如《汉语大词典》称道德是"社会意识形式之一,是人们共同生活及其行为的准则和规范",《中国国情大全》说"道德是人类社会的一种特殊社会现象,它是人与人之间,个人与集体、国家、社会之间的行为规范的总和",《中国大百科全书》认为道德是"伦理学的研究对象。一种社会意识形式,指以善恶评价的方式调整人与人、个人与社会之间相互关系的标准、原则和规范的总和,也指那些与此相适应的行为、活动"。后一种"道德"相对于前两种要全面一些,但其基本倾向还是社会意识形式和"社会规范的总和"。

总的看来,中国整个思想理论界对道德内涵的理解,虽然存在着这样那样的差别,但在一点上是共同的:即把道德看成是一种社会意识形式或一种自觉的、定型化了的社会意识,具体表现为"行为规范的总和"。这种伦理学方法也渗透到学校的道德教育体系,实际上影响到对学生的道德教育。

西方人对道德的看法,总的倾向与中国人不同。第一个建立伦理学体系的亚里士多德,对道德的含义作了这样明确的规定:"道德是一种在行为中造成正确选择的习惯,并且,这种选择乃是一种合理的欲望。"[①]在近现代西方,人们对道德的含义的界定大体上也遵循着这种传统,把道德看成是"行为、举止的正直(正当)和诚实"[②]。总的看来,西方人主要不是从社会规范的意义而是从与政治和法律相区别的"风尚""品质""习俗"的意义上,来理解和说明道德。

其实,中西方人对道德的理解都存在着一些需要重新研究和阐释的问

---

① 周辅成编:《西方伦理学名著选辑》上卷,北京:商务印书馆1964年版,第311页。

②《朗文当代英语辞典》,北京:商务印书馆1998年版,第980页。

题。把道德仅仅看成"社会规范的总和"，并不能全面反映道德精神世界的面貌，因为除了"社会规范的总和"，还有社会道德风尚、个人道德品质等。把道德仅仅看成是"风尚""品质""习俗"，当然失之片面，因为"风尚""品质""习俗"不是社会和人所固有的。实际上，道德是社会规范和个人品德的统一体，社会风尚和传统习俗的统一，作为知识形式也是真理与价值的统一。所谓道德，指的是由一定社会的经济关系决定的，依靠社会舆论、传统习惯和内心信念来评价和维系的，用以说明和调整人们相互之间以及个人与社会集体之间的利益关系的知识和行为规范体系，以及由此而形成的个人品质的总和。

对道德这一概念的理解和把握，还有一个至关重要的方法论问题，这就是一定要注意道德是一个中性概念。在人类社会早期的原始时代，作为与原始宗教共存并混为一体的道德实际上都是一些风俗习惯，在今天的人们看来或许大多是愚昧可笑的，但都是适应当时社会发展客观需要的，体现着一种古老的"先进性"和"文明"特质。此后，随着历史的推进，那些"先进性"和"文明"的内涵变得渐渐陈旧起来，被抛进了"历史的垃圾堆"，与此同时，适应历史时代要求的新道德便在新的经济政治结构的基础上渐渐地生长起来。由此可见，相对于原始社会初期的道德而言，道德已经成为一个中性词。在社会，既有文明、进步的道德，也有落后、腐朽的道德；在个人，既有良好、高尚的道德，一般的道德，也有落后、卑下的道德。道德的这一历史的辩证法，是我们在研究和阐发道德概念的时候应当加以注意的。一是应当看到，以文字文化形式体现中国伦理思想史所涉及的道德，以及今人要继承和发扬的传统道德，实际上都是适应当时社会稳定和发展需要的文明、进步的社会道德，良好、高尚的道德。二是要看到，任何历史时代的道德建设，实际上都包含着"扬善惩恶"两个基本方面的课题。

二、道德的结构

结构是事物存在的基本方式，分析和认识事物的结构是从整体和部分两个方面把握事物的一种基本方法，认识和把握道德不可不重视分析道德的结构。道德的结构，总的来说可以分成道德意识、道德活动、道德关系三个基本层次。

（一）道德意识

一般来说，道德意识是各种道德理想、观念、准则、标准、情感、意志、信念和道德知识理论的总称。从时间因素分析，道德意识既是现时代经济关系的产物，也是以往时代传统道德的沉积物。从空间因素分析，道德意识总体上可以分解为社会道德意识、个人道德意识两个基本层次。

社会道德意识，又可以分为两个基本层次，即社会的道德理论与道德原则和规范体系。

道德理论，除了伦理学的专门学科形态之外，尚以散见形态被包容在其他学科形态之中，如哲学、社会学、教育学、德育学、心理学及人生价值论等。在一定的社会里，道德的理论形态，重在揭示和阐明道德的本质、特征、社会作用、发生和发展规律等，传播一定的道德价值观念，为提出道德原则和规范体系提供方法论上的理论证明。当社会处于变革时期，经济和政治的变革对道德的影响往往首先通过道德理论表现出来。

道德原则和规范体系，多为社会道德意识具体的价值形态和标准，一般被视为社会道德的"实体部分"，是直接用来指导和规约人们的行为、调控社会生活的，一般分为四个基本层次，即：公民道德规范、社会公德规范、职业道德规范和家庭道德规范。顾名思义，公民道德规范是调整公民个体与国家和民族整体之间的利益关系的价值标准，社会公德规范是调整社会公共生活场所人们相互之间及个人与场所之间的利益关系的价值标准，职业道德规范是调整职业部门从业人员相互之间及从业人员与职业部门之间的利益关系的价值标准，家庭道德规范是调整家庭成员之间特别是夫妻之间的利益关系的价值标准。在现代社会，家庭道德规范还包括恋爱的行为准则。四个基本层次的道德规范，除了公民道德规范，其余三个层次概括反映了人类社会生活的三大领域内的各种利益关系。

道德原则和规范体系，是道德理论的具体体现，充当着由道德理论到道德实践和道德行为的中间环节。没有道德理论作指导，道德原则和规范的提出和倡导就缺乏依据，没有道德原则和规范体系，道德理论就难以转变为人们的实际行动，在可能的意义上转变为道德的实际价值。

道德作为特殊的社会意识形态，主要是以社会道德意识的形式表现出来的。在一定社会里，它的性质和主体部分源于当时特定的经济关系，具有鲜明的时代特征。同时，道德的社会意识又具有稳定性和连续性，历史继承性也最为突出，人们所主张的继承和发扬优良的道德传统，通常正是在社会道德意识的意义上理解的。

个人的道德品质结构是由个人的道德意识及其道德行为构成的，前者是主观的部分，后者是主观见之于客观的部分。个人道德意识，可以分解为道德认识、道德情感、道德意志、道德理想四个层次。个人道德认识的构成，情况比较复杂。知识分子和文化人，往往首先通过正规的学校教育途径获得道德理论知识，他们在"知书"中"达理"，多是道德上的一些知书达理者，道德认识的内涵比较丰富和科学。其他的人们道德认识的构成自然也离不开教育的途径，但多是通过家庭道德教育和社会道德影响获得的，道德认识的内涵往往多为关于道德规范和价值标准的接受和理解，既有传统的东西，也有现代的东西，比较简单，而且不甚科学，先进和落后的东西并存的情况比较多。就道德认识的提升和优化而言，这类人往往成为一定社会道德建设的重点。

道德认识是人们形成整个个人道德意识结构的前提和基础，一个人只有在认识上能够分清是非善恶，才有可能相应产生其他的个人道德意识。

道德情感是指人们对现实道德关系和道德行为所持有的情绪和态度，它是主体对道德认识发生心理体验的产物。一个人有了一定的道德认识，不一定就能产生相应的道德情感，这个生发过程需要经过主体的内心体验。比如，一个人在公共汽车上看到小偷在作案，在道德认识上他或许会认为自己应当见义勇为，上前制止，但他没有这样做，原因就在于他没有相应的内心体验，他或者认为这事与己无关，或者认为如果见义勇为就可能会招致自己受伤害，这就是道德认识与道德情感之间存在的差距。在这一点上，道德建设的任务就在于创设各种情境，培育人们的道德情感，促使人们把道德认识转化为道德行动。在人的情感中，道德情感居于非常特殊的地位，只是具备一定的道德认识而没有生发相应的道德情感，这样的道德认识实际上是没有什么道德价值的。在个体道德意识结构中，道德情感是最为活跃的部分，没有道德情感，不仅不可能有相应的道德行为，也不可能由此出发进一步形成道德意志和道德理想。

道德意志是道德认识、道德情感以及道德行为长期交互作用的结晶。它是人的道德意识结构中最稳定的部分，一旦形成不会轻易改变，俗话说"江山易改，本性难移"，这里的"本性"所指的其实就是道德意志。在人们的道德判断和行为选择过程中，道德意志表现为一种坚定态度和坚持精神。它可以分为积极与消极两种不同的形式，积极的道德意志表明人在道德上实现了社会化，道德上"成熟"了。一个人道德上"成熟"了，他就会时时、处处坚持按照社会道德标准行事。就个人而论，道德建设的最终目标是促使人们形成积极的道德意志。

道德理想，又称理想人格。传统伦理学一般是在"典范道德"或"道德典范"的意义上阐释道德理想的，或者既将其看成是对一定社会提倡的道德原则和规范体系的高度概括，或者将其看成是一定社会中某些典范人物的人格个性。其实，这样来阐释道德理想是需要商榷的。道德理想并不神秘，在一定社会里对于多数人来说也并不是高不可攀的。每个社会提倡的道德及其实际的道德状况，总是由先进性和广泛性两个部分构成的，道德理想属于先进性部分，是人们通过自己的修身努力可以达到的道德标准和人格类型。在个体的道德意志结构中，道德理想就是关于"希望自己在道德上成为什么样的人"的想法。确立科学、崇高的道德理想对于优化个人的道德意识是至关重要的，它为个人的道德进步提供了最为直接的奋斗目标和内在的精神动力，引导、鼓舞和鞭策人们提高道德认识、培育道德情感、坚持严格要求自己，做道德上的高尚者。

个人道德意识和社会道德意识之间存在着直接的联系。后者是为前者提供社会化的指导，前者是后者的个体化结晶。一个社会的道德意识，是社会道德意识和个体道德意识相辅相成、相得益彰的统一体。

（二）道德活动

道德活动，指的是人们围绕一定的社会道德理论、道德价值观念、道德原则和规范要求而进行的个体行为和群体行为。

从活动内容和目标看，道德活动有两种基本形式。一是狭义的，特指可以用善恶标准来评价的个人和群体的道德行为。二是广义的，指为培养一定的道德品质、形成一定的道德境界和社会道德风尚而进行的道德建设活动，包括道德教育、道德修养、道德评价等。

个人的道德行为是受个人的道德意识支配的。这有两种情况。一种是发生在自觉意识的基础之上，是出于完全自觉自愿的行为，在这种意义上可以说"有什么样的道德意识就会有什么样的道德行为"。另一种情况是发生在不自觉意识的基础之上，是"胁从"于他人行为的结果。这两种个人道德行为，前一种的道德价值自然要高于后一种的道德价值，因为道德价值实现的主观基础是人的自觉性。一个人道德行为的发生，首先需要进行善恶判断，并依此进行道德行为的选择，而在行为的过程中又要依据情况的变化作适当的调整，这些都依赖于个人道德意识所形成的自觉性。当然，没有以自觉的道德意识为基础的个人道德行为，由于具有善的倾向和价值，在道德评价上还是应当给予充分肯定的。

群体的道德行为也有两种不同的情况。一种是集体开展的道德活动，它的主要特点是具有组织性，由于有组织而有明确的行动目标、任务和方案，如有组织的支援灾区和助残活动等。另一种是自发性的，属于"无声命令""群起而动"，没有明确的行动方案，任务也不一定明确，但目标却是明确的，都是为了实现某种善，如某处失火了，人们不约而同、奋不顾身地去灭火。这两种情况相比较，后一种更具有道德价值，因为它是以主体的自觉意识为基础的，所表明的是群体中的个人在道德意识上已经与社会所倡导的道德要求达到了某种默契程度。

由于个体的道德行为在许多情况下是在群体的道德行为中展现和完成的，所以优化个体的道德意识是有效开展集体道德活动的重要途径。而有组织的集体的道德活动，又有助于培养个人优良的道德意识、提升其道德品质，所以动员和要求个人参加集体组织的道德活动，是十分必要的。

道德教育、道德修养、道德评价等活动，是培育人的优良的道德品质、营造适宜的社会道德风尚的三个基本环节。一个社会要赢得适宜自己发展客观需要的道德环境和成员，就必须有效地开展道德教育和道德评价活动，引导和鼓励人们加强道德上的自我教育。

道德教育和道德修养是两种重要的道德活动形式，前者是社会教育形式，后者是自我教育形式。道德教育指的是一定社会、阶级或集体，为了使人们能够自觉地践行某种道德义务，具备合乎其需要的道德品质，有组织、有计划地对人们施加一系列的道德影响的活动。道德修养，简言之，是指人们为提高自己的道德认识，培养自己的道德品质而进行的"自我锻炼"和"自我改造"。人的道德品质不是先天具有的，也不是后天自然形成的，它依赖于人在后天所接受的来自社会方面的道德教育和自我方面的锻炼与改造。

道德评价是道德活动的特殊领域，指生活在一定社会环境中的人们，直接依据一定社会或阶级的道德标准，通过社会舆论和个人心理活动，对他人或自己的行为进行善恶判断、表明褒贬态度的活动。道德评价大体上有两种基本类型：一种是社会评价，另一种是自我评价。社会评价也有两种形式：一种是正式评价，通常是由国家和社会组织运用相关传媒进行的，从宽泛的意义上说凡是得到社会许可而流行的一切精神产品都具有社会评价的意义，褒扬什么，批评和抵制什么，一般都比较明确，道德的发展和不断走向文明进步是需要这种道德评价来维系的。另一种是非正式评价，是群众自发性的，有的甚至是"街谈巷议"式的，这类道德评价一般都没有稳定的善恶趋向，对社会道德的发展和进步既可能具有积极的作用，也可能具有消极的作用。在社会处于急剧变革的年代，人们的心理客观上更需要道德的启蒙和支撑，群众自发性的、"街谈巷议"式的道德评价所表现出来的消极作用甚至可能还会更多一些。

道德教育、道德修养和道德评价三者，最重要的是道德修养，它是人们形成一定道德品质的关键所在，因为社会的道德教育和评价能否起作用，关键要看个体是否通过道德修养将教育和评价的信息转化成自己的内心信念。

（三）道德关系

道德关系是一定社会的人们依据一定的道德意识开展道德活动的实践产物。在人类社会的道德现象世界中，道德意识只是道德价值的可能，道德活动是道德价值的实践形式，道德关系才是道德价值的事实或实质内涵，道德意识和道德活动只有转化成相应的道德关系才真正实现了自己的价值。

道德关系属于"思想的社会关系"范畴，其客观基础是"物质的社会关系"。马克思曾将全部的社会关系划分为物质的社会关系和思想的社会关系两种基本类型。后来，列宁说思想的社会关系就是"不以人们的意志和意识为转移而形成的物质关系的上层建筑，是人们维持生存活动的形式（结果）"①。思想的社会关系受物质的社会关系的根本性制约，又对物质的社会关系具有重要的影响，影响物质的社会关系的实际状态和发展水平。道德是以广泛渗透的方式存在于社会生活的各个领域的，这使得道德关系成为思想的社会关系的最为普遍的形式，成为思想的社会关系的主要成分。正因为如此，追求和实现一定的道德关系的价值事实，是有史以来人类社会道德建设的根本宗旨和最终目标。

道德关系有两种基本形态：一是人际关系状态，二是社会道德风尚。

---

①《列宁全集》第1卷，北京：人民出版社1955年版，第131页。

作为道德关系，人际关系广泛地存在于各种社会关系之中，如亲缘、学缘、业缘、地缘等。社会是在人们相处、交往和合作中形成的，其可视形态一般都是物质的社会关系，表现为人们实际交往和相处的行为，其中包含着丰富的道德关系内容。

社会的道德风尚，包含执政党的党风、政府部门的政风、职业部门的行风、学校中的校风和学风、公共生活领域里的民风，以及家庭中的家风等。这些"风"，实质都是思想的社会联系，并都以道德关系为构成要素。

社会的道德风尚，构成一定社会的道德生活环境，反映社会道德发展和进步的实际状态和水平。在道德风尚良好的环境里，人们的学习、工作和生活会心情愉悦，容易产生热情和积极性。在人际相处、交往和合作过程中，道德关系是人们按照一定的交往和相处的道德观念构成的，它对相处、交往和合作具有举足轻重的影响。如在公共生活领域，良好的人际关系可以让人们感受到生活的美好，产生热爱社会、人生的美好情感。在职业活动中，可视的物质的社会关系是所谓同事关系，道德关系则是同心同德关系，是否同心同德无疑包含在同事关系之中，同时对同事关系产生至关重要的影响。同事，重要的不是"同"什么"事"，而是如何"同事"。

三、道德的特征

分析事物特征的基本方法一般是将相近或相似的不同事物作比较。道德作为一类特殊的社会精神现象，与政治、法律、文艺、宗教等相比较，具有如下一些重要特征。

（一）阶级性、民族性和全人类因素相统一，民族性最为突出

自从阶级社会出现以来，一切社会意识形态都具阶级性、民族性和全人类因素相统一的特征，但在不同的国家和不同的历史时代统一的内在结构是不一样的。政治与法律，阶级性最突出，民族性次之，全人类因素最弱。文艺尤其是宗教最为突出的是全人类因素。而道德，恰恰是民族性最

为突出，次之是全人类因素，再次之才是阶级性。道德从来都是"民族的道德"，表现出独有的民族风格，反映着鲜明的民族性格。魏特林曾对不同国家和民族在道德评价标准、道德观念、道德情感的表达方式、道德活动的行动准则等方面所表现出的不同风格和性格，发出过这样的感叹："在这一个民族叫作善的事，在另一个民族叫作恶，在这里允许的行动，在那里就不允许；甚至某一种环境、某一些人身上是道德的，在另一个环境、另一些人身上就是不道德。"①在特定的民族中，道德的阶级性与全人类因素的特征是具体的，不是抽象的，总会带上明显的民族烙印。马克思主义创始人在谈到道德与社会的经济和政治的关系时，曾把以往社会的道德归结为阶级的道德，强调道德的阶级性特征，这显然是从服从于当时代动员和组织无产阶级向不平等的剥削制度作斗争的实际需要出发的，但尽管如此，也没有否认道德的民族性和全人类性的特征。实际上，在一个多民族的国家里，道德的民族差异性还体现在不同的民族之间，甚至体现在同一民族的不同地区之间。有一年春节晚会上演了一个小品叫《拾到一个钱包》，赞美拾金不昧的传统美德，但不同民族和地区的人在"不昧"的处理方式上却大不一样，妙趣横生，发人深思。道德的民族性特征使道德成为一种国情，一国的民情民风，一种民族精神和民族性格的构成要素。

（二）真理与价值相统一，统一的结构方式比较均衡

任何社会意识形态都具有真理与价值相统一的特征，但不同的社会意识形态在"相统一"的内在构成上是不一样的。政治与法律的成分主要是真理，集中反映特定历史时代生产力发展的水平和社会制度的性质，社会主义社会的政治和法律集中反映和代表广大人民群众的根本利益和要求。在国际社会，一国的政治和法律本质上也是维护该国和民族的根本利益的，超越国家和民族根本利益之上的政治和法律实际上是十分有限的。文学艺术的成分更多的是一种价值，它以形象的思维方式概括地反映社会生活，满足人们的精神需要，引导人们追求美和善的生活。艺术作品的表现

---

① ［德］魏特林：《和谐与自由的保证》，孙则明译.北京:商务印书馆1979年版,第154页。

形式尽管不那么令人可信，甚至被人们看作是荒唐的事情，但人们总还是流连忘返，就因为其思想内容是"有用的"，能够满足人们的精神生活需求。宗教本身不是科学，不是对社会生活的真实反映，它对人们心灵的影响主要是凭借其价值。对"主"或"神"的敬仰和信仰，可以使人的心灵得到安宁，调节人的心态，进而甚至可以调节人的生理机能，帮人"治病"，这是人们信教的根本原因所在。

中国人理解道德，习惯于只将其看成是一种价值，这其实是有悖于道德的基本特性的。道德在内涵上是真理与价值的统一体，真理与价值大体上是均衡的。作为真理，道德根源于一定社会的经济关系，并与其他上层建筑和社会意识形态存在着深刻的逻辑关系，因此一定社会的道德应能真实反映社会经济发展的程度和大多数人道德品质的实际水平。正因如此，道德能够充当评判社会文明进步的实际水平的真理尺度。同时，道德作为价值形式，一方面引导道德缺失的人向社会提倡的道德规范和价值标准看齐，做现实社会中有道德的人；另一方面引领社会不断走向新的文明进步，引导人们不断走向崇高，因此道德在一些情况下总是要求一些人作出或多或少的自我牺牲，道德总是伴随着或多或少的自我牺牲以实现其价值的，在这种意义上，道德充当着引领社会生活的指南针。前者，即所谓道德的广泛性要求，后者则是先进性要求。在一定社会里，道德总是广泛性要求和先进性要求的统一体。把道德看成是真理与价值大体上处于均衡状态的统一体的思维方式，对于科学地提倡道德，开展道德建设，是至关重要的。一个社会提倡的道德，要求人们具有的道德素质，首先应当是真实地反映所处时代的社会发展的实际情况和客观要求，是真理，其次才是价值和价值导向问题。一般说，道德上是善的，同时也就应当是真的，社会所提倡的道德和个人所具有的道德素质，都不应当脱离社会发展的实际需要和客观要求。

（三）价值导向与精神强制相统一，精神强制更明显

道德和政治、法律、文艺、宗教，都具有价值导向的社会功能，因为

它们都包含着价值因素，在实践中都具有明显的价值倾向，但在强制性这一方面的表现却不一样。政治与法律的强制性最为明显，而且主要是外在的行为强制，心理上的强制性的影响一般也是因受外在行为的强制性影响而产生的。文学艺术对人的强制性影响比较弱，而且多是心理因素上的。这种影响的情况比较复杂，有的是潜移默化的，有的却是"立竿见影"的。优秀的文艺作品对人的影响往往是潜移默化的，不良的文艺作品对人的影响则一般是"立竿见影"的，后者在青少年人群中的反映比较明显，如有的看了黄色的作品便随之仿照作品中的人物去做，其中有的甚至因此而违法犯罪。一切宗教对人们的影响都是从价值导向开始，而最终达到精神控制的目的，对人的精神强制最为明显。宗教对人的精神强制一般是以教徒实行自我强制的方式表现出来的，其中有的邪教在这方面表现得尤为突出。

道德具有价值导向的作用是不言而喻的。其实，相比较而言，道德的精神强制特征比其价值导向特征更为明显。道德的维系离不开人们的内心信念，内心信念正是人们实行精神强制的心理机制。相对于政治、法律、文艺和宗教来说，道德的精神强制拥有的人最多，只要是思维能力正常的人都会感受到道德的精神强制作用，都会有一个内心的"道德法庭"，时刻在注视和审判自己，这便是良心。良心会使人在做了合乎道德的事情之后感受到做人的尊严和价值，因而产生荣誉感和幸福感；也会使人在做了违背道德的事情之后感受到失去做人的尊严和价值，因而产生羞耻感和痛苦。这就是精神强制。丰富的汉语言中有许多词语正是表达道德的这种精神强制特征的，如催人奋进、见义勇为、舍生忘死、羞愧难当、无地自容、痛不欲生等等。轻视甚至忽视道德的精神强制的特性，是"道德无用论"的典型表现。过去，中国人看道德更多的是道德的价值导向的一面，而对道德的精神强制一面重视得不够，这种情况是需要改变的，它涉及如何看道德的思维方式的变革问题。当代中国的社会发展需要加强道德建设，道德建设需要与其他方面尤其是经济、政治和法律建设协调起来，在这种情势下，充分肯定和强调道德对人具有精神强制性特征，显然是很有

必要的。

（四）广泛渗透性与相对独立性相统一，独立性因渗透性而存在

道德是以广泛渗透的方式而存在和发展的，它广泛地渗透在社会生活的各个领域、各种人群，无处不在、无时没有。

首先，社会调控的"调节器"系统中包含着道德规范或道德准则。一个社会要维护自己正常的生产和生活秩序，不断赢得繁荣和进步，就需要从多方面对人们的行为进行调控，建造一种"调节器"系统，道德规范或准则体系是这种"调节器"系统中的一个重要方面。这可以从三个方面来认识：（1）道德规范体系与其他社会规范体系相并行而存在。在现代社会，就全社会而言，道德规范体系与法律规范体系、行政规范体系是同时存在的。（2）道德规范体系与其他社会规范体系相衔接而存在。健全的法律制度下的法律规范体系与道德规范体系之间的逻辑关系应当是：法律是最低限度的道德，道德是最高水准的法律；道德上认为是善的，法律上就应当是受保护的。在国家行政运作系统中，行政规则应当以社会道义为逻辑基础，得到社会道德的说明和支撑。（3）道德规范体系与其他社会规范系统相交叉或重叠而存在。这种情况古来有之，中国封建社会的政治和法律规范总是包容着道德规范，道德在当时代被"政治化""法律化"，出现所谓"政治化道德"和"法律化道德"，因此道德调节的方式往往为政治和法律的调节方式所替代，这是十分普遍的现象。这种情况在现代社会的职业活动领域最为普遍，职业纪律和操作规程往往同时包含着职业道德规范，因此违背了职业道德往往同时也就违犯了职业纪律和操作规程，既会受到道德上的谴责，也要受到相关的职业管理方面的处罚。

其次，支配人们行为的价值观念系统包含着道德价值观念。人的行为与一般动物的行为的本质区别在于，人的行为总是表现为一种追求的姿态，而追求又总是从某种价值需求出发、为了实现某种价值目标，价值的内涵又基本上是关于真和善的。就是说，人对任何真和美的事物的追求总是或多或少地包含着对善的追求，因此人的行为动机和追求目标，总是包含着某种善或恶的价值倾向。"砍头不要紧，只要主义真，杀了夏明翰，还有后来人"，这首壮丽诗篇生动地表达了革命先烈在追求真理过程中对实现自己崇高人格价值的态度。在日常社会生活中，人们对真的价值追求中所包含的道德价值，通常以"动机"和"目的"的形式表现出来，如学习目的、工作目的等。

再次，社会生产的各种物质和精神产品中的价值包含着道德价值，各种产品进入消费和评价活动领域都表现出道德价值。物质产品是货真价实还是假冒伪劣，总是与生产经营者的道德素质是否合格联系在一起的，在这里产品的档次和人品的品位之间存在着某种内在的一致性，消费者完全可以通过产品的质量顺乎自然地来评价生产经营者的职业道德水准。物质产品，不论是吃的还是用的，进入消费活动以后常常成为人们抒发某种道德观念、张扬某种道德情感的重要载体。如请客吃饭，多半不是为吃而吃，而是"醉翁之意不在酒"，是为了要达到某种善意或恶意的目的；上门送礼，有的是为了表示友好，有的是为了托请办事，多半不是为了送礼而送礼。即使是穿着打扮，许多人也是为维护自家的"面子"考虑的，为此才"替他人着想""让他人赏心悦目"，持这种心态的人在有文化素养的人群当中居多。

社会生产的精神产品与道德价值的联系更为密切。书市上发行的各种读物，各种传媒传送的文字或电子信息，各种文学艺术作品特别是影视作品，各级各类学校使用的教科书，如此等等，无不包含着一定的道德价值。人们对人文社会科学方面的精神产品包含道德价值，一般不难理解，但是对自然科学、工程技术等方面的精神产品包含道德价值这一问题的理解可能要困难一些。后一类精神产品所包含的道德价值，是一个"书中有道德"的问题，一般属于全人类道德价值范畴，如公平、公正、正义、宽容、理解、奉献精神等，它们是蕴涵在产品之中的，需要借助于抽象思维去把握。

精神产品进入消费活动领域，其道德价值对人的影响是显而易见的，健康的书籍报刊和电子产品等对人的道德影响总是引导人们向善，不健康的总是引导人们向恶。在这种影响中，最需要注意的是文学艺术作品和电子产品。文艺作品以"文以载道"的方式传播着各种道德价值观念，由于形式为人们所喜闻乐见，因而发生的影响很广泛。在传统社会，不用说，由于受到生产力发展水平较低和学校教育条件不良等多方面的限制，人们所受到的道德教育，多半是来自文学艺术作品，一个民族的道德价值观乃至整个民族精神在很大程度上受到文艺作品的深刻影响。这种情况即使在现代社会也是不难发现的。电子产品，特别是现代社会的网络文化，对青少年一代的负面影响，已经引起全社会的深切关注。网络文化作为高科技产品，本是传播先进文化和价值观念的重要渠道，但由于存在着受赢利心理驱动和管理不善等方面的问题，"垃圾"的东西容易介入，所包含的错误乃至腐朽没落的文化特别是道德文化的价值观念容易污染青少年稚嫩的心灵，妨碍他们的健康成长。就当代中国网络文化存在的实际问题看，采取必要措施加以整治已经成为道德建设一项刻不容缓的任务。

（五）人的素质结构总是包含道德品质

人的素质结构，除了思维能力失常者，世上找不出一个与道德品质无关的人。不同的人的素质结构，只存在道德品质的优劣或合格不合格的差异，不存在有无道德品质的差别。然而，对这种普遍存在的规律性的现象，并不是所有的人都能自觉意识到，有的人总是轻视甚至不承认人的素质结构必然包含着道德品质素质。过去，有所谓"学好数理化，走遍天下都不怕"的错误认识，在今天市场经济条件下，又有"搞经济活动，凭的是人的业务素质，不是人的道德品质"的论调。这些看法都否认了人的素质结构必然包含道德品质的客观事实。

在人的素质结构中，道德品质并不是孤立存在的，而是以渗透的方式存在于人的其他素质之中，对人的业务性行为过程发生深刻的影响。

通过以上简要分析大体上可以看出，道德是以广泛渗透的方式而存在的，所以道德作为一类特殊的社会现象，作为一种特殊的社会意识形式，具有相对的独立性。这就表明，道德以外的一切社会生产和社会活动，乃至整个其他社会意识形态的价值的实现，都离不开道德的参与和支持。同时也告诉我们，观察道德，不能用孤立、单一的视角，而必须放在特定的社会生活情境中来考察，社会进行道德教育和道德建设，不能就道德讲道德，而必须与其他问题结合起来。道德只有通过其他社会活动方式才能实现自己的价值。这是道德的特点和优势，也是其弱势所在。

第二节　道德文明及其社会作用

在人类社会早期的原始时代，道德多是与原始宗教混为一体的风俗习惯，在今天的人们看来或许是愚昧可笑的，但却是适应当时代社会发展客观需要的，体现着一种古老的"先进性"和"文明"特质。此后，就已经推进的历史来说，那些"先进性"和"文明"的内涵渐渐变得陈旧起来，被抛进了"历史的垃圾堆"，与此同时适应历史时代要求的新道德在新的经济政治结构的基础上渐渐地生长起来。由此看，人类脱离原始社会初期以后的道德，已经成为一个中性词。在社会，既有文明、进步的道德，也有落后、腐朽的道德；在个人，既有良好、高尚的道德和一般的道德，也有落后、卑下的道德。

一、道德文明及其本质

文明，简言之是指人类社会的开化程度和进步状态。我国古代有"见龙在田，天下文明"之说，也有"睿哲文明"的说法（在开化、进步的含义外，还有昌盛、光明的意思）。恩格斯在《家庭、私有制和国家的起源》中，曾肯定了摩尔根关于人类社会三个阶段的划分方法，并且赋予"文明"以科学的概念。他认为：相对于"以采集现成的天然产物为主"的"蒙昧时代"和以"学会经营畜牧业和农业"的"野蛮时代"来说，"文明时代是学会对天然产物进一步加工的时期，是真正的工业和艺术的时期"①。文明不是抽象的概念，而是具体的历史范畴，不同的阶级有不同的文明标准，不同的历史时代有不同的文明。

人类社会的文明大体上可以划分为物质文明和精神文明两种基本类型。物质文明指的是人类社会物质生活条件的发展水平和进步状态，包括生产工具的改进和技术的进步、物质财富的增长和人们物质生活水平的提高等。物质文明是精神文明的基础，对精神文明的发展起着决定性的作用，而精神文明对物质文明的发展也具有巨大的推动作用。在每一个历史时代，精神文明都是相对于愚昧、无知、野蛮、落后、腐朽、堕落而言的，指的是人们的一切精神生产活动及其成果，主要包括教育、科学、技术、文化、理论知识的发达程度和人们的思想观念、政治觉悟、法制意识和道德水平。

道德文明是精神文明的重要组成部分。所谓道德文明，也就是文明的道德，指的是与一定社会经济建设和整体发展相适应的道德理论知识、价值观念、社会风尚和人们实际的道德水平的总称。

道德文明作为精神文明的一个重要方面，反映在社会生产和社会生活的各个领域，人们的思维和实践活动的各个方面，以相对独立的形式在总体上反映社会实际的文明程度和发展水平。道德文明是一种文明体系，个仅包含道德理论知识的文明、社会道德风尚的文明，也包括个体道德素质的文明，还包括道德建设的目标、方案、过程和运行机制等方面的文明。

道德文明本质上反映的是社会的全面进步和人的全面发展的水平。

人类社会文明发展与进步的总趋势是由低级向高级的前进方向运动。任何一个社会，人们都不应当离开道德文明进步来谈论和评判社会的文明进步。一个社会，假如它的经济是繁荣的，科学技术是高度发达的，人们拥有了富有的物质财富和富裕的物质生活，我们能不能说它是一个走向全面文明进步的社会呢？不一定。还应当看这个社会的道德秩序和风尚的实际状况，看人们所崇尚的实际的精神生活方式和质量，同时具备良好的道

①《马克思恩格斯选集》第4卷，北京：人民出版社2012年版，第35页。

德秩序和风尚的状态，我们才能说这个社会是一个正在全面走向文明进步的社会。这是因为，一个社会的良好的道德秩序和风尚，不仅是人们生活之必需，也是经济持续发展、科学文化建设及其正常发挥功能的必要条件和内在动力。一个忽视道德文明的社会，是不可能真正维持它的经济繁荣，进行科学文化建设，发挥科学文化的社会功能的。在这样的社会里，人们也很难从对财富的宽裕占有和消费中感受到社会的文明进步、人生的美好与幸福。

人的全面发展的"人"，不是指一个或某部分人，而是指一切人。人的全面发展，也就是马克思所说的"每个人的全面而自由的发展"。之所以必须这样看问题，是因为每个人的发展与其他人的发展是互为条件的，每个人的自由发展是一切人的自由发展的条件，一个人的发展取决于和他直接或间接进行交往的其他一切人的发展。

人的全面发展，包含人在现实关系、身心、能力和思想观念等方面的全面发展。这里的诸种发展因素都与道德文明相关。

人的现实关系的各个方面都包含着道德关系——思想精神关系，其发展的文明程度都与道德文明的程度紧密地联系在一起。如同事关系，在传统的职业道德观念的支配下，人们视同事关系遵循"同行是冤家"的标准，在职业活动中对同事同行采取以邻为壑的愚昧态度，制约着行业的发展，也影响着从业人员自身的发展。而现代职业道德观念则主张同事之间要同心同德，在同心同德观念支配下的同事，显然既有利于职业的发展，也有利于从业人员自身的发展。

现代医学和心理学揭示，人的心理和生理健康与其道德文明的水准直接相关。经验证明，伦理思维方式正确、道德水准高的人，"心底无私天地宽"，可谓"君子坦荡荡"，能够使人的心境和心态保持正常状态，这有益于人的身心健康。反之，则会"小人常戚戚""烦死了""气死了"，身心受损。

20世纪后半叶，中国伦理学界有的学者认为"道德是一种资本"。他们所说的道德显然是指文明道德，亦即道德文明，这种观点是值得重视的。道德作为人的一种"资本"，表现为认识和把握社会与人生及自我价值的一种能力，在社会则是生产力的一种构成要素。用现代文明和现代人才的观念看，人的能力大小与其掌握的现代知识、技能和信息的多少强弱有关，但掌握的"多少强弱"及其运用都取决于人的道德文明程度，特别是社会责任感和事业心。

人的思想观念的更新和丰富发展是人的全面发展的重要标志，而人的道德文明规则是人的思想观念重要的组成部分。就当代中国来说，人的全面发展进程离不开对适应社会主义市场经济发展客观需要的新道德观念的理解和接受，除了传统道德便无道德话语可说的人，显然是与当代中国人的全面发展的要求相悖的。

二、道德文明的历史进程及基本规律

人类社会的道德文明，至今已经走过了数千年的艰难曲折路程。类人猿揖别自身演化成人类的时候实际上便同时"演化"出区别于一般动物的精神需求，这就是原始社会早期的道德文明。那时的道德文明，主要表现为原始共同体约定俗成的风俗习惯，一般与原始宗教禁忌的观念和活动方式浑然一体，并不具有多少后来以文字文化记述的社会意识形式和"社会规范"意义上的道德形式，但却是维系原始共同体的社会生活和人们相互关系的必备条件。那时，由于"不仅个体从属于群体，而且群体也从属于个体"，人们不得不实行共同劳动和平均分配，由此而崇尚绝对的平均主义。这种原始平均主义的道德文明的价值理念和行为规范，今天看来自然犹如成年人看孩提时期的人那样显得幼稚可笑，但相对于弱肉强食、同辈相残的名副其实的动物来说，却是一种巨大的历史性的进步。人类一诞生，就在道德文明上表明自己是另一种"动物类"。

私有制诞生和进入阶级社会以后，专制社会制度从根本上规定了统治者与被统治者之间的不平等关系，原始社会的崇尚绝对平均主义的道德风尚和各种伦理关系被彻底颠倒了过来，现实社会的各种不公平的特权被阐释为"神喻"和"天意"所为，相对的有限公平被隐藏到了绝对不公平的背后。从这时起，由于阶级统治意志的参与，道德文明开始打上了阶级的烙印，带有了阶级的特性，绝对的原始平均主义的道德文明成为一种令人难以忘怀的古董，似乎永远不复返了，成为中国知识分子们长期根本不相信又爱津津乐道的"大道之行""天下为公"①的道德理想。总的看，在专制统治的奴隶社会和封建社会，道德文明要么与宗教神学结伴，要么与专制政治和刑法联姻．后者属于中国专制社会的情况。

中国封建社会道德的文明与进步，得益于春秋战国时期的历史变革和孔子所作出的历史贡献。这一贡献就是将"仁学"伦理精神引入传统礼制之中，为新兴的地主阶级统治创建了新型的道德文明。

孔子出生在"周礼尽在鲁矣"②的鲁国，活跃在春秋末期，自小因好学"知礼"而闻名于世。据《史记·孔子世家》记载，鲁世卿孟僖子称孔子为礼学的"达者"，并留下遗言令其二子师事孔子"而学礼焉"。但孔子时代，周礼已开始"分崩离析"，面临严重挑战，客观上需要批评和重建。身处这种社会大动荡时代的"知礼""达者"孔子，一方面把"吾从周"作为自己的历史使命和人生追求，另一方面又以积极创建"仁学"伦理文化的实际行动，对传统周礼实行与时俱进的改造、丰富和发展。从《论语》的许多言论看，孔子"吾从周"首先是要"从"周人对于夏商之礼的"损益"精神。他说："殷因于夏礼，所损益，可知也；周因于殷礼，所损益，可知也。其或继周者，虽百世，可知也。"③又说："周监于二代，郁郁乎文哉！吾从周。"④在孔子看来，礼可以被代代相承相接，却不是一成不变的，"周监于二代"而创建周礼，周以后的"百世"为什么不可以"监于"周礼而创建自己的礼仪制度呢？这是孔子对周礼的社会历史价值所持的基本认识，也是他"从周"的基本方法和基本态度。传统周礼，虽然含有"孝""德"之类带有初创性的伦理道德观念，但主要是政治和法

①《礼记·礼运》。

②《左传·昭公二年》。

③《论语·为政》。

④《论语·八佾》。

律意义上的奴隶制国家的宗法制度。孔子是一位积极的救世论的思想家，他"从周"所要"从"的核心是"明德慎罚"，恢复周礼"明德慎罚"的元典精神。《论语》讲"礼"，有一个十分独特的现象，这就是通常将"礼"与"仁"放在一起讲。《论语》中说"仁"有109处，说"礼"有75处，而说"礼"处大体上都说到"仁"。首次明确将"仁"与"礼"联系起来的是《八佾》篇："人而不仁，如礼何？"意思是做人而不讲"仁"，怎样来对待礼仪制度呢？此后，有"克己复礼为仁。一日克己复礼，天下归仁焉"①等等。很显然，这种联系已经赋予周礼以新的时代精神和深刻的道德内涵。孔子毕生致力于他的"仁学"思想的研究和倡导，所追求的正是促使"礼"与"仁"的合流，"礼政"与"仁政"的贯通。他希望统治者成为"仁人"，当时代沿袭的专制统治能够成为"仁人之治""有德之治"。所谓"为政以德"，在孔子那里可一言以蔽之："明德慎罚"之政。它使此后的礼仪制度具有地主阶级道德文明的文化内涵，这是孔子在中国道德文明史上最大的历史功绩。

中国的道德文化经过孔子的改造，成为适合于新兴地主阶级的统治工具。它在体系结构上的实际状态也可以一言以蔽之："三纲五常"。"三纲"是道德与封建政治和刑法相结合、相贯通的产物，"五常"既是对"三纲"的补充说明，又是以独立形式存在的关于所谓人伦伦理的道德规范。从地主阶级的统治和封建社会发展的实际需要看，"三纲五常"适应了封建社会的稳定和发展的客观需要，真正体现了封建社会道德文明所能达到的最高水平。面对各自为政、普遍分散的小农经济，政治上只能实行高度集权；面对自发产生于小农经济基础之上的"各人自扫门前雪，休管他人瓦上霜"的"伦理观念"及由此衍生的小农自由主义和无政府主义倾向，在调整个人与国家和民族的利益关系问题上只能强调漠视个人利益、个人尊严与价值的封建整体主义，在调整人与人的关系问题上只能强调"推己及人""和为贵"的仁爱原则，在全社会倡导儒家"己所不欲，勿施于人"②

①《论语·颜渊》。
②《论语·卫灵公》。

"己欲立而立人，己欲达而达人"①"君子成人之美，不成人之恶"②。

资本主义的经济和政治制度，铲除了封建特权赖以存在的社会物质基础，市场经济和民主政治客观要求道德文明以崭新的面貌出现，在全社会推行个人主义和人道主义的道德成为一种历史必然。个人主义崇尚个人本位和个人中心的社会理性和价值观念，不论是作为历史观还是道德观实际上都是对漠视个人的封建整体主义的矫枉过正。人道主义，主张人与人的平等地位，把人当人看，尊重人的尊严和价值，道德价值内核和基本倾向与中国儒学提倡的仁爱原则并无本质的不同。无疑，个人主义和人道主义适应了资本主义社会发展的客观需要，给资本主义社会带来了繁荣和昌盛，体现了资本主义社会的道德文明所能达到的最高水平。人类的道德文明在进入资本主义社会以后的历史阶段，获得了自己新的进步。但是，由于资本主义垄断剥削制度自身存在的历史局限，这种新的文明进步水平也是有限的。

虽然如今世界上的社会主义还处在初级阶段，但是毋庸置疑，由于社会主义从总体上消灭了剥削制度尤其是垄断剥削制度，又普遍实行了人民当家作主的民主政治，所以道德文明进入社会主义社会以后最终赢得了无限发展和进步的历史条件和机遇。中国的社会主义目前还处在初级阶段，但与社会主义现代化建设相适应的道德文明，在人类历史上第一次主张把为人民服务作为自己的核心，以集体主义为自己的基本原则和主要规范，与时俱进地体现了人类社会道德文明发展与进步的客观方向。可以预见，只要我们坚持推行社会主义的道德体系，就必然会推动道德文明不断走向进步。

从以上简要的历史考察中，大体上可以看出道德文明发展和进步的一些基本规律。

第一，道德的文明进步离不开一定社会的经济关系所构筑的历史平台，经济关系的变革是道德文明发生飞跃性进步的深层社会原因。因此，

---

①《论语·雍也》。

②《论语·颜渊》。

当社会经济关系处于相对稳定状态的时候，社会要在思想理论的各个方面为道德的文明进步提供适宜的条件，包括适宜的舆论环境，重视物质文明与精神文明的协调发展。而当经济关系需要发生性质意义上的革命性的更替，或同一性质的社会经济关系需要实行改革的时候，人们必须具备这样的清醒意识：道德观念已经或正在发生相应的变化，必须在经济关系发生变更之后或在实行变革的同时，提出道德文明建设和发展的问题，莫忘适时推动道德的进步。

第二，道德文明的发展进步不是单兵突进，人类社会至今的道德文明的发展和进步总是要借助政治文明和法律文明的力量。离开政治文明和法律文明的力量谈道德的文明进步，一切关于道德文明的提倡就会成为空洞的说教。这是由道德调节的特殊方式决定的。道德依靠社会舆论、传统习惯和人们的内心信念起作用，这从根本上规定道德只是社会"调节器"系统中的一种"软件"，不与政治和法律的"硬件"整合，使之带有制度的特质，就很难真正发挥社会作用。诚然，道德作为"软件"也不是软弱无能，可有可无，它对于人的思想动机和行为选择具有某种"精神强制"的作用。但对于道德自觉意识较弱的人和道德风尚较差的社会来说，所谓的"精神强制"就显得无能为力，最终还是不得不诉诸政治和法律的"硬件"力量。总之，道德文明的维护和建设，不是仅仅依靠自身的力量就能解决的。

第三，道德文明发展和进步的历史路径是一种波浪式的螺旋式上升过程。从人类道德文明发展和进步至今的全过程看，可以说，原始社会的道德文明处在人类道德文明程度的高峰，专制社会的道德文明相对来说却走在下坡路上，资本主义社会的道德文明相对来说又出现了某种回升，社会主义社会的道德文明在资本主义社会道德文明的基础上继续攀升，直至发展为将来共产主义阶段的全人类的道德文明。从形式上看，共产主义道德文明与原始社会的道德文明存在着某种相似性，以排斥私有观念为基本特征，都处在道德进步的高峰上，但这显然不是简单的重复，而是一种螺旋式上升。其所以如此，说到底还是社会经济和政治制度变迁的路径使然。

从特定的社会历史发展阶段看，道德文明的发展进步也是这样。当旧的社会制度文明需要变更时，社会道德文明的水准一般停留在以往道德文明的高峰上，这使得当时的人们往往对旧有的道德文明抱着某种"怀旧情结"，抵制正在萌发和发展着的新的道德文明因素，或走向反面而不加分析地全面接受新的道德中不文明的落后的东西，由此而导致这个时期的"道德失范"现象，甚至出现"道德嬉皮士"，从而使道德文明水平回落到某种低谷，直至出现"道德真空"问题。但随着新的社会制度的建立，利益关系的调整和社会新秩序的逐步建立，道德文明水平又会在一个新的平台上得到回升，出现新的发展与进步的势头和局面。

三、道德文明的社会作用

文明、进步的社会道德和良好、高尚的个人道德，即人们通常所说的道德文明，对社会和人的发展具有巨大的促进作用，而落后、腐朽、卑下的道德只会对社会和人的发展造成危害，因而道德的社会作用总是双重的。所谓"道德的社会作用"，应被理解为"道德文明的社会作用"。过去，中国伦理学在阐述道德的社会作用的时候，没有作出这样的区分，这是需要加以纠正的。

道德文明或文明道德，既是道德进步的现实表现，为现实道德发展和进步提供后续的思想基础，也是衡量社会整体发展和进步的重要标准，为现实社会发展和进步提供后续的精神动力。其社会作用主要表现在以下几个方面。

（一）认识与鉴别的作用

体现社会文明的道德理论、价值观念和原则与规范体系，对于社会和人来说首先都是以知识的形式存在的，它是智慧，可以使人明智。"知识就是力量"，首先表现为一种认识与鉴别的能力。苏格拉底认为，要培育一个人的美德，最重要的是要让他知道什么是道德，什么是善，因而提出

"美德即知识"的著名命题。中国古人高度重视道德的认识与鉴别的作用，封建社会推行的"五常"道德中，"智"既是有关善与恶的知识，也是关涉善与恶的认识与鉴别能力，即智慧。体现社会文明水平的道德知识可以充当人们认识世界的工具，被人们用来认识和鉴别社会与人生、身边的人和事包括自身思想和心理状态的是非善恶，在面临道德问题和道德选择的时候，能够帮助人们进行正确的思考，作出正确的判断和抉择。

不论是在社会还是在个体的意义上，文明道德所提供的这种认识和鉴别能力都是很重要的。一个社会假如道德理论和价值观念混乱，道德原则和道德规范的要求不确定，甚至出现紊乱的情况，这个社会的人们就会感到无所适从，"道德失范"问题就会随之出现，甚至泛滥成灾。同样之理，一个人假如没有一定的关于道德文明知识的储备，那就成了一个是非不分、善恶难辨的"道德盲人"，不仅失去了参与和评论社会道德生活的资格和条件，不能给他人和社会的道德进步以积极的影响，而且自己也不能体会到道德和精神生活的乐趣，从而在根本上影响到自己的生活质量。

在当代中国，不少人感到社会上存在着大量的"说不清道不明"的道德问题，有的人因此而焦躁不安，有的人因此而采取回避的态度，从认识和鉴别能力看，这与他们没有真正掌握与当代中国社会发展相适应的道德理论、道德价值标准和原则规范体系是分不开的。他们在评判道德的时候缺少合适的"尺子"，或者心中没有一定的标准，或者仅用传统旧道德的标准，思想观念跟不上道德文明发展的时代步伐。

正因为道德文明具有认识和鉴别的社会作用，所以加强对道德理论和道德原则规范体系的研究，并通过各种宣传途径传播和普及体现社会文明要求的道德理论、道德价值观念和原则规范体系，历来是每个社会的道德建设的一个重要方面的内容，也是每个社会道德建设一项重要的基本任务。

（二）教育与培养的作用

康德曾说，人只有靠教育才能成人，人完全是教育的结果。人类各种形式的教育活动都涉及道德教育，因此道德文明具有教育和培养的社会作用。这应当从两个方面来理解，一是教育与培养的目标，二是教育与培养的内容。

道德教育与培养，指的是一定社会、阶级或集体，为了促使人们自觉践履道德义务和责任，具备合乎其时代需要的道德品质，而有组织有计划地对人们施加一系列的具有道德文明影响的活动。

人类社会自从有教育与培养活动以来，道德上的教育与培养都是通过家庭、学校和社会影响的方式实施的。教育与培养的目标和内容，在家庭道德教育中虽然是不规则不规范的，每个家庭的父母都有一套教育和培养孩子的办法，表现出"龙教龙，凤教凤，老鼠教儿会打洞"的状况和特点，但大体上看都希望自己的孩子"学好"，做文明人，这是社会道德文明要求在家庭道德教育中的体现。学校的道德教育与培养，历来是在国家教育方针和政策的指导下实施的，目标一致、明确，内容统一、系统，有一套完整的管理制度和实施机制，而且一般都列入教育教学计划，设有专门的机构和队伍。社会道德教育的基本特点是，没有确定的目标，内容是"发散"式的。

（三）控制和调节的作用

控制说的是自律，调节说的是他律。每个人或多或少都有自己的弱点或缺点，并都可能会以不良动机和态度及不文明的行为表现出来，对他人、社会集体和个人带来危害，但这样的情况并不多见，原因是人们能够用包括道德文明在内的社会文明标准对自己加以控制，实行自律。有副古对联说："百善孝为先，原心不原迹，原迹天下无孝子；万恶淫为首，原事不原心，原心天下无完人。"下联所说的"心"与"迹"之间之所以存在差距，就因为人对"淫心"有控制能力，不然的话真可谓"人欲横流"了。

在社会生活中，人们相互之间及个人与社会集体之间时常会发生矛盾甚至对抗，这样的矛盾或对抗一般最终都能"偃旗息鼓"，得到解决，原因就在于人们在面对矛盾或对抗的时候最终能够自觉运用道德文明的标准进行调节。如果没有体现道德文明的价值理念和标准起作用，那么，人的任何不良动机都会转变为实际行动，社会不文明的现象就会随处可见，任何一种矛盾或对抗最终都会走上法庭，那将是不可思议的。

在实际的社会生活中，道德文明上述三个方面的作用总是以综合的方式表现出来的。因此，如何将发挥三个方面的作用兼顾和协调起来，是道德建设始终面对的一个重大课题。

第三节　道德文明与道德建设

所谓道德建设，指的是一定社会的人们依据经济、政治和法制建设的客观需要，研究和提出并运用一定的道德价值标准和规范体系，培育人的德性和指导人的行为，营造一定的社会道德风尚，以维护道德文明现状和促使道德发展进步的社会实践活动。

人类的社会实践活动多种多样，道德建设属于高级的精神生产，目的是认识和改造自身，同时享受道德建设的文明成果。人类对精神生产的追求，不论其功能和结果如何，总是在真、善、美三个基本的文明层面上展开，由此而产生自古至今纷繁复杂的人文社会科学。道德的广泛渗透性使得人类在精神生产领域的诸多追求总是包含对善的追求，使得对善的追求成为人类精神生产的主要目标和永恒主题。从这种意义上可以说，关于道德文明的精神生产是人类精神生产的主要方式。道德的精神生产是一种学理性的说法，在社会实践的意义上就是道德建设。

一、道德文明依靠道德建设

世界各国各民族的道德文明尽管存在着差别，但都是道德建设的产物。道德文明依靠道德建设，人类的道德文明发展史就是道德建设史。

人类脱离一般动物的本质标志是不自觉或自觉地从事精神生产要求和崇尚精神生活的活动。没有精神生产和精神生活的活动，人类至今还停留在野蛮时代，社会就不可能真正不断地走向文明与进步。人类的道德文明和道德建设起步于原始社会早期。原始先人从自然状态到渐渐转向合道德状态，是一个不断克服自身"动物性"本能、形成公共意志的过程，这一过程其实就是初始人类开始由愚昧走向文明的道德建设过程。当然，那时的道德建设很简单，活动的内容和方式多为规约自身的习俗与禁忌，一般与宗教祭祀活动相伴随，或者本身就是宗教祭祀性的活动。

阶级社会出现后，适应社会发展客观要求的道德文明随之逐渐上升为系统化的社会意识形态，成为管理国家和治理社会的重要力量。

奴隶制和封建制社会的道德建设，是直接为政治和法律服务的，旨在维护和巩固专制独裁统治。所以，在专制社会，道德建设要以政治和法律为轴心，推行"为政以德"的"仁政"和"德政"，并借助于政治和法律的力量。其结果，一方面使得专制社会的道德成为政治化和法律化道德，道德文明成为政治化和法律化的道德文明；另一方面，又使得专制政治和刑法带有极为浓厚的伦理道德色彩，其文明水准具有浓厚的伦理道德印记。

资本主义国家的道德建设，情况比较复杂。西方国家的传统是高度重视宗教对人心灵的影响，与此同时推行各自民族的伦理价值观，用宗教及民族主义的伦理价值观慰藉、疏导和锤炼人们的灵魂，用法律张扬和规约人们的行为是他们的基本做法，也是他们的基本经验。东方的资本主义国家的情况则不一样，历史上曾受到中国儒家伦理文化影响并由此而形成崇尚儒学精神的传统的国家，道德文明和道德建设中的宗教因素不明显。而历史上未曾受到过儒家伦理文化影响的东方国家，特别是一些"宗教大国"，其道德文明与宗教的精神文明关系非常密切，道德建设与宗教活动往往是混杂在一起的。与专制时代相比，资本主义时代的道德文明的形成、维护和发展虽然途径和方式有所不同，但有一点是共同的，这就是离不开道德建设。

传统中国以"礼仪之邦"的文明古国著称于世，这是历代先哲、统治者和广大劳动人民坚持不懈地进行道德理论的研究和阐发，道德知识的推广和普及，坚持不懈地开展"道德教化"的结果。它促使中华民族形成了以爱国主义为核心的团结统一、爱好和平、勤劳勇敢、自强不息的伟大民族精神和民族性格，为人类的道德文明发展增添了异彩。

社会道德文明的形成、维护和发展依靠道德建设，人们享受道德文明成果的精神消费活动也离不开道德建设。人类创造丰富多彩的物质文明和精神文明成果，目的都是为了满足自身多种多样的物质生活和精神生活需要。精神消费与物质消费不一样，它本身也是一种创造，需要在精神文明建设活动中、通过精神文明建设的方式进行。人们通过道德建设创造道德文明，创造的目的是满足自己对道德文明的需要，这种需要的满足也需要在道德建设的活动中才能实现。

二、道德建设的社会基础和保障条件

道德建设的社会基础和保障条件，指的是影响道德建设的实际过程和功效的各种社会因素，它是由多种社会条件构成的综合体，其中主要是经济、政治、法制、科学技术和文化。

经济关系作为道德的社会基础，也是道德建设的社会基础。在一定的社会里，人们只能依据经济关系的性质和发展水平来设计自己的道德建设的目标和任务。《礼记·礼运》说："大道之行也，天下为公。选贤与能，讲信修睦。故人不独亲其亲，不独子其子；使老有所终，壮有所用，幼有所长，鳏寡孤独废疾者皆有所养；男有分，女有归；货恶其弃于地也，不必藏于己；力恶其不出于身也，不必为己。是故谋闭而不兴，盗窃乱贼而不作，故外户而不闭，是谓大同。"这种理想社会，在封建社会是不可能成为现实的。在社会主义初级阶段，我们需要提倡全心全意为人民服务的共产主义道德，但不应当将其作为全社会道德建设的目标和任务。人们的物质生活水平也影响着道德建设，《管子》所说的"仓廪实则知礼节，衣食足则知荣辱"①，说的正是这个道理。就个人而论，一个人的文明素养与其实际的经济状况和生活水平是有联系的。一般说，一个人在自己的温饱问题还没有解决的情况下是不大可能主动发扬助人为乐的精神，主动关心社会集体的事业的。早在中国共产党领导人民群众推动革命的战争年代，毛泽东就强调要"关心群众生活，注意工作方法"。从道德角度看，中国改革开放成功的经验就是让人们得到"实惠"，"鼓励一部分人先富起来"应被视作道德建设的基本立足点。当然这只能作相对的理解，更不能认为贫穷者必然卑下、富裕者必然高尚，反之亦然。

任何生产劳动都需要工具，劳动工具是联结劳动者与劳动对象的必备环节。道德建设作为人类社会的一种精神生产方式，也需要必要的工具，这就是物质保障条件。诚然，相对于政治和法制建设来说，道德建设是一种"最经济"的精神生产，但这不应当被理解为道德建设可以"空口说白话"。因此，那种不愿在道德和精神文明建设方面投入必要的物质保障条件的想法和做法，是不可取的。

政治是经济的集中表现，解决经济问题尤其是重大的经济问题离不开政治的途径。同样，政治也是精神生产的"集中表现"，解决精神生产方面的重大问题也需要政治作为保障条件。道德建设需要国家给予高度重视，制定和切实贯彻执行必要的方针和政策。本来，道德文明不同于一般的精神文明，它与国家的安宁和人民的团结息息相关，因此国家不能将道德建设仅仅看成是群众团体的事情，是群众的事情，仅以群众活动的方式进行，而不重视方针和政策的指导和干预。几十年来，中国共产党为指导全社会的道德建设，制定了一系列的方针和政策，如党的十二届六中全会通过的《中共中央关于社会主义精神文明建设指导方针的决议》、党的十四届六中全会通过的《中共中央关于加强社会主义精神文明建设若干重要问题的决议》，2001年又颁发了《公民道德建设实施纲要》，对社会主义精神文明和思想道德建设的方针政策作了明确的规定和阐述。党的十六大报告《全面建设小康社会，开创中国特色社会主义事业新局面》，把提高全

①《管子·牧民》。

民族的思想道德素质作为全面建设小康社会的目标要素之一，强调要"切实加强思想道德建设"，实行"依法治国和以德治国相辅相成"，"建立与社会主义市场经济相适应、与社会主义法律规范相协调、与中华民族传统美德相承接的社会主义思想道德体系"。中国共产党的这些方针政策，从政治上为中国社会主义道德建设提供了极为重要的保障。

从政治上看问题，党和国家对专门从事道德建设的人员的社会地位、物质生活待遇应当给予充分肯定。精神生产的过程比物质生产复杂，社会功效的体现和发挥比物质生产周期长，道德建设更是如此。专门从事道德建设的人员，需要党和国家在政策上给予应有的关心。这也是政治文明和制度文明的重要体现。

人类自从有国家以来，法制文明与道德文明就是社会文明的两种基本形式，推动两种文明建设就是国家管理和社会治理的两种基本途径。法律规范与道德规范，虽然调节范围和手段有别，规范形式不同，但价值取向是一致的，具有质的同一性，都是为了维护社会正义，引导人们扬善避恶。所以，作为社会的基础和条件，法制建设对道德建设的影响最为直接，也最为明显，在实行依法治国的国家更是这样。促使法制建设与道德建设相协调，是法制建设的应有之义。中国正在实行依法治国、建设社会主义法制国家，专门从事法制建设的人们应当自觉确立把法制建设与道德建设协调起来的意识，而不应当轻视道德建设，更不应当把法制建设与道德建设对立起来甚至诋毁道德建设的社会作用。

在道德建设中，科学技术充当着"工具价值"，其他文化形式充当着环境条件，在现代社会更是这样。文明道德的传播，落后道德的摒弃，都需要一定的科技手段和文化环境的支持。《公民道德建设实施纲要》指出，理论、宣传、广播、电影、电视、报刊、戏曲、音乐、舞蹈、美术、摄影、小说、诗歌、散文、报告文学等，要为公民道德建设提供适宜的思想阵地和传播手段，强调的正是这个意思。这里应当特别注意的是适宜的文化条件。社会传播的理论观点、人生价值观和文学艺术作品所宣扬的价值观念等，应当富含道德文明，与文明道德发展与进步的价值趋向相一致，而不能唱反调。所以，反对和抵制"黄色"、颓废的文艺作品，为道德建设提供必要的文化环境，是文化建设的重要任务。这样的建设也是道德建设的题中之义。

道德建设需要适宜的社会舆论环境。所谓社会舆论，是指人们以正式传播或自发流行的方式，对社会生活环境中发生的某种（些）事件和现象所发表的看法、表达的情绪和态度。社会舆论的作用，集中表现为从社会心理的层面上影响人们的内心信念和价值取向。社会舆论有正确与错误之分，正确的舆论与道德文明的价值趋向相一致，有助于人们作出是非善恶价值判断与正确的选择，错误的舆论与道德文明的价值趋向相背离，有可能引导人们走进误区，作出错误的判断和选择。作为一种社会环境，适宜的社会舆论对道德建设的作用是不言而喻的。这样的舆论，既是正式传媒意义上的，更应当是群众性意义上的。道德建设的主体条件在社会实践领域，人始终是推动社会实践发展和深入的主体。道德的广泛渗透性特点，使得人类一切社会生产、社会生活和社会管理活动都具有道德意义，都应当被视为道德建设或道德建设的有机组成部分。因此，从广义上说，全民都要关心道德建设，在自己所参与的社会实践中，集"社会活动主体""社会生活主体""社会管理主体"与"社会道德主体"于一身。

从狭义上看，道德建设的主体，是指专门组织和实施道德建设的人。人类社会自从有道德、道德文明便有道德建设，便有直接参与道德建设的专门机构和专门人员，这类机构的状况如何取决于在这类机构中工作的专门人员，专门人员是影响道德建设的状况和发展水平的决定性因素。

人类与一般动物类的一个显著区别就是以自觉组织起来的方式管理社会生产和社会生活。道德建设需要专门的机构，以承担组织和指挥的责任。不然，道德建设就会出现各自为政、各行其是的不正常情况，从根本上影响道德建设的实施。这样的组织实施机构，大体上可有两种形式：一是国家职能部门意义上的，二是社会群众团体意义上的。组织和指挥道德建设的专门机构应当是健全的，从中央到地方乃至具体的部门和单位，都应当设有这样的专门机构，以形成从上到下的指挥系统。道德建设的专门机构要具有一定的权威性，这是发挥其组织指挥职能的根本保障，否则就会出现形同虚设、指挥不灵的情况。为此，道德建设的专门机构需要建立一套由国家权力机关认可的规章制度。

专门从事道德建设的人员，在素质上首先应当具备马克思主义的世界观和人生价值观，具有高度重视道德建设的思想政治觉悟。

专门从事道德建设的人员应当懂得，中国的社会主义道德建设是在中国共产党领导下进行的，是社会主义现代化建设事业的重要组成部分，因此要有清醒的政治头脑，学会运用马克思主义的立场、观点和方法正确分析和认识中国道德建设面临的形势和任务，正确把握中国道德建设的社会主义方向。同时，还应当具备爱岗敬业、乐于奉献的职业道德素养。

其次，专门从事道德建设的人员应具备一定的道德、道德文明及道德建设的基本理论和知识。专门从事道德建设的人员，应当是组织和开展道德建设活动的内行，而不应当是这方面的外行，不能对道德、道德文明及道德建设的规律、目标、内容、原则和方法等知之甚少，甚至一无所知。国家和社会不能把道德建设的重大责任交给这样的外行，也不能交给不重视道德建设的人。否则，以其昏昏却要其使人昭昭，是不可能搞好道德建设的。专门从事道德建设的人，特别是在高层担任组织和指挥道德建设的责任的人，应当是一批道德建设方面的智者和专家，而不应当是只会传达道德知识和行为规范的"诵经者"和"说教家"。

最后，专门从事道德建设是人员应能够充分认识、分析和把握本国本民族的历史和现实的道德国情尤其是现实的道德状况。由于道德及道德文明具有民族性的特征，不同的国家和民族的道德及道德文明存在明显的差别，所以道德建设具有明显的国情特点，这种情况不仅反映在道德文明史上，也反映在道德及道德文明的现实状况及发展走向上。因此，专门从事道德建设的人员，要具备实事求是、从实际出发的思想作风和工作作风，善于从本国本民族的道德国情出发来思考道德建设问题，立足于道德国情的历史和现实开展道德建设。在这个问题上，需要坚决反对官僚主义、教条主义、形式主义等不良的思想作风。

第二章　中国道德建设的基本问题

任何一个社会的道德建设客观上都需要研究和解决一些基本问题。这些基本问题主要包括：道德建设的方向即道德建设向何处推进和向何处发展的问题、道德建设的目标和任务即建立什么样的道德体系问题、道德建设的基本理论问题等。

中国是社会主义国家，在道德建设的基本问题上具有自己的特殊性，分析和阐明中国道德建设的基本问题，是一个时代性的课题。

第一节　坚持道德建设的社会主义方向

弄清道德建设的方向是推动道德发展与进步、赢得道德文明的前提条件。在一定社会里，道德建设的方向可以从两种意义上来理解：一是顺应该社会物质文明、政治文明和法制文明历史演进的客观方向及其建设活动的客观要求，二是顺应该社会道德文明自身历史演进的客观方向及其发展进步的客观要求。简言之，道德建设的方向就是指道德建设所产生的文明成果与道德及整个社会发展进步的方向相一致。

毫无疑问，中国道德建设的方向必须是社会主义的，这应当从如下几个方面来理解和把握。

一、坚持以马克思主义的基本理论和原则为指导

马克思主义及其中国化的毛泽东思想、邓小平理论和"三个代表"重要思想，是科学的世界观和社会历史观，其基本理论和原则的普遍指导意义已为中国的革命和建设的实践所证明。理解和把握中国道德建设的社会主义方向，不可离开马克思主义的指导，不可背离马克思主义的基本理论和原则。

坚持马克思主义的基本理论和原则，最重要的就是要坚持马克思主义关于经济基础与上层建筑的辩证关系的基本原理和实事求是、一切从实际出发的认识与实践相统一的思想路线。马克思在说到经济基础是特定社会的生产关系的总和，阐述经济基础对于上层建筑的决定性关系时指出："人们在自己生活的社会生产中发生一定的、必然的、不以他们的意志为转移的关系，即同他们的物质生产力的一定发展阶段相适应的生产关系。生产关系的总和构成社会的经济结构，即有法律的和政治的上层建筑竖立其上并有一定的社会意识形式与之相适应的现实基础。"[①]当代中国的经济基础是什么？诚然，中国的经济成分和经济体制已经发生了不同于计划经济年代的重大变化，人们在市场经济体制下运作的"进行生产和交换的经济关系"，与过去相比已经有了重要的不同。但是，中国社会的经济结构的公有制性质并没有发生根本性的改变，"竖立其上"的人民当家作主的政治制度和社会意识形态的主体并没有发生根本性的改变。就是说，从马克思主义的观点看来，当代中国的社会主义的性质并没有改变。我们现在建设的是"中国特色的社会主义"，"中国特色的社会主义"只是相对于过去国际上通行的一个模式的"社会主义"而言的。有些人认为，所谓"中国特色的社会主义"就是"中国特色的资本主义"，中国已经"复辟了资本主义"。这种完全背离了当代中国的国情实际的论调之所以出现，在世界观和方法论上就是因为背离了马克思主义基本理论和原则。坚持以马克

---

①《马克思恩格斯全集》第13卷,北京:人民出版社1962年版,第8页。

思主义的基本理论和原则为指导，我们在研究中国的伦理道德建设的时候就应当从建设"中国特色的社会主义"的实际需要出发，使调整和重建后的道德体系和伦理新秩序能够与社会主义制度相适应。

从坚持马克思主义世界观和社会历史观的基本原理和思想路线出发，要求社会主义道德建设的方向应当是具体的，清晰可视的。如反映在道德理论的建设中，要求道德的知识理论具备相应的社会主义的社会意识形态性质，在追求道德的真理性问题上能够体现社会主义制度的性质。反映在道德体系的建设上，要求社会主义的道德规范体系具备由其核心和基本原则所构成的价值主导方向，能够体现社会主义制度的基本特性。我国《公民道德建设实施纲要》所强调的"以为人民服务为核心，以集体主义为基本原则"的精神，正是社会主义道德规范体系的价值主导方向的生动体现。不难设想，没有这样的主导方向，中国的道德建设就失去了自己的社会主义方向。

二、坚持继承和创新中华民族优良传统道德

道德具有历史延续性的特点，人类至今的道德在许多方面仍然保持着古代乃至原始社会道德的一些文化底蕴和内涵，这就要求一定社会里的人们要充分尊重以往社会的道德文明，对以往的道德文明采取继承的态度，在继承以往道德文明的基础上通过道德建设来创新和发展自己的道德文明，因此不应当轻视甚至忽视以往社会的道德文明成果和道德建设的经验。道德又具有民族性特质，这就又要求对于以往道德文明的继承不可忽视民族性问题，在新的历史条件下通过道德建设来创新和发展新的道德文明并且要能够体现民族性特质。

道德文明作为一种特定的社会意识形态和社会规范，是通过转化为人的自律形式，以人的精神需要和精神生活方式发挥其特殊的社会作用的，这与其他"他律"性的社会规范不一样。这种转化意味着道德文明的价值实现依赖于把社会形式转化为个人形式，并以伦理思维习惯和行为习惯的

方式沉积在每个人的素质结构中，渗透在社会生活广阔海洋的每个角落。没有这种转化，也就无所谓道德文明可谈。

在这种转化过程中，道德的发生和发展始终受到两大社会因素的影响。一是社会制度的变迁。道德作为特定社会经济关系的产物具有明显的时代特征，不同的社会制度有不同的道德，这就必然导致道德在不同形态的社会有着不同的转化结果。二是民族的固守。民族，是指人们在历史中经过长期发展而形成的稳定的共同体，有狭义与广义之分。前者指某一特定的民族，后者一般用作多民族国家各民族的总称，如中华民族等。民族生存和繁衍的基本特点是固守，固守特定的自然环境，固守特定的文化传统和生活方式。从世界范围看，一个国家社会制度的更替是普遍的现象，而民族散落和文化分解的情况并不多见。民族的固守，同时意味着民族的伦理思维和道德行为习惯不只是受到特定的经济结构和政治制度的根本性制约，而且受到民族特有的区域、气候之类的生存环境的深刻影响。以我们民族为例，中华民族特殊的生存空间西起帕米尔高原，东到太平洋诸岛，北有广阔的沙漠，西南是连绵起伏的高山，形成了一种天然屏障，而中间则是大片的平原。辽阔的平原为农业生产提供了天然的条件，天然的屏障便于闭关自守。这种生存环境，在初始的意义上就决定了中华民族必定是一个农业大国，社会伦理观念必然易于形成诸如"泱泱大国""四海之内皆兄弟"乃至"中国"之类古老的伦理与政治观念。社会制度的变迁及其对道德产生的影响，是具体的，不是抽象的，总是在特定的民族中展现的。因此，民族的固守及其特有的生存环境的影响，使得道德的转化过程，实际上是由特定的社会形式转化为民族特有的精神生活需要和精神生活方式的过程。这就必然使得一个民族的道德在其社会制度的更替和推进中，必然渐渐地形成特有的民族品格、民族精神和特有的民族传统。自古以来，世界上找不出一种可以脱离特有的民族品格、民族精神和民族传统的抽象的道德，因此，当我们说到道德的时候，实际上同时是在说哪个民族的道德。诚然，道德具有全人类性，由此而形成一些具有"全人类因素"的"共同道德"，在当代一些学人的术语中即所谓"普世伦理"和

"底线道德"。但是，当"普世伦理"和"底线道德"存在于特定的民族的时候，又总是带有民族的特性，实际上成为民族性的"普世伦理"和"底线道德"。就是说，道德的全人类性只具有相对的意义，将其绝对化甚至以此来否认道德的民族性特征是不正确的。这是道德存在和发展的特殊规律。

由于历史的局限性，一个民族的伦理文化和道德传统从来都是文明与愚昧、先进与落后、优良与腐朽的因素混杂在一起。民族道德的发展进步历来是在文明、先进和优良的道德因素不断得到继承和发扬光大，愚昧、落后和腐朽的道德因素不断得到批评和舍弃的过程中实现的，中华民族的伦理文化和道德传统及其发展进步自然也是这样。这就要求我们在对待自己民族传统道德的问题上必须采取批判、继承与创新相结合的科学方法和态度。要分析出中华民族传统道德中愚昧、落后、腐朽的东西，坚决予以摒弃。对中华民族传统道德中文明、先进与优良的美德部分则要加以继承。继承不是照搬照用、全面接受，而是要依据现实社会的客观需要进行中肯的分析，实行与时俱进的改造、丰富和发展，使传统美德具有合乎当代中国社会进步和人的全面发展的客观要求的时代精神，这就是人们常说的"扬弃"。如《公民道德建设实施纲要》提出的"爱国守法""明礼诚信""勤俭自强"等，都是继承中华民族的传统美德的具体体现，在贯彻实施过程中应当有新的理解。爱国，应当具备国际舞台的视野，既反对民族虚无主义也反对民族狭隘主义，要求人们保持正常的民族心态，培养健康文明的民族精神。"明礼"之"礼"，显然不是传统道德所涉猎的"礼"；在对待"诚信"问题上，应当既讲"诚信"也讲智慧，提高遵守社会主义道德的水平。"勤俭"，显然不应当与"新三年，旧三年，缝缝补补又三年"的传统作风混同起来，而应当与此同时鼓励合理消费；"自强"，今天也应更多作竞争理解，因而应与以邻为壑、闭关自守区分开来，与乐于合作和对外开放结合起来，如此等等。

创新，应当从两种意义上来理解。一种意义体现在对待传统美德的态度上，如上所说的对其进行的"扬弃"，本质上就是一种创新。另一意义体现在对待现实道德的态度上。现实道德，由于受到多种因素的影响，一般也是先进与落后、优良与腐朽的因素并存的，需要人们通过理性的思考加以鉴别，剔除其落后和腐朽的部分，保留其先进和优良的部分，并与经过"扬弃"的传统道德中的文明、先进和优良的因素结合起来，整合成适应现实社会道德文明发展和进步的客观需要的新道德。这一过程无疑也是一种艰辛的创新过程。

三、坚持以为人民服务和集体主义为社会道德的价值主导方向

任何社会的道德体系都有其核心和主导的部分，它从道德上体现特定社会阶级的和时代的属性。社会主义道德体系以为人民服务为核心，以集体主义为基本原则，这两者是社会主义道德体系的主导部分。中国的道德建设要坚持社会主义的方向，就必须坚持为人民服务和集体主义。

（一）为人民服务是社会主义道德体系的核心

关于为人民服务，目前人们的认识和理解还有分歧。有的人认为，社会主义中国实行人民当家作主的社会制度，现在要我为人民服务，不是把我放到了人民之外了吗？有的人认为，我就是人民中的一员，为人民服务就是为我服务。还有的人认为，领导是人民的代表，提倡为人民服务就是为领导者服务，不利于加强廉政和党风建设。总之，有些人认为，提出为人民服务的道德主张，是不合适的。这就涉及如何理解为人民服务的内涵问题。

从社会主义的本质要求看，为人民服务是社会主义国家的人民相互之间发生的道德行为。它在内涵上包含一般要求和最高要求两个基本层次。一般要求，面向全体人民群众，是社会主义国家每个人都应当遵循的思想道德准则，一般民众也是能够做到的。最高要求，强调的是全心全意为人民服务，是对广大共产党员和国家公务员提出的道德要求。

为人民服务，生动地体现了马克思主义唯物史观的基本观点。在马克思主义看来，人民群众是社会的物质财富和精神财富的真正创造者，在社会发生变革时期又充当着变革的决定力量，因此人民群众是创造历史的主体和推动历史发展的真正动力。马克思主义并不否认杰出的个人在历史发展过程中的重要贡献，但更重视人民群众在历史发展中的决定作用。对于这个客观真理，历史上的一些思想家和明智君王并非一无所知。如《孟子》所阐发的"民为贵，社稷次之，君为轻"的"民贵君轻"思想，"得天下有道：得其民，斯得天下矣。得其民有道：得其心，斯得民矣"的"得民心者得天下"思想，①《荀子》所阐发的"水则载舟，水则覆舟"的思想，都是这方面的典型反映。唐太宗的"贞观之治"之所以在中国古代史上独领风骚，不能不说与对这个客观真理的某种领悟有关。实际上，在阶级对立的社会里，统治者对民心向背维系社稷的道理一般是给予重视的，他们总是要打着"为民"的旗号，并且在一定程度上能够做出一些"为民"的有益事情。但是，阶级本质决定了他们与广大人民群众之间在利益关系上是对立的，他们不仅不可能真正做到"为民"，而且为了维护他们本阶级的特殊利益还必然会剥夺人民群众的利益，经常干出"害民"的勾当。因此，在伦理道德上，以往的统治者是不可能提出真正的为人民服务的思想的。

为人民服务是由社会主义制度的性质决定的。人类有史以来，社会主义既是最为先进的社会制度，也是最为先进的思想理论体系，一切为了人民的利益是社会主义制度的本质要求。在社会主义制度下，广大人民群众在政治上是国家的主人，在生产活动和社会生活的广阔领域，每个人都是服务的对象，同时也都是服务的主体。因此，从本质上看，在社会主义制度下，为人民服务实际上是全体社会成员的自我服务、相互服务。这与阶级对立社会里的情况是根本不同的。主张把人民的利益放在第一位，忧人民之所忧，求人民之所求，乐人民之所乐，同人民群众同呼吸共命运。我们要坚持走社会主义道路，就要坚持为人民服务。

①《孟子·离娄上》。

全心全意为人民服务是由中国共产党的性质和宗旨决定的。中国共产党是无产阶级政党，惟有共产党能够最彻底地代表最广大人民群众的根本利益，真正做到全心全意为人民服务，除了人民的利益，党没有一己私利。这一政党性质，一开始便被明确地写进了党的章程。在中国共产党领导广大人民群众求翻身解放的革命战争年代，无数共产党员和革命先驱，英勇奋战、前仆后继，不怕流血牺牲，不是为了别的，正是为了人民的利益。全心全意为人民服务，成为一切共产党员和革命先驱者所有行动的出发点与奋斗目标。毛泽东在《为人民服务》专论中明确地指出："我们共产党和共产党所领导的八路军、新四军是革命的队伍，我们这个队伍完全是为着解放人民的，是彻底地为人民的利益工作的。"①同样的思想，毛泽东在《中国革命战争的战略问题》《纪念白求恩》《论联合政府》等著名篇章中，也多次作了充分的阐释。新中国成立后，在社会主义革命和社会主义建设事业中，中国共产党作为执政党坚持和发扬了自己在战争年代形成的全心全意为人民服务的革命传统道德。党始终把人民的利益放在第一位，不仅要求广大共产党员以大公无私、公而忘私的精神投身到社会主义革命与建设的伟大事业中，而且要求他们能够自觉做到为了人民的利益坚持真理，为了人民的利益改正错误。建国初期，严惩刘青山、张子善，十年"文革"动乱结束后的解放思想、拨乱反正，都充分地证明了这一点。党因此而得到全国人民的衷心拥护和爱戴。在改革开放和发展社会主义市场经济的新的历史条件下，一些共产党员经不住物质利益的诱惑，放松了对自己的要求，不能正确地看待自己与人民群众之间的利益关系，丢掉了全心全意为人民服务的光荣传统，有的甚至沦为新的腐败变质分子，但从整体情况看，党的组织仍然不失之由为人民服务的无产阶级先进分子所组成的性质。党对自己队伍中的颓废消极和腐化堕落分子，从不姑息，而是给予批评教育或坚决清除。这种革新精神，正表明党始终把人民的根本利益放在第一位。因此，改革开放以来，党依然得到全国人民的充分信任和衷心拥戴。在党的正确领导之下，全国人民正满怀信心地为振兴中华、把

①《毛泽东选集》第3卷，北京：人民出版社1991年版，第1004页。

祖国建设成为强大的社会主义现代化国家而奋斗。

为人民服务，是一个含义完整、内在结构严密的道德范畴。"为人民"说的是出发点和目标，也就是毛泽东在《论联合政府》中所指出的，全心全意地为人民服务，一刻也不脱离群众；一切从人民的利益出发，而不是从个人或小集团的利益出发。而"服务"则是实际的行动，这是关键。在为人民服务的问题上，仅有"为人民"的良好愿望和明确的目标是不够的，还必须同时要有实际的行动。在伦理道德上，一个人的"服务"就是以实际行动履行对于人民的特殊的道德义务和责任。具体说来，担任国家和社会管理职责的公务人员要发扬民主、"为政以德"、廉洁奉公，从事各行各业的生产与经营人员要立足于人民的需求、忠于职守、遵循职业道德，在校学生则要努力学习、立志成才，如此等等。总之，为人民服务，就是要从人民的利益出发，做好人民要求做好的事情。从这点看，作为社会主义道德建设的核心要求的为人民服务思想，也是无产阶级和广大劳动人民的人生观和价值观，与我们党一贯倡导的群众观念和群众路线是完全一致的。

（二）集体主义是社会主义道德体系的基本原则

中国改革开放和发展社会主义市场经济以来，一直坚持集体主义的道德基本原则，用这一体现社会主义道德发展和进步方向的道德精神教育人民群众，建设社会道德生活新秩序，同时也一直接受着各种挑战。20世纪80年代初，有人就在刊物上发表"人的本质是自私的""人人都是主观为自己，客观为他人"的观点，主张实行个人主义的合理性，第一次向为人民服务和集体主义发起公开的挑战。其典型反映就是80年代出现的"为个人主义正名"的问题，以及90年代出现的关于以个人主义代替集体主义的公开主张。进入90年代后期，主张以个人主义代替核心要求和道德基本原则的文论时而可见。有篇文章说中国人存在着"对个人主义理解和认识上的偏差"，个人主义是推动社会进步和人的发展的真正动力，中国之所以长期落后是因为"个人主义在中国历史上从未占据过一席之地"，

"正是由于缺少民主传统与市场经济发展的基础——个人主义，才导致我国在近代西方文明复兴、整个西方世界发生历史性变革之时闭关自守、墨守成规、徘徊不前，远远落在西方工业社会之后。"中国人要想与落后和愚昧彻底决裂，只有放弃集体主义，因为"集体主义被少数人或少数个人的利益集团所利用，在冠冕堂皇的旗帜下成为消灭个人主义的致命武器"。①应当看到，在道德理论建设问题上，这些意见忽视了道德原则的根本特性，因而是极其错误的。

个人主义在自由放任的资本主义经济关系上找到自己存在的历史和逻辑根据。它作为一种理论化了的道德原则，在资本主义取代封建主义的历史演变过程中曾是一种极为重要的道德进步力量，在当时代体现了人类社会道德进步的前进方向，但就其本性看与社会整体的稳定和发展的需要是背道而驰的。在道德建设问题上，资本主义社会一直处于这样的悖论中：一方面不得不承认和高扬个人主义，另一方面又不得不同个人主义自身存在的缺陷及其所造成的危害作斗争。西方近现代伦理思想发展史有一条清晰的"限制"和"修正"个人主义的线索。从由霍布斯鼓吹的"人对人是狼"的极端个人主义历经密尔等人主张的"最大多数人的最大幸福"的功利主义，到以爱尔维修、费尔巴哈等人提出的合理利己主义的演变过程，我们可以清楚地看出，资本主义社会一直没有放弃"改造"和"完善"个人主义的努力。从当代西方一些人文学者所发出的"个人主义可能已经变异为癌症"，"无论是对个人而言还是对社会而言，我们面临的一些最深层的问题，也同我们的个人主义息息相关"的警告，现代西方的正义论从瓦尔策的社群主义到米勒提出的需要、应得和平等的正义三原则②，我们甚至可以看到，现代资本主义要向个人主义"开火"了。资本主义维护自己基本的道德文明的手段并不是个人主义，而是宗教和法制——把人们的灵魂交给上帝，把人们的行为交给法制，这是他们的基本做法，也是他们的基本经验。

---

① 见《人文杂志》1999年第3期《个人主义论辩》一文。

② 参见[英]戴维·米勒：《社会正义原则》，应奇译.南京:江苏人民出版社2001年版。

个人主义不符合中国的道德国情。中国在坚持集体主义的社会主义道德建设中，一刻也不可放松同主张实行个人主义的错误观点展开理论上的论争。

社会主义的道德规范体系要以集体主义为基本原则。集体主义最早是由马克思和恩格斯揭示出来的。马克思和恩格斯在《神圣家族》中说："既然正确理解的利益是整个道德的基础，那就必须使个别人的私人利益符合于全人类的利益。"①这是集体主义含义的最早表达形式。后来，马克思和恩格斯在《德意志意识形态》中，在分析工人阶级解放条件时又指出："只有在集体中，个人才能获得全面发展其才能的手段，也就是说，只有在集体中才可能有个人自由。"②列宁在谈到集体主义的思想的时候，曾这样说过："我们将双手不停地工作几年以至几十年，我们要努力消灭'人人为自己，上帝为大家'这个可诅咒的常规……我们要努力把'人人为我，我为人人'……的原则灌输到群众的思想中去，变成他们的习惯，变成他们的生活常规。"③

第一次明确提出"集体主义"这一概念的人是斯大林。1934年，他在同英国作家威尔斯谈话中对集体主义作了这样的阐述："个人和集体之间、个人利益和集体利益之间没有而且也不应当有不可调和的对立。不应当有这种对立，是因为集体主义、社会主义并不否认个人利益，而是把个人利益和集体利益结合起来。社会主义是不能撇开个人利益的。只有社会主义社会才能给这种个人利益以最充分的满足。此外，社会主义社会是保护个人利益的唯一可靠的保证。"④

毛泽东在民主革命和社会主义建设时期，用不同的方式阐发过他关于集体主义的思想。在《中国农村社会主义高潮》的按语中说"提倡以集体利益和个人利益相结合的原则为一切言论行动的标准的社会主义精神"来教育群众的问题，在《论十大关系》中又说"必须兼顾国家、集体和个人

①《马克思恩格斯全集》第2卷,北京:人民出版社1957年版,第167页。
②《马克思恩格斯全集》第3卷,北京:人民出版社1960年版,第84页。
③《列宁全集》第31卷,北京:人民出版社1958年版,第104页。
④《斯大林选集》下卷,北京:人民出版社1979年版,第354–355页。

三个方面"的利益。1954年，刘少奇在《关于中华人民共和国宪法草案的报告》中，具体地阐述了集体主义的内容：我们的国家是充分地关心和照顾个人利益的，我们国家和社会的公共利益不能抛开个人的利益；不能离开个人的利益；我们的国家充分保障国家和社会的公共利益，这种公共利益正是满足人民群众的个人利益的基础。党的十一届三中全会以后中国进入改革开放和社会主义现代化建设的历史新时期，邓小平在新的形势下经常讲到要把国家的建设、社会的发展和不断提高人民群众日益增长的物质文化生活水平结合起来，妥善地处理好各种复杂的利益关系。

社会主义的集体主义道德原则认为，个人利益与集体利益在根本上是一致的，在正常情况下应当将两者结合起来，在两种利益发生矛盾而又暂时不能解决的情况下要求个人利益服从集体利益，为集体利益作出必要的牺牲。

在科学的意义上，社会主义的集体主义的基本点是强调个人与社会集体之间在利益关系上的根本一致性，强调在一般情况下要努力使个人利益与社会集体利益结合起来，实现共同发展。这可以看成是集体主义的常态要求。就是说，集体主义并不一般地反对个人利益、个人价值和个人追求。在这个前提之下，集体主义也是主张个人牺牲的，当个人利益与社会集体利益发生矛盾而又暂时不能解决的情况下，它为了维护大多数人的利益，为了社会和集体的发展，要求个人服从社会和集体的需要。不难看出，这样来理解和把握集体主义，就既与漠视个人正当利益和需要的封建整体主义的道德原则区分开来，也与资产阶级所鼓吹的个人主义的道德原则划清了界线。集体主义是人类有史以来最为科学合理的道德原则。

（三）坚持为人民服务和集体主义，需要克服思想认识上的偏见

现在，社会上有些人持这样一种观点：我们正在大力推进市场经济，市场经济本质上是一种"为自己"的经济，在这样的历史条件下提倡为人民服务是不合时宜的，提倡全心全意为人民服务更为"荒谬"。这种看法

是极其错误的。从"为谁"服务即经济活动主体的人生目的的意义上看，市场经济活动的主体究竟是"为自己"还是"为人民"，本来就不可以一概而论，有的是为自己，有的是为了人民的利益和社会的繁荣进步。而就市场经济活动的实际过程看，市场经济活动的主体则必须立足于服务，体现为服务，充分发挥市场经济的服务功能。从表面看，市场经济是为市场需要而生产和经营的经济，是"赚钱"的经济，只听命于价值规律那只"看不见的手"。但是，从实质看，在根本上影响和制约市场需要的是消费者，所谓"看不见的手"其实就是消费者的"手"。而消费者对市场经济的影响、制约和指挥，是通过产品的量与质展示出来的，这决定着企业生产和经营的状况，决定着市场经济的命运。就是说，从实质上看，市场经济的整个运作过程都要围绕消费者"转"，而不能围绕生产经营者自己"转"，所谓立足于市场就是立足于服务，所谓竞争就是关于服务得好与坏的竞赛，这就决定了市场经济本质上是一种服务经济。而在我国社会主义制度下，消费者不是别的，正是广大的劳动人民群众。因此，发展市场经济与提倡为人民服务不仅不是矛盾的，而且是根本一致的。把发展市场经济与为人民服务对立起来的观点，实际上是一种惟利是图的资本主义市场经济的观点。我们正在建设的是社会主义市场经济，社会主义为市场经济提供了充分展现自己固有的服务本性的最佳的社会制度条件。在社会主义市场经济的历史条件下，坚持提倡为人民服务的思想，将为人民服务作为社会主义道德体系的核心，努力搞好社会主义道德建设，也是市场经济本身得以繁荣的极为重要的客观要求。

在社会主义制度下，要坚持集体主义就必须反对个人主义，这是在弘扬社会主义道德的过程中必须始终给予高度重视的一个重大的理论和实践问题。在这个问题上，我们一方面要在科学的意义上坚持贯彻集体主义的道德原则，引导人们自觉地发扬集体主义精神，同各种个人主义的思想和行为作不懈的斗争。另一方面，在反对个人主义的斗争中，也要注意科学性的问题。反对个人主义不是不要个人正当的利益，不要个人正当的追求。个人主义与个人正当的利益和人生追求不是一回事，一个人在获取个人利益和追求个人价值的时候，是否与个人主义有联系，关键是要看其手段和方式是否正当，是通过自己的努力还是采用损人利己、损公肥私的行为。因此，在认识上，要区分个人主义与正当的个人利益和个人需求的界线，既要坚持反对个人主义，又应尊重个人正当的利益和需要，鼓励人们通过诚实劳动而发家致富，通过刻苦学习而努力成才。只有这样，才能真正达到坚持集体主义、反对个人主义的目的。

第二节　明确道德建设的目标和任务

党的十四届六中全会通过的《中共中央关于加强社会主义精神文明建设若干重要问题的决议》指出："在改革开放和现代化建设的整个过程中，思想道德建设的基本任务是：坚持爱国主义、集体主义、社会主义教育，加强社会公德、职业道德、家庭美德建设，引导人们树立建设有中国特色社会主义的共同理想和正确的世界观、人生观、价值观。"2001年10月中共中央颁发的《公民道德建设实施纲要》指出："在新世纪全面建设小康社会，加快改革开放和现代化建设步伐，顺利实现第三步战略目标，必须在加强社会主义法制建设、依法治国的同时，切实加强社会主义道德建设、以德治国，把法制建设与道德建设、依法治国与以德治国紧密结合起来，通过公民道德建设的不断深化和拓展，逐步形成与发展社会主义市场经济相适应的社会主义道德体系。"党的十六大报告在强调切实加强思想道德建设时指出："依法治国和以德治国相辅相成。要建立与社会主义市场经济相适应、与社会主义法律规范相协调、与中华民族传统美德相承接的社会主义思想道德体系。"这些重要的历史性文献所阐明的就是中国社会主义道德建设的总体目标和任务。

改革开放和发展社会主义市场经济20多年来，中国的学者们一直在探讨建立社会主义道德体系的问题，由中共中央颁发的《公民道德建设实施纲要》实际上是对这一探讨工程的历史性总结。《实施纲要》的颁布，是我国社会主义思想道德和精神文明建设方面的一件极为重要的大事情，因为中国共产党成立以来还是第一次从公民作为主体的角度直接抓思想道德建设；也是人类文明发展史上一件史无前例的大事情，因为世界上至今还没有一个执政党领导过公民道德建设。它反映了广大人民群众的迫切愿望，反映了中国改革开放和发展社会主义市场经济的客观需要。

我国社会主义道德体系是什么？完整的表达应当是：以为人民服务为核心、以集体主义为原则、以"五爱"即爱祖国、爱人民、爱劳动、爱科学、爱社会主义为基本要求，在全体公民中倡导爱国守法、明礼诚信、团结友善、勤俭自强、敬业奉献的基本规范，在社会公德中倡导文明礼貌、助人为乐、爱护公物、保护环境、遵纪守法的基本规范，在职业道德中倡导爱岗敬业、诚实守信、办事公道、服务群众、奉献社会的基本规范，在家庭美德中倡导尊老爱幼、男女平等、夫妻和睦、勤俭持家、邻里团结的基本规范。

根据党的十六大报告的精神，社会主义思想道德体系应当具备如下三个方面的基本特征。

一、与社会主义市场经济相适应

这是由道德与经济的客观关系决定的。道德作为特殊的社会意识形态根源于一定社会的经济关系，同时又为一定社会的经济关系服务，所以一定社会的道德必须要与产生它的经济关系相适应。所谓相适应，一方面是从发生的意义上说的，即一定的道德要建立在一定的经济关系基础之上，能够从一定的经济关系得到说明其存在的逻辑根据。另一方面是从发展的意义上说的，即一定的道德要能够为一定的经济的发展乃至整个社会的文明进步提供服务，充分展示其社会作用。

在理解相适应的问题上，人们时常会出现两种认识上的偏差。一种是把相适应当成"相一致"，另一种是把相适应当成了"相随同"。

相适应不能被理解为"相一致"。这是由市场经济的本性决定的。市场经济崇尚利益本位、效率优先和个性自由，在市场经济环境中人们的个性可以获得最大的张扬，这是市场经济优于其他经济体制的原因所在，也是市场经济的缺陷所在。因此市场经济对自身的发展和社会的全面进步的影响是两重的，既可以高扬人的主体精神，促进经济繁荣，促使新道德的生长，也可能诱发、激活"人性的弱点"，导致人的主体精神的失落，使人服从于金钱，做金钱的奴隶，致使拜金主义和利己主义泛滥，最终阻碍经济的发展。实践证明，社会主义市场经济也是这样。社会主义思想道德体系要与社会主义市场经济相适应，应被理解为：相对于传统道德来说，社会主义的思想道德体系应当包含尊重人的正当权益、尊严、积极性和创造性，崇尚公平和正义等新的道德观念和标准，与时俱进地为市场经济的长足发展营造适宜的社会舆论环境，通过教育和培养提升人的道德素养，为市场经济的发展提供适宜的人力资源；同时，要具有遏制和约束市场经济负面作用的价值蕴涵和功能，通过切实加强道德教育、厉行道德评价和提倡道德修养等途径促使"经济人"与"道德人"实现统一。如果在"相一致"的意义上理解相适应，那就等于同时肯定了市场经济的负面影响的合理性，忽视社会主义思想道德体系对社会主义市场经济的约束和指导作用，迷失社会主义道德建设的方向。

正因如此，也不能将相适应理解为"相随同"。实行改革开放特别是大力推动社会主义市场经济以来，中国理论界一直有人用"经济主义"的思维方式理解以经济建设为中心的建国方针，以为经济建设搞好了，一切就搞好了，因此认为以经济建设为中心就要一切跟着经济建设走，"随同"经济建设的发展而发展，这种认识是片面的。中国共产党第十一届三中全会确立了以经济建设为中心的发展战略，这个战略重心的转移开辟了一个新的历史纪元，加速了中华民族走向振兴和富强的历史步伐，中国的国际地位和影响也因此得到空前的提高。但须知，实践证明，以经济建设为中心，不能以经济建设为龙头，更不能以经济建设替代其他方面的建设。20多年来经济的快速发展与党和国家执行正确的方针路线与政策、高举邓小平理论的伟大旗帜和广泛深入地学习与贯彻"三个代表"的重要思想、坚定地维护国家的安宁和社会的稳定、实施依法治国及依法治国与以德治国相结合、在"两个文明一起抓"和"两手都要硬"的思想指导下坚持不懈地加强思想道德和精神文明建设，是密切相关的。政治文明和法制文明建设始终是经济建设的根本保障，道德和精神文明建设在以经济建设为中心的环境中始终起着引领和导向的作用。

德国学者P·科斯洛夫斯基曾借用亚当·斯密的视野，提醒市场经济条件下的人们应当"谨防"得出"经济主义的错误结论"："即相信，一种在经济上高效率的系统就已经是一个好的或有道德的社会了，而经济就是社会的全部内容。"①这种警告虽然是出于对资本主义市场经济及社会发展的经验总结，但就社会发展的客观规律来说，却是具有普遍的启发意义的。

二、与社会主义法律规范相协调

这是由道德与法律之间存在必然的逻辑联系决定的。道德与法律之间是否存在必然的逻辑联系，是道德与法律的关系的核心问题。在伦理学领域，中西方对这一关系都作肯定性的回答，而在法学领域情况则不一样。西方法学影响最大的自然法学和实证法学正是由于对此种关系的不同回答而形成彼此对立的法学理论。自然法学派主张道德是法律存在的逻辑依据，也是立法和司法的评价标准。自斯多葛以来，自然法学尽管内容和形式都发生了很大的变化，但坚持法律应以道德为基础的核心观点则一以贯之。而当代自然法学派，更是把自己的理论直接建立在道德的基础之上，有的学者甚至公开称法律具有"外在道德"和"内在道德"的特性，认为法律必须符合社会的道德追求和理想，道德必须作为评价法律和官员尤其是司法官吏善恶的标准。与此相反，实证法学主张道德与法律分离，否认两者之间内在的逻辑联系，鼓吹所谓"纯粹法学"，有的学者虽然并不否

---

① [德]P.科斯洛夫斯基:《资本主义的伦理学》,王彤译.北京:中国社会科学出版社1996年版,第2页。

认道德与法律之间存在联系的现象，但却又认为这"不是一个必然的真理"①。中国法学界与西方大致相同，但主流性看法是充分肯定道德与法律之间的内在逻辑联系的，不存在西方社会那样的各派似乎势均力敌、纷争对垒的情况。

不管法学界如何争论道德与法律之间究竟存在什么样的联系，人类社会文明发展至今的历史证明，法律不是凭空制定和实行的，体现和维护着社会的基本道义，保障文明道德和惩治不文明道德，是它存在的基本依据，也是它存在的历史使命。

从社会调控看，道德与法律是社会调控系统中两大基本的规范体系，两者虽然规范形式不同，实施过程中的调控机制不同，但在内在特性上却是一致的。

首先，道德规范与法律规范在社会根源上是一致的。马克思主义认为，经济基础决定上层建筑和意识形态，上层建筑和意识形态对经济基础具有反作用，道德规范与法律规范都根源于一定社会的经济关系，并对经济基础具有反作用。在原始社会，调节社会生产和社会生活的道德规则的主要形式是风俗习惯，通常与宗教禁忌混杂在一起。那时的道德规范由于特别的严格，因而同时又具有某种"法"的性质。后来，人类进入阶级社会，阶级对立和对抗的利益格局一方面使得道德规范逐渐与原始宗教禁忌脱离，另一方面使其"法"的性质凸显起来，迅速同奴隶制和封建制的专制政治和刑法规范联姻并相互包容与渗透，上升为国家治理和社会管理的手段，形成所谓"政治化的道德""法律（刑法）化的道德"或"道德化的政治""道德化的法律（刑法）"。在中国，这种演变和发展的产物就是起步于西周而形成于西汉时期的"纲常伦理"及其治理国家、管理社会的基本方略——"明德慎罚""德主刑辅"。

其次，道德规范与法律规范在价值取向上是一致的，都是为了维护社会正义，直接引导和规约人们扬善避恶。正因如此，道德规范与法律规范具有质的同一性。一般说，法律规范给予确认或禁止的，道德规范就认为

---

① 参见曹刚：《法律的道德批判》，南昌：江西人民出版社2001年版，第9—11页。

是善或恶的，就应该加以提倡或反对，不存在相互矛盾的现象，反之亦然。中国改革开放20多年来，为保障经济和社会的健康发展以及道德与精神文明建设，加强了法制建设，初步形成了社会主义的法律规范体系，但是，目前仍然存在一些不应有的法律规范与道德相脱节的情况。2001年6月26日，辽宁省本溪市平山小学学生金某在上学的路上拾得一只塑料袋，内有一张2.3万元美金的存单、两个身份证和另一张1000元的人民币存折，折合人民币近20万元，其中5000元美金已经到期，凭一张身份证则可提取。金某立即随着母亲将失物送到派出所，希望失主在领回失物时送她一面锦旗，将她表扬一下。然而失主安某某在领取失物时却态度冷淡，说："我不会送锦旗，而且一分钱也不会花。她拾到钱就应该还给我，如果她不还给我就是违法，我可以告她。"金某母亲告诉记者："我们归还失物并不是为了要得到报酬。我曾向我的女儿许诺，等人家拿到失物时，一定会送一面大锦旗给你，到时你一定会得到学校和老师的表扬，同学们都会夸你的。现在，每天女儿都在问我锦旗在哪里，这次的拾金不昧给孩子留下什么印象呢？对她以后会有什么影响呢？我真的不知道。"[①]这个案例中失主所说的话是合理合法的，似乎挑不出任何毛病，但给人们的感觉不好，它所反映的就是法律规范和道德规范相脱节的情况，像这种情况目前并不鲜见。但是，这不能说明法律规范与道德规范的关系的本来面貌，而恰恰说明我们在促使法律规范与道德规范"相协调"的问题上，还面临着不少需要认真研究和加以解决的课题。

最后，从现代社会对人的综合素质要求看，守德意识与守法意识是人才素质结构的基本要素。两者之间，守德意识是守法意识的基础，守法意识是守德意识形成的保障条件。关于道德与法律的认知、情感、意志和遵从精神，是每个成熟的社会成员的"社会意识"中的主要成分和主导方面。在金钱、美色、地位面前，人人都会有"利己"的欲望和动机，都可能会有"趋利避害"的行为倾向，并会付诸实际行动，这是人之常情。但事实证明，大多数人都会自觉地用"是否应当""是否正当"的道德和法

---

① 参见《辽宁日报》2001年8月8日。

律标准引导和规约自己，原因就在于作为成熟的社会成员都相应具有关于道德和法律的"社会意识"。试想一下，一个人如果头脑里没有这种"社会意识"，他与禽兽有何差别呢？如果一个社会人们普遍没有形成这种"社会意识"，那么这个社会不是"人欲横流"了吗？而就人们头脑里的道德的"社会意识"和法律的"社会意识"这两者的关系看，也是不可脱节的。只有道德的"社会意识"的人可能会成为"法盲"，只有法律的"社会意识"的人难免会成为"缺德鬼"，最终会失去法律的"社会意识"。

在当代中国的社会主义道德建设中，要将道德规范与法律规范协调起来，最重要的是必须运用马克思主义历史唯物论的基本观点，在历史与逻辑相统一的平台上揭示道德与法律同社会主义市场经济活动之间的内在联系。市场经济以市场主体对生产要素的占有和投入之间的平等地位、机会均等、公平交换和分配为基本的运行法则，社会主义市场经济自然也是这样。这一内在要求作为观念形式反映在我国法律上便要求市场经济必须成为社会主义的法制经济，遵循社会主义的公平和正义。这一法则的要义和实质，要求市场经济主体相互之间及其与消费者之间在权利与义务关系上必须维护和创设合理性的平衡关系，做到"价"与"货"相联系，也就是人们平常所说的要使"价实"与"货真"相一致，"产品（商品）"与"人品"相统一。这一内在要求作为观念形式反映在我国道德上便要求市场经济成为道德经济，遵循诚信原则。诚实守信原则应当体现在两个方面：一是体现在市场经济主体相互之间，要求在资源分配和市场占有两个方面崇尚正义，实行公平竞争；二是体现在市场经济主体与消费主体之间，同样要求市场经济主体崇尚正义，实行公平交易。由此可见，在市场经济活动中，法律上的公平原则与道德上的诚信原则是相通的。法律上讲公平，道德上讲诚信，就会使市场经济既是法制经济也是道德经济，经济活动的主体既是"经济人"也是"守法人"，既是"经济人"也是"道德人"，做到"守法"与"守德"相统一，市场经济才会在健康有序的轨道上运行和发展。就目前我国社会的实际情况看，市场经济和社会生活中出现的"道德失范"问题，多与失之法律上的公平与道德上的诚信同时有关。所以，党的十六大报告强调指出，社会主义的思想道德建设要"以诚实守信为重点"。

三、与中华民族传统美德相承接

承接中华民族传统美德，使中华民族传统美德成为社会主义道德体系的有机组成部分，是当代中国道德建设的重要目标之一。由于历史条件的局限，中华民族传统道德多是以双重结构的方式而存续的[①]，其优良部分即美德部分完全可以通过"扬弃"和创新而为今日所用，发挥其在加强社会主义道德建设、培育民族精神中的重要作用。

第一，承接爱国主义的传统美德。中华民族有着重视国家和民族整体利益的优良传统，这一传统的最高形式就是爱国主义精神。世界上各个国家和民族，历来都将重视国家和民族整体利益的爱国主义精神称为"大德"。中国西汉初年的贾谊在《治安策》中说的"国而忘家，公而忘私"，后来北宋的范仲淹在《岳阳楼记》中说的"先天下之忧而忧，后天下之乐而乐"，南宋的文天祥说的"人生自古谁无死，留取丹心照汗青"等等，所表达的都是这种"大德"思想。在中华民族的发展史上，为了国家和民族整体的利益公而忘私、舍生忘死的英雄人物不胜枚举，他们可歌可泣的事迹谱写了中华民族爱国主义精神的壮丽篇章。中国历史上的爱国主义通常与抵御外来侵略相关联，每当民族面临外敌入侵，我们民族便能够很快地团结起来，众志成城，一致对外。这样的爱国主义有两种基本形态，一是"忠君报国"的爱国主义，二是"保家卫国"的爱国主义。前者多为封建统治者及其士大夫倡导和身体力行的，与"朕即国家"的封建专制制度直接相联系，历史上的民族英雄岳飞、杨家将等大多是在践履这样的爱国主义实践中涌现的。后者，多为广大劳动人民群众倡导和奋勇而为的，他们认为家与国是紧密联系在一起的，国破则家亡，像三元里人民抗击外敌入侵的斗争、义和团运动等，都属于这种爱国主义精神的生动体现。

---

① 参见钱广荣：《中国道德国情论纲》有关部分，合肥：安徽人民出版社2002年版。

概观之，中国历史上的爱国主义，多局限于国家和民族内部的范围，都是在"卫国"的意义上表现出来的。新中国成立后，我们曾经在"莫忘国耻""保卫祖国"和"建设祖国"的层面上来理解爱国主义，内涵虽然有所更新，但视野基本上还是局限在国家和民族的范围之内。中华民族是爱好和平的民族，历史上从未走出国门去攻占和掳掠别个民族，今天承接爱国主义传统美德自然要保持和发扬这种可贵精神。但是，同时也应当看到，为适应经济全球化和中国加入世界贸易组织、登上国际竞争大舞台的新形势，需要丰富和发展传统的爱国主义。我们既要反对民族狭隘主义、民族扩张主义，也要反对民族虚无主义，反对盲目地提倡做所谓的"世界公民"。要确立国家和民族利益高于一切的爱国理念和价值观，在此前提下在全民族倡导树立正确的民族心态。我们需要把"建设祖国"的视野放到国际舞台上，学会参与国际竞争，在国际竞争中为本民族争取正当的利益和发展，实现中华民族的振兴和富强，如此，我们所承接的爱国主义传统美德才具有现代价值。

第二，承接推崇人际和谐、注重团结友善的传统美德。中华民族是推崇人际和谐的仁爱原则、注重善待他人、讲究内部团结的民族。强调人们相互之间应和睦相处、相亲相爱，当与别人发生矛盾和冲突的时候，要以"恕道"待人，礼让三分，化干戈为玉帛，息事宁人；倡导与人相处要多替别人着想，同情人，敬重人，关心人，帮助人，待人以诚，施人以惠。这与长期受到儒家伦理文化的教育和影响密切相关。孔子所说的"己所不欲，勿施于人""己欲立而立人，己欲达而达人""君子成人之美，不成人之恶"，都是这类思想的精髓。中华民族的历史发展证明，这种重视人际和谐、强调人际友善和团结的道德价值观，对于满足人的精神生活需要，维护社会的稳定和发展具有极为重要的积极作用。在今天发展社会主义市场经济的历史条件下，仍然不失为做人做事的行动准则。市场经济容易造成同行结怨、以邻为壑的情况，"把人情弄薄"，致使人际关系不和谐，甚至充满"火药味"，最终反过来会制约市场经济自身的发展。因此，承接中华民族这种传统美德也是社会主义道德体系的一种必然选择。

第三，承接以诚信为立身处世之本的传统美德。中华民族是一个以诚信为立身处世之本的民族。"诚"的核心思想包含两个方面的内容，一是"一"，指的是"诚"的实际状态，即独立于人的外部世界的一种本原性的实在或规律。在中国古人看来，人之外的事物尽管多种多样、千姿百态，却存在一样可以用"一"来概括的共同的东西，如《说苑·反质》说："夫诚者，一也。"《礼记·中庸》说："诚者，一也。"在这里，"诚"即"真"和"实"，如《增韵·清韵》曰："诚，无伪也，真也，实也。"二是"至诚"，指的是认识和把握"诚"的方法和态度，属于认识论范畴。古人认为，"诚"是可知的，"知诚"应"至诚"，这样才能达到合乎"诚"的状态，因此知"诚"应持"求真""求实"的基本方法和态度，做到"正心""诚意"，不虚妄，不虚假。《礼记·大学》说："格物，致知，诚意，正心，修身，齐家，治国，平天下。"由"格物"开始至"平天下"的最终目标，是一个由认识到实践的完整路线，其中间环节是"诚意"和"正心"，强调的是认识和实践要真心实意，做到主观与客观相统一、动机与目的相一致。在这里，"至诚"具有本体论的含义，所张扬的显然是一种认识论主张。孟子曾用"天道"与"人道"来阐发"诚"的上述两种基本含义："诚者，天之道也；思诚者，人之道也。"①"天之道"即外在的"一"，"人之道"即认识和把握"诚"的方法和态度。

历史上，"诚"与"信"是互训的，在古人的阐释中具有内在的同一性。如《说文解字》称："诚，信也，从言成声。"又说："信，诚也，从人从言。"两者的区别主要表现在："诚"的基本含义是本体论和认识论意义上的，强调人要尊重外在事物本来的样子，所思所得要合乎外在事物本来的样子，"信"的基本含义则是实践论意义上的，强调对所说的话和欲做的事要采取"守"和"用"的态度，把"说"与"做"（"用"）统一起来，也就是说话要算话，做到言行一致，言必信，行必果。正因如此，在中国人的语汇中，"诚"通常与"真""实"联用为"真诚""诚实"，"信"常与"守""用"联用为"守信""信用"。可见，"诚""信"之间，

①《孟子·离娄上》。

"诚"为本,"信"为用;"诚"主内思,"信"主外行,"内诚于心""外信于事(人)"是诚信本有的语言逻辑形式。

概言之,传统诚信的真实内涵是将人与整个外部世界看成是一个可以用"一"加以概括的统一体,人只要诚实守信就可以认识和把握外部世界,认识和把握社会与人生,继而可以修身,进而可以打通齐家、治国、平天下的目标系统,成就事业,处世立身。所以,中华民族才有相传数千年不变的"心诚则灵""无信不立"的人生格言。由此不难看出,传统诚信是一种富含哲学意蕴的智慧,用其审读社会伦理关系和道德生活则表现为一种伦理智慧和道德智慧。这是传统诚信的真精神。

从人类伦理思想发展史看,一切道德在阶级社会都被打上政治和法律的阶级烙印,正是在这种意义上,恩格斯说:"而社会直到现在还是在阶级对立中运动的,所以道德始终是阶级的道德。"[1]中国西汉中期,儒学被抬到"独尊"的地位,但专制统治者要"独尊"的其实只是先秦儒学的伦理标准而不是其哲学智慧,虽然当时代有"天人感应""天人合一"之类的烦琐追问和探讨,后时代又有"天理""天命"之类的形而上说明,目的却都是为以儒学为代表的封建专制伦理文化的"独尊"地位提供实用主义的证明。这种思维方式的转变,一方面导致包括诚信在内的儒学道德沦为政治和法律(刑法)的婢女,使得传统中国成为名副其实的诚信待人、诚信侍君的"道德大国",而其道德的社会作用却一刻也不能离开政治和法律的参与,以至在"三纲"统摄之下为政治和法律所替代,实际上是很有限的。另一方面,又使得包括诚信在内的儒学文化渐渐地被抽去了它古朴的哲学智慧内涵而被彻底伦理化、规范化了,演变成不变的道德知识和教条。在这个历史性的转变过程中,中国人渐渐地养成了只用伦理道德的标准审视和评论诚信问题,重视做教条式的"道德人"而轻视做思辨性的"道德人"的思维定式和行为习惯。这是儒家文化在中国封建社会的命运,也是传统诚信的历史命运。因此,在发展市场经济及其营造的社会环境中,承接传统诚信这种美德需要对其实行与时俱进的改造、丰富和发展,

---

①《马克思恩格斯全集》第20卷,北京:人民出版社1971年版,第103页。

将其与智慧联系起来，教育人们既乐于做诚实守信的"老实人"，也善于做明于选择的"聪明人"，这样的人格才是健全的，甚至是完美的。

第四，承接重视精神生活和道德理想的传统美德。从一定意义上说，这是中国知识分子的一种传统美德。道德本身就是一种精神生活，讲道德的人必定重视精神生活。我国的知识分子历来不仅重视精神生活，而且重视对于道德理想的追求。革命先行者孙中山也曾把这种"天下为公"的理想作为自己追求的目标，并以此要求他的追随者。《礼记·大学》开篇的"大学之道"即所谓"三纲领八条目"说："大学之道，在明明德，在亲民，在止于至善……物格而后知至，知至而后意诚，意诚而后心正，心正而后身修，身修而后家齐，家齐而后国治，国治而后天下平。"这是一种系统化了的社会道德理想。另外，像对"明君明臣""太平盛世"的赞誉，也反映了我国古代知识分子所期望实现的道德理想。

道德理想在个人身上的表现便是理想人格。《孟子》所说的"富贵不能淫，贫贱不能移，威武不能屈"（陶行知在《孟子》的"三不能"后面又加了一句"美人不能动"），以及古人所说的"立德""立言""立功"的所谓"三不朽"，还有"圣人""贤人"等，都是中国古代知识分子终生向往和乐为人先的人格标准。

在今天市场经济条件下，有些人，包括一些知识分子，为逐猎个人名利而置社会道德理想和个人理想人格于不顾，有的甚至触犯法律，沦为阶下囚直至丢了性命。为纠正这种理想缺失、人格缺损的严重社会问题，承接上述的传统美德是十分必要的。

作为中国社会主义道德建设的目标，要使社会主义道德体系与社会主义市场经济相适应、与社会主义法律规范相协调、与中华民族传统美德相承接，需要科学分析和认识"相适应""相协调""相承接"三者之间的辩证关系。

总的说来，"相协调""相承接"与"相适应"是一致的，三者之中又须以"相适应"为核心。一般来说，法律是最低限度的道德，道德是最高形式的法律，这种客观的内在逻辑联系反映在道德建设上就要求道德与法律规范相协调。《孟子》所说的"徒善不足以为政，徒法不能以自行"①，其实就包含道德与法律之间存在的需要相互协调的客观关系。从历史看，凡是与当时代的经济和社会发展相适应的道德，总是与当时代的法律相协调的，原始社会的道德是与当时的宗教禁忌（"习惯法"）相协调的，专制（奴隶制和封建制）社会的道德（如我国封建社会的"三纲五常"）与其法律（刑法）是相协调的，资本主义社会的道德（个人主义、人道主义）是与资本主义的法制相协调的，只不过时代不同，协调的内容和方式有所不同罢了。社会主义是人类历史上最先进的社会制度和思想体系，在促使道德与法律相协调的问题上应当更加自觉，体现人类道德文明和法制文明发展的最高水平。从时间向度看，道德是一种历史过程，总是要以传统习惯的方式展示其历史价值，发挥其对现实社会的生产和生活的各种影响，由此而在历史发展的长河中形成相应的道德传统。中华民族的传统美德不仅是炎黄子孙共同的宝贵的精神财富，也是人类道德文明史上共同的精神财富，其尊重整体利益的民族整体意识和爱国主义精神、推崇人际和谐的仁爱原则、重视精神生活和道德理想、注重人格的修身觉悟等，在今天仍然具有普遍实用的意义。所以，承接中华民族传统美德包括革命传统道德不仅合乎道德发展和进步的自身逻辑，也是当代中国经济建设和社会发展的实际需要。这一规律性现象必然要求我们今天的社会主义思想道德体系必须与中华民族的传统美德，包括革命传统道德"相承接"。在认识上能够看到"相适应"与"相承接"是一致的，并以"相适应"为核心、为最高标准和最终目标，就能从道德建设的目标上展示当代中国以经济建设为中心和促进社会全面发展的时代主题。

第三节　建立科学的道德建设基本理论

理论是系统化了的理性认识，是人类思维活动反复和深化的结晶。正

①《孟子·离娄上》。

确的理论来源于社会实践，又反过来指导社会实践，为社会实践服务，并在社会实践中得到真理性的检验。没有正确的理论指导，任何社会实践活动都会是盲目的，不可能收到人们预期的效果。列宁在说到革命理论对于指导革命运动的意义时曾说："没有革命的理论，就不会有革命的运动。"①道德建设无疑需要一定的理论指导，道德理论建设是一切道德建设活动的基础和前提条件，如何建设具有中国特色的社会主义道德理论是中国道德建设的首要问题。

道德理论，简言之就是关于道德及道德建设的理论和知识体系。道德建设需要正确的道德理论指导，而正确的道德理论的形成本身又是道德建设的产物。道德理论的建设是道德建设的首要工程，既是道德建设的逻辑起点，也是贯穿于整个道德建设过程的灵魂。

一、中国道德理论诸形态

中国自古以来的道德理论，既有独立形态，也有相容型形态，前者一般是以伦理学的理论体系出现的，后者则涉及多个领域和学科。

（一）伦理学形态的道德理论

人类至今的道德理论，主要是以伦理学或伦理思想的形态出现的，道德理论的体系在一定意义上就是伦理学或伦理思想的体系。由于社会的经济政治结构和文化传统不同，人们的世界观和方法论不同，道德生活历来存在民族方式的差别，所以自古以来的伦理学和伦理思想存在着不同的民族特点和文化传统，在一个民族内部又存在着不同派别的纷争和体系模式。考察伦理学和伦理思想，是了解和把握道德理论的主要形态的基本方法。

中国古代没有出现作为一门独立学科形态的伦理学体系，但伦理思想十分丰富。以儒学为代表的传统伦理思想，用联系、整体的方法看社会和

---

①《列宁选集》第1卷,北京:人民出版社1972年版,第109页。

人生，强调天与人的交互作用，存在与本质的统一，不仅为中国传统道德理论提供了本体论和价值论的证明，而且也贯穿于封建国家制定道德规范、开展道德教育和道德评价以及民众实际道德生活的过程之中。中国人从西周时期开始就关注社会与人生的内在规律，"德"与"孝"及"明德慎罚"的提出就是这一探索活动的突出成果，这一富有创造性的带有根本性的道德观念不同于古希腊人对道德的理解，在初始的意义上使中国传统的道德理论具备了自己民族的智慧特质。儒家伦理思想博大精深，但却一直没有形成一门真正独立的伦理学学科。这一点与西方社会的情况不一样，西方社会早在古希腊时期就出现亚里士多德的《尼各马科伦理学》。中国伦理学的学科命名发生在清代末年。日本学者在翻译"Ethics"（道德、关于道德的学问）时，由于在日文中找不到与之相应的词来表达，便借用了汉语言文字中的"伦理"，把关于道德的学问翻译成"伦理学"。当时的我国留日学者归国后沿用了日本人的这种翻译的方法。清代末年资产阶级思想家严复在翻译赫胥黎的《进化论与道德哲学》一书时，将其翻译为《进化论与伦理学》。

新中国的伦理学研究，真正复兴是在中国共产党十一届三中全会胜利召开之后。在此后的20多年中，伦理学的发展和进步令人瞩目、盛况空前。在理论研究的指导思想上，经过拨乱反正、解放思想，实现了正本清源，恢复了马克思主义伦理学研究和社会主义、共产主义道德的本来面目。在研究机构的建设上，成立了中国伦理学学会（1982年6月，无锡），各地伦理学学会及相关的研究机构也相继成立。在研究成果见之于世的问题上，伦理学专业期刊继《道德与文明》问世（1982年，原名《伦理学与精神文明》，1985年改为现名）之后，《伦理学研究》也于2002年创刊，与此同时如《中国社会科学》《哲学研究》《哲学动态》等刊物及绝大多数高等学校的学报也辟有伦理学研究专栏。在思想理论的传播和继承上，伦理学走进了高等学校的课堂，传播了马克思主义的伦理学知识和理论，形成和培养了一大批热爱和熟悉伦理学的专门人才。在研究的深入发展的基础上，创办了一批伦理学的硕士点、博士点和博士后流动站。在党和国家的决策方面，在党的建设和国家治理方面，伦理学界的著名专家学者参与了一些重要的决策，发挥了越来越重要的作用。中国如今流行的伦理学体系，一般包含三个部分的内容，即关于道德本质问题的理论、道德规范的知识、道德教育与道德修养的知识和理论；同时也出现了颇具影响的崇尚形而上的"德性伦理"等不同的理论流派。西方伦理学自20世纪20年代后，出现了所谓"元伦理学"和"规范伦理学"理论分野，当代西方伦理学又多以价值论的形式出现，虽然各自侧重点不同，但所涉及的范围大多没有走出道德本质、规范和品德养成的窠臼，这是不正常的。

伦理学的道德理论体系，在真实内涵上是真理观和价值论的统一。真理观是价值论的前提，善的首先就应当是真的；而价值论是真理观的意义所在，真的就应当是善的或能够转化为善的。道德的价值形式是道德真理走向道德实践的中间环节。道德理论的真理观部分重在揭示道德和道德建设是什么，价值论部分主要回答道德和道德建设应当是什么和应当是怎样的。

在内容结构上，伦理学的道德理论体系应当由五个部分构成，即道德是什么、道德价值标准或行为规范是什么、道德的社会风尚、"道德人"的德性和德行和道德建设。道德理论的这五个部分，都应当充分体现伦理学的道德理论的真理与价值相统一的文化蕴涵。

（二）人生价值观形态的道德理论

人生价值的概念是从政治经济学的价值概念引申出来的，指的是个体的人生活动满足社会集体和他人及个体自身的需要的积极作用。人生价值观是关于人生价值的基本看法和态度。

人生价值反映的是客体对于主体的特定关系，属于所谓关系范畴。人的认识对象纷繁复杂，千姿百态，大体上可分为两大序列：一类是实体，另一类是关系。在关于实体对象的认识活动中，人们强调的是"客观性"，所获得的认识结果是否客观通常要经过实践、实验给予检验，这属于真理范畴。在关于关系对象的认识活动中，人们强调的是"主客观统一"，所获得的认识结果通常要放在"有用或无用""可靠或不可靠"的平台上来检验和鉴别，这属于价值范畴。人作为认识的主体，与外部现象世界构成各种各样的认识关系，其认识活动一般都同时存在真理认识和价值认识的性质，当真理问题被人们放到"有用或无用""可靠或不可靠"的平台上进行审视的时候，真理也以价值形式出现。所以，价值认识活动是人类最一般、最普遍的认识活动。在人关于人生目的和意义的认识活动中，同样包含着真理认识和价值认识两种追求，而归根结底则是人生价值的认识。

人生价值因主体的不同而存在社会价值和自我价值两种基本形式。在人生价值关系中，主体有两个：一是社会集体和他人，二是人生活动的个体。个体人生活动满足前者的需要产生人生的社会价值，满足后者的需要产生人生的自我价值。自我价值因社会价值而存在，因社会价值的实现而成为可能。在这里，对社会的贡献是个人从社会索取的前提和基础。一个人不能凭空实现自我价值，他只能在为社会集体或他人作出贡献的过程中实现自我价值。所以人生价值本质上是对社会作出贡献，评价标准也只能是这种贡献的大小。人生价值观的核心问题是如何看待人生的社会价值与自我价值及其相互关系。

因贡献的内容不同，人生价值可以分为劳动价值、政治价值、道德价值、教育价值等不同类型。20世纪80年代，第四军医大学优秀大学生张华因救落入粪坑的老年农民而牺牲，由此而引起全国范围内关于"张华救老农值不值得"的争论和讨论。从劳动价值看，张华的牺牲是不值得的，因为他将来对社会的贡献显然远远大于老年农民，但从道德价值、教育价值乃至政治价值看却是很值得的，因为它反映了人类有史以来对于"助人为乐""见义勇为"等的普遍需要和价值认同。正因如此，张华的精神至今仍然教育和影响着许多青年人，国庆五十周年前夕中央电视台在"人民不会忘记"专栏中还做了历史回顾性的报道。

人生价值观涉及人究竟为什么活着、人生有什么意义、人应当怎样度过自己的一生、应当使自己成为什么样的人等人生问题。由于这些人生问题本质上反映的是主体与客体之间的利益需要和满足利益需要的关系，属于一种"关系范畴"，所以总是与以利益关系为基础的道德问题紧密地联系在一起。在人类道德文明史上，人生问题通常也就是伦理道德问题，道德理论通常也以人生价值观的形态出现。不过，人生价值观与道德观虽有联系却也存在着重要区别，在人生目的和态度上前者强调的是以他人和社会集体的利益为目标，后者强调的是以善待个人与他人和社会集体的利益关系为轴心。换言之，人生价值观属于先进性和崇高性的道德理想层次。

由于世界观和方法论不同，人们对人生价值的真谛并不能都作出中肯的分析和认识，由此而产生形形色色的人生价值观，如个人主义、利己主义、拜金主义、享乐主义、实用主义等。无产阶级和广大劳动人民所崇奉的人生价值观是为人民服务。

（三）哲学形态的道德理论

哲学形态的道德理论有两个基本问题：一是关于人的本质问题，主要回答"人是什么"；二是关于道德的本质问题，主要阐明"道德是什么"。

道德是人类社会特有的精神现象，归根到底是为社会需要而存在发展和不断走向进步的，离开人的社会需要，道德就成了无稽之谈。马克思主义哲学在人的本质问题上提示给我们的科学方法有二：一是要在"现实性"的意义上看其"社会关系总和"的性状，二是不可离开人的"自觉能动性"。概言之，人是在其现实的社会关系中活动着的实践主体。显然，现实的社会关系一般都是以利益关系的形态而存在和发展变化的，而道德又是以利益关系为基础的，由此说明道德不能无视人的本质特性。

道德作为一种特殊的社会意识形式，是自古以来一切道德理论公认的，但是在道德何以产生的问题上却发生了分歧。马克思主义哲学认为，人类社会的一切上层建筑和社会意识形式的基础都是一定的社会经济关系，人类只能在一定社会的经济关系基础之上建构自己的道德体系，建设一定的道德生活秩序，舍此就是舍本求末、缘木求鱼了。

哲学所涉及的上述两个方面的道德理论问题，在"社会关系"的意义上实现了自己的统一。

需要注意的是，哲学形态的道德理论只具有世界观和方法论的意义，具有奠基和指导的作用，人及其道德的本质问题进入伦理学的视野都具有自己的学科特点，不应仅作"哲学化"的简单解读。20世纪80年代初由《中国青年》发表署名"潘晓"的信引发而开展的那场旷日持久的大讨论，人们之所以要把它放在伦理学和人生价值观的平台上争论，原因也在这里。在人类文明史上，哲学自19世纪从自然科学分离出来渐渐地演变成为一种独立的社会科学形态后，作为一般世界观和方法论实际上只是一门高度抽象的"思维科学"，虽然有着自己独特的分支学科，但不能充当其他科学的统领。把伦理学的道德理论归结为"人生哲学"也是不妥当的，因为人生问题说到底是一个价值观的问题，虽与道德问题密切相关，但本身不是道德问题。道德作为"实践精神"是人类精神生活的基本需要和方式，有其特殊的内涵和规律，应当有自己独立的理论形态。

诚然，哲学尤其是社会历史哲学，无疑要涉足上层建筑和社会意识形态领域，因此应当研究道德和道德建设问题，具有阐发道德和道德建设方面的理论知识内容。哲学形态的道德理论，主要应立足于人的本质和道德的本质问题，给予道德发生以社会地位与作用的社会历史观的证明，给予道德建设以社会实践的必要性及基本规律的阐释，以此与伦理学的道德理论体系相呼应和相衔接。在这个方面，西方现代哲学实际上给我们提供了一种方法论的启示，因为它多在价值论的意义上谈论哲学问题。

中国古代传统道德理论与哲学思想的关系最为密切，哲学思维方式通常就是伦理思维方式，伦理思想范畴通常也是哲学范畴。在一定的意义上今人甚至可以说中国古代哲学就是古代道德理论的学说，古代道德理论就是古代的哲学思想。

这集中表现在两个方面。一是表现在本体论方面，主要是"天道""天理""天命""天性"和"人性"及其与人世、人事的关系。在古代中国人的心目中，"天"只有一个，这个"天"不是指自然、自然界的万事万物，不是自然之天，而是具有超乎自然的有意志的精神力量，是一切自然现象和社会现象的本原。在中国文字文化史上，"天"最早出现在殷代卜辞中，当时的"天"，人体之形的上面顶了个"口"或"一"，王国维说其义"本谓人颠顶"。这表明，"天"一开始便隐有"天"与人之间存在某种必然性的联系因而可以相交相通、"天"在人之上因而比人尊贵这样两种意思。体现"天"的意志的是"天道""天理""天命""天性"等。孔子之前就有天道的概念，《左传·昭公·昭公十八年》引用郑国子产的话说："天道远，人道迩，非所及也"。《左传·昭公·昭公二十六年》又引用晏婴的话说："天道不谄，不贰其命，若之何禳之！"到了宋明理学兴盛时期，"天道"演变成了"天理"，成为宋明理学的立论前提和核心范畴。"天理"在本质上与"天道"是相通的，区别在于"天理"是对"天道"的说明，使"天道""社会化"或世俗化，从天上走到人间，具有了支配"人道"（伦理道德）的人文资格。朱熹甚至将"天理"直接解释为"三纲五常"。此后，凡讲"天理"的学者基本上都没有离开"三纲五常"。"天命"说的是由"天"决定的"命里注定"的规律，所谓"天人合一""天人感应"等中国古代哲学的基本命题，其实都是在这种意义上立论的。所谓"天性"，讲的实际上并不是"天"的本性，而是人的本性——人性，"天性"即人性，人性即"天性"，是人生来固有的本性。在中国古人看来，人生而固有的本性与"天"是直接相通的，因为"天地者，生之本也"①，"天命之谓性"②。由此，可以看出，人性是"天性"派生的，"天性"在直接的意义上充当着人性的本体。

由上可知，中国古代传统哲学的本体论范畴"天道""天理""天命""天性"及其"天人感应""天人合一"的思想，说的其实并非是"天"上的事，而是人间的事，所谓"天理"实则是"地理""自然"观，实则为社会历史观、伦理道德观，哲学同时也是社会历史哲学、人生哲学。在这点上，中国与西方是存在明显差别的。

除了本体论范畴以外，在整个范畴体系方面，中国古代道德理论范畴很多与哲学范畴相一致。作为伦理思想的道德理论范畴，中国古代主要是

---

①《荀子·礼论》。
②《中庸》。

仁、义、礼、智、信、忠、孝、节、和等，这些一般都被摄入中国古代传统哲学的视野之内，既是伦理道德范畴，也是哲学范畴。同理，所谓哲学智慧通常就是伦理智慧。

因此，今人解读中国古代传统道德理论是需要有哲学的方法的，反之亦是。也许正因为有这一传统，今人已经习惯于把伦理学看成哲学的一个分支学科，作为二级学科放在哲学家族之内。其实，这是一个需要重新审读的问题。

（四）其他人文社会科学形态的道德理论

道德的广泛渗透性特点，使得其他人文社会科学研究必然涉及道德，使得其他人文社会科学的知识理论体系必然包含道德理论的内容。严格说来，伦理学以外的其他人文社会科学没有道德理论方面的内容，不是正常的现象。其他人文社会科学涉足道德理论，不仅是道德理论建设的需要，也是自身建设和发展的需要。其他人文社会科学中的道德理论形态，首先表现在学科揭示其对象的社会意义上。每一种人文社会科学所研究的对象，对人类的生存和发展都具有重要的社会意义，都体现人类对自身的关怀，这种关怀归根到底都是善，亦即如亚里士多德所说的，每种技艺，每种学科，以及每种经过考虑的行为或志趣，都是以某种善为其目的。因此，一门学科在对其对象的社会意义进行理解和阐释的时候，应当涉足自己研究领域的道德价值和意义。

其次，表现在学科分析和把握对象的规律和准则的过程中。人类社会历史活动的每一个领域都有自己特殊的规律、内容和要求，都体现与社会道德问题"打交道"的特点。这就使得其他人文社会科学在阐明自己这方面的理论知识的时候要有"道德意识"。如经济活动，既有经济规律，也有道德规则。只讲经济规律、不讲道德规则的经济学，不论是宏观的还是微观的，抑或分门别类的，都不能不说是一种理论思维上的缺陷。

再次，表现在对主体的理解和阐述上。在社会历史领域内活动中的人始终是主体，一般说每一门人文社会科学的知识理论体系不能不包含对自己对象领域里特殊主体的理解和阐释。这样的主体，在素质上历来都是一种双层结构的统一体，一是相关领域的科学技能，二是相关领域的道德品质。在经济活动领域的主体是"经济人"与"道德人"的统一，在国家政治活动领域是"政治人"与"道德人"的统一，在司法活动领域是"司法人"与"道德人"的统一，在文化活动领域是"文化人"与"道德人"的统一，如此等等。体现这些"道德人"素质的便是各个相关社会活动领域的职业道德，反映它们的理论形态便是相关人文社会科学中的道德知识理论。

从以上简要分析可以看出，其他人文社会科学的体系，都应当直接或间接地涉足道德问题，含有道德理论的内容。

为适应社会发展的需要，在现代社会，道德理论的这种渗透现象正在相应产生以"伦理学"或相关学科命名的边缘学科或分支学科。这是人类思维活动的深化，也是道德理论的发展和道德理论建设的广阔途径。

二、中国道德理论的基本特征

在中国，不论是何种形态的道德理论，都必须是有中国特色社会主义的道德理论，应当具备有助于推动改革开放，促进生产力发展和社会主义现代化建设事业的总特征。具体来说，应当体现在如下几个方面。

（一）能够科学地说明道德的发生、发展和文明进步的客观规律

道德是怎样发生、发展和不断走向文明进步的？自古以来一直有争论。马克思主义认为，劳动是道德发生的第一个前提，因为劳动创造了作为主体存在的人，作为人的存在方式的社会，产生了人对于道德和精神生活的需要，并为道德的发展和进步提供了第一动力。社会关系是道德发生的直接基础，马克思说："凡是有某种关系存在的地方，这种关系都是为我而存在的；动物不对什么东西发生'关系'，而且根本没有'关系'；对

于动物来说，它对他物的关系不是作为关系存在的。"①在一切社会关系中，经济关系是第一要素，所以经济关系是道德发生的最直接的社会基础。同时，马克思主义还认为，一定的社会意识是道德发生的精神条件；道德作为特殊的社会意识形态，不能孤立地存在，它需要其他意识形态为其提供理论和知识的条件、社会舆论环境和个人认知的心理基础。

而唯心主义认识论路线历来认为，道德的发生或者是神的旨意，或者是人与生俱来的"天性"或人性，前者是客观唯心主义的认识论特征，后者是主观唯心主义的认识论特征。中国先秦儒学的基本倾向属于前者，后来的儒学的基本倾向属于后者。

关于道德的发展与进步，建设有中国特色的社会主义道德理论，需要对马克思主义关于道德与经济关系的关系作出辩证分析的说明。道德的社会根源是一定社会的经济关系，但对恩格斯关于"人们自觉地或不自觉地，归根到底总是从他们阶级地位所依据的实际关系中——从他们进行生产和交换的经济关系中，获得自己的伦理观念"②的著名论断，不能作出"有什么样的经济关系，社会就应当提倡什么样的道德"的解释。这是因为，直接产生于一定社会的经济关系基础之上的"伦理观念"尚是自发的、不确定的，要使"伦理观念"成为社会提倡的道德，赢得社会的道德发展和进步，还需要人们对其进行"社会加工"，以促其转变为道德的社会意识形态，成为体现"统治阶级意志"的社会价值观念。"加工"的标准是与政治制度建设和社会发展进步的总体需要相适应。马克思说："人们按照自己的物质生产率建立相应的社会关系，正是这些人又按照自己的社会关系创造了相应的原理、观念和范畴。"③他说的"创造"，就是这样的"社会加工"。

首先是人文社会科学尤其是伦理学进行理论思维的"社会加工"。其使命是根据国家建设和社会发展进步的客观需要，通过取舍、提炼将自

---

①《马克思恩格斯全集》第3卷，北京：人民出版社1960年版，第34页。

②《马克思恩格斯选集》第3卷，北京：人民出版社1995年版，第434页。

③《马克思恩格斯选集》第1卷，北京：人民出版社1995年版，第142页。

发、不确定的"伦理观念"这种道德世界的"质料"上升到社会意识形式的层次。一定社会提倡的道德总是对其时代的"伦理观念"的超越，源于"伦理观念"又与"伦理观念"存在质的差别，不能以为社会存在什么样的经济关系就必须提出什么样的社会之"道"。实行改革开放和发展社会主义市场经济以来，学界有些人一直主张"为个人主义正名""以个人主义代替集体主义"，其主要"理论依据"就是改革开放和发展市场经济中的"生产和交换关系"必然产生尊重个性解放、个人自由、个人独立性之类的"伦理观念"。其理论思维的失误在于没有看到这类"伦理观念"在自发的意义上虽是个人主义的温床，但社会主义国家的建设及全社会的文明进步需要的不是个人主义而是集体主义，作为伦理道德观的个人主义之"道"与集体主义之"道"之间存在本质的差别。由于理论"加工"的产品多是"正统"的"道"，所以一般都以文字文化的形式给予固定和传承，通用伦理学方法所涉猎的"传统道德"，只是这样的传统之"道"。

其次，是政治的"社会加工"。它一方面为理论的"社会加工"提供指导和监督，要求理论的"社会加工"过程和产品在真理与价值上同自己保持方向一致。另一方面为理论"社会加工"的产品特别是"社会规范的总和"的提倡和实行提供可靠的社会保障条件。道德文明史表明，社会之"道"的提倡历来离不开政治的"干预"，离不开政治的"庇护"，否则必会失去自己的生命力，正如孟子所说"徒善不足以为政"[①]。

再次，是法制的"社会加工"。这种"加工"不仅体现在以法律的形式确认"社会规范的总和"的合法性，实现"良法"与"善道"的统一，而且体现在打击违背"良法"的"缺德"行为，净化人的德性和道德环境。道德，不论是在"道"的提倡和推行上还是在"德"的教化和养成上都需要法律和法制的支撑，孟子曰"徒法不能以自行"[②]，其实"徒道"也是"不能以自行"的。

复次，是教育包括自我教育即道德修养的"社会加工"，其宗旨在于

①《孟子·离娄上》。
②《孟子·离娄上》。

用社会意识形式和"社会规范的总和"的道德育人，使人们脱离对"伦理观念"的自发接受和由此而产生的可能的不良影响，实现由个人道德品质生发的价值取向与国家建设的要求和社会发展进步的方向相一致的转变，变成"道德（'得道'）人"。

最后，是道德风尚的"社会加工"，也就是一些伦理学人常说的营造道德环境。"道德人"是道德世界的主体。"道德人"既是道德环境的创造者，也是享用者。道德世界中人与环境的关系的真谛是：人在"加工"和营造各种道德要素以形成道德环境的过程中把自己塑造成"道德人"，"道德人"在这一过程中同时又营造和享用着道德环境；"道德人""加工"和营造着各种道德要素以形成道德环境，道德环境影响和培育着"道德人"；"道德人"与道德的发展进步是一种互动的社会历史过程。由于受自身和各种外在因素的影响，"道德人"所"得"之"道"已不是"原质"意义上的社会意识形式之"道"，"道德人"并不是"道的人"，故而由其创造和享用的道德环境也并不是"道的环境"。在人类历史上，作为"统治阶级意志"的"道"从来都没有完整地"统治"过它的"道德人"和道德环境。中国封建社会提倡的道德，其"质料"是自发、直接产生于小农经济之上的"各人自扫门前雪，休管他人瓦上霜"之类的自私自利的"伦理观念"，而其社会意识形式和"社会规范的总和"却是"人伦伦理"意义上的"己所不欲，勿施于人""己欲立而立人，己欲达而达人""君子成人之美，不成人之恶"之类的"仁爱"精神，"政伦伦理"意义上的"大一统"整体意识及"纲常伦理"。而封建统治者力行教化的产物——"道德人"和道德环境，既不是"质料"意义上的"各人自扫门前雪，休管他人瓦上霜"型的，也不是完整意义上的"仁爱"精神和"三纲五常"型的，而是另一种形式的派生物，如勤俭自强、礼尚往来、邻里和睦、江湖义气、小团体意识，以及"天下农民是一家""四海之内皆兄弟"，等等。

如上所说的"社会加工"系统就是道德建设。由此看来，简单地认为有什么样的经济关系就必然会产生和提倡什么样的道德的看法，是不科学的。

（二）能够体现先进性和广泛性相结合的原则

先进性和广泛性相结合的原则精神，是《中共中央关于加强社会主义精神文明建设若干重要问题的决议》首次提出的。所谓先进性道德，简言之就是社会主义和共产主义的道德。广泛性道德，指的是"一切有利于解放和发展社会主义社会生产力的思想道德，一切有利于国家统一、民族团结、社会进步的思想道德，一切有利于追求真善美、抵制假恶丑、弘扬正气的思想道德，一切有利于履行公民权利与义务、用诚实劳动争取美好生活的思想道德"。

先进性和广泛性道德都属于社会主义道德和精神文明的范畴，后者具有最广泛和深厚的群众基础，也是先进性道德最可靠的现实基础，应是道德建设的重点所在。是否重视广泛性道德及其建设的理论研究，实际上也是一个群众观念的问题。一个社会不能没有先进性道德作为主导价值，但更多的应当是关注广泛性的道德问题。因为，社会的道德文明与进步，说到底不是取决于先进性道德的高扬，而是取决于广泛性道德的普及。

先进性与广泛性相结合的原则，在道德理论上应有系统科学的说明。毋庸讳言，实行改革开放和发展社会主义市场经济以来，中国学界关于道德理论的研究主要精力是放在先进性的层面上，这是必要的，但仅仅如此是不够的。20世纪90年代开始，中国伦理学界一些人致力于"底线道德"和"普世伦理"的研究，还有人甚至提出所谓"次道德"或"亚道德"的问题，不时有成果出现，有的学者还出版了这方面的学术专著，应当说，其旨意正是希望引起人们对广泛性道德领域的关注。但总的看还处于起步阶段，需要加强。伦理学研究要高度重视广泛性道德的研究，并将其与先进性研究结合起来。

把中华民族优秀传统伦理文化的研究与现代先进伦理文化的研究结合起来，是把先进性道德与广泛性道德的研究结合起来的内在要求。相对于现实社会的要求，一般说，民族的优良道德传统处于比较低的层次，绝大多数人是可以理解和身体力行的，但如何将其与现实社会中的道德有机地结合起来，形成新的适应现实社会道德的文明进步的需要，却是一个问题。这是中国社会发展和道德建设所面临的一个重要的理论课题。理论上如果不能实现这种结合，在道德生活的实践中，就必然会出现"两股调"和"两张皮"的现象，在思想认识的前提意义上人为地造成传统与现实相脱节的不正常现象。

中国特色的社会主义道德理论，应当吸收人类一切优秀的道德理论成果。世界上各个民族的道德文明至今都保留着自己独特的个性，但是民族存续地域环境与社会制度更迭的相似性，又使得不同民族之间具有某些共同性，这为民族间的相互学习和借鉴提供了可能。人类的文明史，既是物质生产的交换史，也是道德文明发展的交流史，任何一个文明国家的道德文化既是民族的又是世界的。中华民族有着几千年辉煌灿烂的文明发展历史，不仅为人类道德文明进步和发展作过重大贡献，也为我们留下了丰富宝贵的道德文明遗产。但须知，中国的社会主义还处在初级阶段，是在跨越资本主义发展阶段的条件下建立的。经济和政治制度的历史飞跃，不能替代理论和思想道德观念的历史飞跃，学习和借鉴资本主义在经济和政治建设方面的有益经验，吸收资本主义国家在理论建设和思想道德观念方面的有益成果，无疑是有利于中国社会主义现代化建设事业的。

资产阶级为登上政治舞台，维护资本主义社会秩序，促进资本主义市场经济的发展，自文艺复兴运动便有了尊重个性、自由平等、公平竞争、信守诺言等道德观念和价值标准，为人类的道德文明和进步作过历史性的重大贡献。从人类道德文明发展的历史走向看，资本主义国家的道德文明在许多方面仍然具有某种先进性的特征，是值得正在深化改革、扩大开放、大力推进社会主义市场经济的中国人认真学习和借鉴的。"他山之石，可以攻玉"，学习和借鉴西方先进的道德文明，有助于改造、丰富和发展中国的社会主义道德体系，促进社会主义的道德理论建设。毛泽东在《新民主主义论》中曾经指出："中国应该大量吸收外国的进步文化，作为自己文化食粮的原料，这种工作过去还做得很不够。这不但是当前的社会主义文化和新民主主义文化，还有外国的古代文化，例如各资本主义国家启蒙时代的文化，凡属我们今天用得着的东西，都应该吸收。"①中国特色的社会主义道德理论，应当具有吸收和包容资本主义道德文明先进因素的特征。

（三）能够与社会主义意识形态体系保持内在的统一性

马克思主义告诉我们，经济基础决定上层建筑，一定社会的意识形态根源于一定社会的经济关系并受到政治和法律制度等上层建筑的深刻影响，所以一定社会的意识形态必须要与一定社会的经济和政治相适应。依据马克思主义这一基本原理，不同领域的意识形态之间必须能够相互说明、相互适应，体现特定的内在的统一关系。中国的道德理论作为社会主义意识形态的一个特殊方面、特殊领域，必须具备这一特征，能够与社会主义的经济、政治、法律等理论相适应，体现内在的统一性。

改革开放20多年来，中国的道德理论建设特别是伦理学的学科理论建设，取得了前所未有的巨大成就，涌现出一大批擅于道德理论研究的优秀人才，这些与坚持道德理论建设必须与社会主义的经济、政治和法律的理论建设相适应，保持内在的统一性的原则是分不开的。但同时也存在一种"离经叛道""淡化意识形态"的错误倾向。一些学者的理论研究成果，回避马克思主义的社会历史观和方法论，闭口不谈"社会主义"，讲市场经济发展和法制建设也回避"社会主义"。他们当中有的人甚至站在嘲弄"社会主义"的立场上，热衷于搞超越社会制度的所谓"纯粹道德理论"的研究，或者习惯于沿着全面继承中国传统伦理思想和道德精神的思路走，或者照搬照用西方学者或学派追问道德世界的理论方法，形而上地高谈阔论，乐于用艰涩的文字把简单的道德理论问题搞得很复杂，把复杂的道德理论问题弄得更晦涩。这对于中国特色的社会主义道德理论建设，显然是没有什么益处的。

从人类伦理思想发展史看，每当社会处于急剧变革的时期，一些学人的伦理思维易于走向"心学"。他们不是从社会经济政治关系的变革中追

①《毛泽东选集》第2卷，北京：人民出版社1991年版，第706—707页。

问道德变化和"道德沦丧"的根源，探寻社会呼唤新的道德文明的深层的制度原因，研究道德文明和发展的历史方向，而是用先验的方法提出各种各样的伦理见解和道德主张。这种从古到今的传统，在哲学的视域被称为主观唯心主义，在伦理学的视域则被称为德性伦理学。诚然，道德文明在终极关怀的意义上总是要通过个人的德性及其精神生活方式表现出来，道德建设的社会职能和社会功效最终还是要通过提升人们的德性水准展现出来。但是，当人们思考道德建设的方向的时候，则不应当只是把道德文明局限在个人的德性问题上，试图以"心性伦理"来冲击"社会伦理"，淡化人们的"社会伦理意识"，更不应当以此来淹没道德理论的意识形态特质。

当代中国的道德理论建设必须具备社会主义的意识形态的特质，这是一个不容回避的重大理论问题。中国20多年来的经济制度改革，从联产承包责任制到推行市场经济，再到实行股份制，目的都不是为了改变经济制度的社会主义公有制的性质，而是为了改进和完善社会主义公有制的运作机制，充分发挥社会主义公有制的优越性。党的十五大就提出推行和发展股份制的问题，十六届三中全会重申了这一重大的改革举措，并对此作了深刻的理论说明。实行股份制，目的是扩大国有资本的支配范围，增强国有企业的活力，促进社会主义经济的发展，它势必会有利于政府和企业分开，有利于所有权和经营权的分离，有利于国有资本的流动和重组等。如同资本主义和社会主义都可以实行市场经济一样，社会主义同样可以像资本主义那样实行股份制。换言之，股份制并不能在根本上反映社会经济制度的性质，它只是资本的组织形式，是坚持社会主义公有制的实现形式。

然而，事实表明，中国的经济体制改革每前进一步，理论界就会有人向社会主义公有制发难一次，就会出现"离经叛道""淡化意识形态"的错误倾向。这种情况在中国的道德理论建设方面也有明显的反应，这是需要特别注意的。

在与社会主义意识形态体系保持内在统一性这个重要问题上，有中国特色的社会主义道德理论尤其应当注意与社会主义法制理论保持内在的统一性。这实际上是两个方面的问题。

　　道德理论与法制理论的统一，是由道德文明与法律文明的内在逻辑关系决定的。在西方法制思想史上，尽管实证法学家极力主张法律与道德相分离，但并不能真正割断作为"外在道德"的法律与作为"内在法律"的道德之间的逻辑关系。人类社会不断走向文明进步的经验表明，国家治理和社会管理客观上同时需要道德与法律，需要把依法治国与以德治国紧密结合起来，人的物质生活和精神生活客观上同时需要道德文明与法律文明，这就使得在认识和实践上促使两者协调起来成为一种必然的内在要求，成为一种普遍的社会历史现象。

　　毫无疑问，中国的法制理论必须是有中国特色的社会主义法制理论，在此前提之下，有中国特色的社会主义道德理论必须与法制理论保持内在的必然联系，不可用"道德万能论"或"纯粹道德理论"的传统观念，轻视社会主义法制理论，更不能与社会主义法制理论相悖。

第三章 中国家庭道德建设

　　家庭是社会的基本组织形式，与国家和社会的总体状况紧密联系在一起。家庭的稳定与和谐是家庭道德文明的基本标志，也是社会稳定和繁荣的基本条件和基本标志，因此家庭道德建设是整个社会道德建设的基础。一个重视自身稳定和发展的社会，总是高度重视家庭道德建设的社会。家庭道德建设具有自身的特殊规律、内容和要求，需要作系统的研究、分析和阐述。

　　重视家庭道德教育是中华民族的优良传统。而"家庭道德建设"概念的提出和整体性研究则起步于20世纪90年代。在传统意义上，家庭道德问题都是放在道德教育的层面上来思索和实施的，而且所强调的一般是父母对孩子的教育，一直没有作为一个整体放到"建设"的平台上来加以研究和实施，这是不够的。诚然，家庭是每个人成长的摇篮，父母是每个人接受教育的第一任老师，父母要在指导孩子"学做事"的同时教育孩子"学做人"，但是，仅仅如此并不能真正适应现代社会道德建设和发展进步的客观要求。

第一节 家庭道德建设的对象、目标和任务

人类至今，家庭道德教育的对象是明确的，一般指的都是父母和家庭中长辈对孩子和晚辈的教育，而目标和任务却是不明确的，也是不统一的，基本上处于各行其是的状况。因此，全面考察家庭道德教育的历史，放在道德建设的层面上分析和研究现代家庭道德建设的特殊对象、目标和任务，是十分必要的。

一、家庭道德建设的形成和发展

家庭的形成与发展同婚姻的历史演变过程紧密联系在一起，婚姻关系的历史演变是家庭道德及家庭道德教育形成和发展的现实基础。

人类至今的婚姻大体上经历了群体杂婚、同辈血缘关系通婚、对偶通婚和一夫一妻制婚姻四个发展演变阶段。在群体杂婚阶段，家庭道德教育是不可能的，真正的家庭道德教育是在以血缘关系组织起来的家庭中出现的。在中国，这种"血缘家庭"可以追溯到"大约距今四五十万年以前的北京人、蓝田人生活时期"。最早的"血缘家庭"实行同辈兄弟与姊妹之间通婚的习俗，它是人类"第一个'社会组织形式'"。"血缘家庭"相对于在此以前的"杂乱性交""男女杂游，不媒不聘"的性关系来说，是一种了不起的历史进步。它排除了上下长幼的通婚陋习，形成人类最早的人伦辈分关系，并因而有了"上下长幼之道"。不难理解，这种关于家庭之"道"的形成及其教育的实施，正是中国早期的家庭道德教育。

最早的家庭道德直接与婚姻禁忌有关，后来的家庭辈分关系的演变和发展，也与婚姻禁忌有关，这是家庭道德发展和进步的最早标志。恩格斯认为："如果说家庭组织上的第一个进步在于排除了父母和子女之间相互的性关系，那么，第二个进步就在于对于姊妹和兄弟也排除了这种关系。

这一进步，由于当事者的年龄比较接近，所以比第一个进步重要得多。"①

普那路亚对偶制婚姻的出现，是人类家庭发展的第三个里程碑。因为，"这种习惯上的成对配偶制，随着氏族日趋发达，随着不许互相通婚的'兄弟'和'姊妹'级别的日益增多，必然要日益巩固起来。氏族在禁止血缘亲属结婚方面所起的推动作用，使事情更加向前发展了。"②这种演变包含着当时的人们关于婚姻禁忌的伦理观念的丰富和发展。

后来，对偶婚姻制度因母权制的失落和父权制的确立而最终被瓦解，一夫一妻制的婚姻制度终于形成。关于婚姻禁忌的伦理观念及与此相关的家庭道德教育的最早模式，也随之最终形成。

以婚姻禁忌为标志的最早的家庭伦理道德观念和教育，一开始就包含着影响后来家庭道德教育整个发展史的"辈分观念"，这为后来的家庭伦理关系及伦理观的形成奠定了历史的和逻辑的基础。

从社会历史根源上看，家庭的产生和发展演变受制于社会的生产方式和政治制度。人类在农耕时代，家庭既是组合血缘关系的基本纽带和基本单位，也是实行自力更生、自给自足的生产和消费的基本单位，同时还是道德教育的基本单位。这种普遍分散的生产方式、生活方式和教育组织方式，在政治统治上必然要求以家为本，同时实行"大一统"与之相适应，形成齐家、治国、平天下的统治模式。孟子说："天下之本在国，国之本在家，家之本在身。"③这就使得血缘关系在整个农耕时代具有政治伦理关系的性质，从奴隶制开始的家庭道德必然带上宗法政治的特质，形成在宗族中强调区别亲疏、嫡庶、身份与财产关系的宗法政治和伦理道德规范。由于专制刑法是因专制政治而设的，所以整个专制时代的伦理道德规范同时又带有"法"的规范性质。这就决定了在整个奴隶制和封建制的专制时代，家庭伦理道德带有浓厚的政治和法律的色彩，家庭道德教育与家庭的政治和法制（刑制）教育实际上是融为一体的。

---

①《马克思恩格斯选集》第4卷,北京:人民出版社1995年版,第34页。

②《马克思恩格斯选集》第4卷,北京:人民出版社2012年版,第55页。

③《孟子·离娄上》。

进入资本主义社会以后，垄断私有制和社会化的大生产，使得家庭伦理关系发生了前所未有的变化。社会关系随着人们交往范围的扩大和内容的丰富得到了强化和巩固，与此同时家庭伦理关系出现了松弛的现象，子女对于父母不再具有专制社会那样的依附关系的性质。在这种变化过程中，家庭观念包括道德观念及教育方式出现了许多不同于以往的情况。家庭道德教育不是立足于孩子依赖父母和家庭，而是立足于孩子长大后能够自立自强，因此注重教育和培养孩子的智慧潜能、求知欲、想象力、创造力，同时注意培养孩子具备自信心、责任感、同情心和乐观的性格，教育孩子学会与他人友好相处和合作，形成良好的行为习惯和劳动兴趣等，在这个过程中又始终注意发挥父母对孩子的榜样示范作用。

社会主义社会，由于在总体上消灭了人剥削人的不平等制度，家庭关系发生了根本性的变化。从应然的意义上说，家庭成员相互之间不再是依附和被依附的关系，也不再仅仅是金钱关系，而是平等的关系。社会主义社会的家庭，应以感情为基本纽带，家庭成员之间是平等的，享受的权利和承担的义务是一致的。因此，在社会主义社会，家庭道德教育应有根本性的变化，在教育内容上除了继承传统家庭美德之外，更多的应体现社会主义的时代要求和时代精神。但是，由于社会主义还处在初级阶段，还不那么"合格"，所以，目前社会主义的家庭关系和家庭道德教育还存在一些不尽如人意的地方。正因为如此，更需要加强家庭道德建设。家庭道德建设的对象在现代社会，需要用家庭道德建设的视域来分析家庭道德教育的对象问题。

二、家庭道德教育的对象

如上所述，在传统的意义上，解决家庭道德问题只是放在道德教育的层面上，缺乏整体把握的意识，这种缺陷首先表现在对家庭道德建设的对象的理解和把握上。家庭道德教育与家庭道德建设既有联系又有区别，联系体现在道德建设包容道德教育，区别突出表现在理解和把握对象不一样。从适应现代社会发展的实际需要看，纠正这一缺陷需要人们转换观念，给予全面研究，认真加以解决。

传统的家庭道德教育，主体是父母，对象——受教育者只是孩子，所谓家庭道德教育其实就是父母教育孩子。由于不同家庭的父母在素质上存在明显的差别，对教育内容的理解和对教育方法的把握可谓千差万别，结果就会出现"龙教龙，凤教凤，老鼠教儿会打洞"的不同结果，这就从根本上制约了家庭道德教育的一致性，在整体上影响到家庭道德教育的质量，在基础的意义上制约了孩子的健康成长和发展成才，在初始的意义上为社会发展对人才的统一性要求留下了后遗症。而从当代中国家庭的实际情况看，许多家庭中的孩子在上学特别是上中学后，在接受老师教育的过程中，他们的知识乃至包括德性的认知水平都超过了他们的父母，父母对他们的教育时常表现出滞后的情况，实际上干扰和影响孩子的健康成长和成才，在这种情况下，片面强调家庭道德教育就是父母教育孩子，问题就更为突出了。

在现代社会，家庭的道德教育应当放到道德建设的平台上来理解和把握，对象应当是所有的家庭成员，既是孩子也是父母，还包括家庭的其他成员。

孩子自然是家庭道德建设的首选对象。人只有接受教育才能成人，而接受教育是从家庭起步的。人在刚刚离开母体时还是一个"小动物"。大约长到4个月时开始"认生"，能够分辨出身边的亲人与其他人，这意味着孩子已经萌发了接受家庭教育的初始能力。到1周岁左右，孩子开始有了主动接受教育的意识和初步能力，明显的特征就是有主动选择意识，中国民间至今仍存在的在孩子过周岁时让孩子"抓周"的习俗，正是对这种能力的认可和激发。此后，孩子在父母的怀抱中继续接受教育，直至上学。在现代社会，城市的孩子在接受父母家庭教育的同时，多在幼儿园接受学前教育，但在此期间真正影响孩子的还是他们的父母。孩子在上学以后，甚至在接受高等教育期间，一般也会受到父母的教育和影响，只不过这种教育和影响因父母的不同而有所不同罢了。

　　父母和家庭其他成员是家庭道德建设的主要对象。教人者自己先得接受教育，具备教育者的素质，这是人类教育活动的首要条件和基本法则。教育活动是一种艺术，有其自身的规律、原则和方法。对孩子的教育，在"艺术性"方面又有特殊要求，要求教育的内容和方式都要合乎孩子身心发展的特点，始终注意孩子的兴趣和接受能力。父母并不是天生就能具备理解和把握这些要求的意识和能力，只有自己先接受这方面的教育，才能具备这方面的素质。因此，父母作为孩子的第一任老师，在家庭生活中无疑应当首先接受教育和道德教育。至于家庭其他成员，从对孩子的教育来看，在素质要求方面也应当是这样。而由于种种原因所致，如今中国家庭的父母及家庭其他成员，在这方面的素质是参差不齐的。一般来说，那些自己接受过教育特别是高等教育的父母，或者自己受过优良的家政家风传统熏陶的父母，这方面的素质会高一些，反之就差一些。

　　孩子和父母及家庭其他成员接受道德教育，都是终身的。孩子上学特别是上大学，开始就业、自立门户以后，与家庭父母的直接关系渐渐疏远，所接受的道德教育主要是学校的德育和职业岗位的职业道德教育，但与父母仍然保持着亲密的联系，父母依然不应忽视对其的关心和教育。父母在孩子面前，始终承担着家庭道德教育的责任。正因为如此，作为家庭道德建设的主体，父母应当严格要求自己，不断提高自己作为家庭教育者的素质。

　　父母和家庭其他成员接受教育，不仅是家庭内部的事情，也是国家和社会的事情；不仅是经过一般学校教育的问题，也是需要由专门的学校或专门的教育方式来实施的问题；不仅是社会的道德继续教育问题，也是个人道德修养的问题。改革开放以来，一些地方试验办家长学校，旨在增强家长教育孩子的自觉意识，提高家长正确教育孩子的能力，但都不是很景气。举办家长学校是一项教育公益事业，应当得到国家和全社会的关心、帮助和指导。

三、家庭道德建设的目标和任务

每一个家庭都有自己的建设目标，因此也有自己的建设任务。一般说，家庭建设的目标和任务是多方面的，有经济活动和物质生活方面的、婚嫁和生育方面的、教育和培养新生一代方面的、调节家庭道德关系和精神生活方面的、邻里相处和社会交往与合作方面的，等等。概观之，国家建设和社会发展诸方面的目标任务，几乎在家庭建设中都能得到直接或间接的说明和安排。

中国人家庭道德建设的目标和任务，总的来说是要维护和促使家庭稳定，使之成为合格的社会基础单位，家庭成员能够遵守道德和法律，家庭成员之间能够形成亲爱和睦、尊老爱幼的良好家风。具体来看，家庭道德建设的目标和任务，应当主要体现在如下五个方面。

第一，通过家庭道德建设，促使家庭成员增强法制意识，养成遵守国家法律和法规的行为习惯。

这是家庭道德建设的基础性目标和任务。家庭成员之间的亲缘关系，既是道德关系也是法律关系，出现的问题往往既是道德问题也是法律问题，既需要道德规范调节也需要法律法规调整。法律是人最低限度的行为准则，道德是人守法的思想基础；能够遵守法律的人不一定能够遵守道德，能够遵守道德的人一般是能够遵守法律的。守法是一个人守德的逻辑起点，增强法制意识是其道德品质养成的可靠基础。所以，一个国家和社会加强法制建设是其加强道德建设的可靠的基本保障，要求人们遵守道德一般应从要求其守法做起。这种规律在家庭生活中同样存在，同样适应于家庭道德建设。

家庭生活中不仅要有温馨的亲和氛围，也要有适宜的法制气氛。家庭成员，一方面要认真学习和了解婚姻法、继承法、未成年人保护法等法律法规，增强守法守纪意识；另一方面，在行动上要依法办事，从遵守法律这种最低限度的行为准则做起。

在实行依法治国的环境中，增强家庭成员的法制意识和道德意识，应当从增强法制意识做起。事实证明，家庭是公民守法的社会基础，但在有些情况下也成为公民违法犯罪的庇护所。中国人违法犯罪大多与家庭的法制教育和道德教育缺失有关。从查处的贪污受贿案件看，几乎每一件案子都存在夫妻共同犯罪或知情不报、不劝说、不制止的情况。至于青少年违法犯罪，则更是与家长对孩子缺乏正常的法制教育，家庭缺少正常的守法氛围存在直接关系。可以作一种设想：如果中国人的家庭道德建设把增强法制和道德意识放在重要的位置，实行依法治家和以德治家，那么，中国的依法治国和以德治国的发展战略，就落到了实处。

第二，通过家庭道德建设，形成"六亲和睦"的家庭伦理关系和生活氛围。

四世同堂、六亲和睦，是中国人一贯看重的家庭道德建设目标。何谓"六亲"？古说不一，但多为父、母、兄、弟、妻、子。"六亲"是家庭主要成员，其间以血缘关系为基本纽带，是家庭伦理关系的基础，也是家庭伦理关系的主体。"六亲和睦"是保持和巩固家庭稳定的关键环节，也是维护社会稳定的基础条件，应被看作是家庭道德建设的基本目标和常规性任务。和睦生财，和睦兴家，"六亲"是否"和睦"，从根本上反映家庭生活的质量，体现家庭道德建设的发展水平。

中国古人在家庭道德建设方面一直高度重视"六亲和睦"，将其视为家风、家兴的主要标志，孜孜不倦地追求父、母、兄、弟、妻、子之间的和睦亲善关系。一些有识之士为此还留下了众多的"家训"遗产，其中最为著名的是北魏时期的名儒颜之推留下的《颜氏家训》。

第三，通过家庭道德建设，促使晚辈孝敬父母。

在中国，"孝"这个字最早出现在商代卜辞中，仅一处，用于地名；后来在金文中也出现过，用作人名，均不具有道德的含义。至西周，则不仅在金文、《尚书》《诗经》中经常出现，而且具有了道德的含义，同时成为"明德慎罚"治国方略的构成部分，成为一个重要的政治伦理范畴。

"明德慎罚"思想最初是由周公姬旦提出来的。姬旦是周文王的儿子，周武王的弟弟，周成王的叔叔，协助武王灭商后又辅助武王之子成王治政。在辅政之初，他总结了商纣王实行政刑一体残暴统治的历史教训，主张在实施刑罚的同时还应当倡导道德精神。《史记·鲁周公世家》有这样的记载："自汤至于帝乙，无不率（遵循之义）祀明德，帝无不配天者。在今后嗣王纣诞淫厥佚，不顾天及民之从也。"意思是说：从商汤到帝乙，商代没有一个帝王不尊奉美德，也没有一个因失去天道而不能与天相配，但到了商的最后一个帝王纣，却荒淫骄逸，从不顾念顺从天命与民心。认为商之最终灭亡与其"后嗣"不"孝"祖先之道是密切相关的，因而主张以"孝"治国。在西周，"孝"有"小宗"之"孝"和"大宗"之"孝"的区分，前者是指孝敬现世父母，后者是指孝敬先祖，都立足于对宗法政治伦理关系的肯定。西周统治者认为，惟有"行孝"的人才能"有政"，而不能"行孝"者便是"元恶大憝，奸恶之义"，不仅不可以"有政"，而且要给予惩罚。在中国道德文明史上，作为治理国家和管理家庭的手段，"孝"是出现最早的道德知识形式和价值观念形态。这一实践成果被后来的封建统治者所继承和发挥，公开提出了"以孝治天下"的政治伦理主张，以至于形成了源远流长的孝文化传统。

孔子的孝伦理思想具有多方面的内容。首先是强调"本"，把孝看成是"仁"的基础，"做人"的起码品德，即所谓"孝弟也者，其为仁之本与"。其次是主张"从"。不要违背孝之礼节，"父在，观其志；父没，观其行；三年无改于父道，可谓孝矣。"[1]意思是说：父亲活着时要观从他的志向，父亲死后要观从他的行为，如果对父亲合理的思想行为能够长期不加改变，就可以说是做到孝了。再次，强调"敬"。孔子认为，坚持对父母尽孝道并不是一件容易的事情："子夏问孝。子曰：'色难。'""子游问孝。子曰：'今之孝者，是谓能养。至于犬马，皆有能养；不敬，何以别乎？'"[2]孔子对当时的一些人的行孝很有看法，认为他们的行孝就像养狗养马那样，没有敬重之意。孔子推崇孝道、强调孝而遵从、孝而有敬的思

---

① 《论语·学而》。
② 《论语·为政》。

想，是我国封建社会孝伦理思想的基本内涵。今天，除了一些关于"行孝"的陈规陋习，是应当给予充分肯定的。

子女孝敬父母作为家庭道德建设的基本内容、目标和任务之一，其形成与农耕经济社会结构密切相关。农耕经济必然以一家一户为生产和消费的基本单位，从而使得血亲关系成为带有生产关系的性质，由此看，孝敬和行孝父母及其他长辈实际上是农耕经济的直接产物。中国至今的农耕方式，仍然是一家一户的，在此基础上的消费方式仍然是一家一户的，这就决定在当代中国人的家庭道德建设中，孝敬父母和长辈仍然是一个十分重要的目标和任务。

传统中国家庭数千年的稳定性特征，主要是受到孝文化的深刻影响，它在基础的意义上为封建社会的稳定提供了历史的和逻辑的证明。在当代中国，子女孝敬父母，首先要做到养老，关心和满足老年人的物质生活需求。父母为抚养和教育孩子，一生操劳，晚年丧失劳动能力，经济拮据，有的甚至生活困难，需要子女在物质生活上给予关心。中国古代有歌颂孝道的《二十四孝图》，其中有篇《卧冰求鲤》的故事，其说虽不可效法，但其所表达的孝观念却是可取的。其次，要敬老，关心和满足老年人的精神生活需要。人到老年容易孤独，又力不从心，希望能够得到子女的理解和关心，给予精神上的慰藉，不要让他们有太多的精神失落感和自卑感。再次，要安老，关心老年人的身体健康，有病要及时给予治疗，让他们安度晚年。

第四，通过家庭道德建设，提高父母抚养、关心子女的自觉性和水平。

不论是对于家庭还是对于国家与社会来说，抚养和关心子女都是每个父母的基本义务和责任，一般也是做父母的"人之常情"。抚养和关心，说的都是父母对孩子的爱。孩子幼小，生活不能自理自立，需要在父母的怀抱中长大成人；需要学习成才，父母要给以教育和培养。只有在父母和其他长辈的关怀和帮助下，孩子才能在家庭成长过程中渐渐地初步学会生活，学会学习，学会做人，学会做事。

抚养和关心，最重要的是要给孩子以应有的思想道德教育，为其将来能够作为"社会的人"处世立身打下基础。一些孩子长大后难以成才，甚至幼时便沾染上一些不良的习惯，与其父母或其他长辈没有适时地给以良好的思想道德教育是直接相关的。古人所说的"子不教，父之过"，实在是令人深思的治家之道。

第五，通过家庭道德建设，实行合理的家政管理。

所谓家政，简言之就是家庭事务或家务。一个家庭的事务，主要涉及生产劳动的安排、财产财物的分配和使用、家庭的伦理关系的调整、家庭的建设与发展等。在一个家庭，由于其成员个人受社会教育的程度不同，参与社会活动的内容和范围不同，在对待家政问题上不可能只是持一种认识、一种行为方式，因此家庭成员时常会出现不同的意见，产生分歧甚至矛盾，直至对抗，这就需要治理，需要管理，以形成必要的统一认识和行动。这些家务，便是家庭的"政事"，惟有用管理的方式才能处理好。

家政管理重在合理。这里的合理，有合乎社会"法理""伦理"和具体的"家理"的意思，不论是哪一种"理"，都离不开道德调节。常言道"清官难断家务事"，说的是各家有各家一本"难念的经"，但只要放在"理"上来"断"和"念"，也是不难"断"、不难"念"的。在现代社会，合理的家政管理最重要的是贯彻民主治家的精神，允许每一个有"参政"能力的家庭成员对家庭事务的管理发表自己的看法，发挥全体家庭成员管理家政的智慧和作用。

良好的家风，正是在促使家庭成员增强法制意识、养成遵守国家法律和法规的行为习惯，营造"六亲和睦"的家庭伦理关系，促使晚辈孝敬父母和长辈、提高父母与长辈抚养和关心晚辈的自觉性和水平，实行合理的家政管理的过程中逐步形成的。

第二节　婚姻道德建设的内容

婚姻是家庭的核心，家庭因婚姻关系而存在、延续和发展。婚姻关系的状况直接影响着整个家庭的生活质量，从根本上影响着整个家庭的道德水平，影响着家政家风，所以婚姻道德建设是家庭道德建设的核心问题。在现代社会，婚姻道德涉及五个方面的内容，这就是恋爱道德、结婚道德、夫妻道德、离婚道德、再婚道德。

一、恋爱道德

爱情是人类的一种社会情感，它以男女之间互相倾慕为基本特征，是一对男女之间发生的最强烈持久并希望对方成为自己终身伴侣的感情。

爱情的产生、培育和发展一般需要经历恋爱过程。在现代社会，爱情是婚姻的基础，恋爱是婚姻的前奏。恋爱是一对男女之间为培育爱情、缔结婚姻在婚前通过各种交往活动进行思想和感情交流、交融，以达到"志同道合"的过程。

恋爱是异性之间的一种情感表达自由，严格说来是人类社会进入资本主义发展阶段以后才出现的异性情感现象。在封建社会，人们崇尚的是"男女授受不亲"的道德观念和"媒妁之言""门当户对"的缔结婚姻关系的方式，结婚与是否经历恋爱过程无关。但是，在资本主义社会，由于受到垄断私有制和相关价值观念的制约和影响，恋爱自由是有限的，在不平等的金钱、财产和社会地位面前往往是不自由的，实际上往往是以另一种方式维护了封建社会的"门当户对"的旧传统。社会主义社会在根本上消灭了人剥削人、人压迫人的不平等制度，恋爱自由具备了真实的社会土壤和社会保障。社会主义法律和道德都肯定了人们享有充分自由恋爱的权利。

表面看来，恋爱是一对男女之间发生的个人感情方面的事情，但其内容却始终是社会性的。马克思说："人的本质不是单个人所固有的抽象物，在其现实性上，它是一切社会关系的总和。"①人的本质特性决定人的一切活动都是在特定的社会关系中进行的，都具有社会的意义。一个人在恋爱中，其人生价值观和思想道德观念必然会表现出来，不仅影响恋爱双方，而且会影响到各自的家庭直至社会集体。因此，恋爱首先意味着一种责任。列宁在同克·蔡特金的谈话中指出："喝水当然是个人的事情。可是恋爱牵涉到两个人的生活，并且会产生第三个生命，一个新的生命。这一情况使恋爱具有社会关系，并产生对社会的责任。"②正因如此，恋爱问题总是与道德问题有关，总是不可避免地要受到道德的约束和调节，接受来自他人和社会的道德评价。

在中国，恋爱现象古来有之，历史上以文学形式记载和流传下来的许多恋爱故事，如《西厢记》《牡丹亭》《红楼梦》等，至今仍然感人至深，但在封建等级门第和包办婚姻观念的约束下，大多是悲剧的结局。中国人真正的恋爱自由，发生于中国共产党领导的革命战争期间，一部《小二黑结婚》是对这个年代倡导恋爱和婚姻自由的真实记载。但是在全社会的意义上，中国人的恋爱自由是在新中国成立以后的事情，不仅在道德上得到社会的承认和褒扬，而且在法律上也得到了有力的保护。改革开放以来，随着思想的解放和社会宽容度的扩大，恋爱一般已经成为人们步入婚姻殿堂的必然前奏，不论是在城市还是农村，"媒妁之言"的婚姻方式已经渐渐地成为历史现象，与此同时也发生了许多不同于以往年代的变化，出现不少需要引起高度重视的伦理道德问题。因此，系统地提出和倡导恋爱道德要求是十分必要的。

第一，要正确处理爱情与事业的关系。爱情与事业是人生两大主题，没有爱情的人生是不完整的，没有事业的爱情则会迷失人生方向。但是，就两者的本质联系看，事业是爱情的社会基础和实质性内涵。经验证明，

①《马克思恩格斯选集》第1卷，北京：人民出版社1995年版，第60页。
②[德]克·蔡特金：《列宁印象记》，马清槐译．北京：三联书店1979年版，第70页。

恋爱观念正确的人，彼此都看重对方的事业，事业上有了成就可以充实和丰富爱情的内涵，升华爱情的情趣，反之，超越事业、成就的爱情是没有多少人生乐趣的，不仅会降低恋爱生活的质量，甚至还会导致恋爱的失败。中国传统的"男才女貌"的恋爱观和婚姻观，只重视"男才"而不重视"女才"，今天看来其片面性自然要加以具体分析和批评，但其毕竟重视一方"有才"的思想，还是有一定的借鉴意义的。

同爱情与事业相关的一个问题便是爱情与金钱的关系。一般来说，爱情需要一定的物质基础。过去歌颂的"公子讨饭，小姐养汉，最后团圆"的爱情故事，固然感人，值得肯定，但毕竟有些理想化，在现实生活中并不多见。在爱情与金钱的关系问题上，我们的社会既要反对金钱至上、惟金钱是从的爱情观，但也不应当提倡毫无物质基础和条件的爱情观。这样说，并不是主张贫穷的男女之间就不应当谈恋爱、结婚，但不可鼓励甚至高扬人们安于贫穷的心态，否则，不仅可能对当事者维护爱情和婚姻关系的稳定性不利，而且对社会的繁荣和稳定也是无益的。"穷则思变"，应当是一切相爱的人们必备的人生态度和品性。

第二，持有正确的目的。正确理解的恋爱，双方应当以缔结婚姻关系为目的，谈恋爱是为了结婚。虽然恋爱双方在交往过程中随着彼此了解的深入，可能会发现最终缔结关系不合适，中断恋爱，但不能因此而从一开始就仅仅抱着"试试看"的态度，否则就是不负责任的。至于主张"性解放"，将谈恋爱仅仅看成是为了"找个玩伴"，那就更是不道德的了。列宁在同克·蔡特金的谈话中曾批评过这种"杯水主义"的"性解放"主张，说："您一定知道那个著名的理论，说在共产主义社会，满足性欲和爱情的需要，将像喝一杯水那样简单和平常。这种杯水主义已使我们的一部分青年人发狂了，完全发狂了。这对于许多青年男女是个致命伤。信奉这个主义的人硬说那是马克思主义的……我认为这个出名的杯水主义完全是非马克思主义的，并且是反社会的……作为一个共产党人，我毫不同情杯水主义，虽然它负有'爱情解放'的美名。"①

---

① [德]克·蔡特金:《列宁印象记》，马清槐译.北京:三联书店1979年版，第69—70页。

列宁批评的这种"杯水主义"的恋爱观，在当代中国青年男女中并不是绝无仅有的。特别是有些女青年，出自贪图名利或地位的个人目的，以谈"恋爱"为借口，或者"傍大款"，或者"傍大腕"，一旦个人目的达到，"恋爱"也就结束，接着便选择下一个目标。其行为败坏了社会风气，也给青年同伴造成了不良的影响。

第三，要互相尊重。爱是相互的，恋爱是双方互享的自由权利，同时也是互相承担的义务。一个人在选择恋爱对象时要尊重对方的这种权利，同时也应履行对对方的义务。不能说"我爱上你了"就非得要求对方跟自己谈恋爱，不然就穷追不舍，弄得对方不得安宁，给对方造成精神伤害；也不能因为自己爱上了对方就忽视或轻视自己应对对方履行爱的义务。事实表明，爱的真谛在于相互的享有和表达，仅持"被爱"的态度或仅有"爱他（她）"的态度，恋爱都难以持久。

相互尊重还包括选择恋爱对象的专一性。恋爱是一对男女之间发生的强烈感情，是"两人世界"的事情，任何"脚踩两只船"或"广种薄收"的行为，都是对对方的不尊重，都是违背恋爱道德的。

第四，要互相关心，互相学习，互相帮助。恋爱过程既是男女双方在个性和习惯等方面相互了解的过程，也是彼此相互关心、学习和帮助的过程。相互关心，除了体现在生活方面以外，更重要的是体现在成长和事业上。每个人都会存在优点、缺点或不足，需要在人际交往中互相发现，取长补短，恋人更应该这样。热恋中的人往往只注重发现对方的优点和长处，甚至把对方看成是十全十美的"偶像"，却往往看不到对方的缺点和不足，而自己也会自觉或不自觉地把缺点和不足掩饰起来。在恋爱阶段，这种心理现象本是正常的，但如果对此缺乏自觉，则可能留下后患。有些恋人结婚后便发现对方的缺点和不足，抱怨对方"怎么原来是这样的人"，于是产生矛盾。其实，对方本来就是"这样的人"，只不过在恋爱期间被爱情之火的光亮挡住罢了。因此，在恋爱中，在赞扬和学习对方的优点的同时，还应当有意识地注意对方的缺点和不足，并善意地指出来，热情地给予帮助，这是很有必要的。因为这样做，有助于双方的长进和事业发展，不仅可以丰富爱情的内涵、巩固和发展爱情，而且也会为后来的婚姻奠定可靠的基础。因此，从恋爱道德要求看，提倡互相关心、互相学习、互相帮助是很有必要的。

第五，要正确对待婚姻。结婚是恋爱的归宿，恋爱观念正确的人，在恋爱期间就应当注意培育这样的思想，持有这样的精神准备。有的人害怕结婚，认为"婚姻是爱情的坟墓"，抱着"只谈恋爱不结婚"的态度，有的甚至崇尚"独身主义"，这是不可取的。婚姻对于恋爱来说，只是爱情发展的不同阶段，只是爱情的继续，并不是爱情的终结。同时，"只谈恋爱不结婚"，会伤害对方，也可能会最终伤害自己。

第六，要用文明的方式表达爱情。爱情的文明表达方式反映恋爱当事者的思想道德素质，它是整个社会文明的组成部分，反映社会道德文明的进步程度。爱情的表达方式要文明、得体，合乎社会文明的理解习惯，不与民族道德传统和良性的风俗习惯相悖。比如，中华民族一贯主张相爱的人在表达爱的情感时，要含蓄、得体，在大庭广众之下表达爱情不要"旁若无人"，不要发生诸如接吻、拥抱等过分亲热的行为。

二、结婚道德

结婚是两个人之间的事情，却是以社会结合的形式进行的。人类社会进入资本主义发展阶段以来，结婚是在法律认可的基础上建立并受到法律保护的，因此对待结婚的态度首先要有相应的法律意识。在社会主义社会，在法律允许的范围内结婚是自由的，没有经过法律程序的"结婚"是不自由的，不仅违背了法律，也违背了道德。同样，在法律认可的范围内没有结婚自由，也是违背法律和道德的。

结婚自由，是社会主义婚姻道德与社会主义婚姻法相协调的基本环节和重要表现。婚姻道德本是一种历史范畴，不同的历史时代有不同的婚姻道德。在男女不平等、以男权为中心的中国封建社会，结婚是"媒妁之言"，根本谈不上什么自由；男人可以纳妾，女人不准离婚，要求"嫁鸡随鸡，嫁狗随狗""从一而终"。至于现实社会中存在的一些买卖婚姻、完全剥夺当事人结婚自由的现象，就不仅违背了道德，更是为法律所不容的了。

结婚道德，首先提倡婚姻要以爱情为基础，反对没有爱情的草率结婚或强迫结婚。恩格斯说，只有以爱情为基础的婚姻才是合乎道德的。以爱情为基础是婚姻自由的道德基础和基本标志，因此，坚持以爱情为基础，就要反对没有爱情的婚姻，这就要求人们以审慎的态度对待自己的婚姻大事。以爱情为基础的结婚道德要求，尤其反对强迫结婚和买卖婚姻。

爱情是男女双方建立在情投意合基础上的互相倾慕，所以一般说，只有以爱情为基础的婚姻才能使夫妻双方感受到结婚的幸福，婚姻关系才可能稳定，才可能是美满的。

这里需要指出的是，在婚姻关系中，爱情作为男女之间的强烈的感情并不是一成不变的，而是不断发展变化的。结婚以后，由于受到各种因素的影响，原有的爱情基础可能会发生动摇，没有爱情的婚姻也可能会产生和培育起爱情，此即所谓"先结婚，后恋爱"现象。人们婚姻的实际情况是，既有因爱情而结婚的"死亡婚姻"，也有"先结婚后恋爱"的婚姻。因此，对以爱情为基础的婚姻道德是需要作具体分析的，不应当以静止的眼光看问题，一概而论。

其次，提倡文明婚礼，反对陈规陋习。在法律的意义上，一对男女到相关政府部门登记、领取了结婚证书，就成了法定夫妻，婚姻生活就开始了。但是，结婚要举行婚礼，让亲朋欢喜一场，四邻皆知，这是中华民族几千年的传统，也是世界上其他绝大多数民族的悠久传统。这样做，对渲染结婚气氛，歌颂婚姻之美好，鼓励和鞭策当事人今后"好好过日子"，是大有帮助的。所以，花点钱财，热闹一番，不仅无可非议，甚至是应该提倡的。

中国传统的结婚礼仪起于西周，要经过"六礼"，即"纳采""问名""纳吉""纳征""请期""亲迎"，名目繁多，仪式烦琐，此后相传一千多年。到宋代，朱熹将其改为"三礼"，即"纳采""纳币""亲迎"。"纳采"，是男方派媒人到女方家求亲；"纳币"，是男方向女方交付"聘财"；"亲迎"，是新郎到女家迎接新娘（一般需用花轿），举行婚礼。这些做法，一直延续到中华人民共和国成立前夕。新中国成立后，国家和社会力行废除婚礼上的陈规陋习，提倡婚礼新风尚，得到人们的积极响应。开个热热闹闹的会，请亲朋好友和同事来一道喝茶、吸烟、吃喜糖，让新郎新娘讲一讲"恋爱经过"，唱几首歌，大家说说"白头偕老"之类的祝词，就算完事。应当说，这是合乎新社会的文明风尚的。

但是，今天在一些地方，特别是在一些乡村，一些陈规陋习依然存在，甚至比过去更为严重。如铺张浪费、大搞封建迷信、采取不文明的方式"闹新房"等，有的为此负债在身，有的"闹"得致人伤残，甚至"闹"出人命来。这些，显然都违背了社会主义的结婚道德。

三、夫妻道德

家庭道德的具体要求，是因家庭的伦理关系而确定的。夫妻关系是家庭关系的核心，父母和子女之间的关系其实都是夫妻关系派生的，或因夫妻关系而存在的。夫妻之间的家庭道德，对于家庭道德建设具有决定性的作用。

在现代社会，夫妻是家庭的核心这一反映时代特征的家庭伦理观念已被越来越多的人所接受，正在成为普遍的现实。但是，夫妻作为现代家庭的核心，应被理解为共同承担家庭的责任和义务的核心。既不应被理解为仅仅是共同享受权利而不愿承担责任和义务如抚养教育孩子、赡养照顾老人的核心，也不应被理解为是哪一方仅仅享受权利或仅仅承担义务的核心，不这样看问题是违背现代社会的家庭道德理性的。有些婚姻关系随着夫妻年岁的增长而老化，出现"机械性的疲劳"现象，潜在和发展着的婚姻危机，最终导致感情破裂，其原因往往与对夫妻作为现代家庭的核心的理解发生偏差有关。

夫妻之间的道德要求主要是：

第一，要平等相待，相敬如宾。毋庸讳言，当代中国的家庭在夫妻关系上，尚未真正实现男女平等。在社会倡导夫妻要自尊自爱、互敬互爱的同时，一些人骨子里缺乏对配偶人格、地位、权益的自觉尊重，大男子主义或"妻管严"仍然在大行其道，"男主外、女主内"也还被视为成规。民主平等在很多家庭难寻踪迹，独断专行却司空见惯。

要求夫妻之间平等相待、相敬如宾，是社会主义社会人与人之间的平等关系在家庭中的具体体现。爱情从恋爱过程延伸到婚姻生活以后，夫妻朝夕相处，需要相互关心和体贴，巩固和发展爱情。在夫妻之间的道德要求上，这是前提和基础。

第二，同甘共苦，共管家政。夫妻在家庭生活中既有多方面的权利，也有多方面的义务和责任，如家庭财产的储存、分配和使用，赡养老人，生育和抚养、教育子女等。夫妻应当共享这些权利，同时共同承担这些义务和责任。对于家庭义务和责任，夫妻都应当看成是自己分内的事情，不能分"你的"和"我的"。比如，不能认为家务劳动是丈夫的，妻子可以不管不问；管钱管物是妻子的，丈夫不能过问；岳父母是妻子的父母，丈夫可以不赡养，公公婆婆是丈夫的父母，妻子可以将其遗弃一边；教育孩子是丈夫或妻子的事情，自己可以不去负责任。当然，这样说，并不是要求夫妻"平摊"家庭的权利和责任。实际情况是，有一百个家庭就有一百种家务的"管法"，问题不在谁该管这、谁该管那，也不在谁管的多、谁管的少了，重要的要有同甘共苦、共管家务的道德意识。

教育子女作为家务事，夫妻更应当共同承担。作为夫妻的共同家庭义务和责任，夫妻在教育子女的问题上应当自觉克服重智轻德的偏向。夫妻"望子成龙""望女成凤"心切，本是无可厚非的，但仅大搞智力投资，以至于为此不惜血本，却轻视品德教育却是不应该的。为使子女成为这种"家"或那种"星"，有些家庭往往对孩子的不良习惯视而不见，置若罔闻，甚至纵容，孩子也常以不配合家长的智力投资为"武器"进行要挟，结果形成孩子以自我为中心的自私自利思想，造成任性、固执、自制力和自治力差的人格缺陷。有些家长自身道德素养不高，整天满嘴粗话、脏话，这在无形之中影响着子女的健康成长，也是需要纠正的。还有些家长则视金钱为万能，对子女的教育也是金钱至上，孩子帮自己做点家务事，家长"付工资"；孩子练钢琴，家长竟付给"劳务费"。这实际上是对孩子不负责任。

第三，赡养老人，善待老人。在现代社会，夫妻一般都具有在经济上供给丧失劳动能力的老人的家庭责任意识，除此之外丈夫一般都能善待妻子的父母即自己的岳父母。问题在于，不少家庭的妻子处理不好自己与婆婆的关系，这种情况在城市家庭尤其较为普遍。这样的家庭一般是两代人的家庭，婆婆被丢弃在一边，若是丧夫生活处境就比较艰难。在这样的家庭里，丈夫往往是"受气包"，既要关心妻子，又要照顾自己的父母，往往最终影响到对妻子的感情，有的甚至因此而离婚，由"讨了老婆不要娘"转而变为"养了老娘不要老婆"。为什么妻子与婆婆处不好关系呢？原因一般是妻子在认识和感情分配上存在问题。一是在"两个女人争一个男人"的情况下，妻子处理不好家庭的情感关系，具有"独占"丈夫的心理倾向。二是对家庭核心存有片面认识，把夫妻作为家庭的核心理解为是唯一的中心。其实，如上所说，夫妻作为家庭的核心，主要是从共同承担家庭的义务和责任的意义上提出的道德和法律的要求，离开这个基本认识是不正确的。

第四，珍惜爱情，忠贞不渝。爱情作为婚姻的基础需要夫妻双方珍惜，在相互尊重和体贴，共享家庭权利、共担家庭义务和责任的过程中，使之得到巩固和发展。

在共同生活中，夫妻都应当对爱情忠贞不渝，任何一方都不应当有"喜新厌旧"或"喜新不厌旧"、搞"婚外情"的不道德行为，更不应当出现"包二奶"的违背道德和法律的情况。夫妻之间发生分歧和矛盾一般是正常的，但不应当任其扩大和发展，而应当通过沟通达到理解，弥合分歧，化解矛盾。

诚然，我们不可在封建社会婚姻道德"从一而终"的意义上来理解夫妻彼此忠贞不渝的道德要求。但应当特别指出的是，由于受到多种原因包括西方婚姻价值观的影响，当代中国家庭发生"婚外情"的情况是司空见惯的，一般说来这与珍惜爱情、忠贞不渝的夫妻道德要求是相悖的。赞同甚至鼓吹"婚外情"的人认为，情欲、性欲是人的本能，人在婚外寻找性爱是本能的正常表现，用法律和道德来限制"婚外情"不仅限制了人的性自由，也是对人性的否定和压抑，"婚外情"是人性回归的一种体现。这种看法显然是错误的，因为它抽去了性的社会伦理内涵，把人当成纯粹的"自然人"了。人性是多种属性的总和，包括人的自然属性、社会属性和思维属性。尽管如此，夫妻道德仍然主张，夫妻中如果有一方发生了"婚外情"，另一方应当以理智的态度来对待，不可因对方"背叛"了自己而采取"以毒攻毒"甚至违法犯罪的过激行为。真正因"婚外情"而导致夫妻感情破裂，使离婚无法避免，也应勇敢面对这种"痛苦"事实。

四、离婚道德

在传统观念看来，离婚是不光彩、不道德的，离婚的人往往被人们另眼相看。社会主义婚姻法在充分肯定结婚自由的同时也肯定了离婚自由，我们的社会对离婚已渐渐地采取一种理智的宽容态度，这正是婚姻道德所要求的，也是婚姻道德文明进步的表现。当夫妻感情确已破裂，无法弥合时，离婚就成为夫妻双方的一种必然选择。

离婚道德，首先表现在要做到正确地对待离婚。离婚并不是什么见不得人的丑事，如果夫妻感情确已破裂、无法弥合，而只是碍于世风世俗的议论和自己的脸面而坚持不离婚，宁愿守着确已死亡的婚姻，不仅给自己造成伤害，对赡养老人和教育孩子也不利，这本身就是不道德的。或者，一方抱着"非得把对方拖垮"的态度，甚至散布莫须有的"罪名"要把对方"搞臭"，然后再离婚，这也是不道德的。实际上，夫妻之间若出现重大分歧和矛盾，直至感情破裂，使得离婚成为不可避免的事情时，那么离婚对双方来说都是一种解脱。恩格斯曾说，如果感情确已消失，或者已被新的热烈的爱情所排挤，那就会使离婚无论对双方或对于社会都成为幸事。列宁也曾指出,实际上离婚自由并不会使家庭关系"瓦解",而相反地会使这种关系在文明社会中惟一可能的民主基础上巩固起来。

其次,不可随意离婚。法律和道德保护离婚自由,并不是主张随意离婚,更不是提倡离婚。当夫妻感情出现裂痕时,对于是否离婚应当持"可离、可不离的则坚决不离"的谨慎态度。至于因信奉"性解放""性自由"而"见异思迁""喜新厌旧"或搞"婚外恋"提出离婚,应另作别论,因为这不仅违背离婚道德,也违背婚姻法。主张和支持离婚自由的恩格斯,曾经严厉地批评在自由恋爱结婚五年后又爱上法官女儿薇拉的考茨基,是"道德败坏",是考茨基"一生中干出的最大的蠢事"。

再次,提倡文明离婚。夫妻感情确已破裂、无法再共同生活下去,不得不离婚的话,不应当反目为仇,彼此恶言相向、拳脚相加,造成严重的精神甚至人身伤害的不良后果,而应当通过正常的法律程序解除婚姻关系。有些年轻夫妻合不来,双双走进当初的结婚登记部门,解除婚姻关系后又双双走进餐馆,以"最后的晚餐"方式话别。这种文明离婚的方式是合乎离婚道德的。

最后,妥善分割财产和孩子的抚养与监护问题。这既是一个法律问题,也是一个离婚道德问题。如果说,离婚多是为自己着想的话,那么,分割财产和抚养监护孩子,就应当多为对方和孩子着想。在财产分割问题上,不要为自己争吵,在抚养和监护孩子问题上既不要无故推诿,也不要无故争权。

五、再婚道德

人类进入近现代社会以后,由于离婚人口的增多和人平均寿命的延长,人的一生中重组婚姻的可能性大大增加,再婚率出现了上升的趋势。有项关于中国人再婚情况的调查称,再婚人口占当年结婚人口的比例分别为:再婚人数 1985 年为 50.48 万人,占 3.05%;1990 年为 78.24 万人,占

4.12%；1998年为97.7万，占5.48%。①再婚重组一个新家庭，会产生一系列的新问题。因此，再婚家庭尤其是夫妻之间除了应当遵循如上所说的婚姻道德外，还应当遵守一些特殊的道德规范要求。

首先，再婚夫妇要破除旧观念，相互尊重，相互关心。在中国，传统观念对再婚当事人一般多采取歧视的态度，对不是因丧偶而是因离婚的再婚当事人更是这样，视他们为"半路夫妻""二婚头"的人，往往另眼相看。再婚当事人中许多人也受到这种传统旧观念的影响，或者在外部舆论的压力下也往往觉得自己低人一等，甚至相互瞧不起，给婚后的共同生活带来不利的影响。因此，提倡再婚夫妇破除旧观念，相互尊重、相互关心，是十分必要的。

其次，妥善对待财产问题。再婚夫妻双方由于原有的劳动收入不一样，财产的积累情况也不一样，可能一方比较富有，另一方比较贫穷，这本是正常的，不应当采取计较的态度。在家庭理财问题上，理智的态度应当是有福同享、有难同当、共创家业。即使在安排原有各自财产问题上不能取得一致意见，以至于担心日后夫妻反目留下"后患"，也应当采取协商的办法加以解决，直至签订"家庭财产协议"并经过公证，而不能为原有各自财产的安排问题影响夫妻感情。

最后，善待非婚生子女。再婚者多数都带有自己的子女。中国人的家庭至今依然以孩子为重心，父母为了孩子甘愿受苦、受累、受委屈。有些丧偶者迟迟不愿再婚就是考虑到膝下的孩子，生怕孩子在新组合的家庭里受委屈，而一些离婚的人在考虑再婚的时候往往也把孩子的问题放在第一位。从实际情况看，对待孩子的态度仍然是影响再婚夫妻感情的重要因素，甚至是第一位的因素。在再婚家庭中，子女由于也受到一些传统观念的影响，难免也有低人一等的感觉，往往情绪不稳，心理比较脆弱，未成年子女更容易落入这种心境。本来，未成年子女还需要上学接受教育，因此需要在家庭生活中得到更多的关心、尊重和帮助。因此，善待非婚生子女是再婚夫妻始终都应当给予高度重视的家庭道德问题。当然，在再婚家

---

① 转引自金一虹：《再婚与再婚家庭研究》，《学海》2002年第2期。

庭中，子女尤其是已经成年的子女，也应当关心、尊重和孝敬继父或继母。

第三节　家庭道德建设的方法

毛泽东在领导中国革命战争期间曾发表过一篇著名的文章《关心群众生活，注意工作方法》，强调工作方法的重要性，将工作方法比做渡河之舟、过河之桥，这是很有道理的。方法，是人类一切认识和实践活动实现既定目标的关键所在。

家庭道德建设由于有其特定的对象、目标、任务和内容，因此也有自己特殊的方法。

一、区别对待的方法

家庭道德建设虽然需要从整体上来认识和把握，但是更重要的是需要区别对待，分层把握。

从家庭内部来看，家庭道德建设的对象是由不同年龄的几代人组成的，不同年龄的家庭成员在认识和理解家庭问题、接受家庭道德教育的意识和能力等方面是不一样的，存在着"代际"的差别。可以说，道德建设任何领域里的对象，都不像家庭道德建设对象这样参差不齐，具有明显的差异性。因此，把握家庭道德建设的对象，需要区别对待，区分不同的层次。一般说，孩子接受家庭道德教育的意识要强一些，而能力却弱一些；父母和长辈接受家庭道德教育的意识弱一些，而能力实际上会强一些。就接受意识看应当把重点放在父母和其他长辈身上，增强他们接受道德教育的自觉性，就接受能力看应当把重点放在孩子身上，培养他们在接受道德教育方面的认知和理解能力。父母和家庭其他长辈教育孩子，不应当用成年人的标准去要求。而在这个问题上，中国的家庭多数是存在问题的，不少父母和长辈违背孩子接受教育的特点和规律，常用脱离实际的标准和方法要求他们的孩子，不能使孩子在家庭中接受良好的教育。根据不同的对象，提出不同的要求，采用不同的方法，是家庭道德建设的成功之道。

诚然，从家庭与其外部环境的联系看，家庭道德建设是一项系统工程。家庭道德建设的对象，既是家庭成员，也是社会成员。成年人，在家庭是父母、孩子或其他家庭成员；在社会是各种各样的从业人员，如企业或事业单位的职工、国家公务员等。职工又有在国营企业或私营企业、外资企业等区分，有一般职工和担任领导责任的职工等；公务员中有的是党和政府部门的，有的是司法执法的，有的是领导干部，有的是普通职员，还有的是社会兼职人员、离退休人员等。幼年人，在家庭是父母和长辈膝下的孩子，在社会是各级各类学校的学生。但是，不论是何种社会角色，一旦回到家中就只是家庭成员，不应用"社会角色"的方法来看待他们。

家庭道德的文明和进步方向，与整个社会的道德文明进步方向是一致的，家庭道德建设的任务、目标和内容与社会道德建设的任务、目标和内容在本质上是一致的，通过家庭道德建设培养了合格的家庭成员，同时也就培育了合格的社会成员，建设了一个"六亲"和睦的家庭，也就建设了一个和谐的社会基本单位，为社会稳定提供了一种基础性的保障。家庭道德建设搞好了，就从基础工程上为社会的道德建设和法制建设提供了可靠的基础。但是，家庭道德建设在这些方面，与社会道德建设毕竟存在差异，它具有明显的个性特征，需要区别对待。不能完全按照社会道德建设的目标、任务、内容和标准，要求家庭相关的成员。一个从业人员回到家里，就是家中的一员，或者是父母，或者是孩子，就应当享受"天伦之乐"，在温馨的家庭氛围中接受家庭道德教育。未成年的孩子在学校是学生，接受老师的教育和管理，回到家里就应当是父母膝下的"宝贝"，受到父母关爱和呵护，在这当中接受父母的教育。总之，在家庭中，不论是长辈还是晚辈，都不应当用他们在社会上的相关角色标准要求他们，作为家庭成员他们所接受的道德教育只是"家庭"的。

二、学习的方法

从历史看，中国的家庭道德教育多是在传统的思维方式和道德观念的指导下进行的，涉及学习多为言传身教的方法或模仿的方法，以老带新、代代相传已经成为一种传统。这种方法是不能适应现代家庭道德建设的实际需要的。在现代社会，任何道德建设都需要其对象学习相关的道德知识，掌握相关的道德原则和价值标准。家庭道德建设涉及一系列专门的道德和法律知识，这些知识基本都是以文字的方式记载的，惟有通过学习才能真正了解和把握，才能使家庭道德建设达到规范化的要求。中国的家庭道德建设，要使家庭成员通过学习了解和掌握相关的家庭道德和法律规范，实行以德治家、依法治家。强调学习的方法也是可行的，因为现在的家庭一般都有"文化人"，不仅自己可以学习，而且可以承担带领家庭其他成员学习道德和法律知识的家务责任。

家庭道德建设中的学习活动，方式可以多种多样，既可以由家庭成员自行组织，也可以由村社组织，还可以经由几个家庭自由组合。家庭成员开展学习相关的道德和法律知识的活动，应当在政权机构和公民基层组织的指导下进行，并且形成相关的制度。

为了提高父母和长辈教育孩子的能力素质，国家和社会应当提倡兴办各种类型的家长学校，组织家长进行专门的学习和培训。这样的学校可以独立兴办，也可以依托普通学校举办，学习方式一般应以利用业余时间为宜。

三、交流沟通的方法

交流沟通的方法，是社会道德建设中常用的方法，在日常的思想道德教育中经常为人们所运用。它对于消除人际障碍、改善和优化人际关系，营造适宜的社会风尚具有重要的意义。

家庭成员在一起生活，吃饭"在一个锅里摸勺子"，夫妻"睡觉一个枕头"，人际距离比起其他任何社会生活领域的人群都近，这一方面为建立和谐的家庭人际关系提供了方便，另一方面也易于产生家庭矛盾。因此，提倡适时进行交流与沟通是十分必要的。

交流与沟通，适用于家庭所有成员之间。夫妻之间由于种种原因所致，也会产生一些误会，甚至一些矛盾，如果不适时解决就可能在"核心"的位置上影响家庭气氛和生活质量，直至产生一系列的家庭问题。人们往往认为夫妻同餐共食、同枕共眠，"两个人就像一个人一样"，彼此不存在什么隔阂，不需要什么沟通，这实际上是一种错觉。夫妻除了家庭共同生活，各有各的职业和事业，各有各的兴趣爱好，各有各的社会活动空间，即使是"好得像一个人"，也不会是"一个人"，没有交流与沟通，就会产生隔阂、分歧，甚至矛盾。当发生了隔阂、分歧和矛盾的时候，特别是隔阂、分歧和矛盾已经影响到夫妻感情的时候，交流与沟通就显得尤其必要了。一些夫妻的日常共同生活磕磕碰碰，争争吵吵，充满火药味，直至闹到离婚的地步，往往与缺少这样的交流与沟通是有关系的。

父母和家庭其他长辈与孩子开展正常的交流与沟通，尤其是在父母与孩子之间开展正常的交流与沟通，是家庭道德建设最为重要的方法。在中国的家庭中，父母不了解孩子的情况是屡见不鲜的。常见的，父母出于希冀孩子长大成才的良好愿望，平时只顾对孩子提出这样那样的要求，而很少考虑到孩子的感受，更难想到孩子的一些特殊需要，不注意了解孩子的内心世界，直到孩子某日突然出了什么问题，或提出某种"意想不到"的要求和抗议的时候，才感到自己与孩子之间存在隔阂，原来自己不了解"自己身上的这块肉"。如果父母平时注意与自己的孩子开展正常的交流与沟通，这样的情况是完全可以避免的。

父母同孩子的交流与沟通的方法，不应当仅仅是"谈话"，更多的应当采用一些暗示的方法①。一是创设特定的情境，实行环境暗示。如在室内张贴切合实际的家训、悬挂著名科学家的画像和家庭建设的奋斗目标

---

① 参见季卫华：《让孩子爱上学习》，《文汇报》2003年6月30日。

等。二是注意语言魅力，实行语言暗示。父母要根据自己孩子的性格特征，注意用适合、幽默和富有情感的语言，把自己的要求和希望间接地传递给孩子，使孩子在一种愉悦的心境中接受父母的教育。三是少说多做，注意使用形体语言。有一位母亲在吃饭时对孩子提出以后每天中午要午睡的要求。第二天，又发现孩子中午到处乱翻，丝毫没有停下来的意思，这位母亲没说一句话，而是走过去把孩子床上的被子铺开，自己也停下手中的工作，上床休息，这无声的语言提醒了孩子，他马上就主动去午睡了。四是迂回教育，实行认知暗示。有一个孩子有许多不良习惯，父母并没有直接批评，而是要求孩子给自己远方的好朋友或自己的老师写一封信，告诉他们自己升入初中养成了哪些好习惯，近期有什么打算。从此以后，这孩子果真改掉了不少不良习惯，这种意想不到的效果就在于孩子在写信过程中进行了自我反省、自我认识，避免了心理对抗和厌烦。

需要特别指出的是，在中国的不少家庭里，当孩子因为有了自己的兴趣而违背父母意愿的时候，父母往往采取的做法不是通过交流与沟通，力求了解孩子，尊重孩子的兴趣，而只是一味地加以阻止，甚至借机讽刺、挖苦、嘲弄，给予"无情的打击"。结果不仅不能教育孩子，反而可能压抑孩子的发展潜能。

达尔文从小就热衷于搜集植物和昆虫的标本，对硬币、图章、贝壳和化石等许多杂七杂八的东西的收藏也极有兴趣，因而影响了学习成绩，遭到老师、校长的训斥。可是，老达尔文却理解自己孩子的兴趣和爱好，给予热情的支持，他把花园里的一间小屋交给达尔文，专门供他做化学实验。

更难能可贵的是，老达尔文还鼓励儿子，要他把在生活中所观察到的一切情况详细地记录在日记里。后来，当老达尔文看了儿子制作的标本、文字记录和画下的插图，又向他提出了更高的要求："你不能仅把自己当作一个画家，要更多地使用文字而不是画笔与颜色。当你描述一种花、一种蝴蝶，甚至一种苔藓的时候，你必须使别人根据你的描述立刻辨认出这种东西是什么。"老达尔文不厌其烦地指导着儿子："要做到这一点，你就必须养成勤写日记的习惯；你还要不断地阅读名著，提高自己的观察能力，这样，你的写作才能真正得到提高。"①老达尔文的做法，是值得中国家庭的父母借鉴的。

榜样示范，是适用于一切道德教育和道德建设领域的重要方法。这里所说的榜样即道德榜样，在中国历史上又称道德典范，指的是那些理想人格的化身和道德选择中的杰出人物，即所谓"圣人""贤人""君子"。其实，不应当把道德榜样仅仅理解为道德典范，道德典范是道德榜样中的佼佼者。一个人的思想观念和行为如果能为他人提供可供学习和效法的样子，我们就可以称其为道德榜样。

道德榜样的教育意义，全在于它使具有榜样形象的人具有某种道德威信，能唤起人们对他的信任、钦佩、赞誉和效仿，产生"向他看齐"的示范作用，这是任何道德知识灌输都无法替代的。

在家庭生活中，家庭成员的地位是平等的，但不同成员所承担的家庭责任是不一样的，因此道德要求也不一样。一般说，父母的道德素质应当比孩子要优良一些，能为孩子作出可供学习和效仿的榜样。

父母的榜样作用对于孩子的健康成长具有举足轻重的作用。父母要求孩子做到的，自己就应当首先做到；要求孩子不做的，自己就应当不做。比如，要求孩子做一个诚实守信的人，自己就应当是一个这样的人；要求孩子孝敬自己，自己就应当孝敬孩子的祖父母；要求孩子认真读书，自己就应当是一个爱学习的人；要求孩子不要参与赌博之类违法乱纪的事，自己就应当不沾染这种恶习；要求自家的孩子要与别人家的孩子友好相处，自己就应当在成人交往"圈子里"善与人处，如此等等。

在家庭道德建设里，除了父母，其他家庭成员也应当为正在成长的孩子作出榜样，以此营造一种良好的家庭道德氛围。

---

① 《现代育儿报》2003 年 6 月 23 日。

第四章　中国学校道德建设

在人类历史上，长期没有学校道德建设的概念，学校的道德建设就是学校的道德教育。在中国，同家庭道德建设一样，学校道德建设这一概念的出现也只是20世纪90年代的事情，在此之前，研究和解决学校的一切道德问题，都是在道德教育或德育这一概念的统摄之下，而且一般只是指教师对学生的道德教育。以学校道德建设替代学校道德教育，表明人们对学校道德建设的地位与作用、目标、内容和途径与方法等重要领域的问题，有了合乎时代要求的新认识。

第一节　学校道德建设的地位与作用

在普及教育的国度里，人的道德品质一般是在接受学校教育期间养成的，这使得学校道德建设成为整个社会道德建设的主体工程。自古以来的学校道德教育，都是通过国家制定的方针和政策，有系统、有组织、有计划地实施的，各级各类学校根据国家的要求都有自己明确的培养目标、任务、教育内容体系和实施计划。虽然学校教育的阶级和时代特征，使得自古以来世界各国各民族的学校道德建设和道德教育的目标、任务、教育内容体系有所不同，但在作为整个社会道德建设的主体工程这一点上却是一致的。在现代社会，学校道德建设旨在培育人的道德素质，优化人才的素质结构，提升社会的文明水平，促进人的全面发展和社会的全面进步。

《公民道德建设实施纲要》对中国学校道德建设的地位与作用做了高度概括，并从"道德教育"的角度指出了中国学校道德建设的总体任务和总要求，这就是："学校是进行系统道德教育的重要阵地。各级各类学校必须认真贯彻党的教育方针，全面推进素质教育，把教书与育人紧密结合起来。要科学规划不同年龄学生及各学习阶段道德教育的具体内容，坚持贯彻学生日常行为规范，加强校风校纪建设。要发挥教师为人师表的作用，把道德教育渗透到学校教育的各个环节。要组织学生参加适当的生产劳动和社会实践活动，帮助他们认识社会、了解社会、了解国情、增强社会责任感。"

考察学校道德建设的地位与作用，应当从如下几个基本方面进行。

学校道德建设具有战略地位与作用这是由学校教育在国家和社会发展中的战略地位与作用决定的。教育活动是人类为延续自己生命、求得自身发展的必然选择，学校教育是在这种必然选择之后为适应社会生产和社会管理的客观要求而创建的。人类要生存繁衍，就需要组织生产，对自己实行管理，并在生产和管理的过程中把形成和积累起来的知识、技能和经验不断地传授给下一代，教育活动由此而产生。人类早期的教育活动，是在生产和管理的过程中进行的，那是名副其实的"示范"和"言传身教"。这一现象存在于以往的整个农耕时代，在中国今天的乡村社会，人们仍然可以看到这种原始性教育活动的踪影。

国家随着阶级的产生而出现之后，培养管理国家和治理社会的统治人才，成为教育活动的主要目标和任务。这样的目标和任务显然不能仅仅依靠"示范"和"言传身教"的教育活动来承担，于是学校教育的产生就成为一种历史必然。这是人类最早的学校为何都是"官学"，"传道、授业、解惑"的内容为何多是人文社会科学方面的知识，培养人才何以都基本上遵循"有教有类""学而优则仕"的方针的根本原因所在。

在中国，最早的学校产生于奴隶社会的夏朝，时称"庠""序"。到了商代，又增设"学"，此为正式的官方学校。到了周代，学校有了进一步的发展，官学有了所谓的"大学"与"小学"的区分。"官学"无一例外都以培养统治人才为宗旨，教育者的身份是"官师"（集"官"与"师"于一身），并分为"师""保""傅"等若干等级，劳动报酬为做官的俸禄。到了社会大动荡的春秋战国时期，随着"文化下移"，出现了"私学"，开辟了中国学校教育的新纪元。第一个创办"私学"的是孔子，他实行的教育方针是"有教无类"，打破了"官学"只培养贵族子弟的传统旧习，真正将学校的大门向全社会敞开，"官师"之外同时出现了后来意义上的"教师"。学校教育的出现，最终使人类步入告别愚昧和野蛮的历史时代，走上文明的发展道路。但是，在古代社会，学校教育的培养目标基本上都是统治人才即专制社会的官吏，内容主要是"经世之道"，中国的情况自然也是这样，这在根本上制约着学校教育的发展。

严格说来，与社会生产特别是与科技进步直接相联系的学校教育的诞生，特别是高等教育的诞生，是近代社会的事情。这在西方社会，发生在十二和十三世纪，在中国则发生在十九世纪末。教育史上的这一现象，其实是说明了中国进入近代社会以后何以会渐渐地落后于西方社会的一个重要原因。

不论是在中国还是在西方国家，也不论是古代社会以"学而优则仕"为目标，还是近现代社会以培养各行各业的管理和建设人才为目标，学校教育都以培养国家和社会所需要的人才为己任，因此其兴衰与否同国家和民族的兴衰总是紧密地联系在一起，由此决定了学校教育在国家建设和社会发展中的特殊地位和作用。荀子说："国将兴，必贵师而重傅……国将衰，必贱师而轻傅。"[1]学校教育作为立国之本的战略思想，其实古已有之。

自古以来，学校的道德建设是学校教育整体的目标、内容和方法的重要组成部分。学校教育在国家管理和社会发展中的战略地位与作用，决定了学校道德建设的战略地位与作用，在现代社会，这一地位与作用是通过

---

[1]《荀子·大略》。

教育和培养全面发展的人才集中体现出来的。

一、学校道德建设是精神文明建设的基础工程

精神文明包括思想道德和文化两个基本方面，一个社会的精神文明建设是人们进行精神生产和精神生活的主要活动形式，它从思想道德建设和文化建设两个相互关联的方面来促进社会的发展和进步，提高社会的文明水平，培育和弘扬人的精神，为社会的发展进步提供强大的精神动力和智力支持，从而保证社会的物质文明建设能够沿着既定的方向和道路向前发展。

由于思想道德和文化都属于社会意识形态范畴，根源于一定社会的经济关系，并受到政治和法律等上层建筑的深刻影响，所以不同性质的社会，有不同性质的精神文明。在一定社会的意识形态领域里，不同性质社会的精神文明，总是存在复杂而尖锐的矛盾和斗争。就中国而言，在精神文明建设这一领域内，社会主义思想不去占领，资本主义思想就必然会去占领。西方世界实行和平演变的重要手段之一，就是要用资产阶级的意识形态，资产阶级的人生观、价值观和腐朽生活方式腐蚀我们的人民群众，以达到最终改变中国社会主义制度的目的。因此，如果放松了精神文明的建设，就必然会在思想道德领域和社会风气方面，遭到资产阶级个人主义、拜金主义和享乐主义的侵蚀，使社会空气受污染，人民群众的思想受毒害，从而改变正在进行的有中国特色的社会主义建设事业的方向。

在一定社会里，精神文明的实际水平和发展潜力，取决于学校教育和培养的人才的质量，而质量又是以综合素质为衡量标准的。因此，在学校教育和培养人才的过程中，要始终注意把思想道德建设放在突出的位置，它在根本上决定着一个国家和社会精神文明的实际状况和发展潜力。而学校的思想道德建设历来是有目的、有组织、有计划、系统地进行的，这就在基础的意义上为一个社会的精神文明提供了最可靠的保障。

人类社会进入现代发展阶段以来，为适应社会发展的要求，世界各国

的学校教育都在突飞猛进地发展，作为精神生产和精神生活的一个方面、一个领域，学校在大多数国家所占的比重都比较大，在校学生一般都占全国人口的百分之三十左右，有的甚至更高。从这点看，学校的道德建设抓好了，就从"精神动力"方面为全社会的精神文明建设提供了一个重要的基础，作出了不可替代的重要支持。

从人的思想道德素质的形成和发展来看，它是一种过程，其基础阶段是在接受学校教育期间。人适应社会和自身发展需要的思想道德素质的养成需要接受教育，这是一个由"自然人"转变为"社会人"的过程。孩子上学后，在系统接受科学文化知识和技能教育的同时，也系统接受思想道德教育。从这点看，一个人在其今后的人生道路上用什么样的世界观、社会历史观、人生价值观和道德观来看待自己面临的人生问题，取决于其在校期间所接受的思想道德教育。

作为整个社会精神文明建设的基础工程，学校道德建设在目标、任务和内容体系等方面必须与社会道德建设保持一致。这是一种普遍要求。中国在进入改革开放和加速社会主义现代化事业建设的历史新时期以后，特别注意整个社会道德建设目标、任务和内容的研究和设定，关于这一点，早在国家颁发的德育大纲和相关的教育文献中都有反映，在《公民道德建设实施纲要》和党的十六大报告中更是作了专门性的阐述。中国各级各类学校的道德建设目标，不论是在总体上还是在具体方面，都必须贯彻党和国家的方针政策，与社会道德建设的总目标和总要求相一致，不能自行其是，另搞一套。

作为整个社会精神文明建设的基础工程，各级各类学校的学生培养目标必须符合党和国家的教育方针的要求。成才是学校教育一切活动的轴心，既是整个学校教育过程的目标，也是学生整个学习过程的目标，学校的一切活动都是围绕学生成才的目标进行的，学校道德建设的目标必须始终紧紧抓住促使学生成为全面发展的人才这个中心。根据党和国家的教育方针和相关文教政策的要求，我国教育和培养的人才必须在德、智、体、美诸方面得到全面发展，并高度重视德育，强调要把德育放在首位，努力促使学生养成有理想、有道德、守纪律、心理健康的良好的个性品质。

作为整个社会精神文明建设的基础工程，学校的思想道德建设必须充分注意对象的整体性。在传统意义上，过去由于受"道德教育"或"德育"这一思维模式的制约和影响，在理论思维和思想认识上人们习惯于将学校道德建设的对象局限于学生，指的是教师和管理工作者对学生的思想道德教育，虽然在有些情况下也论及教师，但多不是如同把学生视为对象那种意义上的。但是，实际上人类社会自从有了学校教育，对教师的道德人格就有"教育"和"建设"上的要求，中国也是这样。20世纪实行改革开放后特别是进入90年代以来，中国人这一传统思维模式和认知方式就渐渐地被打破，人们在理解和把握上把学校道德建设的对象拓宽到教职工，不仅包含教师，而且包含学校的图书馆和后勤人员。这是思维和认知方式上顺应时代发展的客观要求、实行与时俱进的变革的一个突出表现。

二、学校道德建设在学校教育全过程中起着主导作用

在中外教育史上，对学生的道德教育一直被放在学校教育的突出地位，在中国这一特点更为明显。战国后期思孟学派的《学记》（后收入《礼记》，共二十节，一千二百余字）断言："古之王者，教学为先。"中国历史上的学校教育和教学多以儒家经典为内容，从这点看，这个历史经验的总结说到的"教学"，所指实则为道德教育或教学。西方社会进入近代发展阶段以后，告别了过去"读书做官""学而优则仕"的教育与教学模式，但这一传统并没有因此而丢失，教育家和教育思想家们在学校道德教育方面发表过许多独到和深刻的见解。如赫尔巴特说："教学如果没有进行道德教育，只是一种没有目的的手段；道德教育如果没有教学，就是一种失去了手段的目的。"苏霍姆林斯基说："学校里所做的一切都包含着深刻的道德意义。"

第二次世界大战后，西方国家面对经济迅速发展的同时出现的社会危机和道德危机，普遍重视学校的道德建设，有的甚至把学校的道德建设放

到学校教育的首位。一位全球问题专家指出："工业化导致了越来越多的青少年受到损人利己动机的驱使，对为社会服务和树立对社会利益的责任感越来越没有兴趣。"①日本明确提出，"道德教育工作是关系到日本 21 世纪命运的关键，道德教育应成为学校教育的首位，并提出加强学校道德教育的五大关键措施。"英、法、德、澳、加拿大等国提出，"只有不吝惜在品德教育上花钱，才能使智力更有效地发挥作用"②。

中国进入改革开放和发展社会主义市场经济的历史新时期以后，为适应社会发展的客观要求，确立了把法治与德治结合起来的治国方针。2001 年春季，时任中共中央总书记的江泽民在全国宣传部长会议上指出："我们在建设有中国特色的社会主义，发展社会主义市场经济的过程中，要坚持不懈地加强社会主义法制教育，依法治国，同时也要坚持不懈地加强社会主义道德建设，以德治国。"与此同时，各级各类学校纷纷重申把德育放在首位的办学方针，强调以德治校和以德治教，把依法治校与以德治校结合起来。

学校道德建设在学校教育整个过程中之所以起着主导作用，可以从两个方面来分析和认识。首先，可以从人的素质结构中诸要素的功能来看。在人的素质结构中，如果学生和教职工的智能素质反映其参与教育教学过程的"智商"和"本领"的话，那么思想道德品质则反映其参与教育教学过程的"德性"或"本性"，"智商"和"本领"表现为"会不会"的能力问题，"德性"或"本性"表现为"愿不愿"的态度即行为倾向问题。经验普遍证明，学生和教职工的"会不会"历来是受"愿不愿"支配的；只要"愿"，不"会"会转而为"会"，只有'愿'，"会"才会转为实际行动和功效；反之则不然。就是说，"会不会"的"智商"和"本领"的积累及其作用的发挥，取决于"愿不愿"的"德性"或"本性"。有的学生，学习的"智商"并不高，"本领"并不强，但由于其"愿意"学习，奋发图强，结果取得优良甚至优异的学习成绩，反之则不然。同样之理，有的

---

① 转引自贾仕林,崔景贵:《国外青少年道德教育的走向及其启示》,《青年探索》2001 年第 5 期。

② 转引自施修华,罗国振:《道德概论》,上海:华东师范大学出版社 1991 年版,第 41 页。

教师教育教学的"智商"和"本领"很强，但由于其缺乏责任心和爱岗敬业精神，"不愿"在教育教学上下功夫，结果教育教学质量不高。而有的教师，虽然"智商"和"本领"不怎么样，但由于热爱教育事业，热爱学生，工作上孜孜不倦地追求，结果教育教学受到学生普遍欢迎。

其次，可以从整个学校的教育工作环境和过程来看。一个学校的教育教学工作搞得好与不好，在很大程度上依赖于其校风即学生的学风、教师的教风和管理工作者的工作作风，这是不言而喻的。校风是学校教育教学的"软环境"，它作为一种"精神基础"和"精神动力"对整个教育教学过程发生着举足轻重的影响，而优良的校风不是自然形成的，它依靠坚持不懈地开展思想道德建设活动。

第二节 学生道德建设

学生的道德建设，我们过去习惯上称其为德育，其目标、任务和内容是在德育这一视域内考察、设计和实施的。如前所说，这一思维定式有其局限性，有必要放到道德建设或思想道德建设的平台上来加以考察和阐述。

一、学生道德建设的目标和任务

新中国成立以后至党的十一届三中全会前，德育目标经历了若干次的调整和变化。1952年3月，教育部颁发了中小学"暂行规程"（草案），将小学德育目标规定为"使儿童具有爱国思想、国民公德和诚实、勇敢、团结、互助、遵守纪律等优良品质"。中学教育目标在德育方面要求是："发展学生为祖国效忠、为人民服务的思想，养成其爱祖国、爱人民、爱劳动、爱科学、爱护公共财物的国民公德和刚毅、勇敢、自觉遵守纪律的优良品质。"这体现了当时起临时宪法作用的中国人民政协"共同纲领"提倡"五爱"国民公德的精神。1954年4月，政务院《关于改进和发展中学教育的指示》对德育目标规定了三个方面的要求，即"树立社会主义政治方向，培养辩证唯物主义世界观基础和共产主义道德品质"。这三个方面的规定，曾是长期指导中国学校德育工作的基本要求，许多教育论著、教材，包括"文革"以后的论著、教材在论述德育目标时，也基本上按这三个方面要求加以阐述，虽然具体表述不尽相同。1958年中共中央、国务院关于教育工作的指示中，提出一切学校都要进行四个观点教育，即进行阶级观点、集体观点、劳动观点、辩证唯物主义观点的教育。1963年在对学校教育事业进行调整的基础上，中共中央制定的《中小学暂行工作条例（草案）》，对德育目标与内容作了更为具体的规定。《全日制小学暂行工作条例（草案）》规定小学培养目标在德育方面要求是"使学生具有爱祖国、爱人民、爱劳动、爱科学、爱护公共财物等品德，拥护社会主义，拥护共产党"。《条例》除依据上述目标规定了具体教育内容外，还规定了"要教育学生尊敬教师和长辈，对同学、兄弟姊妹要互助友爱，对人要有礼貌"等。《全日制中学暂行工作条例（草案）》，对中学德育目标内容的规定，在小学教育基础上提出进一步的要求，例如要求学生具有国际主义精神，愿意为社会主义服务，为人民服务，逐步进行"四个观点"教育等。

"文革"期间，阶级斗争是主课，德育目标和内容突出思想上"兴无灭资""防修反修"。粉碎"四人帮"以后，党的十一届三中全会停止使用"以阶级斗争为纲"这个不适于社会主义社会的口号，做出把工作重点转移到社会主义现代化建设上来的战略决策，经过解放思想、拨乱反正，开始纠正"文革"和"文革"以前的"左"的错误。随之德育价值观也发生了根本转折，由为阶级斗争服务，转变为为社会主义现代化建设服务，为培养适应"四化"建设要求的建设者服务。中小学德育大纲被列入国家"六五""七五"教育科学规划项目。在理论上开始改变德育目标和内容上过分政治化倾向，并把培养道德思维、道德评价能力和自我教育能力列入了德育目标要求。党和国家有关文件，对德育工作都作过一系列重要规定。而德育大纲的研制颁发实施更促使学校德育工作走向科学化、序列化和制度化。

中国高等学校学生的道德建设目标，国家过去在很长的时间里并没有明确的规定，1995年国家颁布的《中国普通高等学校德育大纲》第一次作了全面的规定："使学生热爱社会主义祖国，拥护党的领导和党的基本路线，确立献身于有中国特色社会主义事业的政治方向；努力学习马克思主义，逐步树立科学世界观、方法论，走与实践相结合、与工农相结合的道路；努力为人民服务，具有艰苦奋斗的精神和强烈的使命感、责任感；自觉地遵纪守法，具有良好的道德品质和健康的心理素质；勤奋学习，勇于探索，努力掌握现代科学文化知识。并从中培养一批具有共产主义觉悟的先进分子。"

关于学生道德建设的目标，有一个值得注意的现象：国外许多德育学家在阐述德育目标的时候，很多人强调人权，挖掘人类所谓共同的价值观，但最后仍然明确地规定要培养具有本民族精神，忠诚于本国的公民。注重培育民族精神，历来是世界各国学生德育目标的集中体现。这是因为，一国之中，民族精神是人们的灵魂，是激发人们向上的力量，也是一国之中最大的凝聚力、向心力。如何快速而有效地造就合格的公民，是各国教育界一直在探讨、摸索而众说纷纭的问题。

学生的德育目标，首要的是政治品质的养成，它从思想道德建设上反映着一定社会制度的性质和社会发展的方向，是由教育的阶级属性决定的。在阶级社会里，学校教育掌握在统治阶级手里，统治阶级总是要求其培养的人才具有相应的阶级意识和政治觉悟，能够坚定地站在统治阶级立场上，体现统治阶级意志，为统治阶级服务。正因如此，对学生政治品质方面的要求，不仅历来不可避免地会打上"阶级烙印"，而且历来不可避免地打上"时代烙印"。中国明末时期，由于政治高度专制集权和腐败，在学生德育目标要求方面也达到了近似荒谬的地步。当时的国子监有这样的"监规"："在学生员，当以孝悌忠信为礼仪本，必须隆师亲友，养成忠厚之心，以为他日之用。敢有毁辱师长及生事告讦者，即系干名犯义，有伤风化，定将犯人杖一百，发云南地面充军。"新中国成立后，经过"一化三改造"的历史性变革建立了社会主义制度，阶级作为一个整体已经不复存在，但仍然一直坚持把教育和培养学生具有相应的政治品质放在第一位，国家通过全面发展的教育方针确立学生的德育目标，要求各级各类学校教育培养的学生都应具有社会主义和共产主义的觉悟，拥护中国共产党的方针、路线和政策，热爱社会主义祖国，自觉抵制各种错误思潮的影响。虽然在"左"的思潮盛行时期这一方针的内涵一度受到过歪曲，但在全面发展教育方针的指导下高度重视学生政治品质的教育培养目标的思想始终没有改变。这反映了人类学校教育史上的客观规律。

次之是思想道德品德的养成。包含五个基本层次：一是思想理论认识水平，主要是促使受教育者要树立科学的世界观、社会历史观等方面的认识水平，具备正确认识、观察、分析和把握自然、社会和历史发展等问题的能力。二是促使受教育者确立正确的人生观和价值观方面的素质，使之能够正确地认识人生目的，树立远大的人生理想，具备积极的人生态度，正确把握自己的行为方式，能够正确地对待人生道路上的顺境与逆境、成功与挫折等重大问题。三是促使受教育者形成优良的道德品质，这是一个如何"做人"的根本问题，要求受教育者在认识和处理人们相互之间及个人与社会集体之间的利益关系问题上能够采取应有的看法、态度以及行为方式。四是促使受教育者养成健康的心理素质，这是现代学校德育目标的重要组成部分。心理健康，指的是一种持续、高效而满意的心理状态。1946年第三届国际心理卫生大会给心理健康下的定义为："所谓心理健康是指在身体、智能以及情感上与他人不相矛盾的范围内，将个人心境发展成最佳状态。"其具体标志是："①身体、智力、情绪十分调和；②适应环境，人际关系中彼此谦让；③有幸福感；④在工作和职业中能充分发挥自己的能力，过有效率的生活。"健康的心理有助于学生形成浓厚的求知欲和学习兴趣，发挥正常的智力水平；学会了解自己、悦纳自我；善于协调和控制各种不良情绪，乐于交往，保持和建立和谐的人际关系。这些，对学生将来走上职业岗位也很有帮助的。五是促使受教育者养成健康的审美情趣和能力。美，包含自然美、社会美、艺术美等多种形式。对自然美的发现和欣赏，有助于陶冶人的情操，诱发和引导人们热爱自然、热爱生活、热爱社会和人生。社会美和艺术美，本身就包含着思想道德的价值因素，人们可以在发现和欣赏的过程中得到"修身养性"。因此，各级各类学校都应当把培育健康的审美情趣和能力作为学生思想道德建设目标之一。

关于思想道德品质五个方面的目标要素，是存在内在逻辑联系的。其中，世界观和社会历史观部分在思想道德素质的整体结构中起着指导作用，人生价值观和道德品质是思想道德素质整体结构的主体部分，而健康的心理和审美情趣与能力则是思想道德素质整体结构的基础。

二、学生道德建设的内容与要求

（一）基本思想品德和行为规范教育

一是民族精神和集体观念、国情观念和国家观念教育，目的是促使受教育者确立关心集体、关心他人、关心民族和国家的发展与前途及其在国际社会的地位的思想道德和政治意识。中国在这方面，长期坚持爱国主义、集体主义和社会主义以及国际主义精神的教育，要求学生能够正确处理个人与他人、集体和国家之间的利益关系，拥护社会主义制度和中国共产党的方针、路线与政策，在国际关系中能够正确认识和对待本民族与其他民族和国家之间的关系。

二是公民基本道德规范和遵纪守法教育，主要包括民族优良传统道德和革命传统精神、社会公德和基本法律法规等内容。中国在这方面，一贯坚持继承和弘扬中华民族传统美德和革命传统道德的教育，近几年又依据《公民道德建设实施纲要》的要求，强调对学生进行爱国守法、明礼诚信、团结友善、勤俭自强、敬业（学）奉献以及文明礼貌、助人为乐、爱护公物、保护环境、遵纪守法的教育。

（二）世界观、人生价值观的教育

世界观、人生价值观的教育主要包括自然、社会历史运动发展和人的思维活动的规律的认识，主体意识、竞争意识、时效观念、民主意识、公平意识、科技意识、创业意识等现代意识和精神的培养。中国学校的道德建设在这方面坚持用马克思主义的辩证唯物主义和历史唯物主义武装学生的头脑，教育和培养学生逐步掌握科学的世界观，学会运用马克思主义的基本观点、立场和方法观察和分析社会与人生问题，正确处理个人与社会集体的关系、自我学习成才与社会发展需要的关系；促使学生明白个人的成长成才离不开国家和人民的关怀，正确认识个人发展和价值实现与国家和人民需要之间的关系，树立"为中华崛起而读书"的学习观和"人生价值在于贡献"的人生价值观。

（三）健康心理和审美情趣教育

这是按照现代人才综合素质的要求而提出来的。现代社会的学校道德建设，要求学生学会自尊、自爱、自立，勇于自强，具备积极进取、开拓创新的坚强意志和乐观情绪，能够正确对待顺境和逆境、成功与失败，活泼开朗，具备耐挫能力。同时，要求学生能够正确地对待性，善于处理异性关系，善待爱情，具备健康的性心理。

以上有关学生道德建设的三个方面是自成体系的，覆盖了学生健康成长过程中所需要的各个方面的知识和能力，也体现了随着年龄的增长由低层次向高层次循序渐进的逻辑关系和发展延伸方向。

三、学生道德建设的途径和方法

（一）开设相关课程

这是学校道德建设的基本途径和主渠道。

在学校教育中，"课程"思想的渊源可以追溯到古希腊时代，但把"课程"作为独立学科加以研究，还不到100年的时间。美国学者斯科特曾指出："课程"是一个用得最普遍却定义最差的术语。美国学者鲁尔在其博士论文《课程含义的哲学探索》（1973）中，曾列出了119种课程定义。中国学者的定义大概有六种：课程即教学科目、课程即有计划的教学活动、课程即预期的教学结果、课程即学习经验、课程即文化再生产、课程即社会改造的过程。①这些意见的共同点是：所谓课程就是指在学校的教师指导下出现的学习者学习活动的总体，既包括以课堂形式出现的正式课程，也包括课外教育内容；既包括书本理论知识，也包括各种按教育目的组织的实践活动。思想道德建设方面的课程是学校课程体系的重要组成部分。

学生方面的思想道德建设课程，就是人们平常所说的德育课程。其功用在于根据学生道德建设的目标、内容和要求，系统传授道德、哲学、政治、法律、心理健康等方面的理论知识，具备运用所学的理论知识观察、分析、认识和把握社会、人生与自我的基本能力。社会主义中国学校的德育课程，经过改革开放二十多年的探索，目前已经形成比较完善的课程体系，小学阶段称为思想品德课程，中学阶段称为思想政治课程，大学阶段称为马克思主义理论课与思想品德课（即平常所说的"两课"）。实践证明，这样的德育课程体系，是适应中国社会发展和学生健康成长的实际情况和需要的。

从以课程的形式教育学生的实际需要看，学校的教职工和领导管理者都应当同样接受课程形式的教育。但是，从全球范围看，学校的教职工和领导管理者的道德建设，还没有出现确切的课程要求和计划，这是一个可以大有作为的研究领域。

道德作为一种特殊的社会现象和人类精神生活方式，不论是在知识理论层面上还是在实践活动的意义上，都是科学；道德又是随着社会的发展变化和人的需求的不断改变而更新着自己的知识和理论的内涵，因此需要

---

① 参见施良方：《课程定义辨析》，《教育评论》1994年第3期。

人们不断学习和掌握，而最好的学习途径就是课程的方式。学校的教职工和领导管理者都承担着教育、影响和培养学生具有良好的思想道德品质的社会责任，在学校道德建设中需要不断学习相关的知识和理论。中国的学校，从20世纪80年代后期开始，就注意到对学校的教师进行"继续教育"，让他们"充电"——除了学习和补充相关的专业知识理论以外，还学习现代教育学和师德修养方面的课程，但由于受到多种因素的制约，收效往往是有限的。至于领导管理者的道德建设，中国学校目前还没有相关的课程要求，不能不说这是一种缺陷。

与学校道德建设相关的课程，应当充分反映国家建设和社会发展的客观要求，继承和吸收人类先进的文明成果，体现与时俱进的特点。在这个问题上，自古以来的学校都反对任课教师自行其是、另搞一套的错误做法。

以课程的途径进行道德建设，其实施的主要方式应是灌输。学习知识理论的目的，首先是"知其然"即了解"是什么"，然后才是"知其所以然"即懂得"为什么"，前者的实现只能靠灌输，后者的实现当然离不开相关的实践活动，但首先还是依赖灌输。因此，坚持以课程的途径进行道德建设，就要反对那种轻视知识灌输、片面强调"养成教育"的错误认识和做法。

（二）重视校园文化建设

校园文化是学校个性和精神面貌的集中反映，一般包含表层文化和深层文化两个基本层次。表层文化，亦可称其为可视文化层，一般是指学校的"硬环境"，如校园地理位置的选择、各种建筑物和设施的布局和设计风格、校规校训、公共生活准则、公众传媒和宣传品的内容和形式、公共卫生的条件和状况、师生员工的服饰仪表和言谈举止，等等。深层文化亦称观念文化，它是校园文化的"软环境"，它是"隐性"的，主要包含师生员工的人际关系状态、价值追求、生活方式、群众体育和群众文艺活动、学生组建社团的倾向及其活动内容和方式，等等。校园的表层文化与深层文化是相互联系的，一般说来，前者是后者的形式，后者是前者的实质，对前者起着支撑和保障的作用。

对校园文化建设意义的认识，涉及环境与人的关系问题。环境与人的关系的真谛是：人改造和创设着适合自己生存和发展的环境，又在自己改造和创造的环境中被改造和优化。人在比较愉悦的环境中比较容易接受教育，这是普遍规律。校园文化是学校教育的环境，对师生员工思想道德的影响既是深刻久远的，又是潜移默化的。古人云："与善人居，如入幽兰之室，久居不闻其香；与恶人居，如入鱼腥之室，久居不闻其臭。"正因如此，世界各国都高度重视校园文化建设，建设"花园式学校""和睦家庭式学校"成为教育者们孜孜不倦的共同追求。

重视校园文化建设，首先需要学校领导者的重视，提高对校园文化建设重要性的认识，将其纳入学校发展规划和工作职责的范围之内，进行宏观设计和指导，投入必要的物力、人力和财力，充分调动学校所有职能部门的积极性，形成上下协力、齐抓共管的良性态势。其次，要充分发挥学生群众组织的主体作用，开展课外文化活动，丰富校园文化生活，拓宽思想道德建设的内容和领域。专任或兼任学生思想道德教育工作的教师，要加强对学生组织活动的指导，使之健康有益。同时，也要动员和组织教师积极参与学生群众组织的文化活动。再次，加强校园传媒和宣传窗口的建设，进行精心设计，用健康有益的内容和生动活泼的形式影响师生员工。最后，加强日常管理环节，特别是要提高教职工和学生公寓的管理水平和服务质量，搞好学生寝室的文化建设。

（三）实行科学管理

道德建设必须与管理联系起来，这是适用于各行各业思想道德建设的普遍法则，其作用与意义是不言而喻的。在西方法治国家，学校的管理工作主要面向教职工，形成了依法治教的传统。中国古代学校在师道尊严传统思想的指导下，管理主要是相对学生而言的，形成了这方面的悠久传统，它对于教育和培养学生具有整体意识和崇尚权威的品性很有益处，但同时也扼制了学生个性的自由发展。新中国成立后，这一传统的内涵有了实质性的变化，但在很长的时期内仍然是管理学生、对学生进行思想道德与政治教育的基本途径和方法。改革开放以来，随着整个社会生活环境的宽松，配合思想道德建设和思想政治工作的学校管理工作发生了许多重要的变化，总的趋势是：对学生的管理趋向弱化，对教职工的管理变得强化起来。一般来说这是正常的。

之所以必须将管理视为学校道德建设的基本途径和方法之一，根本的原因在于人的思想道德观念的形成、发展及展现都离不开其行为，而不论是从社会还是从个人发展需要看，人的行为都需要一定的指导和约束。管理在企业、事业单位和机关部门出效益，在学校则出教育效果和质量。

管理的基本要求是科学。在科学管理的意义上，学校思想道德建设中的管理一要体现学校教育的特点，反映教育教学规律；二要体现学生思想道德和心理形成与发展的特点，遵循青少年健康成长的规律；三要建章立制，做到有章可循，在现代社会则要实行依法治校、依法治教，把依法治校（教）与以德治校（教）结合起来，使学校的思想道德建设运行在法制和德治的轨道上。

为此，学校道德建设需要防止和纠正两种片面的认识和做法。一种是片面强调校园环境的"自由氛围"，轻视管理在思想道德建设中的作用和意义，以至于对违背社会道德和教育教学规律的现象视而不见，放任自流，致使思想道德教育停留在"空对空"的"说教"层面上。另一种是片面强调管理的教育意义，管理制度缺乏教育科学的依据，仿照企业管理的方式管理师生员工的思想和行动，扼制了他们个性正常的自由发展，结果对思想道德建设不仅无益，反而有害。

（四）开展社会实践活动

学校相对于社会来说是一种特殊的"独立体"，一个人接受学校教育的生涯多是在"与世隔绝"的情况下度过的，这样教育和培养出来的人才，一般都对社会缺乏了解，对自己也缺乏了解，容易养成"书面性"的思维习惯和行为模式，脱离社会和个人的实际，他们素质结构中的知识和本领往往或者"超前"于社会实际，或者"滞后"于社会实际。这种情况在思想道德素质方面也是存在的。学校道德建设旨在促使学生掌握一定的思想道德和政治方面的理论水平，培养学生具备健康的人格，最终走向社会，实现自己的人生发展目标，为国家和社会作出应有的贡献。因此，脱离社会和个人的实际情况进行道德建设的方法，是不可取的。

现代西方社会许多国家的学校，在思想道德教育方面都十分重视学生的社会实践活动，为此，一般都与学校所在地的社区签订有协作合同，并有相关的法规加以保证。学生在校读书期间，能够经常有机会在老师的带领下走出校门，参与社区活动，如公益劳动、调查访问等。

中国的现行文教政策，对学生参加社会实践活动有明确的规定和要求，但由于长期受到应试教育的影响，又缺乏相应的法律法规的制约，很多学校实际上并不能真正贯彻执行。高等学校坚持多年的大学生"志愿者行动'、"暑期社会实践活动"，由于经费缺乏切实的保障，参加的人数受到严格的限制，受教育和锻炼的学生面很窄，杯水车薪，不能真正解决面上的问题。从实际需要看，作为学校道德建设的一种途径和方法，开展社会实践活动是需要国家立法的。

在学校道德建设中，参加社会实践活动的主体应当包括教师。不论从教育培养学生的需要还是从教职工自身发展的需要看，组织教师都应经常走出校门，了解社会，参加社会实践活动是很有必要的，从事人文社会科学课程和专业方面的教学和研究的教师更应如此。许多教师，终身不离讲台，成天跟书本和学生打交道，离开了书本就说不了话，久而久之难免会成为不明世事的"书呆子"，于完善自身和教育学生都不利。

第三节 教师的道德建设

教师道德建设是学校道德建设的重要领域，也是学校道德建设能否取得应有成效的关键。这是因为，教师是学校各项教育工作的主体，决定着学生的教育和培养质量。在高等学校，教师的思想道德和精神面貌还决定着学校的科研水平和在同类学校中的地位，甚至在一定程度上还标志着一个国家的科学技术发展水平。因此，应当高度重视教师的道德建设。

由于图书馆、实验室、后勤等部门的学校职工都是围绕教育教学的人员，天天都跟学生打交道，在学生的心目中一般也被当做"老师"，所以有关教师道德建设的内容也适用于这类人员。

一、教师道德建设的目标

总的来说，教师道德建设的目标是受教师职业的"示范性"的特性决定的，它要求教师在思想道德和政治素质方面能够为人师表，这是自古以来世界各国的共同要求。苏联著名教育家马卡连柯曾形象地把教师比作"人类灵魂的工程师"，说："做一个人类灵魂的工程师意味着什么呢？这意味着——培养人。"

中国有着高度重视学校教育目标尤其是德育目标的悠久传统，历史上历朝历代的统治者和思想家为培养学生具有相应的思想道德素质，历来对教师都有思想品德方面的人格标准。两千多年前，孔子就对教师提出以身作则的人格要求，说："其身正，不令而行；其身不正，虽令不从"[1]，并发出"不能正其身，如正人何"[2]的质问。战国时期的荀子将教师的地位与君王相提并论，说："礼有三本：天地者，生之本也；先祖者，类之本也；君师者，治之本也。"[3]此处，他虽然没有明确提出教师的人格目标要求，但从其将教师与君王都看成是治理国家的"根本"所在不难看出，他是希望教师具备君王那样的品格的。《学记》篇幅虽短，但内容却相当丰富，它明确提出"三王四代唯其师"的著名论断，确认教师应当具备君王

---

[1] 《论语·子路》。

[2] 《论语·里仁》。

[3] 《荀子·礼论》。

那样的素质，并指出仅有"记问之学"的人是"不足以为师"的。西汉初年，随着封建专制政权的巩固，系统的文教政策得以逐步制定和推行，对教师的人格目标要求也更加明确和趋向系统化。西汉成帝阳朔二年（公元前23年）规定的教师人格标准是："明于古今，温故知新，通达国体"[①]。东汉的标准更全面，但也多为道德方面的要求：通《易》《尚书》《孝经》《论语》，有广博的学问，隐居乐道，不求闻达，身体健康，不与"坏人"来往，不接受王侯赏赐，行为合乎四科（东汉选拔一般人才的四条标准：淳厚、质朴、谦逊、节俭），年龄须在50岁以上。扬雄关于教师的人格标准，说得更是言简意赅："师者，人之模范也。""师哉！师哉！桐（童）子之命也。"[②]唐代韩愈在其《师说》中第一次规定了教师的任务，说："师者，所以传道授业解惑也。"从这个基本认识出发，他强调教师的人格标准最重要的是要"闻道"，即所谓"道之所存，师之所存"。在今天看来，古之学者这些关于教师的人格标准，对于今天的教师道德建设的目标来说显然仍具有一定的借鉴意义。

新中国成立后，党和国家对教师的思想道德素质要求一直非常明确，强调教师要以身作则、为人师表，具备身教重于言教的优良品行和作风。这类要求在"文革"期间虽然受到"左"的思潮的影响，但其基本方向是不应非议的。进入改革开放的历史新时期后，党和国家确立了教育发展的战略地位，十分重视对教师思想道德方面的要求，不仅在相关的文献中有所反映，而且以《教育法》《教师法》等立法形式加以确认。

20世纪90年代以来，随着学校道德建设的广泛深入展开，不少学人的研究还涉及学校的领导、图书馆、后勤工作部门的人员的思想道德和政治素质方面的要求。但时至今日，总的来看，这方面的研究还是比较薄弱的，在实践中重业务素质轻思想道德和政治素质要求的倾向依然存在。

---

① 《汉书·成帝纪》。
② 《法言·学行》。

二、教师道德建设的内容与要求

教师道德建设的基本内容和要求属于职业道德建设范畴，除了《公民道德建设实施纲要》提出的爱岗敬业、诚实守信、办事公道、服务群众、奉献社会的共同的职业道德要求以外，还有其体现职业特点的特殊的内容和要求。

教师职业道德建设最重要的内容要求是忠诚于人民的教育事业，这是遵循《公民道德建设实施纲要》提出的爱岗敬业、诚实守信的共同的职业道德要求的具体体现。要求从业人员忠诚于职业岗位，是中华民族的传统美德。忠诚，在中国传统伦理思想史上是一个极为重要的范畴。忠，在孔子那里，主要是指替别人办事要尽心竭力，《论语·学而》记载："曾子曰：'吾日三省吾身：为人谋而不忠乎？与朋友交而不信乎？传不习乎？'"《论语·宪问》记载："子曰：'爱之，能勿劳乎？忠焉，能勿诲乎？'"意思是说，"爱他，能不叫他劳苦吗？忠于他，能不教诲他吗？"后来，虽然"忠"常被用来特指忠君，但孔子的原意一直未变。诚，在中国伦理思想和道德文明发展史上有多种意思，基本的含义是真心实意、表里如一、言行一致，所以常与"信"连用，即所谓"诚信"。忠与诚连用，本义是指为别人办事要尽心竭力、真心实意、表里如一、言行一致，用作对待职业岗位，就是忠于职守，爱岗敬业。忠诚于人民教育事业，属于"大忠""大诚"，特指教师对人民教育事业矢志不渝、坚定不移的深厚情感和执著精神。

忠诚于人民的教育事业，要求教师要具备乐于奉献的道德品质。教师是一种"为他人做嫁衣"的职业，一种"甘为人梯"、让后人踩着自己肩膀向上攀登的职业，一种想方设法让后人超过自己的职业。因此，没有奉献精神是不能从事这项职业的。教师职业的崇高和神圣，全在于它的奉献特质。

在我国，忠诚于人民的教育事业、乐于奉献，也是全心全意为人民服务的核心要求和集体主义的道德原则在师德师风上的集中表现。一个忠诚于人民教育事业、乐于奉献的教师，一般就能够遵循其他各个方面的道德规范和要求。

教师在自己的职业活动中，通常会发生三个方面的业缘关系，即教师与学生之间的教学关系、教师之间的同事关系、教师与学校领导之间的关系。在每个业缘关系领域教师道德建设都有特殊的道德要求。

（一）师生关系中的教师道德建设内容和要求

在教学关系中，教师要确立教书育人的教育理念，自觉地把教书与育人结合起来。在世纪之交，江泽民曾指出，老师作为"人类灵魂的工程师"，不仅要教好书，还要育好人，各个方面都要为人师表。所谓教书育人，主要是指专业课教师在传授文化科学知识和技能的过程中，有意识地从政治和思想道德方面对学生施加积极的影响。它在内涵上有两层意思：一是在传授科学文化知识的过程中根据教学内容提供的可能条件，从政治和思想道德方面对学生施加积极的影响。二是在传授科学文化知识和平时与学生相处与交往的过程中，注意自己"师表"的"育人"形象。党的教育方针中的德育目标，其实现自然要依靠专门从事党务和思想政治工作的教师，但也离不开专业课教师。学生以学习文化课和专业知识及技能为主，学生身上发生的思想道德和政治方面的认识问题多与教学活动有关，如果教师注意实行教书育人的原则，那就抓住了学生道德建设的一个重要渠道和场所。从学习的角度看，学生最易于形成对于教师的向师性，一般都愿意向教师敞开心扉，倾诉自己对于学习、社会和人生的思想认识和情绪，甚至自己的心理问题，向老师讨教。这就为教师实行教书育人，开展思想道德和政治方面的教育，乃至心理疏导和调整，提供了极好的机遇。教师所讲授的每门课程都包含着思想道德乃至政治方面的教育因素，即所谓"书中有思想""书中有道德""书中有政治"，如公平、公正、宽容、创造、奉献、守纪等人类公认的道德价值标准和人生追求精神。有关调查材料表明，学生最喜欢听的课是富有"育人"意义的课，他们觉得这样的课不仅使他们学到了文化科学知识和技术，而且学到了"做人"的道理，"立体感强"。苏霍姆林斯基说："学校里所做的一切都包含着深刻的道德意义。"①"每一个教师不仅是教书者，而且是教育者。由于教师和学生在精神上的一致性，教育过程不是单单归结为传授知识，而且表现为多方面的关系。共同的、智力的、道德的、审美的社会和政治兴趣把我们教师中的每一个人都跟学生结合在一起。课——是点燃求知欲和道德信念火把的第一颗火星。"②有些教师认为，教书是专业课教师的天职，育人是党务和思想政治工作者的事情，这种看法是片面的。

教师要热爱学生，要严格要求学生。从一定意义上可以说，教育就是一种爱的事业。从爱祖国爱人民出发，关心和爱护青少年的健康成长，是教育的真谛也是教育工作的全部。热爱学生具有多方面的教育价值，它可以提高教师的教育威信，增强学生的"向师性"，激发和强化学生的求知欲。热爱学生，首先要尊重学生，以平等的态度对待学生。中国学校教育由于受传统的师道尊严的影响严重，一些教师特别是中小学的一些教师往往不能尊重学生，不能以平等的态度对待学生，如有的教师以辱骂、殴打的方式"教育"犯了错误的学生，甚至将学生殴打致残，在社会上造成很坏的影响。其次，要诲人不倦，也就是要不厌其烦、不知疲倦地教育学生，这是我国教师的一种优良传统。诲人不倦的基本要求是坚持不懈地认真备好课，上好课，不断地改进教学方法；坚持不懈、循循善诱地辅导学生，与学生一道探讨学校领域里的问题，关心和指导学生的健康成长。严格要求学生，是热爱学生的有机组成部分。严格要求本身就是一种爱，没有严格要求的爱是溺爱，是放任和放纵，是不利于学生健康成长的。当然，严格说的是要"严"在"格"上，"严"在"理"上，也就是说，要按照党的教育方针和学校的教育教学计划、校纪校规要求学生，而不能随心所欲地想怎么要求就怎么要求、想怎么办就怎么办。

①［苏］苏霍姆林斯基：《给教师的建议》上册，杜殿坤编译.北京：教育科学出版社1980年版，第158-159页。

②［苏］苏霍姆林斯基：《给教师的建议》下册，杜殿坤编译.北京：教育科学出版社1980年版，第290页。

教师要公正执教，因材施教。公正或公平，在西方思想史上来源于古希腊的"Orthos"，即表示置于直线上的东西，往后就引申来表示真实的、公平的和正义的东西。公正，是一个多学科的社会历史范畴。如在政治经济学中，公正反映生产关系中主体对于生产要素的占有和投入之间的平等地位，生产和经营活动中主体对于机会均等及公平交换的认同和追求；主体对于生产要素的投入能够获得相应的回报，亦即人们通常所说的公平分配。在法学领域，公正是其核心范畴，司法活动实际上是司法公正的活动，所追求的是法定的权利与义务的某种合理性平衡关系。在我国，就思想渊源来说，公正执教可以追溯到孔子提倡的"有教无类"，意思是说，在教育对象上教师要不分贵族和平民，不论来自何处，人人都给予教育。显然，它强调的是教师对愿意接受教育的学生要做到一视同仁，持无差别的态度。孔子提出的"有教无类"的教育原则，与奴隶主贵族官学的办学方针是对立的，打破了奴隶主贵族"礼不下庶人"的教育陈规，适应了当时社会发展进步对教育提出的客观要求，在中国教育史上是一大进步。但是，在阶级对立的封建专制社会里，教育不可能真正实行"有教无类"。所谓"有教无类"，在历史上基本还只是知识分子的一种教育理想和主张，从来没有成为真正的教育伦理原则，得到过普遍的实行。新中国成立后，"有教无类"的原则得到了真正的贯彻和实施，但在义务教育的体制之下，人们对公正执教的理解多限于政治和阶级的范畴。今天的情况则大不一样了，实行改革开放和发展社会主义市场经济以来，我国人民的伦理道德观念发生了巨大的变化，其中包括公正公平观念的生发、形成和深入人心。公正执教的基本要求，是面向所有学生的，要求对所有的学生做到一视同仁。

因材施教强调的是区别对待，要求教师根据学生不同的天赋条件和文化基础给予不同的教育。它是孔子教育实践活动的一个重要做法和经验。后来，孟子还把需要给予不同教育的人分为五种，并作了比较与分析："君子之所以教者五。有如时雨化之者，有成德者，有达财者，有答问者，有私淑艾者。此五者，君子之所以教也。"①意思是说，对于那些修养最好、才能最高的学生，只要及时提醒点化，就会像及时的雨露润泽万物那样生长发育起来；对于那些在德行或才能方面比较出众的学生，如果加以教育，也会成为在道德修养或知识才能方面的优秀分子；而对于一般的学生，则可用问答的方式来解决他们学习上碰到的疑难问题；至于一些不能上门接受教育的学生，则可用"闻道以善其身"的方法进行教育。不难看出，历史上儒学大师们所阐述的这些因材施教的思想和主张，在今天仍然有其实际意义。

因材施教与公正执教是一致的，前者强调的是教育过程中的区别对待，后者强调的是教育起点上的一视同仁，所提倡的其实都是教育公正的理念。

教师要学而不厌，严谨治学。学而不厌是中国教师的传统美德，指的是教师在业务上要有不断进取、不断提高的追求精神，其首创者仍然是孔子。学而不厌是从教师保障和提高教育教学质量的客观需要出发提出的道德要求。《礼记·学记》用颇具哲理的话语阐明了这一道理："虽有佳肴，弗食不知其旨也；虽有至道，弗学不知其善也。是故学然后知不足，教然后知困。知不足然后能自反也，知困然后能自强也，故曰教学相长也。"伟大的人民教育家陶行知曾说，想要学生好学，先生须好学"，"惟有学而不厌的先生，才能教出学而不厌的学生。"

严谨治学，说的是教师要以严肃认真的态度对待教学的全过程，不苟且、不马虎，严格要求自己，谨防出差错。它所主张的是一种一丝不苟的治学态度和作风。严谨治学应当体现在严谨备课、严谨讲课、严谨考核这三个基本环节上。严谨治学也是一种教学纪律，如不可把违背马克思主义、毛泽东思想、邓小平理论和党的方针、路线和政策的东西写进教案，带进课堂；在课堂上和学生面前，不可随意发挥、信口开河，用假、恶、丑的东西毒害学生；从事科学研究不可抄袭他人成果，等等。

哲学大师黑格尔说过，教师是孩子心目中最完美的偶像。加里宁曾

①《孟子·尽心上》。

说：教师的世界观，他的品行，他的生活，他对每一个现实的态度，都这样或那样地影响着全体学生……如果教师很有威信，那么这个教师的影响就会在某些学生身上永远留下痕迹。正因为这样，所以一个教师也必须好好地检点自己，他应该感觉到，他的一举一动都处在最严格的监督之下，世界上任何人也没有受着这样严格的监督，孩子们几十双眼睛盯着他。这些经验教训是值得每个教师认真汲取的。

（二）教师之间道德建设的内容和要求

首先，要树立集体观念，尊重和关心集体。教师都是文化人，其中多数属于知识分子和高级知识分子，他们的素质养成了他们关心国家和社会大事的品性，"大集体观念"比较强，而他们的工作内容和方式又易于使得他们养成不大关心身边集体的不良品性，缺乏"小集体观念"。如对所在教研室和学校（高等学校的院系）的事情不大关心，往往是提出的批评和非议多，建设性的意见少。在高等学校，教师队伍中人才济济，其中有的还站在相关学科发展的前沿，代表着学科研究的方向，反映着国家甚至国际的科学技术水平。这些名人大家的成就，与其个人奋斗和个人的聪明才智得到充分发挥密切相关，但不应因此而否定集体的智慧，包括其所在集体的共同努力。马克思说过，只有在集体中，个人才能获得全面发展其才能的手段，也就是说，只有在集体中才可能有个人自由。

其次，要相互尊重，相互支持。在各级各类学校的教师集体中，一些人总是持有门户之见，教"主科"的瞧不起教"副科"的，教自然科学和工程技术方面课程的瞧不起教人文社会科学方面课程的，教专业课程的瞧不起教公共课程的，如此等等。这不利于发挥教师集体的力量，还可能会在学生中造成不良的影响。门户之见古来有之，直接的原因是行业特点使然，同时也与受文人相轻的妒忌心理的影响有关。常言道，隔行如隔山，隔行易隔心，但隔行不隔理。教育和培养学生成为德智体美诸方面得到全面发展的人才，本是教师的一种接力赛的过程。学生在不同的成长阶段要学习多种课程，接受许多老师的教育和培养，不是哪一门课程、哪一位教师就能完成任务的。门户之见的危害在于，从深层的评价心理上抽去了教师之间相互尊重、相互支持的思想道德基础，不利于教育和培养学生。因此，从教育和培养学生成才的角度看，教师应当自觉克服门户之见，加强师德修养，摒弃文人相轻和妒忌心理，建设相互尊重、相互支持的师德师风。这是教师道德建设的一个重要方面的内容和要求。

教师之间要乐于竞争，注意协作。所谓竞争，简言之，就是两个或两个以上的主体在特定的范围内争取共同需要和发展空间的活动过程。从某种意义上说，学校教育历来就是一种竞争性的职业活动，高等学校更是这样。在当代中国，竞争已成为促进教育事业发展的一种重要的机制，绝大多数学校都在教师队伍建设方面厉行改革，引进或创设竞争机制。如改革了工资制度，打破以往的"大锅饭"，把贡献与取酬挂起钩来，真正实行了按劳分配的社会主义原则。在人事制度、教学和科研管理上，许多学校特别是高校也加大了改革的力度，走上以竞争促发展的道路。这些措施极大地调动了广大教师的积极性，为学校的发展注进了强大的生命力，使本具有竞争氛围的校园更具生机。但尽管如此，目前的教师队伍中仍然有不少人处于不愿竞争、甘居平庸的状态。有些人教学和科研上没有高标准，得过且过，做一天和尚撞一天钟，有的甚至还以此为乐，心安理得。究其原因，主要还是一些教师缺乏社会责任感。

竞争，贵在"乐"，贵在主动，贵在不断追求，不断进取，力求精益求精。在当代中国，教师应该具备这样的道德品质和心理状态。这也是教师道德建设不可或缺的一项内容和要求。

注意和正确理解协作，是乐于竞争的重要补充。从教育和培养学生成才、促进教育事业发展的客观要求看，在鼓励个人乐于竞争的同时，开展高校教师之间的协作是必要的、重要的。在这个问题上，应当通过一定的教育和培训途径，促使教师自觉克服以邻为壑、同行是冤家的旧的道德心理，大力提倡协作的新风尚。

（三）教师与学校领导之间在道德建设上的内容和要求

首先，要尊重和服从领导。在一般意义上，领导者是领导管理活动中的主体，在国家和社会生活中发挥着引导、组织、指挥的重要作用，是古今中外人类历史上无处不在、引人注目的特殊群体。普通的领导者往往因其思想品德、能力业绩突出而受人尊重、令人钦佩；杰出的领导者以其出众才华、超凡魅力为人称颂；而那些千百年来叱咤风云、熠熠生辉的领袖人物，尤其是无产阶级革命的导师们，则以高风亮节、丰功伟绩，拥有人类历史上永久性的感召力、影响力。高校的领导属于普通的领导者。一般可分为校、院（系）、教研室（所）三个层次。不论是哪个层次的领导，他们都是学校集体事业的代表者，教师利益的代表者，发挥着引导、组织、指挥学校各项建设工作的重要作用。因此，教师尊重领导、服从领导，本质上就是尊重学校集体、服从学校集体。

在阶级剥削和压迫的社会制度下，统治者与被统治者之间的利益关系是根本对立的，这使得被统治者在思想观念和心理倾向上对统治者总是抱有某种对立情绪，这种对立情绪和心理状态在我国历代知识分子身上表现得最为突出，以至于形成一种传统。

今天，我们对这种传统无疑要以历史的态度给予充分的肯定，但却不应加以照搬照用。在今天的社会主义制度下，学校的各级领导与教师之间的关系说到底是同事关系，相互之间不仅不存在根本利益上的冲突，而且在人格上也是平等的，应当同心同德、共创事业，即使发生了矛盾也不应当以对峙的方式来解决。对于教师来说就是要尊重和服从领导。在一些学校，一些教师与领导长期处不好工作关系，究其原因当然与那里的领导者自身存在的问题有关，但也与一些教师身上存在的不良的思想道德观念和心态不无关系。从这点看，强调在教师道德建设中，教师要尊重和服从领导也是很有必要的。

教师尊重和服从领导，一要尊重和服从学校改革和发展的总体需要，以积极的态度转换思维方式和工作作风。二要遵守和服从学校有关师资队伍建设和教学管理等方面的规章制度。三要服从关于任职、教学及其他工作的安排。四要正确对待学校关于教学和研究工作的各种监督、检查和考评。

其次，要关心学校和支持领导工作。一般说，一个教师能够根据领导的安排认真完成他的教学和科研任务，就表示他以实际行动关心了学校，支持了领导的工作。但是，这只是教师的基本职责。面对着竞争的社会环境，学校的改革和发展需要营造一种广大教师主动关心学校、积极支持学校领导工作的良好风气。

教师要关心学校领导的办学指导思想和办学方向。凡是学校领导贯彻党的教育方针、全面推进素质教育的规划和举措，教师都应当给予坚决支持；反之，则应当提出自己的看法，表示不同意见，并尽可能提出加以改进的建议。要关心和支持学校的教学建设。教学建设是学校的主业和常规工作。教师在如何加强教材和教学设备建设、不断提高教学质量和促使青年教师快速健康成长等方面，都应当持主动积极的态度，注重自律，严格自我要求；注重贡献，不计较个人得失。高等学校的教师还应当主动关心学校的专业和学科建设。专业和学科建设是高校的脊梁，改革和发展的主题，高校的命脉之所在。这种重大的建设工程的筹划和实施，离不开广大教师的关心和支持。教师要通过不断强化自身，为专业学科建设奠定最可靠的基础，同时也要积极地为专业学科建设献计献策。教师还应当乐于和善于体谅领导。进入20世纪80年代以后，我国学校特别是高校的校一级领导逐渐由革命型向专家型转变，校系两级领导大部分由专业领域里的专家教授兼任。这些领导，既是领导又是教师。作为领导，他们的工作要面向校系，特别是要面对绝大多数教师，必须按照党的全心全意为人民服务的宗旨，严格要求自己，敬业奉献，除总揽校系改革发展工作外，还要抓好日常党务、思想政治教育、专业学科建设和教学科研管理等工作。作为教师，他们必须积极承担教学和科研任务，指导研究生，按照高校良好的师德师风的要求教书育人，严谨治学，学而不厌，为人师表等。因此，这些领导其实是学校里最辛苦的一层人，需要得到广大教师的理解和体谅。当年毛泽东在《为人民服务》中曾这样告诫和要求共产党人，我们的干部要关心每一个战士，一切革命队伍的人都要互相关心，互相爱护，互相帮助。他所说的"一切革命队伍的人都要互相关心，互相爱护，互相帮助"，应当包含群众对于领导的关心、爱护和帮助。须知，从某种意义上来看，领导者更需要我们的关心和体谅。我们应当坚决反对那种对领导者阿谀奉承、趋炎附势的封建旧道德和资产阶级的庸俗作风，但不能因此而认为，在精神上给予领导者必要的关心、鼓励和称赞，是可以忽视以至鄙视的。

三、教师道德建设的途径和方法

教师道德建设的途径和方法，主要应当是自觉进行道德修养。教师都是文化人和知识分子，知书达理，一般都具有根据国家法律和社会道德要求进行道德修养的认知能力。但是，这并不等于说，教师可以不接受来自自身之外方面的道德教育。

这首先是因为，不同学科的教师对道德知识的了解和把握、对道德问题的认识和鉴别能力本来就是存在差距的。在这方面，一般说，文科的教师尤其是思想政治理论学科方面的教师，情况会好一些，而理科方面的教师的情况就可能要差一些。因此，通过道德教育"补缺补差"以增加道德知识，培养分析道德问题的能力，是必要的。其次是因为，人的思想道德总是处在不断变化之中，教师也不例外。实践证明，一个人已经形成的优良的道德品质可能会在实际生活中发生变化，出现倒退，甚至蜕化变质，在这种情况下仅仅强调加强道德修养是不够的，因此需要接受道德教育。再次，当代中国正处于改革开放的历史新时期，社会道德观念和价值标准在发生各种各样的变化，新道德正在生成，需要人们给予新的理解和接受，旧道德在顽强表现其固有的生命力，需要人们加以警惕，防微杜渐。这种道德现状，对广大教师自然会发生各种各样的不良影响，客观上需要通过教育提高教师的"免疫能力"。总之，在当代中国的学校，教师的道德修养离不开道德教育。

教师的道德教育，应当形成一定的制度，采取一定的措施。如定期开展培训活动，联系社会现实和教师的思想道德实际，进行师德师风方面的教育；结合教学检查和评估，开展师德师风方面的评论；树立师德师风优良的先进典型，批评师德师风不良的典型。

第四节 学校领导和服务工作者的道德建设

学校的领导和服务工作者，通常是指学校各个方面、各个层次的领导和管理者及服务工作人员。这些人，在学生的心目中都是"老师"或"师傅"。前者多数人属于"双肩挑"，职业身份其实也是教师，但是他们担负着特殊的领导和管理责任，因此在道德建设同时应当遵循其他教职工的道德要求；后者虽然多属于工人，但由于直接与教师和学生打交道，所以也应当以"教育者"的意识，以自己的实际服务行为给予师生以积极的影响，为他们安心搞好教学和科研提供必要的保障。

对学校的领导管理者及服务工作人员，应当提出如下一些道德要求。

首先，要确立管理育人和服务育人的教育思想和理念。任何思想道德教育都离不开相应的管理和服务，学生和教师的思想道德建设总是在学校的管理和服务工作所营造的环境中进行的。管什么、怎么管、管的结果如何，都具有思想道德教育的意义。图书馆、食堂及其他后勤机构，都是直接面对师生的服务窗口，是否具备应有的服务态度，服务什么、怎样服务、服务的结果怎么样，也无不具有思想道德教育的意义。因此，重视管理和服务育人，开展管理和服务育人的活动，对于学校的思想道德建设来说是十分必要的。

其次，领导管理者要身先士卒，带头贯彻执行国家的教育方针，带头投身教学和科研活动。学校教育的阶级属性和时代特征，要求学校的领导和管理者把握办学的"大方向"，视此为自己的第一职责，带头模范地贯彻执行国家制定和推行的教育方针。新中国的教育方针历来主张坚持社会主义的办学方向，坚持马克思主义的主导地位，坚持促使学生在德、智、体、美诸方面实现全面发展，对此，学校的领导和管理者必须始终保持清醒的头脑，认识上做到毫不动摇，行动上做到身体力行。领导和管理者只有带头投身教学和科研，才能求得领导和管理学校的发言权和主动权。

再次，要树立全心全意为教职工和学生服务的思想。邓小平说的领导就是服务，是适用于各行各业的领导和管理活动的普遍法则。注意在服务的过程中解决单位或部门包括职工的实际困难和问题，增添单位或部门的发展活力，赢得职工的"人心"，增强所领导和管理的单位或部门的凝聚力，这是"领导就是服务"思想的真谛所在。服务机构和具体部门的工作人员，要确立以教师和学生为主体的思想观念，自觉增强服务意识，努力提高服务质量。

最后，要实事求是，求真务实。真与善本来就是互为条件、相辅相成的。学校的领导和管理者，在讨论和制定学校的改革与发展规划的时候，既要立足于国家教育事业改革与发展乃至国际社会发展趋势的全局，也要从本校的实际情况出发，实事求是，不可贪大求全搞"泡沫教育"，为"升格"而搞"注水工程"，损害教职工和学生的近期利益，影响办学质量，损害学校的社会形象。要反对"学校本位主义"，如不可为了增加学校的经济效益而盲目地面向社会扩大办学规模，大搞"注水文凭"等。在日常的领导和管理过程中，要发扬民主，改善工作作风，深入教学第一线，深入教职工和学生的活动和生活场所，注意倾听他们的意见，关心他们的疾苦。从事服务工作的人员，要向师生提供货真价实的服务"产品"，特别是实行市场运作模式或引进市场运作机制的服务机构和部门，更应当注意做到这一点。

学校领导管理者及服务工作人员的道德建设，应当与相关的业务培训结合起来。领导管理者除了参加党和政府相关专门教育和培训机构的学习以外，还应当坚持实行相应的学习培训制度，而后者在目前的中国学校里是普遍做得比较差的。服务工作人员，也应当实行定期培训。这些学习培训，都应当结合自己的工作实践学习和理解《公民道德建设实施纲要》，真正做到学有成效。

第五章 中国职业道德建设

自从有社会分工以来，职业活动就是人类社会实践和社会生活的基本形式，职业道德就是社会道德体系的主体部分，职业道德建设也因此而成为社会道德建设的主要方面和主体工程。

中国传统农业社会以自然经济为基础，职业分工单纯，除了官德、师德和医德以外，终生为农的农民及手工业者等都没有形成相对独立的职业道德，更缺乏这方面的职业伦理文化记载。在计划经济年代，由于受到"左"的思潮的影响，职业领域里的道德教育为"抓革命，促生产"和"年年讲、月月讲、天天讲"的阶级斗争所替代，"斗私批修"成为每个人必须时刻高度重视的必修课，所以并没有什么真正的职业道德教育，更谈不上职业道德建设。在实行改革开放特别是发展社会主义市场经济以后，由于职业活动本身的客观要求及渐渐出现大量的道德问题，中国社会才开始重视职业道德的研究和建设。二十多年来，职业道德问题的研究及其建设都取得了巨大的成就。在这种形势下，概要地分析和阐述中国的职业道德建设问题，已经具备了一定的理论和实践基础。

第一节　职业与职业道德

职业是随着社会分工的出现和不断演变而形成和不断丰富发展起来的，在这种演变和发展的过程中职业道德的丰富和发展成为一种必然。职业离不开职业道德，职业道德因职业的需要而存在，两者相互依存，共同发展，展示人类社会至今的职业文明。研究职业道德建设，首先需要对职业与职业道德及其相互关系作出科学的考察和说明。

一、职业及其形成和发展

职业是社会分工的结果和形式，指的是人们所从事的承担特定社会责任的专门性的业务活动。在这个定义中，关键词是"承担特定社会责任"，这是职业的本质特征。不少人常在"谋生的手段"的意义上理解职业，把职业仅仅看成是谋生的手段和方式，这是不科学的。诚然，职业是人们谋生的方式和手段，一个人要活着，要养家糊口，就必须找一种"正当的事情"做，以取得一定的经济收入。但是，不能因此而把职业归结为谋生手段。在人类社会，一个人的谋生手段可能很多，可谓五花八门，其中有一些不仅不"承担特定社会责任"，反而给社会和他人造成危害，并最终殃及自身，如盗窃、抢劫、拐骗、卖淫等。这些谋生手段，显然都不能称其为职业。一个人选择了某种职业就意味着同时选择了某种责任，在履行职责中为社会作出贡献，同时获得自己的生存条件，赢得自己的发展和成就，这是职业活动的真谛所在。

从人类历史看，职业形成的时间可以追溯到原始社会向奴隶社会的过渡时期。在这一历史时期，人类社会出现了三次大的分工，形成了人类最早的四种职业，即农业、畜牧业、手工业、商业。后来，随着生产的发展和社会分工的逐步细化，职业的种类渐渐增多。《周礼·考工记》最早用文字文化形式记载了中国职业分工的情况，称当时"国有六职"，即王公（高层统治者）、士大夫（官僚贵族）、百工（手工业者）、商旅（商贩）、农夫、妇功（家庭女工），并对每一种职业的职责作了简要的说明：王公是"坐而论道"，士大夫是"作而行之"，百工是"审曲面势，以饬五材，以辨民器"，商旅是"通四方之珍异以资之"，农夫是"饬力以长地材"，妇功是"治丝麻以成之"。据《清波杂志》说宋代有36行，元曲《关汉卿》剧中有"想一百二十行，门门都好着衣吃饭"的唱词，至明代已有360行之多。当然，这里所说的多少行只是言行业门类之多，并不是具体说有多少行。

到了资本主义社会，由于生产力神奇般地快速发展和生产社会化程度的日益提高，社会分工和生产部门内部的分工越来越具体和明确，特别是产业革命之后生产的专业化程度不断提高，结果不仅出现了众多的行业，而且行业内部的分工也越来越细致，形成了千姿百态、数以万计的职业门类。据美国一部职业名称词典（《Dictionary of Occupational Title》）介绍，1939年有正式名称的职业就有17452种，到了1960年增加到21741种。职业门类的逐渐增多，标志着社会生产力快速发展的态势，表明社会不断走向繁荣和进步。据2003年4月17日《国际金融报》陈冀、陈晓东撰文称，中国职业兴替的周期正在不断加速，目前已经有了1838种职业，其中不少是新兴的职业，并且还有逐年增加的趋势。

现代社会，包括社会主义中国，随着科学技术特别是高科学技术的迅速崛起和社会生产力的全面飞速发展，职业呈现出枝繁叶茂、蓬勃发展的态势，出现了如下一些新的特点。

首先，是由过去的单一型向综合型、跨行业转化。在传统意义上，从业人员只要具备单一的技能一般就能适应职业岗位的需要，甚至可以"从一而终"。而现在的情况是：随着职业内涵的不断扩大，一般需要相关专业的其他行业的知识和技能，需要从业人员具备跨行业的综合素质。这种情况在信息产业、教育和管理部门等表现得尤其突出。如今天在高等学校任职的专业课教师，仅仅掌握本专业领域内的知识理论和技能，已经不能适应高等教育改革和发展的实际需要的情况开始出现。农民，仅靠体力劳动和传统经验已经不能完全适应现代农业生产发展的客观要求，在掌握传统农业技术的同时还需要掌握现代生物学、育种知识、土壤肥料、农业机械等方面的现代农业科学技术。

其次，由过去的继承型向创新型转化。新技术革命尤其是信息技术的冲击和知识经济的推动，使得一些传统职业不断被淘汰，一些具有创新特征的新型职业不断应运而生。中国社会发展目前已出现了这样的态势：许多新兴的职业名称并没有进入相关主管部门的记载册，却自发地越来越多地被写进中国人的名片，如"网管（网络管理员）""精算师""留学顾问""插花师"等等。从20世纪开始，在一些发达的工业国家从事农业生产和工业生产的人数在逐渐减少，从事信息和服务行业的人数在不断增加。美国在1982年从事服务业的人数占总人口的70%，从事工业生产的占24.3%，而从事农业生产的仅占5.6%。随着新技术的不断革新和运用，从事高新技术产业的职业正受到人们的青睐。据统计，世界范围内现在每年平均有600多种新职业产生，同时有500多种传统职业被淘汰。一些发达国家的产业结构已完成了从劳动密集型到资本密集型、再到技术密集型和知识密集型的转变，经济增长率中的科技进步因素一般都超过60%~70%。科学技术的重要性从来没有像现在这样突出，越来越显示出"第一生产力"的巨大作用。越来越多的人将在职业转型和创新中不断转移自己的职业岗位。

第三，现代社会的职业对从业人员的素质提出的要求更高。由于现代社会职业的发展与演变出现了由单一向复合、由传统继承向创新转化的特点，所以如今职业对从业人员素质的要求也越来越高，纯粹的体力劳动已失去普遍依据，即使是劳动密集型职业，也多是脑体结合，并且对智力的要求不断上升。由于职业的更新变化，要求从业人员不断转换职业岗位，所以从业人员的流动也越来越频繁，这样就又要求从业人员具有较高的适应素质。据统计，在一些发达国家中，人的一生平均转换职业达6至7次。职业的转换要求人们不断更新知识结构，适时调整自己与外部世界的关系，摒弃过去"从一而终"的职业观，不断提高自身的从业素质，以适应现代社会职业发展的需要。

二、职业道德的形成和发展

职业道德，简言之，指的是从业人员在职业活动中所遵循的职业道德规范及与此相适应的个人品德的总称。

职业道德的形成和发展的原因可以从两个方面来分析。从社会的外部条件看，显然与一个国家和民族的生产力发展水平及社会整体文明进步的实际状态、逻辑走向总是紧密联系在一起的。生产力发展水平高，社会分工就必然会趋向细化，职业门类随之增多，职业道德也就会随之产生和发展。社会整体文明进步的水平制约，为职业道德的丰富和发展提供了外部的舆论环境与文化条件，这是不难理解的，因为职业道德的文明状态和建设成效无疑总是受到社会整体文明进步的水平制约。很难设想，在一个社会整体文明进步水平不高的社会，职业道德建设会卓有成效。从职业道德形成和发展的内在逻辑看，职业道德文明状态和建设成效，是受到社会和职业部门的重视程度特别是从事职业道德研究和建设的机构和人员的素养等因素的制约的。

一般说来，人类社会的职业道德萌发于原始社会向奴隶社会的过渡时期。上文提到的《周礼·考工记》关于职业分工的最早记载，同时也简要地涉及职业道德问题，那是中国最早的有关职业道德雏形的文字形式，并不具有后来意义上的职业道德的独立形式。进入专制社会的奴隶制时期后，职业道德开始有了较为明确的思想观念，到封建社会逐步形成了明确反映行业特点的相对独立的形式，并一般都有文字文化的记载，形成了一种真正的道德文化传统。在中国，这一传统主要是"官德"——官吏道德、"师德"——教师道德、"医德"——医生道德和"商德"——经商道德。

中国最早的"官德"思想可以追溯到西周提出的"明德慎罚"。这一古代的光辉思想是周成王的辅臣周公姬旦提出来的。他总结了商纣王实行政刑一体的残暴统治的历史教训，主张统治者要"亲民"，审慎实施刑罚。《史记·鲁周公世家》有这样的记载："自汤至于帝乙，无不率祀明德，帝无不配天者。在今后嗣王纣诞淫厥佚，不顾天及民之从也。"意思是说：从商汤到帝乙，商代没有一个帝王不遵奉美德，也没有一个因失去天道而不能与天相配。但到了商的最后一个帝王纣，却荒淫骄佚，从不顾念顺从天命与民心。这一思想，后来经过孔子和孟子等人的承接和改造，形成"为政以德"的"仁政"思想。到了西汉中叶，董仲舒提出"罢黜百家，独尊儒术"的治国建议，被汉武帝采纳后，渐渐形成了"德主刑辅"的治国方略和政治道德的基本要求，后为封建统治者袭用数千年。它对于培养一批批适应封建统治的官吏以巩固封建统治、稳定封建社会秩序、促进封建社会的经济发展曾一度起到积极的作用。中国封建社会的"官德"，作为一种历史文化遗产自然是优良与腐朽的因素并陈，如果经过分析和批判，其中的优良部分对于今天加强干部道德建设还是具有一定的积极意义的。中国封建社会还有不少关于军事将领道德的记载，如《孙子兵法》中就有"将者，智、信、仁、勇、严"的道德要求，这些也可被视作官吏道德范畴。

中国传统医学的"医理"思想十分丰富，强调医生要把医术与医德结合起来，这一传统可以从唐代名医孙思邈的《备急千金要方》、清初张璐的《医通》等历史文献中看得很清楚。《医通》中有"医门十戒"，如"任性偏执戒""贫富易心戒""乘危苟取戒""诋毁同道戒"等。中国传统的"师德师风"思想也是相当丰富的。教师职业道德的独立形式形成于春秋战国之交，孔子创建"私学"，实行"有教无类"，一反以前的"官学"和"有教有类"的古制，并提出以身作则、诲人不倦、温故知新、学而不厌，奠定了中国传统社会师德师风思想体系的基础。后来，关于教师职业的社会地位及其教师职业道德的规范要求，在《荀子》《礼记·学记》、韩愈的《师说》等典籍或文章中，都有诸多明确的阐述，思想内涵甚为丰富。如同"医德"思想一样，中国传统的"师德"思想基本都是出自教师之手，他们既是医生和教师，又是历史文化名人，这与"官德"思想的形成和发展的情况是不一样的。

由于中国封建社会的商业活动基本上都是"小商""小贩"意义上的，规模不大，行业的特点不明显，加上统治者一直推行重农抑商的治国策略和政策，所以以文字文化的形式出现的经商道德并不多。"商德"的主张，如"买卖公平""童叟无欺"等基本上是以习俗文化的形式传承下来的，但其影响却是家喻户晓、老少皆知的。

在整个封建社会，由于社会分工的简单，职业道德的发展总的来看是很迟缓的，也正因如此，其行业的特点更为鲜明。在中国，"官德""医德"和"师德"三大职业道德传统一直延续到近代社会，并依然充当着社会职业道德文化的主体，这一历史发展的特点是由于中国近代社会没有经历完整意义上的资本主义发展阶段而造成的。

从全人类的伦理文明视角看，职业道德在资本主义社会得到普遍的发展，出现空前繁荣的景况。根据资本主义社会发展的实际需要，资产阶级在职业道德发展史上所做的贡献主要体现在三个方面：一是将人道主义的平等、博爱等价值观念引进职业活动领域，使职业道德具有新型的人性内涵，从而改变了封建社会职业活动中的行帮陋习。二是在改造和继承封建社会职业道德传统的基础上，创建了一系列新的职业道德种类，如企业道德、商业道德、科技道德、工程师道德、律师道德、新闻道德、海员道德、作家道德、体育道德等，从而丰富了人类社会的职业道德文化的精神宝库。三是在把人道主义的精神广泛地引进职业活动领域的同时，全面地强化了职业责任意识，把职业道德建设与职业法规建设结合起来，从而丰富了职业道德的内涵和职业道德建设的内在机制。

由于受到垄断剥削制度的根本性制约，资本主义社会的职业道德尤其是商品生产和流通领域内的商业道德，存在着欺骗性。市场经济作为人类社会发展的必经阶段，其运行规则是公平和正义，市场主体在占有资源和市场两个方面都必须实行公平竞争的原则，市场主体与消费主体之间在供求关系上必须遵循"货真价实"的诚信原则。诚然，市场经济发展客观上需要市场主体采用一定的战略和策略，特别是适时的营销手段和方式，但所有的战略、策略、手段和方式都不应当违背公平正义原则。然而，市场经济"利益最大化"的"自由本性"时常会诱导其脱离公平正义的原形轨道，这种"自由本性"在垄断私有制的社会条件下又会将"利益最大化"演示为"个人利益最大化"，引发个人主义、利己主义和拜金主义的思想和行动，从而导致市场主体自觉和不自觉地在其相互之间及其与消费主体之间行骗。正是在这种意义上，恩格斯指出，商人惯于"先给人们送上一些好的样品，然后再把蹩脚的货物送去"。在垄断资本私有制的社会条件下，市场经济发展一方面需要遵循公平和正义的规则，一方面又因受"个人利益最大化"的驱动而不时违背这一规则，违反市场经济活动中的职业道德尤其是诚实守信的道德要求，这是资本主义制度所导演的道德悖论问题。

社会主义从根本上消灭了人剥削人、人压迫人的不平等制度，实行人民群众当家作主，职业部门从业人员相互之间及其与部门之间的利益在根本上是一致的，即使产生矛盾一般也并不带有对抗的性质。社会主义制度为职业道德的发展和进步开辟了最为广阔的前景。但是，总的来看，中国社会职业道德发展的实际水平还不尽如人意，有些方面还远远落后于资本主义社会。这是因为，中国的社会主义还处在初级阶段，经济的运作体制不得不实行股份制，不得不允许私营、外资、中外合资等多种经济成分并存，在这样的经济基础之上推进的市场经济必然一方面有助于改造传统道德，形成和倡导公平正义的新的道德价值观念，另一方面又会出现资本主义社会那种道德悖论现象，引发大量的"道德失范"问题。同时，中国的职业道德建设时间不长，应用伦理学对这一领域的观照才刚刚起步，在职业道德建设的实际领域与资本主义社会是难以比拟的。资本主义社会的职业道德建设已经进行了很长时间，有的甚至已经经历了数百年，他们的许多做法和经验是值得中国人认真学习和借鉴的，在这个问题上中国人应当持谦虚的态度，老老实实地吸收西方社会先进的职业道德文化。同时，我们也应当相信，中国只要坚持开展职业道德建设不放松，就必定会推动职业道德不断向前发展，最终超过资本主义社会职业道德的文明水平。

三、职业活动中的职业与职业道德的关系

在任何职业活动中，职业与职业道德都始终是紧密联系在一起的，两者是一个不可分割的整体，人们不能离开职业道德来谈论职业，当然也不能离开职业来谈论职业道德。

首先，每一种职业都具有明确的善的价值趋向。每一种行业的兴起、存续和强盛都不会是无缘无故的，而是有其必然性的因果关系的，总是为了适应社会和人的发展与文明进步的某种客观要求，都具有特定的社会意义，这种意义在道德评价上无疑包含着"善"。自古以来，社会不可能允许不具有"善"的价值趋向的"职业"存在，更不会允许这种"职业"发展起来。就当代中国而论，国家之所以要坚决地开展"扫黄打非"的斗争，取缔这类"职业"，就是因为它们是一种"恶"，违背了中国社会和人发展与文明进步的客观要求。从个体需要看，每一个从业人员的择业也都不是无缘无故的，而是有着明确的动机和目的，或者是为社会的发展和进步、为国家和人民作出自己的贡献，或者是为了自己和家庭的生存和发展，或者两者兼而有之，不论属于哪一种情况，都总是与其一定的"从善"观念联系在一起的。总之，世界上从来没有不与一定的"从善"趋向相联系的职业，也没有不与一定的"从善"观念相联系的择业和职业。

其次，在职业活动过程中，职业的纪律、操作规程、职业法规总是联系在一起的。每一个职业部门或单位为了保障正常的运行都会制定相应的职业纪律、职业操作规程、职业法规和职业道德，这既是对职业所"承担特定社会责任"的确认形式，也是对职业活动规律的确认形式。职业纪律、职业操作规程、职业法规和职业道德，相互补充、相互说明、融为一体，以共同的价值趋向从总体上保证职业活动的正常开展，赢得预期的功效。在有些职业部门，如医务、教师、各类服务行业部门，职业纪律和操作规程及职业法规一般是与职业道德相衔接或相渗透的，既是职业纪律、

职业操作规程和职业法规，又是职业道德规范。在具体的职业活动中，每一个从业人员的职业行为要么是依据职业所"承担特定社会责任"及其行为规范，使自己的行为"从善"，合乎职业道德文明；要么不愿或不能依据职业所"承担特定社会责任"及其行为规范，使自己的行为"从恶"，违背职业道德文明。不论是"从善"还是"从恶"，都表明每一个体的职业行为与其一定的职业道德观念是紧密联系在一起的。

正因如此，在职业活动中，从业人员的职业行为通常与其职业道德行为是一致的。比如一个售货员，在向顾客介绍商品时便开始实施他的职业行为，接着他接过顾客的钱，然后取货、包装，最后递给顾客，这是一个完整的职业行为过程。这种行为过程其实也是道德行为的实施过程，因为他是否遵从"等价交换""童叟无欺"这类商业道德，正是从他的售货行为中评判出来的。

由上可知，一个职业部门的效益如何与其职业道德水准如何是紧密联系在一起的，一个从业人员的劳动产品的质量或服务项目的质量的品位与其职业道德素质的品位是一致的。因此，在职业活动中，不能离开职业道德来评判职业活动的状况和从业人员的素质。

四、职业道德的基本类型与特征

总的看，一个社会的职业道德是一种有着内在逻辑联系的体系，一般说含有四种基本类型。

一是政治型职业道德，反映的是国体与政体的性质，适应的是政治统治和政治文明建设的客观要求，调整的是国家权力机构及其工作人员与其他一切社会成员之间的政治关系。在阶级社会或有阶级的社会里，政治道德反映统治阶级的意志和根本利益，具有鲜明的阶级性特征。政治道德主要包含"官德""司法道德"和"军人道德"等。中国是社会主义国家，"官德"的核心内容和要求是代表广大人民群众的根本利益，全心全意为人民执政，它通过执政党的章程和国家政治生活准则的形式表现出来。

"司法道德"的核心要求是忠实于社会主义法律，强调有法必依、执法必严、违法必究。"军人道德"的核心要求集中表现在为祖国和人民的安宁参军和打仗，强调党指挥枪，为保卫祖国和人民敢于斗争，不怕牺牲。概言之，在社会主义中国，政治道德的核心要求就是人民的利益高于一切，全心全意为人民服务。

二是生产经营型职业道德，包含从事各种生产和经营活动领域的职业道德。这类职业道德直接反映生产经营领域内"生产与交换的关系"，涉及的社会生活领域最为宽泛，内容最为庞杂，如果具体划分门类也最多。由于生产经营活动关联着家家户户每人每天的切身利益，直接影响着人们的生存和劳动条件，影响着人们物质和精神生活的质量，所以生产经营类型的职业道德历来最受人们的关注，成为人们道德评价的主要对象和中心内容。在发展社会主义市场经济的历史条件下，生产经营型职业道德文明的核心要求是公平公正，强调生产经营在起点、过程和结果上都应当运用公平公正的运作机制和价值原则，实行资源共享、公平竞争。从这点看，能否建立公平公正的运作机制，是生产经营领域内道德建设的关键所在。在这方面，当代中国离市场经济发展的实际要求还相差很远，不能开展正当竞争的现象几乎随处可见。改变这一状况，既是市场经济建设本身的历史性任务，也是生产经营领域内职业道德建设的历史性课题。

三是文化教育和科技型职业道德。这类职业道德调整的对象主要是从事文化和教育类的职业部门中的各种利益关系，它是上层建筑中的"上层建筑"。文化的概念有狭义与广义之分。广义的文化，指的是人类在社会发展过程中所创造的物质财富和精神财富的总和。人们平常使用的文化概念一般立足于狭义，指的是社会意识形态意义上的精神产品和精神生活方式，主要包括文学艺术特别是影视作品的创作与欣赏，专业性和群众性的文娱与体育活动，各种大众传媒以及以网络作为载体的各种信息等等。在当代中国，这些文化型的职业发展十分迅速，同广大人民群众尤其是青少年的学习与休闲的关系变得越来越密切，因此其职业道德的状况对人们的影响也越来越广泛和深远，影响到人们的精神生活质量，影响到青少年的健康成长。作为社会意识形态的文化，是社会经济和政治的反映，不仅具有时代和民族的特性，在阶级社会里还具有阶级的特征。在中国，以文化活动为职业的从业人员，应当以传播社会主义道德和精神文明为己任，为人们提供健康文明的产品，引导人们特别是青少年追求真善美。教育职业，包括学校的教师和宣传部门的专门工作人员，其中主要还是教师。教师职业道德的重要性是不言而喻的，因为教育涉及一代代新人的成长，关联着千家万户的幸福和忧愁，维系着国家和民族的前途和命运。因此，教师职业道德的水准历来受到国家和社会的高度重视。谈到科学技术，人们对"科学"这一概念的理解历来存在分歧，有的认为科学应当包括人文社会科学，有的认为与"技术"联用的"科学"只能指自然科学。其实，科学技术应当包含人文社会科学，这不仅是因为人文社会科学本属于科学范畴，而且是因为人文社会科学本身也包含技术含量，运用技术方法，不独是自然科学才与技术相联系。科学技术职业，其道德要求的核心是追求真理、求真务实的精神和作风。

四是服务型职业道德。这种类型的职业道德调整的范围和对象，在传统社会主要是手工业者，在现代社会主要是第三产业部门。由于这种类型的职业活动一般都与消费者构成面对面的直接关系，所以其职业道德状况即"服务质量"如何备受人们关注，往往成为人们观察和评价一个社会道德风尚的窗口，同时也影响人们对社会道德建设的信任和信心。西方发达资本主义社会历来十分重视这类职业部门的道德建设，其做法和经验在许多方面值得中国人学习和借鉴。中国改革开放二十多年来，第三产业发展很快，但与职业道德相关的服务质量却存在不少问题，一些国有企业存在的问题尤为突出。

在一定的社会里，各种类型的职业道德在总体上需要有共同的道德规范要求，以此区别于其他社会生活领域内的道德规范要求。我国《公民道德建设实施纲要》提出的各行各业职业道德的共同要求有五条，即爱岗敬业、诚实守信、办事公道、服务群众、奉献社会。它们与社会公德、家庭道德的共同规范要求是不一样的。同样之理，社会公德、家庭道德也以其共同的道德规范要求与职业道德的共同规范要求区别开来。这是人类认识和把握道德生活世界的一种基本方法。

职业道德的总特征，表现为阶级性、民族性和全人类性相统一。在阶级社会或有阶级的社会里，四种基本类型的职业道德在总特征上的情况大致是：政治类型和文化教育类型的职业道德阶级性最突出，次之是民族性，再次之是全人类因素；科学技术类型的职业道德，除了人文社会科学类型以外，同生产经营类型和服务类型的职业道德一样，民族性最强，次之是全人类因素，再次之才是阶级性。

就各种类型的职业道德的内在特性看，它们具有如下一些具体的共同的特征：

一是调整的对象是有限的。职业道德的调整对象只涉及职业岗位的从业成年人，既不涉及未成年人和退休的老年人，也不涉及离开职业岗位参与其他社会生活和家庭生活的从业成年人；在职业活动中，只涉及与职业活动有关的利益关系，并不涉及与职业活动无关的其他利益关系，当然也不涉及其他社会生活中的利益关系。

二是调整的范围是特定的。每一个社会的职业道德在总体上都有区别于其他社会道德的共同规范要求，如爱岗敬业、服务群众等就不适合社会公德和家庭道德；每一种职业都有反映自己特点和特殊要求的职业道德，如商业道德中的"买卖公平"和"童叟无欺"等道德要求，就不适应公务员职业道德和教师职业道德，同样，公务员职业道德中的"办事公道"和教师职业道德中的"为人师表"，也不适应商业道德要求，如此等等。

三是规范形式是多样的。这与职业道德特定的调整范围直接相关。可以说，人类社会有多少种职业就有多少种职业道德。恩格斯说过实际上，每一个阶级，甚至每一个行业，都各有各的道德。

四是规范的内容最稳定。正因为如此，职业道德具有最为突出的历史延续性和继承性。人类社会至今的职业道德尤其是生产经营和服务类型的职业道德，在许多方面依然保留着以往社会的优良传统。所以，研究和倡导职业道德，不能丢弃优良传统另搞一套，而必须在尊重和继承优良传统

的基础上才能加以创新和发展。

五、职业道德的作用

职业道德的作用，可以从两个方面来认识和把握。首先，能够帮助从业人员树立正确的人生价值观，提高人们对职业的社会意义的认识，树立正确的职业观念，增强职业责任感、义务感和荣誉感，端正职业的态度，因而也就从根本上保证从业人员的劳动产品的质量，增强职业活动的社会功效。恩格斯曾说，在社会历史领域内进行活动的，全是具有意识的、经过思虑或凭激情行动的、追求某种目的的人；任何事情的发生都不是没有自觉的意图，没有预期的目的的。人们从事某一种职业的目的和动机应当是什么，这是人们在职业活动中持什么样的人生价值观的问题。在职业活动中，人生价值观反映人对职业的基本认识和态度，从根本上制约和影响人的职业责任心、义务感和劳动态度，影响人们作为一个从业人员的荣誉感。人类社会自古以来，各行各业的职业部门和单位都强调从业人员要忠于职守，尽职尽责，而能否做到这一点关键是从业人员是否树立正确的人生价值观，端正职业目的和动机。不懂得职业技术的人不是称职的劳动者，不懂得职业道德、职业目的和动机不端正的人，不是合格的劳动者，在任何历史时代和任何职业部门都是不受欢迎的。在生产力的结构要素中劳动者是主要因素，在劳动者的素质结构中思想道德素质是主要因素，在思想道德素质结构中人生价值观是决定性的因素。在这种意义上，完全可以说，从业人员的人生价值观也是一种劳动能力，也是一种生产力的构成要素。

其次，职业道德有助于提升人们的思想道德素质。人的思想道德素质就其构成要素看，主要成分是关于职业的道德认识、道德情感、道德意志、道德理想和道德行为。人的一生多半是在职业岗位上度过的，职业活动是人参与社会活动的主要方面和最广阔的领域，其思想道德素质如何主要是在职业活动中展示出来的。人在接受学校道德教育的过程中所形成的思想道德素质，主要还是道德认识意义上的，并不能真正适应走出校门、投身职业生活后的实际需要，因此需要接受职业道德教育，形成相应的职业道德素质。从这点看，职业道德在"继续教育"的意义上促使人性走向完善，这种极其重要的作用是其他任何道德教育都不能替代的。职业道德使人不仅学会了"做人"，也学会了"做事"，实现"道德人"与"职业人"的统一，成为真正合格的"社会人"。

再次，优化社会道德环境，促进整个社会道德的发展与进步。职业活动是人类社会实践的主要形式，从业人员是社会的主要人群，因此职业道德状况本身就成为反映社会道德发展进步水平的主要标志，成为反映人的道德素质发展所达到的水平的主要标志。一个社会不能离开职业道德状况来评论社会道德发展与进步的状况，所以，抓"行风"建设历来是社会道德建设的主题。每一个社会，有些"行风"不仅是职业道德风尚中的主要标志，而且还对其他职业部门的"行风"乃至整个社会道德风尚发挥着示范性的重要影响，如"官德""司德（司法道德）""师德"和"医德"，对整个社会的道德进步就具有示范和推动的作用，其状况如何对一个社会的整体稳定和文明进步具有举足轻重的影响。

第二节　职业道德建设的内容

职业道德建设的内容是一种系统，这与其他方面的道德建设的内容是一样的。这一系统在总体上由职业观念或职业的人生价值观、职业道德规范和职业法规三个基本层次构成。职业观念是从业人员"内在的驱动力"，是职业道德规范和职业法规得以实行的思想道德基础，职业道德规范和职业法规是职业观念的实践形式，是一种"外在的约束力"。

一、职业观念建设

职业观念是人们对自己所从事的职业的基本看法和态度，属于人生价值观范畴。它对从业人员的职业行为起着根本性的指导和支配作用，人们总是按照自己对职业的理解去从事自己的职业的，因此职业观念的建设是职业道德建设的首要内容。

职业观念主要由如下具体内容构成：

一是职业理想。在一般意义上，职业理想是指人们对自己未来职业选择及与此相关的人生价值实现的向往和追求。就价值取向看，职业理想一般可以分为两种基本类型。一是为了社会的发展和进步，个人的人格完善。1835年，17岁的马克思在谈到自己的职业理想时曾说，在选择职业时，我们应该遵循的主要指针是人类的幸福和我们自身的完善……人们只有为当时代的人的完美、为他们的幸福而工作，才能使自己达到完美。如果我们选择了最能为人类福利而劳动的职业，那么，重担就不能把我们压倒；因为这是为大家而献身，那时我们所感到的就不是可怜的、有限的、自私的乐趣，我们的幸福将属于千百万人，我们的事业将默默地，但是永恒发挥作用地存在下去，面对我们的骨灰，高尚的人们将洒下热泪。这种职业理想，通常与个人的社会理想相联系，基本特征是注重职业的社会价值，注重个人在职业活动中对社会做出的贡献，在贡献中实现自己的人生价值和人格完善，同时关注职业部门的发展和强盛。它反映了人类道德文明和进步的前进方向，是无产阶级和社会主义制度下人们应当追求的价值目标。二是为了个人和家庭的安逸或舒适的生活，持这种职业理想的人注重个人从职业活动中所索取的回报，看重个人的得失，面对职业部门的兴衰与否一般不大关心。

当代中国的职业道德建设，在职业观念问题上提倡把上述两种类型的职业理想结合起来，关心职业部门的发展和强盛，多为社会做贡献，在为社会做贡献的过程中完善自己的人格，实现自己的人生价值，实现个人和家庭的生活理想。要求在具体的职业活动中，能够把这种职业理想作为自己追求最佳职业效率的激励机制和奋斗目标。

二是职业责任心。它指的是从业人员对自己在职业活动中所承担的职责和义务的正确认识和内心体验。在社会生活中，责任是一种客观存在，人与人的关系、个人与社会集体的关系是责任关系，是通过各种各样的责任联结起来的。责任不依人的主观意志为转移，人与人相比差别只在于责任的大小和不同、有无责任心和责任心的强与弱，不在于责任的有或无。每一种职业本身从来都是一种责任，每个职业行为从来都是一份责任，对此有了内心体验便产生责任心。在职业活动中，责任心是一种自觉的道德意识，它既是职业部门的道德心理基础，也是从业人员职业的道德心理基础。一个职业部门的从业人员如果责任心普遍不强，就不可能有应有的职业效率，一个没有责任心或责任心不强的人是不可能做好自己的本职工作的。在职业活动中，责任心鞭策和引导人们认真、谨慎地职业，做到尽职尽责。

职业责任心也是一种职业良心。职业良心，是人们在履行对他人、社会集体的责任的过程中形成并得到体现的职业责任感和自我评价能力。良心不是抽象的，本身所具有的善恶倾向是具体的，在阶级社会和其他社会生活领域是这样，在职业活动中也是这样。生产经营的产品和商品货真价实，这是对消费者负责的表现，同时也反映生产经营者具备了相应的职业良心，反之则不然。一位教师能够做到严谨治学，这是对学生负责的表现，同时也说明这位教师是有良心的，反之则是"误人子弟"，就会受到来自他人和社会的谴责，有良心的教师自己也会因此感到"于心不安"。如此等等，说明在职业活动中良心与责任心是不可分割的。在职业道德建设中，职业责任心的培育应当从良心这种"道德的及格线"做起。

三是职业荣誉感。荣誉，是社会或他人对主体（个人或集体）的行为所包含的社会价值所作的客观评价。主体对自己的荣誉有了认识，有了内心的体验，就产生了荣誉感。荣誉是一种"名声"，荣誉感是一种积极的心理体验，都很重要，不论是个人还是集体有了荣誉就应当产生荣誉感，为获得荣誉而感到高兴、开心、自豪。人们的荣誉和荣誉感，一般发生在职业活动领域，它可以增长人们的信心，激励人们再接再厉，做好本职工作。荣誉因主体不同而有个人荣誉和集体荣誉之别。集体荣誉通常是经过个人荣誉获得的，一个职业部门要争取集体荣誉，就应当注意培养职工的集体荣誉感，并鼓励和组织个人积极争取荣誉。

荣誉感不是抽象的、纯粹主观的心理现象，它应当通过正确对待荣誉表现出来。正确对待荣誉，首先要敢于和积极地争取荣誉，这种争取应当是在职业活动过程之中而不是在职业活动过程之末，也就是要重视做好日常的本职工作，而不是平时马马虎虎，到了评选某种先进或典型的时候才去争取荣誉。其次，要正确对待"大"与"小"的关系，把争取大的荣誉与争取小的荣誉结合起来，也就是要教育从业人员使自己所做的每一件事情都能符合职业和职业道德的要求，得到职业部门和他人的肯定性评价，此即所谓"大处着眼，小处着手"。对待荣誉，应当敢于和积极争取行业系统内、地区内乃至全国性的先进典型，同时也应当从做好每一项工作做起。再次，要正确对待该得到荣誉而没有得到荣誉的"遭遇"，也就是要正确对待客观上应该得到肯定性的评价而没有得到肯定性评价的情况。由于有些领导处理事情不那么公正，或者人们的认识存在着差距，该得的荣誉有时会得不到，这时就应当有一个正确的态度，不能因此而放弃了工作的认真态度和积极性，因为我们的目的说到底不是为了获得荣誉，而是为了做好工作。

在职业道德内容的建设中，职业理想、职业责任心和职业荣誉感，是三个相互关联的最重要的职业观念。其中，职业理想是主导型职业观念，职业责任心是主体型职业观念，职业荣誉感是引导型职业观念。一般说，一个从业人员具备了应有的职业理想，就会生发和强化自己的职业责任心，有了应有的职业责任心就会做好本职工作，因而就会获得职业荣誉，产生职业荣誉感。职业荣誉感又会反过来增强人们的职业责任心，激励人们认真负责地做好自己的本职工作，实现自己的职业理想。因此，各行各业的职业道德建设，在内容上应当高度重视对职工进行职业理想、职业责任心和职业荣誉感的教育。

二、职业道德规范建设

所谓职业道德规范，简言之，就是从业人员在职业活动中应当遵循的道德要求和行为准则。调节职业活动中的行为准则就其本身的要求看有两种基本类型，即职业纪律和操作规程体系、职业道德规范体系。前者虽不属于职业道德建设范畴，但由于其与职业道德规范的关系密切，所以在分析和阐述职业道德规范建设的时候，不可不将其联系起来。

职业纪律和操作规程是业务性的行为准则，反映职业活动的基本规律和具体操作规则，通常被称为行业规矩或行规，它是保障职业活动正常开展的技术条件。职业道德规范与职业纪律和操作规程存在内在的逻辑联系。一方面，有些职业道德规范是从行业规矩延伸而来的，两者相互衔接；有些职业道德规范同时又是行业规矩，两者相互重叠。另一方面，职业道德规范比职业纪律和操作规程要求高，如果说职业纪律和操作规程只是着眼于对从业人员的职业行为的规范和约束的话，那么，职业道德规范除了这种规范和约束以外，尚涉及从业人员的职业观念，作为价值取向同时在思想观念和行为动机层面上对从业人员发生积极的影响。重视职业道德规范的建设和倡导，实际上是对从业人员的主体地位和价值所做的肯定和高扬。在职业道德建设中，如果只讲行业规矩的建设和执行而忽视对职业道德规范的建设和倡导，就难免出现否认人的主体地位、把人当成了机器的情况，这正是建立在垄断私有制基础上的职业部门普遍存在的问题。

在社会主义社会，广大从业人员是国家的主人，也是职业部门和单位的主人，社会在加强职业行规建设和执行的同时，应当高度重视职业道德规范的建设和倡导。就从业人员而言，应当懂得遵守职业道德规范正是发扬主人翁精神的具体体现，自觉养成遵守职业道德规范的良好习惯。

《公民道德建设实施纲要》提出社会主义制度下从业人员应当遵循的五项基本的职业道德规范，这就是：爱岗敬业、诚实守信、办事公道、服务群众、奉献社会。它既吸收了人类历史上职业道德规范的优良传统，又充分体现了社会主义社会职业道德的时代精神，适应于各行各业。坚持倡导这五项基本的职业道德规范，将其推广到职业活动的各个领域，必将会从根本上纠正目前一些职业部门和单位存在的行风不正的问题，推动职业道德建设的发展，促进职业道德的文明与进步。

三、职业法规建设

职业法规，指的是国家有关行业部门的法律和行政管理条例，它是以国家强制力的形式对职业部门的职业行为所作出的法律规定，主要以职业部门相互之间及其与国家之间的利益关系为调整对象。有些法规虽然本身不属于职业法规范畴，如《消费者权益保障法》等，但由于也是以法律的形式规范职业行为，所以可被视作职业法规。职业法规本身不属于职业道德规范，但是对职业道德规范建设，乃至整个职业道德建设起着根本性的保障作用。在实行依法治国的环境里，一切职业活动的职业行为都必须在法律和有关法规的范围内进行。因此，将职业法规作为职业道德建设的内容，加强职业法规建设，既是职业道德建设的实际需要，也是实行依法治国的重要组成部分。改革开放二十多年来，我国中央和地方先后出台的职业性法规有一千多种，实践证明，它们对规范职业运作的行为方式，促进依法治国的历史进程，发挥了举足轻重的作用。

职业观念、职业道德规范及职业纪律与操作规程、职业法规，是职业道德建设的主要内容，通过以上的分析和阐述可以看出，它们彼此之间存在着内在的逻辑联系，在具体的建设过程中应当从宏观上将它们统一起来。

第三节　加强新时期的职业道德建设

一、认清新时期职业道德建设面临的形势和任务

经过20世纪80年代以来的改革开放和发展社会主义市场经济，中国人的职业观念发生了前所未有的多方面的变化，先进与落后的因素并存，情况比较复杂。在这个过程中，国家和社会一直没有放松加强职业道德建设，取得的成效是明显的，但同时也应当看到存在的问题仍然是相当严重的。《公民道德建设实施纲要》指出："社会的一些领域和一些地方道德失范，是非、善恶、美丑界限混淆，拜金主义、享乐主义、极端个人主义有所滋长，见利忘义、损公肥私行为时有发生，不讲信用、欺骗欺诈成为社会公害，以权谋私、腐化堕落现象严重存在。"这些"道德失范"问题主要反映在职业活动领域，或者说，职业活动领域的"道德失范"问题最为严重。

如上所说，二十多年来中国的职业道德建设取得了明显的成就，不仅出台了一系列的职业法规，而且职业道德建设也开始走上规范的道路。但同时也应当看到，职业道德规范和职业法规在不少职业部门和单位并没有得到真正的贯彻落实，违规操作的情况并不鲜见。职业道德规范和职业法规，只有转化为从业人员的职业道德素质，才能真正发挥作用，否则，制定得再好也是形同虚设。

中国自改革开放以来，新的职业门类不断出现，客观上需要新的职业观念支撑，需要相应地出台新的职业道德和职业法规，而在这方面我们的工作是滞后的，不仅理论研究跟不上，实际的建设工作也没有引起有关部门的高度重视，缺乏应有的清醒意识。如网络这个新兴的行业，如今的操作基本上就是处在不规范的状况中。网络这种高科技，本来是应当被用作

捕捉信息、培育人才、促进科技进步和生产发展、推动社会文明进步的，而目前却被广泛地用作"休闲"和玩乐的手段。都市里、大街小巷里到处可见的网吧，几乎全被用作玩游戏、"谈恋爱"，极少是被用来做正经事情的。网吧的老板，大多毫无应有的职业观念，只管开业收钱，发财致富，从不问上网的人在干什么，有的为了多赢利甚至还为"网民"提供诸如休息场所、送夜宵等各种"服务"。对此，文化主管部门从来不管不问，更没有什么行规加以约束。更值得注意的是，现在上网的基本上都是青少年，有的甚至还是几岁的孩子，他们日日夜夜地挂在网上，迷恋玩乐而不思学业和进取，而他们所玩乐的多半是凶杀游戏或观看色情电影，由此引发了不少违法犯罪的问题。学界有人就此发出警告：从思想道德建设来说，究竟是谁在教育和培养中国的青少年？是学校的老师还是网吧的老板？这是令人深思的。中国的"网吧业"已经到了非整顿不可的地步了，而要如此，就必须从"立德""立法"两个方面将其职业行为规范起来。不仅如此，设在许多单位办公室的电脑，也常常被用作办公人员玩游戏、聊天或看电影等"休闲"途径。对这些不正常的现象，现在既无法规意义上的管理，也无道德上的约束。

总之，中国新时期面临的职业道德建设的形势是严峻的，任务是艰巨的，需要从多方面进行积极的探讨，付出艰辛的努力。

二、在全社会确立道德继续教育的观念

现代社会，根据科学技术和生产与管理的发展需要，一般都比较重视对走出校门的从业人员进行继续教育，或外出进修，或在职培训，以不断提高他们的业务素质。与此同时，国家还倡导兴办各种类型的专门实施继续教育的学校。但这些继续教育的着眼点和目标，基本上都是为了提高从业人员的"智能素质"即"本领"，极少涉及道德素质即"本性"。我国的继续教育大体上也是这种情况。

道德教育是否存在继续教育的问题？这是一个与职业道德建设密切相

关的重大理论和实践问题，是亟待研究和认真加以解决的现实问题。职业道德建设本质上是一个道德继续教育的问题，其对象是成年人，要想加强职业道德建设，就需要在全社会确立道德继续教育的观念。

成年人的道德素质如何主要反映在职业活动的岗位上，在这种意义上职业道德建设正是成年人的道德继续教育。职业道德教育是道德继续教育的典型形式，也是主要途径。人一生的大部分时间是在职业岗位上度过的，主要精力也是在职业岗位上展示的，道德素质如何不仅直接影响到职业活动的功效，也影响到个人精神生活的质量，最终影响到社会的发展与进步。重视开展道德继续教育，努力提高成年人的道德素质，既是职业道德建设的宗旨和最终目标，也是中国职业道德建设面临的主要任务。

实际上，从业人员和其他成年人都需要接受道德继续教育。人的道德品质的形成，受到三个方面因素的影响：一是道德教育，二是道德修养，三是道德环境。在家庭和学校，道德教育都不是"继续"意义上的，一个人走出家门和校门也就结束了他在道德上接受教育的生涯，此后对其道德品质发生影响的主要是社会的道德环境。道德环境中的价值观念和风尚总是以多元的性状而存在，优良与腐朽、先进与落后并存。人处在这样的环境里，既可能接受好的影响，也可能受到不良的影响，如果没有继续教育则可能会更多地受到不良的影响，以至于逐渐地"变坏"。我国各级各类普通学校的道德教育作为德育的一个重要组成部分，不论如何改革，其基本功能其实都是使受教育者"知善"，学生的道德素质结构基本上处在道德认识的知识层次，需要在以后的职业生活中去体认和实践，逐步完善道德素质。但是，社会的道德状况从来都是"有问题"的，当代中国的"道德失范"问题又几乎举目可见，而他们走出校门就已经失去了老师的有益指导。这样，如果没有道德上的继续教育，他们在道德素质上的锻炼和完善只能靠自己了。实际情况表明，这是靠不住的。与其他事物一样，人的道德品质也处在一种不断发展变化之中，既可能走向高尚，也可能走向卑下，究竟如何发展变化要依接受社会道德教育的情况而论，虽然这在很大程度上也受到个人道德修养的影响。一般成年人，即使本来道德品质是良好的，甚至是高尚的，如果没有接受道德继续教育，也可能蜕变，直至走向堕落，一些起初道德品质优良的人后来沦为阶下囚的事实，充分证明了这个规律。

由上可知，实行道德继续教育是十分必要的，它有助于改革和发展目前继续教育的内容，优化人的素质，加强社会道德建设，促进社会的文明与进步。人在道德品质的养成和锻炼方面，需要社会在"继续"的意义上实施终身的道德教育制度和机制，把全体社会成员摄进道德教育的视野，坚持不懈地面向全体国民开展道德教育。作为个人，要确立终身接受道德教育的观念，不能把在校读书期间接受道德教育看成一劳永逸的事情，而要在职业岗位上坚持业务素质修养、提升自己的"本领"的同时，高度重视自己的道德修身，不断改善和优化自己的"本性"，以适应社会发展和进步的客观要求。

职业道德建设作为成年人的道德继续教育，具有不同于一般家庭和学校的道德教育的特点。

首先是成年人接受道德教育的基础条件不一样。成年人在自己以往的社会实践中已经形成一定的道德品质，对社会与人生问题已经有了自己的一些"成见"，品德的结构和发展水平参差不齐，对道德教育者的要求也就比较高，他们与父母膝下的孩子和在校学生是不一样的。

其次，道德教育的内容应紧密联系社会道德生活的实际，特别是职业道德的实际，突出"道德问题"。成年人社会阅历丰富，对道德世界有自己的看法，其中不少是"道德问题"，以至于"问题成堆"。有的人碰到"道德问题"能够经过自己的思考作出正确的解释，有的人则不能。有的成年人之所以出现道德滑坡或堕落的问题，就在于他们的"道德问题"没有得到及时的解决，他们在道德品质养成和维护方面需要老师为其"传道"和"解惑"。

再次，在方法上，道德继续教育主要不应是关于道德知识的灌输，而是关于"道德问题"的分析和研讨。在道德继续教育过程中，教育者始终都要有一种真正平等的态度。这就要求教育者具备相应的人生阅历和学识水平，以及理解和分析"道德问题"的能力。

职业道德教育作为道德继续教育，需要国家高度重视，社会全员关怀。首先，国家有关继续教育的方针和政策，要有关于职业道德教育的明确要求和措施，列入教育教学计划和课程体系，制定相关的考核和管理办法，配有专门的教育和管理队伍。国家的法制建设，也应当把继续教育意义上的职业道德教育放在应有的位置，关于继续教育的立法应当有道德继续教育包括职业道德教育的内容。承担继续教育任务的普通学校，应当根据国家的方针和政策重视职业道德教育，不能把办继续教育仅仅看成是增加经济收入的渠道。专门的继续教育学校，更应当把教育和培养学生的职业道德素质放在首位。

三、职业道德建设的重点

中国职业道德建设的重点是国家公务员和司法执法工作者。这是因为，这几类从业人员的职业岗位从根本上维系着国家和社会的安宁与繁荣、人民的幸福、民族的前途和命运，而他们的职业道德素质发挥着榜样和示范性的巨大作用，影响着整个社会的文明与进步。

中国有着重视"官德"建设的悠久传统。早在西周初年就提出"明德慎罚"的治国策略和"九德"①的"官德"要求，后来孔子提出的"为政以德"的政治理念，经孟子发挥明确提出"仁政"主张，至西汉正式确立了"德主刑辅"的治国方针。在这一治国方针的指导下，教育和培养了一大批"为民做主""勤政爱民"的"清官"，形成了源远流长的"官德"伦理文化。这一传统，虽然浸透着封建专制社会的旧道德因素，但也包含着不少合理的因素，经过分析和批判完全可以为今日所用。如孔子提出的"为政以德，譬如北辰居其所而众星共之"②，孟子提出的"民为贵，社稷次之，君为轻"的"民贵君轻"思想和"为民制产"的思想，荀子提出的

---

①《尚书·皋陶谟》。

②《论语·为政》。

"平政爱民"思想等，在今天看来其现实意义仍然是十分明显的。

新中国成立以来，中国共产党一直重视对党和政府部门公职人员的思想政治教育，进入改革开放和发展社会主义市场经济的历史新时期后，为适应变化着的新情况，这方面的教育工作抓得更紧。从本质上看，公务员的职业道德建设其实也属于政治文明建设范畴。但是，我们不能因此而以思想政治教育替代职业道德建设。毋庸讳言，进入新时期以来我们在这方面的理论研究和实践操作存在的问题是很突出的。目前我国的公务员教育，一般是在党校和专门的行政教育机构进行的，但是，这样的机构目前一般都没有职业道德建设方面的专门课程，所开设的"行政管理学"一类的课程很少有行政伦理或行政道德方面内容，教材也是这样。中国如今"公共管理"和"行政管理"方面的教材，基本上都没有行政管理伦理或政治伦理方面的章节，讲的多是"管理之技"而很少有"管理之德"，这不能不说是一种认识和安排上的失误。在这个问题上，我们与现代西方国家相比较存在着明显的缺陷。发达的资本主义国家非常重视管理和行政伦理的建设，不仅"公共管理"和"行政管理"方面的书籍含有丰富的伦理道德内容，而且有大量的分析、阐述管理和行政伦理的专著流行。虽然20世纪90年代以来，中国学界有一些人在致力于行政伦理的研究，也发表了不少关于研究社会主义行政伦理的研究成果，但是这些成果多没有适时转变为公务员职业道德建设的内容、进入相关教育机构的课堂、进入公务员的头脑，不能不说这是一种缺陷。中国是共产党领导的社会主义国家，在党和政府部门工作的公务员是代表广大人民群众的根本利益的，他们应当始终把人民的利益放在第一位，具有对人民高度负责和全心全意为人民服务的职业道德观念和奉献精神，立党为公，勤政为民，尊重群众，实行民主管理。

司法执法人员的职业道德建设的重要性是不言而喻的。从根本上来说，把司法执法人员的职业道德建设作为全社会的职业道德建设的重点之一，这是由法律与道德的密切关系决定的。人类社会自从有国家和司法现象以来，立法的理念和具体的法律安排，无不是从维护社会道义出发的，这使得司法执法一开始就具有道德价值思考的特质。法律规范与道德规范本来就具有质的同一性，都着眼于引导和规约人们向善，一般说，法律上认为是正当的，道德上就认为是应当的，不存在相背离的情况。在具体的司法执法活动中，司法执法者的职业道德素质与其办案态度和质量总是密切相关的，同样遵循着"人品"与"产品"相统一的规律。概言之，真正的法律和司法执法活动，都是围绕维护和保障社会基本的道德正义而设置的，脱离道德价值和要求的情况是不存在的。法律与道德的密切关系，反映在国家和社会的治理上就必须把依法治国与以德治国结合起来。中国已经确定了依法治国和把依法治国与以德治国紧密结合起来的治国方略，这一方面要求政党、国家、一切社会团体和全体公民必须确立法律是最高的准绳的理念，把自己的一切活动安排在法律许可的范围之内，同时也要求人们必须培育相应的道德素质，重视道德建设特别是职业活动领域内的职业道德建设。在实行依法治国的历史条件下，司法执法者不仅要带头守法，而且要带头守德，他们的道德水准应是全社会的典范。

从人类社会法制文明和道德文明发展史看，要求司法人员的"司德"在全社会具有榜样示范作用，早已形成一种优良的道德传统。在西方，从古希腊罗马开始，就一直重视在法律至上的理念指引之下，强调司法公正，要求司法人员"头脑清醒，深思明辨"，具有"富贵不能淫之精神"。所谓"大法官"，既是"大"在精通法律，也是"大"在忠实于法律，"大"在最富有正义感，敢于秉公执法，因此德高望重，为人楷模。当代西方法治国家，更是高度重视法官和检察官的道德素养，视司法人员的道德品质为全社会可以效仿的典范。比如在美国，你要想当法官或检察官，先得获有学士学位，证明你具有一定的文化素养，然后取得法律专业的学位，表明你具备了相当的司法知识，接着须进入律师学会从事律师职业，获得一定的司法经验，同时必须被公认为道德上无可挑剔，这样才获得了当法官或检察官的前提条件，然后再经过提名，在议会选举中获得通过，方能最终获得资格。这一规定已经成为美国司法制度的一个重要方面，其宗旨十分明确：司法人员不仅业务素质必须是过得硬的，道德素质在全社

会也必须是最好的。

我国具有重视司法官吏道德素养的优良传统。西周时期提出"明德慎罚",其中的"慎罚"就要求司法执法官吏谨防"五过之疵",即"惟官,惟反,惟内,惟货,惟来"①。意思是说,办案切莫倚仗权势,乘机报复反对过自己的人,庇护自己的亲友,贪图他人财物和受贿,接受他人登门请托。这类规则,在可以粗暴剥夺奴隶生存权的专制社会,无疑是最高最严格的要求。先秦法家的代表,从法律至上、惟法是从的立法理念出发,强调司法官吏须"守德"。进入封建社会以后,统治者更是重视司法官吏的个人道德品质。如起于西汉的"察举孝廉"制度,就把"善事父母"的孝和"清正廉洁"的廉,作为选拔和任用官吏包括司法官吏的主要标准。诸如此类的价值理念和实用标准,构成中国封建社会法制思想发展史的重要内容。我国许多流传至今的脍炙人口、赏心悦目的故事和戏曲,对此作过十分精彩的表达,以至于如包拯、海瑞的铁面无私和刚正不阿的精神,早已成为老少皆知、家喻户晓的美谈。这种现象,一方面表明普通的中国人是何等的看重司法人员的道德水准,另一方面也表明良好的"司德"对全社会的道德价值导向和教化发挥了多么重要的影响。在这种意义上我们甚至可以说,中华民族之所以具有注重道德、崇尚美德的传统,与历史上一些司法官吏的道德所发挥的榜样示范作用是很有关系的。

从一定的意义上可以说,司法执法者的职业道德素质如何,决定着我国能否最终建成社会主义法治国家。

中国的公务员和司法执法人员的职业道德建设,应当立法。通过立法,规范教育的内容和途径,录用和评估公务员和司法执法人员,除了必要的专业知识和技能的考核以外,应当有关于职业道德素质方面的考核指标。

在公务员和司法执法人员的职业道德建设中,领导干部的职业道德建设又是重中之重。这些领导干部在党和国家机关及司法执法机关中处于重要的职业岗位,手中都握有一定的职权,其职业道德素质如何不仅影响着

---

① 《尚书·吕刑》。

他们自己的领导工作质量，影响着一般公务员和司法执法人员的职业道德素质，而且也会影响到其他行业的领导干部的工作质量和职业道德素质，对全社会的职业道德建设也会发生重大的影响。我们甚至可以这样说：整个中国的职业道德建设状况和整个社会道德进步的发展水平，在根本上取决于党和政府部门及司法执法部门的领导干部的职业道德建设及其实际的职业道德素质。这是我们在思考和设计当代中国职业道德建设问题的时候，应当确立的基本认识和立足点。

第六章　中国社会公德建设

　　人们居家、学习或从事某种职业，总要与邻里、校外别的部门与单位相处，发生"公共关系"；离开家庭、学校和职业活动场所便又进入社会公共生活场所，或者购物，或者散步、休闲、旅游，或者探亲访友、参加社交活动等，同样会发生各种各样的"公共关系"。发生"公共关系"的社会公共生活场所，是人类参与社会生活、展示其"社会人"身份的重要领域，社会公德正是为适应公共生活场所的客观要求而设定的道德体系。

　　所谓社会公德，亦称场所道德或公共生活场所道德，指的是维护人们的社会公共生活秩序，确认和保障人们的"社会人"身份的起码的行为准则。它既是调节社会共同生活领域内人们相互之间及个人与社会公共生活场所之间利益关系的道德规范，也是与此相适应的个人的道德品质。遵守社会公德是每个社会成员起码的道德义务和责任，也是衡量每个社会成员道德品质的基本标准。

　　社会公德是整个社会道德的基础。它的建设是整个社会道德建设的一个重要方面，是一项基础性的工程。

第一节 社会公德的特点、类型与作用

就社会根源而论，社会公德与家庭道德、职业道德一样，也是根源于一定社会经济关系的基础之上的特殊的社会意识形式，同时又具有稳定性和历史继承性等特点。但是，社会公德与家庭道德和职业道德相比，又具有一些不同的特点。中国以往关于社会公德的论著不多，而且一般都没有将其分类，因此在论述其社会作用时也没有相应作出区分，这是不够的。

一、社会公德的特点

第一，社会公德调整的对象和范围最广泛，具有全民性和普遍适用性的特点。换言之，这一特点也就是"公众性""无例外性"——社会公德是名副其实的"社会公众的道德"。家庭道德调整的对象是家庭生活中的家庭成员相互之间的关系，职业道德调整的对象是职业活动中的从业人员之间及从业人员与其职业部门或单位之间的关系，两者都有各自特殊的规定性。社会公德则不同，其调整的对象是全体社会成员。在每一个社会，除了尚未接受启蒙教育的幼童以及思维与行为能力失常的人，人们在社会公共生活场所的行为都受到社会公德规范和要求的指导和约束。就一个人而论，在没有成人和就业之前，其行为不会受到职业道德的约束，离开家庭生活环境也可能会获得脱离家庭道德约束的"个人自由"，但他不可能足不出户，不参与社会公共生活领域内的活动，不受到社会公德的约束，幼至顽童，长至老者，无一例外。从这一点看，社会公德是名副其实的"全民道德"。

社会公德的全民性和普遍适用性，不仅体现在一国一民族之中，而且体现在全球范围内的人类共同生活中，如与人为善、尊老爱幼、爱护公物等，甚至像平等、正义这类道德价值标准，虽然由于社会制度的差异在不

同的国家和民族有着不同的内涵，但也是有着诸多相通之处的。社会公德是真正的"普遍伦理"或"底线道德"。在国际社会，有些社会公德的全民性特征表现为全球性或全人类性的特征，当今世界的许多国际法实则是国际社会公共生活的公德规范实现"法律化"的产物。当然，这样说，并不是等于说那些具有全人类性的社会公德就不存在阶级的差别了，国际法就是全世界公认的社会公德和法律规范。实际上，在国际社会里，一些国家的统治者时常漠视甚至无视他们参与制定的国际法，任意否决和践踏，这是由他们所代表的剥削阶级的贪婪和霸道的本性决定的。所以，不能因为肯定社会公德的全民性和普遍性，而看不到它的阶级性的一面，实际上，所谓"普遍"、"底线"，在有些情况下是"有限"的、"无底"的。

第二，社会公德要求最低，也最严格。任何一个社会的道德体系，都由多个有着内在逻辑递进关系的道德规范和要求构成，最低层次便是社会公德，它是社会道德的基础，也是一个人德性的基础。一般说来，一国之中的社会公德对人们的要求是最低的，是起码应当遵循并且能够做到的，因此它是衡量人们道德行为的"及格线"。恩格斯在《英国工人阶级状况》中称社会公德是"人们用来调节人对人的关系的简单原则"；列宁在《国家与革命》中也称社会公德是"人类一切公共生活的简单的基本规则"。正因为社会公德是道德上的"及格线"，所以它对人们的规范和约束也最严格。有些人认为，最低要求的社会规范可以不必重视，敷衍塞责，马虎了事，这种看法其实是一种误解。须知，最低的要求，往往也是最严格的要求。对于学生的考试来说，60分是及格线，这是最低的要求，也是最严格的要求，因为线上、线下存在本质的区别，达到60分就"过关"了，达不到60分就不能"过关"，或者需要补考，或者就被淘汰了。

由于社会公德属于最低要求的社会道德，所以它的提倡和推行时常伴之以相关的行政措施，一个人如果违反了社会公德，就可能触犯了有关行政法规而受到相关的处罚。由于社会公德是人们德性的基础、德性的"及格线"，所以在人的意识结构中社会公德意识通常是与人的法律意识相衔接的，一个人如果随意违反社会公德，那只能表明他的法律意识比较淡薄，他离犯法甚至犯罪就只有"一步之遥"了。对于道德上"不及格"的人，社会调控其行为只有依赖法律。正因如此，社会公德的制定、提倡和实施，一般离不开法律和行政性措施的保障。

第三，社会公德具有悠久的历史继承性和现实可变性。在一切形式的社会道德中，社会公德的历史文明最为悠久。社会公德的调整对象是"公众"，其职能是维护社会公共生活秩序，可以说，有人类社会以来就有社会公德要求，最早的社会道德主要是社会公德，因为那时期既没有家庭道德，也没有公民道德，更没有职业道德。类人猿在"共同劳动"中变革了自身，把自己演化成一种特殊的"动物类"——人类，这一演化过程实际上同时包含着社会公德的"演化"即形成。社会公德是伴随着人类社会的诞生同步出现的，它是人类社会最早的道德形式，只不过是人类到文明发展阶段后才开始用文字文化形式和风俗习惯加以继承和发挥罢了。列宁说，社会公德是"数百年来人们就知道的、数千年来在一切处世格言上反复谈到过的、起码的公共生活规则"。在人类社会道德文明发展史上，社会公德的内容要求虽然是起码的公共行为准则、最低层次的道德规范要求，具有极为明显的历史继承性，但也是随着社会公共生活内容的不断丰富和变化而不断发展变化的。在现代社会，社会生产和管理的领域在不断拓宽，公共生活和公共关系的视界在不断扩大，其内涵也在不断扩充。这在客观上要求人们关于公共生活秩序的理论思维也要随之发生变化，生态伦理学、环境伦理学、人类伦理学、公共关系学、行为科学等新兴学科的兴起，就是适应这种变化的客观需要而纷纷问世的。这些新兴学科的许多范畴和内容，不少其实就是关于社会公德要求方面的。这种变化和发展，丰富了社会公德的内涵，不仅要求人们树立现代文明观念，增强遵守社会公德的意识和能力，而且要求人们在遵守社会公德方面要有一定的理论素养。如果说，在传统的意义上，人们遵守社会公德只需具备相关的"基础文明素质"就可以了，那么，如今仅仅如此则是不够的，还需要同时具备一些"现代文明素养"。

二、社会公德的类型

社会公德因公共生活场所及主体的行为方式的不同而具有不同的类型。

一是相处型社会公德。人作为社会存在物首先要与他人直接相处，在直接的相处中表明自己是一个存在的实体，人们平常所说的人际关系一般指的就是这种相处的关系。作为现实的人，每个人都必然生活在特定的具体的人际关系中，如血缘上的亲属关系、学缘上的同学关系、业缘上的同事关系、地缘上的邻里关系和老乡关系等，这种关系是因"相处"而存在的，是"处"出来的。相处型社会公德的最基本要求就是以邻为友、以邻为伴、和睦共处、相安无事。中国古代社会的人们普遍奉行"各人自扫门前雪，休管他人瓦上霜""害人之心不可有，防人之心不可无"的人生格言，其中"各人自扫门前雪""害人之心不可有"，所反映的正是这种相处型的社会公德的要义。

二是交往型社会公德。顾名思义，交往型社会公德是关于在人们交往过程中的社会公德要求。就调节方式看，如果说相处型社会公德是一种被动性的调节方式的话，那么，交往型社会公德则是一种主动性的调节方式。一个人，不论是从自己生存和发展的实际需要出发，还是从其职业和事业、对社会作出贡献的发展需要出发，都既要与他人和睦共处、相安无事，也要与他人开展交往活动，交往的必要性和意义全在于此。人们的社会交往，是因社会生产和社会生活的丰富和发展而不断得到丰富和发展的，这使得人们的交往需求度和交往范围域成为衡量一个社会发达和文明进步程度的标准之一。社会公德的现实可变性，它的不断丰富和发展，从某种意义上说正是得益于这种交往的需要及其发展的水平和状态。

三是共求型社会公德。所谓共求，即共同追求。在社会公共生活中时常会出现这样的情况：不论是从动机还是从实际过程及结果看，人们发生各种各样的关系都与共同的追求相关，或者是为了追求共同的发展机遇和成功，或者是为了谋求共渡难关的机会。前者一般发生在带有明确目的的正式社交活动中，如各种形式的"联谊会""座谈会""茶话会"等，后者一般发生在虽带有明确目的却不一定是正式的社交活动中，如自发组织起来的抗洪救灾、救火、抓捕坏人等见义勇为行为等。在这样一些带有公共生活性质的活动中，人们需要遵循共同的社会公德，这就是共求型社会公德。与相处型和交往型的社会公德相比较，这种类型的社会公德的要求要高一些，价值趋向的"功利性"色彩很浓，因此也往往更需要社会公德的调节，社会公德在这方面往往更能展示自己的社会道德价值。

我们只能在认识的相对意义上对社会公德作相处、交往和共求三种基本类型的划分。其实，在实际的社会公共生活中这三种类型的社会公德是相互关联的。其中，相处型社会公德是整个社会公德的基础，最为常见。交往一般总是在相处的基础上、在相处的过程中进行的，而符合社会公德的交往又会促使人们相处关系的加深，形成某种特定的友谊。在现代社会的公共生活中，不少交往带有随机性，往往并不是在相处的基础上展开，其间所遵循的社会公德多为现代礼节和礼貌，属于真正的基础文明范畴。共求型的社会公共生活，既可能在相处和以相处为基础的交往过程中进行，也可能在随机性的交往过程中进行，它最能说明一个国家和民族、一个地区或社区、一个单位或部门的社会公德风貌，也最能说明一个人的社会公德水准，而在其中发挥作用的则往往是交往主体的"现代文明素养"。

在中国传统社会，"各人自扫门前雪，休管他人瓦上霜"的小生产的生产方式和生活方式养成了中国人恪守相安无事的相处型的社会公德，而不大注意交往型和供求型社会公德的思维习惯和传统。这一传统如今正处于被打破的变革之中，因此关于社会公德的研究和建设还存在许多课题。如"非典"的流行，所提出的问题就不只是一个"基础文明"意义上的讲究卫生习惯的问题，而是一个如何适应当代中国人际交往频繁、领域扩大、重视公共生活领域内的公德建设的时代性问题。

三、社会公德的作用

社会公德作为"人类一切公共生活的简单的基本规则"或"起码的公共生活规则",其社会作用首先表现在能够维护社会公共生活秩序和社会公共利益,提高社会公共生活的质量。人们在社会公共生活场所,或交友、散步,或游玩、采购,通过开展各种各样的合作,不仅彼此之间会发生利益关系,而且与公共生活场所也发生利益关系,人与人之间和个人与社会集体之间的利益关系在这里得到最为直接的反映,其得当与否关键在于有无相应的秩序加以维护和保障,社会公德正是为此而设定的。

其次,社会公德可以提高人的文明素养,激发和巩固人对社会和人生的美好感受,培养民族精神,增强民族的内在凝聚力。道德对社会生活的干预,其作用的发挥表现在耳闻目睹、潜移默化中给人以文明的熏陶。公共生活环境的建设,是有助于社会公德建设的。人的认识的形成和情感的培养,遵循由近及远、由表及里、由部分到整体的规律,道德认识和情感的形成与培养同样遵循这种规律。经验表明,在环境良好的公共生活环境中,人们易于形成和保持愉悦的心情,这有助于人们产生对其所生活的地区、部门和单位,进而对社会和国家的热爱之心和美好的情感。中国实行改革开放以来,一直在抓城市公共生活环境的改造和建设,与过去相比许多城市发生了翻天覆地的变化,居民在这种良好环境中休闲和交友,心情舒畅,自觉不自觉地按照社会公德的标准规范自己的言行,提高了自己的文明素养。

再次,表现在能够充当评价和衡量社会道德发展和文明进步的标准。由于社会公德的调整对象是人们的公共生活,直观性强,所以社会公德总是以社会的道德风尚表现出来,一个社会的公德状况总是反映该社会的道德文明和进步的基本情况,反映一个民族的道德传统和精神面貌。在世界民族大家庭里,中华民族素有"礼仪之邦"的美誉,这与中华民族在社会公共生活中具有重视社会公德的优良传统是直接相关的。

第二节 社会公德的主要内容

一、文明礼貌

所谓文明礼貌，指的是在社会公共生活中人们所应遵循的起码的礼仪及与此相关的品行，包括谈吐文明、举止谦恭的态度和穿着得体、仪表端庄的风度。在社会公德体系中，文明礼貌是最低层面的道德要求，也是衡量人的道德品质和社会道德风尚的基本尺度。

文明礼貌的具体要求主要体现在如下几个方面：

（一）谈吐文明

语言是人们交往的工具，也是交往的基本形式和手段。人们在交往中谈吐所使用的语言，要符合真善美的要求。真，就是要说真话、实话、有用的话，不要说假话、空话、废话。善，就是要说好话、与人为善的话，不要说坏话，随意用语言伤人。美，就是说话要生动有趣、具有幽默感，不要说脏话、丑话。谈吐文明中的真善美，最重要的是真，讲真话本身就是一种善，所谓以诚待人实则是以真待人，而以真待人中最重要的就是要讲真话、实话和有用的话。次之是善和美，俗语说的"一句话使人笑，一句话使人跳"，前"一句话"一般指的是善言美语，后"一句话"一般则是指恶言丑话。在现代社会的交往中人们往往比较看重幽默，幽默是一种语言的艺术，常常可以获得意想不到的交往效果，谈吐中在讲真话善语的同时如果又能注意幽默的适度运用，那就是锦上添花了。

在与人相处和交往中注意谈吐文明，还应包含谦逊，表明对他人的尊重。传说英国著名戏剧作家、诺贝尔奖获得者萧伯纳有一次同一位漂亮可爱的苏联小姑娘玩耍，分手时萧伯纳对小姑娘说："回去告诉你妈妈，今天同你玩的是世界上有名的萧伯纳。"小姑娘听了他的话，学着他的口气说："回去告诉你妈妈，今天同你玩的是×××（小姑娘的名字）。"听了小姑娘的话，萧伯纳很吃惊，马上意识到自己的傲慢，后来，每当他回忆起这件事时就深有感触地说："一个人不论他有多大成就，都不能眼中无人，而应平等待人、尊重他人。这是那位苏联小姑娘给我的教训。"①中国有一个几乎人人皆知的故事，说有一个骑马匆匆赶路的年轻人黄昏时要找旅店投宿，便问路边一位老者："老头子，前面有旅店吗？"老者不高兴地答道："失礼。"年轻人认为还有"十里"，但跑了很长的一段路也不见旅店的影子，自知失礼，便返身回来，翻身下马，向老者赔不是。老者笑了，说前面根本没有旅店，还留年轻人住了一夜。这个故事的旨意就是在人际交往中要注意谦逊，尊重对方。

（二）举止文明

在社会公共生活领域，举止文明有狭义与广义之分。狭义的举止文明，通常是指具体的"举手投足"，其标准一般是适度、大方、自然，符合中国社会的文明习惯，如人们常说的"站要有站相""坐要有坐相""走要有走相"等。一些处于热恋时期的大学生在社会公共生活场所旁若无人地拥抱接吻，甚至在公共食堂用一套餐具用餐，老师批评他们举止不文明，他们不服气，说这并不犯法，也没有违背哪条社会道德标准。这种不正确的认识错在他们没有看到自己的"举手投足"违背了中国人的文明习惯。广义的举止文明，包含狭义的举止文明，同时还在概括的意义上泛指主体的整个行为过程及其文明风度。中国人在社会公共生活领域所推崇的"长者优先"的习惯做法，今天的人们向西方社会所效法的"女士优先"的"绅士风度"，都是广义的举止文明的典型表现。

举止文明既是对他人的尊重，也是对自己特定的社会角色地位的肯定，在社会公共生活领域具有普遍的适用性。

---

① 引自安徽省直机关文明委编：《德与行——〈公民道德建设实施纲要〉解读》，合肥：安徽人民出版社2002年版，第117—118页。

（三）仪表文明

仪表，指的是衣着打扮，虽属于人的外在部分，却是人的内在素质的反映。在社会公共生活中讲究仪表文明，是"替他人着想"，表示对他人的尊重。讲究仪表文明，要求衣着打扮得体入时、合乎身份与年龄，体现时代特征和场所特点，既不可奇装异服、追赶时髦，也不可随随便便、邋里邋遢。衡量仪表是否文明，人们常用朴实和风度作为标准，这是对一个人文明仪表的总体性评价。在社会公共生活场所，文明的仪表、朴实、有风度，总是给人以良好的"第一印象"，对交往的成功起着"前奏"性的推动作用。

有些人在社会公共生活场所缺乏仪表文明的意识，不大注意仪表文明，随随便便，旁若无人，还美其名曰"艰苦朴素""自然朴实"，殊不知，这是缺乏公德意识的表现。当然，讲究仪表文明并不是主张追赶时髦，刻意装扮，矫揉造作。

文明礼貌是一个历史范畴。在一定的社会里，文明礼貌的实际状况总是与社会的文明与发展的程度相关的，带有阶级和时代的特征，统治者和被统治者、不同时代所提倡的文明礼貌往往有所不同，甚至是根本不同的。统治者更多强调的是时尚，他们的仪表时常带有刻意雕琢的痕迹，言谈举止时常带有装腔作势的掩饰，而广大劳动者注重的则是真诚、自然、朴实、大方。文明礼貌又总是同人受教育的程度紧密联系在一起的，所以在社会公共生活场所文明礼貌通常又被人们视为教养、涵养等，"文化人"与其他人的表现是不大一样的。周恩来在中学时代就十分重视自己的仪表装束和言行举止。他在南开学校读书时，特意在一面大镜子上挂着一则自己撰写的格言：面必净，发必理，衣必整，纽必扣，头容正，肩容平，胸容宽，背容直，气象勿做勿息，颜色宜和、宜静、宜庄。周恩来一生恪守自己的格言，给世人留下了难以忘怀的"周恩来形象"①。

---

① 引自安徽省直机关文明委编：《德与行——〈公民道德建设实施纲要〉解读》，合肥：安徽人民出版社2002年版，第117—118页。

二、乐于助人

《天堂和地狱》的故事说，有个人很想知道天堂与地狱的区别，上帝就领着他分别到天堂和地狱里去看了看。结果，发现天堂和地狱里都有一口盛满食物的大锅，锅旁都围着许多食者，食者手里都拿着一把长柄勺子。不同的是，天堂里的人都吃得饱饱的，兴高采烈，地狱里的人都饥肠辘辘，愁眉苦脸。原因是天堂里的人互相帮助，用长柄勺子盛食物给别人吃，这样自己都可以吃到；地狱里的人都盛食物给自己吃，因勺柄太长，这样每人怎么也吃不着。这个故事说的道理是"人人为别人"则共存俱荣，"人人为自己"则连生存也成了问题。

任何人作为现实的社会存在物，仅靠自己是无法生存的，更谈不上发展和实现自己的人生价值，客观上都需要来自他人和社会集体的帮助，人们相互之间和个人与社会集体之间的相互帮助，构成了人类社会生活的生动图景。从主观上看，人们一般都有需要得到他人和社会集体帮助的愿望和要求，也愿意在特定的情形下去帮助他人和社会集体，问题在于是否乐于助人。乐于助人可以从两个方面来理解：一方面是能够快乐地、自觉主动地帮助他人和社会集体，另一方面是在帮助他人和社会集体时"乐"在其中，也就是助人为乐，把帮助他人和社会集体看成是一件快乐的事情。能帮助人已是善事，助人并又能以此"为乐"则是一种高尚的道德境界了。

所以，在社会公德体系中，乐于助人是一个较高层次的道德要求，它是区分道德的阶级性和时代性的一个重要标尺。一般说，在阶级社会里，剥削阶级是不可能真正践履助人为乐的道德要求的，其助人的行为往往是在国家或社会的干预下实施的，而且也不会视其为快乐的事情。在个人主义、利己主义盛行的国度里，乐于助人是难以提倡的，因为个人主义、利己主义的基本价值趋向是以自我为中心，在个人主义、利己主义者看来，自觉自愿地帮助别人并把帮助别人看成是一件愉快的事情，是不可思议的，他们奉行的人生格言和道德信条是"人不为己，天诛地灭"。虽然乐于助人是人类社会自古以来一种公认的传统美德，能够乐于助人者总是会得到社会的称赞和人们的推崇，但是，真正能够乐于助人，把助人为乐的雷锋精神发扬光大、普及开来的，只有在社会主义社会才有可能。

乐于助人与助人为乐是一致的。提倡乐于助人不仅有助于改善人际关系，提升社会公共生活的质量和水平，而且有助于净化人的心灵，提高人的道德觉悟。就大多数人看，乐于助人是出自自己的一种精神生活需要，雷锋就是这样的典型人物。雷锋每做一件帮助他人的善事都是自觉自愿的，都会因此而感到无比的愉悦，以此为乐，所以他爱用日记的方式记录自己的这种心情。雷锋精神的核心是乐于助人，雷锋在乐于助人的过程中感受到新社会和新人生的美好，进而以助人为乐，逐步成长为一名共产主义战士。

在社会公共生活中，人们往往会碰到困难，如遇到歹徒或不测情况而身陷险境、发生天灾人祸等，需要同胞及时伸出援助之手，为其排忧解难。这时，见义勇为就显得十分必要了。见义勇为是乐于助人的另一种表现形式，或者说是一种特殊情况下的高级表现形式。生活表明，真正乐于助人的人是能够做到见义勇为的。不过，对此也不应当绝对化，平时不能乐于助人、遇上特殊情况却能"路见不平，拔刀相助"的人有之，平时能够乐于助人、特殊情况下却退避三舍、望风而逃的人亦有之，总之不可一概而论。

三、爱护公物

公物，即公共财物，公物在任何社会里都是属于"大家"的，或带有"大家"的性质。因此，爱护公物所反映的并不只是人与物的关系，而是人与人的关系——个人与"大家"的关系。这是爱护公物何以成为自古以来人类社会公认的道德标准，并相应形成一种优良传统的真正原因所在。

在社会公共生活中，爱护公物主要体现在三个方面。首先要树立公共财物神圣不可侵犯的道德观念和法制观念。有一则报道说，一位市民给公共汽车公司寄了12元的票款，并说明这是为补交十年前几次乘车逃票而寄的，他之所以这样做是因为这么多年来，每想起逃票的事就感到心中不安，十分羞愧。很显然，促使这位市民补交逃票款的正是公共财物神圣不可侵犯的道德观念。公共财物不仅受到道德的维护，也受到法律的保护，因此爱护公物也需要同时确立相应的法制观念。须知，在多数情况下，无视、损害、侵吞公共财物都是触犯法律的，不仅应当受到道德的谴责，在有些情况下还会受到法律的惩处。

其次，爱护公物要从点滴小事做起，养成"勿以善小而不为，勿以恶小而为之"的习惯。对属于"大家"的东西，哪怕是一草一木、一针一线，都应倍加爱惜，并能主动给予维护，如果无意中损坏了，造成损失，都应当主动承担责任，并能适时给予必要的赔偿。

再次，敢于同损坏、损害和侵吞公共财物的行为作斗争。不论社会如何提倡爱护公物的道德标准，无视公物的不道德甚至违法犯罪现象总是难免的，因此从爱护公物的社会公德要求出发，同此类不良现象作斗争就显得很有必要了。当代中国在推动改革开放和社会主义现代化建设的过程中，一直在坚持用党纪国法的手段同侵吞、侵占公有财产的腐败问题作斗争，但正如有的评论文章所揭示的那样，反腐败如同"割韭菜"，"割"了又"发"，这种现象的存在说明不少人仍然缺乏爱护公物的道德意识和法制观念，需要在道德建设中加强这方面的教育，动员和组织广大党员和人民群众向腐败分子作斗争。曾被毛泽东誉为"伟大的人民教育家"的陶行知先生，曾在其《尊重公有财产》一文中用幽默的笔触写道私账混入公账，公账混入私账，就是混账。公民不但自己不混账，并且要反对一切混账的人！这是至理名言。

四、保护环境

人类生存的环境是一个庞大复杂的系统，可分为自然环境和社会环境两大子系统。自然环境包括大气环境、水资源环境、生态环境、地理环境、土壤环境等。社会环境是人类在自然环境的基础上，通过长期有意识的劳动和改造所创造的环境，包括聚落环境、生活环境、生产环境、交通环境、文化环境等。

环境与人的关系是人类生存和发展的永恒主题。人与环境的关系的真谛是：人类在维护和建造环境的过程中获得自己生存和发展的条件，环境在被维护和建造的过程中影响和改造着人类，环境与人类是一种互动的发展变化过程。人类繁衍和走向文明的历史证明，环境与人类的生存和发展休戚相关，在今天，环境与人类的关系本质上是人与人的关系、国家与民族之间的关系，因此保护环境就是保护人类自身，保护今天的人类与未来的人类，其道德意义是十分明显的。

工业社会出现以来，保护环境成了全球性的突出问题。随着科学技术的发展和人们交往活动范围的拓展，人们对自己生存和生产环境的保护日益重视。这一方面是因为人们对公共生活质量的要求在提高，期望值在不断增加，另一方面是公共生活环境受到破坏的情况日益严重。据2001年9月4日《人民政协报》报道，在加速社会主义现代化建设的过程中，中国出现了十大环境问题。如大气污染问题（2000年我国二氧化硫、烟尘、工业粉尘排放量分别为1995万吨、1165万吨、1092万吨，其中二氧化硫排放量居世界第一位）、水环境污染问题（七大水系的污染程度依次是：辽河、海河、淮河、黄河、松花江、珠江、长江。其中，42%的水质超过3类标准；全国有36%的城市河段为劣5类水质，丧失使用功能）、垃圾处理问题（全国工业固体垃圾年产量8.2亿吨，处理率为46%；城市垃圾为1.4亿吨，处理率为63%，但真正达到无害处理要求的还不到10%）、有毒有害化学品污染问题等，这些都直接影响到中国人生存与中国社会发展的环境。2003年春季，在党和国家坚强有力的领导下，中国人战胜了猖獗一时的"非典"疾病，展示了中华民族万众一心、众志成城的伟大的民族精神，同时也暴露了中国人不重视公共卫生和保护自己生活环境的缺点。中国人从抗击"非典"中领悟到了保护环境的重要意义。

人类文明史表明，我们不能过分陶醉于我们对自然的胜利。对于每一次这样的胜利，自然界都会报复我们。这样的"报复"，不仅会落在当代人的身上，更值得注意的是还会延续到我们的子孙后代。

从全人类的生存和发展条件看，保护环境不仅是保护今天人类的生存和发展条件，也是保护未来人类的生存和发展条件，这是一个可持续发展的问题。1972年6月，114个国家的代表在瑞典首都斯德哥尔摩召开了人类环境大会，通过了著名的《人类环境宣言》，指出："为了当代人和后代人，保护和改善人类环境成为人类紧迫的目标，它必须同世界经济与发展这个目标同步协调地发展。"这标志着人类已经开始正视发展中的环境问题。联合国世界环境发展委员会的报告《我们共同的未来》将可持续发展定义为："既满足当代人的需要，又不对后代人满足其需要的能力构成危害的发展。"

保护环境，当然需要改变不合理的生产和生活方式，改变不合理的国际旧秩序，但从道德上提高人们对环境的重要意义的认识，促使人们树立相应的保护环境的道德观念则是基本的立足点。在社会公德的道德建设中，人类应当把保护环境的教育放在重要的位置，常抓不懈，促使人们树立爱护环境的道德意识，自觉地保护环境。这样的道德教育和道德建设，应当与加强环境管理、实行保护环境立法结合起来。

五、遵纪守法

纪律和法律的重要性是不言而喻的。纪律和法律本身并不属于道德范畴。道德主要是依靠社会舆论、传统习惯和人们的内心信念来梳理和净化人们的灵魂、调节人们的行为，从而发挥其社会作用的。纪律和法律发挥社会作用的情况则不一样，纪律依靠的是行政手段和措施，法律依靠的是国家的力量，都是外在的强制力，关注的都是人们的行为后果，而不是人们的思想道德观念和行为倾向。

纪律和法律的制定，都是以认定人性具有"恶"的一面、"限制"人的自由度为前提的。从选择自由看，一事当前，人选择什么样的行为这是他的自由，他几乎"想怎么干就怎么干"。但是，从选择的结果看，人的任何行为的选择都会有结果，结果可能是善，也可能是恶，行为主体对恶的结果必须承担相应的社会责任，这又是不自由的。社会和国家，从维护自身和大多数人的利益出发，也是从教育行为主体出发，在承认人的行为选择自由的同时，又"限制"人的行为选择自由，这种"限制"的立足点和目标都是为了统一群体性活动中的个人行为，使之符合国家、社会和大多数人的利益。在社会公共生活领域，这种"限制"通常是经过纪律和法律来实现的。就中国目前的情况看，这种"限制"更多是诉诸人的道德良心和义务感。如一个人在公共汽车上看到小偷在作案，他发现了，可以选择见义勇为、上前制止，也可以选择见义不为、视而不见，这都是他的自由。怎么办？社会调控方式基本上还是凭借主体的自觉。看到小偷作案视而不见，他会受到社会道德舆论的谴责，使其脸面难看，他也可能会受到自己良心的谴责，感到心中不安。这虽然也是对"恶"的选择自由的一种"限制"，但相对于纪律和法律来说显然是不够的。

在社会公共生活领域，人们更多的是以直接的行为方式表明其生活态度和行为方式的，从维护公共生活秩序和人们的利益出发，应当更多地强调纪律和法律的约束，高度重视公共生活领域的纪律和法律建设。把遵纪守法作为社会公德的规范要求提出来，一方面是强调纪律和法律对于维护社会公共生活的重要性，另一方面强调的是道德对于纪律和法律的价值认同，强调道德要为在社会公共生活中执行纪律和法律提供最广泛的心理支撑，促使人们养成自觉遵纪守法的文明习惯，而绝不意味着可以轻视纪律和法律的重要性。

遵纪守法在社会公德体系中居于特殊地位，发挥着特殊作用，文明礼貌、乐于助人、爱护公物、保护环境的道德要求，说到底都离不开遵纪守法的保障。

第三节　社会公德建设的基本途径

社会公德在社会道德体系中处于最低层次，涉及社会生活的所有领域、所有成员，所以其建设的基本途径和方法应当是从基础抓起，实行综合治理。就行为主体而言，要从幼时抓起；就社会而言，要从基层抓起。不论是家庭还是学校，都应当重视社会公德建设，有社会公德建设的内容和措施。同时，要动员社会有关力量实行社会综合治理。

一、丰富和完善家庭、学校和职业道德建设的内容，提高国民遵守社会公德的意识

就人的健康成长和全面发展来说，家庭和学校的道德建设是两个最重要的基本环节，也是社会公德建设的基础。家庭和学校都应当重视对受教育者进行社会公德教育，增加社会公德的内容和要求，完善道德教育的内容体系，以提高国民遵守社会公德的意识。

家庭中的社会公德教育，应重在示范，重在潜移默化中养成。当代中国的家庭，一般是由一对夫妻和一个孩子组成的三口之家，父母在节假日带领孩子到社会公共生活场所购物和休闲是常有的事情，父母应当借此机会对孩子进行社会公德教育，促使孩子养成尊重社会文明的良好习惯。在商店、公园、广场和其他社会交往场合，父母要以身作则，给孩子做出榜样，教育和引导孩子遵守公共生活秩序，爱护公物，保护公共生活环境，不要打闹，不要戏耍，不要乱扔废弃之物，不要攀摘树木花草等。有些家长带领孩子出没社会公共生活场所时，无视社会公共生活场所的一些公德规则和规定，如在休闲广场或公园草坪上放风筝、"遛狗""飞车"，这种违背社会公德的行为，给自己的孩子造成的影响自然是不好的。有的城市的街心公园或草坪，管理部门明明立了"不准宠物进入"之类的警示牌，

一些成年人却熟视无睹，领着自己的孩子牵着宠物玩耍。中国人看人的社会公德水平通常以"有无教养"为标准，这种"教养"的有无与父母是否尽到自己的上述责任是直接相关的。

学校的道德教育应当增设社会公德的内容，增加遵守社会公德的训练，以养成良好的习惯。这应当从学前教育时就抓起。1987年75位诺贝尔奖获得者在巴黎聚会，有人问其中的一位："您在哪所大学学到您认为最重要的东西？"那位老人平静地说："是在幼儿园。"又问："在幼儿园学到什么？"答："学到把自己的东西分一半给小伙伴，不是自己的东西不拿，东西要自己放整齐，吃饭要洗手，做错事要表示歉意，午饭后要休息，要仔细观察大自然。从根本上说，我学到的最重要的东西就这些。"①这个发人深思的生动事例说明，人的文明礼貌素养的培育需要从小抓起。小学阶段，与家庭教育相衔接，主要应是养成教育，注意日常操行训练，而不应大讲社会公德方面的大道理。可以有目的、有计划地经常组织学生开展维护校内公共生活秩序和卫生的活动，教育学生遵纪守法、乐于助人；也可以适当组织学生参加社会公共生活场所的公益劳动，因势利导，施以教育。中学阶段，主要应当进行社会公德内容方面的知识灌输，使学生较为系统地了解和掌握社会公德的规范要求，这样的灌输应当联系社会生活实际，启发学生主动思考问题，培养他们遵守社会公德的自觉性。大学阶段，学生的思想道德建设，应在另一种层面上实行养成教育。大学生，对于在道德上如何做人的问题可以说"什么都懂"，对于遵守社会公德的道理更是这样，问题在于能不能"什么都做"，这就是一个养成教育的问题。中国如今的大学生在遵守社会公德方面，不少人的意识是不强的，需要进行"补课"。

职业道德建设也应当有遵守社会公德方面的内容。一方面，任何一种职业活动场所都会有一些属于公共生活的场所，这些场所需要从业人员维护。当代中国的企业文化建设，多数在这方面是比较重视的，领导者们在

---

① 安徽省直机关文明委编：《德与行——〈公民道德建设实施纲要〉解读》，合肥：安徽人民出版社2002年版，第106页。

抓生产的同时致力于厂区的硬环境和软环境建设，建成所谓花园式的工厂，抓厂内的公德风尚建设。实践证明，这对提高职工的思想道德素质、促进生产是大有益处的。另一方面，从业人员下班后一般要进入社会公共生活场所，参加各种各样的社会交往活动，因此也需要了解一般意义上的社会公德，养成遵守社会公德的良好习惯，而这种教育工作应当在职业道德建设的过程中进行。

通过以上的措施，促使全体国民提高对遵守社会公德的意义的认识，养成自觉遵守社会公德的习惯。世界上不少国家的国民在这方面为我们作出了榜样。在瑞士的大小城市坐公车，车上既没有售票员，司机也不管检票。因此，乘客有没有在站台的自动售票机买票，靠的都是自觉性。瑞士有"世界花园"之美称，以环境的清洁和安静获得世界各地游客的喜爱，但是瑞士的环保靠的不是法治，而是人民本身的自觉性。比如说，瑞士人喜欢养狗，但游客看不到狗屎满街的境况，因为城市的街头巷尾每隔一段路就安放一个箱子，箱子里面装有给狗主人随时应急备用的粪袋。出来遛狗的瑞士人，都习惯随手拿着这样的一个备用袋。此外，瑞士人从不在路上乱扔垃圾，乱摘花草，甚至在湖边或在山头看到有游客扔下的空瓶罐他们还会主动自觉地捡到垃圾箱里。

二、充分发挥社会舆论的监督作用

道德的评价和维系是离不开社会舆论的，从一定的意义上可以说，任何社会生活领域的道德建设和提倡都离不开舆论的监督，也可以说，没有社会舆论的监督就无所谓道德可谈。由于社会公德涉及所有社会成员，具有普遍的适用性，属于真正的"大众道德"，所以其建设活动更离不开社会舆论的监督。

社会舆论监督，应当从两个方面理解和把握。一是大众传媒。中国进入历史发展新时期以来，在加强社会公德建设方面一直没有放松舆论的监督。中央电视台的相关节目特别是节假日的新闻联播节目，都设有报道各地民众遵守社会公德或违背社会公德的典型事例，抓住典型，报道及时，很具有教育意义。但是，与此同时，地方的电视台在这方面做得很不够。从中央到地方的其他媒体特别是报纸，在这方面做得也是很不够的。

大众传媒不论如何完善和有效，在发挥舆论监督方面的作用都是有限的，因为它一般只能抓一些典型的事例，不论是表扬还是批评都是这样。对社会公德进行社会舆论监督的最好、最有效的形式还是群众监督。

群众监督，最重要的是要通过教育促使人们养成"敬重"社会公德的良好习惯。首先要从我做起。毋庸讳言，在中国，相当一部分人身上仍然保持着许多与文明社会格格不入的不良习惯，如随地吐痰、乱扔垃圾、乱穿马路、不遵守公共秩序等等。要教育人们改掉这些不良习惯，是一件十分困难的事，需要一个长期的过程，坚持不懈地抓下去。其次，要教育人们敢于开展批评，对不遵守社会公德的不良现象，要敢于批评、指责，以形成一定的社会舆论。中国人在这方面是存在缺陷的，在社会公共生活场所，人们对违背社会公德的现象一般是不能指出并加以批评的，心理常态是保证自己不违反就不错了，对他人的不良行为，明知不对，也持"少说为佳"的态度。维护社会公德，说到底是公众的事情，需要每个人在做到自觉遵守的情况下，发扬敢于批评的精神。

三、加强社会公共生活场所的管理和建设

社会公德建设是一件"说起来容易做起来难"的事情，往往是"投入"许多而"产出"甚少，究其原因，与没有切实加强公共生活场所的管理是密切相关的。

社会公德建设要与加强公共生活场所的管理工作结合起来。道德调节依赖于人的自觉性，自觉性的形成离不开道德教育，但道德教育不是万能的，教育工作做得再好，总是还会有些人不能按照道德标准行事，因此加强管理是十分必要的。就社会公德的提倡和推行而言，从一定意义上可以说，没有管理也就不可能真正形成良好的公德风尚。

这种管理可以从两个方面来理解，一要"管"看得见的违反社会公德的人，对其进行必要的处罚，用处罚的方式来教育违规者遵守社会公德，强制性地"逼"其按照社会公德要求行事。二要"管"看不见的违反社会公德的事，及时解决公共生活场所违反社会公德的问题，如及时维修被损坏的公物、清除游客乱扔的垃圾等。

加强社会公共生活场所的管理，要与加强社会公共生活场所的建设结合起来。事实证明，人们在优雅整洁的环境里一般是不会做出违背社会公德的事情来的。安徽省芜湖市有条繁华的商业街中山路，过去可以说是脏、乱、差的典型，行人和游客随地吐痰、乱扔杂物的情况比比皆是。前几年，当地的领导者根据"一湖三岛"的设计思路进行了彻底的翻新改造和重建，变成了集购物和休闲为一体的"步行街"，优雅整洁，每日有数不清的人到这里购物、休闲和观光，虽然街道上并没有竖立"不要随地吐痰""不要乱扔纸屑"之类的警示牌，但人们一般都能自觉遵守这些社会公德要求。

总而言之，社会公德建设，要抓住三个基本环节：加强教育以提高国民遵守社会公德的意识；加强公共生活环境管理以强制人们遵守社会公德；加强公共生活环境建设以引导人们自觉遵守社会公德。

第七章 中国道德建设的社会保障机制建设

人类社会的一切实践活动都是有目标有计划的，为此，需要建立相应的组织，制定相应的制度，并有相应的理性认识、价值观念和标准给予支撑，以形成有效的运作机理，这就是人们通常所说的机制。道德建设作为人类社会的精神生产和精神建设活动，也需要相应的组织和制度，相应的理性认识、价值观念和标准，以形成健全的运作机制，保障道德建设计划的正确实施和既定目标的有效实现。这是把道德建设落到实处的关键。

从当代中国二十多年来道德建设的经验看，道德建设的社会保障机制需要由相关的组织机构及其制度以及相应的观念系统构成。

第一节 中国道德建设的组织机构建设

道德建设是人类促进社会道德文明进步和自身完善的精神生产活动，有自己独特的方向、目标和任务，有家庭、学校、职业和社会公共生活场所等几个基本领域，基本领域中又有各自具体的任务、目标、内容和方法，关系到全社会，牵动着每个人的精神生活和利益。因此，需要在执政党和国家权力的干预和指导下组织起来进行，而要如此，就需要建立和完善相应的机构。这是有效地开展道德建设的关键所在。

中国社会主义道德建设的二十多年实践，为适应实际需要已经建立了一些组织机构，这些组织机构已经发挥了并正在发挥着积极的作用。但毋庸讳言，总的来看是不够的，不能真正适应加强社会主义道德建设的实际需要，需要认真研究，进行必要的调整和完善。

一、健全道德建设的领导机构

依据中华人民共和国宪法规定，中国共产党是社会主义各项事业的领导核心，自然也是社会主义道德建设事业的领导核心。过去，党对社会主义精神文明和道德建设的领导，在宏观上主要是通过自己的会议和决议方式进行的。二十多年来，党就社会主义精神文明和道德建设颁布了一系列决议。较早的是1986年党的十二届六中全会作出的《关于社会主义精神文明建设指导方针的决议》、1996年党的十四届六中全会作出的《中共中央关于加强社会主义精神文明建设若干重要问题的决议》、2001年10月颁发的《公民道德建设实施纲要》。党的十六大报告，又提出了"切实加强思想道德建设"，促使社会主义道德体系与社会主义市场经济相适应、与社会主义法律规范相协调、与中华民族传统美德相承接的历史性任务。这些历史性的文献，以指导方针和基本政策的形式，确定和保障了中国精神文明和道德建设的社会主义方向和具体的操作规程。

中国共产党对精神文明和道德建设的具体领导，是通过自中央到地方各级党委的精神文明建设指导委员会以及宣传部门进行的。实践证明，建立这样的组织机构系统是必要的。

从系统的整体性和有效性看，在各级党委的领导之下，基层党委也要相应建立精神文明建设指导委员会这样的机构，目前把社会主义精神文明和道德建设的任务仅仅交给党的宣传部门的做法是否适应客观要求，是需要研究的。基层党委宣传部门的主要职责是宣传党的路线方针和形势政策，时效性要求高，任务繁多，不可能把主要精力放在研究和开展精神文明和道德建设的问题上。如果不能相应建立基层党委的精神文明和道德建设指导委员会，中央关于精神文明特别是道德建设的任务到了基层实际上就很难落到实处。更值得注意的是，现在许多基层部门和单位的精神文明和道德建设，都没有接受地方党委的统一领导和指导，而是依据"条条"划分和归口的方式接受各自的上级部门领导，而它们的上级部门多数并没有精神文明建设指导委员会一类的组织机构，也很少过问它们的精神文明和道德建设方面的问题。

各级精神文明建设指导委员会需要扩大职责内涵，并把指导道德建设作为自己的主要工作。诚然，广义的精神文明建设包含思想道德建设，但人们在理解上一般是将两者区分开来的，精神文明和道德建设既相互联系又存在重要区别，两者之中应以思想道德建设为主体。《中共中央关于加强社会主义精神文明建设若干重要问题的决议》指出："社会主义思想道德建设集中体现着精神文明建设的性质和方向，对社会政治经济发展具有巨大的能动作用。"因此，不可把精神文明建设与道德建设混为一谈，不能只重视抓精神文明建设不重视抓道德建设，更不能以抓精神文明建设代替抓道德建设。道德建设有其自身的特殊规律、特殊内容和要求，专业性很强，不是任何其他部门和人员都可以胜任的。

在相关组织机构专门从事道德建设的领导工作者，应当具备相应的素质，这是组织机构系统行之有效的关键。这样的专门人员应当热爱道德建设，乐于把精神文明和道德建设当作一项社会主义现代化建设的事业来看待，具备强烈的事业心。他们应当了解和掌握道德的相关理论和知识，熟悉道德建设业务，因此应当经过这方面的专门教育和培训，具备这方面的专业性理论知识和组织才干，养成善于观察、分析和研究社会精神现象和人们的道德生活的能力，成为这方面的专家。那种把道德建设的实践活动仅仅当成是面上的"宣传宣传"的事情，只做精神文明方面的表层文化文章的做法，是不适合的，把"不好安排"的人随意放到精神文明建设专门组织和机构去担任领导工作的做法，更是不可取的。

道德建设作为社会主义现代化建设的一项事业，从中央到地方投入的财力和人力并不多，但社会收效之大却难以估量。但有些管财、管人的政府部门却时常掉以轻心，舍不得花钱用人，人为地造成道德建设方面的实际困难，这是不应该的。各级人民政府的相关部门要确立服务于社会主义道德建设的意识，切实支持党关于领导精神文明和道德建设的领导部门的工作，适时提供必要的财力和人力方面的支持。

社会群众团体——工会、共青团、妇联等组织，是联结党和国家与人民群众的桥梁，具有广泛的群众性和代表性，完全可以在社会主义精神文明和道德建设中发挥重要作用。根据执政党领导精神文明和道德建设的组织机构设置，这些群众团体在社会主义精神文明建设和道德建设中应当设置相应的组织工作机构，以便对口开展工作。它们在社会主义道德建设中的工作重点，应当是基础文明建设，通过开展各式各样群众喜闻乐见的文化活动，寓教于乐，传播社会主义的道德观念，促使人们尤其是青少年养成良好的道德文明习惯。有些群众组织，如工会和妇联，还应当使基础文明建设活动深入到家庭和职业部门，与维护职工和妇女的合法权益结合起来。

二、健全道德建设的科研机构

相对于人类社会其他实践活动来说，道德建设的目标、内容、原则和方法有其特殊性，表现为特殊的规律性，在具体的实践过程中对人的要求具有特殊的规定性，因此应当作为一门特殊的科学来看待，并且要有专门的科研机构从事专业性的研究。

历史上，大多数国家都设有专门研究伦理学和道德问题的机构，现代社会这样的机构更为健全。新中国成立后，伦理学曾被作为"伪科学"搁置在一边，长期没有专门研究伦理学和道德问题的机构。实行改革开放后，这样的机构得以重建，并很快发展起来，它们分设在社会科学院系统和社会科学联合会总系统之内，形成从中央到地方两个相互关联和依存的科研机构系统。在社会科学院系统内一般称其为伦理学研究所和研究室，在社会科学联合会系统内一般为伦理学会。这些专门机构对于繁荣当代中

国的伦理学研究，推动中国的社会主义道德建设事业发挥了重要的积极
作用。

　　但是，实践证明，仅有这种专门研究一般伦理学和道德问题的机构是
不够的。道德建设的进步和繁荣离不开伦理学和道德问题的研究，但不能
将两者混为一谈，不能把道德建设的研究归结为伦理学和道德问题的研
究，更不能用后者替代前者。事实证明，道德研究的繁荣与道德建设研究
的繁荣不是一回事，中国二十多年来的伦理学研究取得了前所未有的巨大
成就，而道德建设研究相对来说要滞后得多。一般伦理学和道德问题的研
究是道德建设研究的基础，道德建设研究需要有自己独特的专门机构。

　　这是因为，道德建设研究有着自己特殊的任务和使命。

　　中国道德建设研究的任务和使命，总的来说自然是关于社会主义道德
建设的目标、内容、原则和方法的特殊规律和特殊规定性，为中国共产党
领导全社会的道德建设提供决策参考，为其他社会团体和组织开展全社会
的道德建设提供指导性的意见和实施蓝图。具体说，主要是研究中国道德
建设的历史经验，分析和提炼其可作为现实社会道德建设参考的历史经
验，规避历史的陈规陋习；研究当代中国现实社会的道德文明和道德发展
进步的客观方向，特别是道德建设的具体目标、任务、内容和基本的原则
与方法等等。显然，这样的研究任务和使命，没有专门的机构是很难承
担的。

　　中国目前关于社会主义道德建设的研究，在对象上一般应归于应用伦
理学的范畴，这是没有问题的，但在机构设置上却没有单独的建制，一般
被包容在应用伦理学研究甚至一般伦理学研究的专门机构之内，这是需要
加以研究和给予解决的。为了加强中国社会主义道德建设的研究工作，国
家在中国人民大学设立了国家级的重点研究基地"伦理学与道德建设研究
中心"，应当说这是明智的，是一个与时俱进的创新举措。但毋庸讳言，
仅仅如此又显得势单力薄，不能适应当代中国加强社会主义道德建设的实
际需要。从实际需要看，从中央到地方的社会科学院和社会科学联合会都
应当设有专门研究道德建设的机构，有关的高等学校也可以成立这样的专

门研究机构，形成一种系统。

这一系统要立足于现实，具有强烈的面对社会现实道德问题研究道德建设的时代感，形成关注现实、研究现实的治学风气。重大的研究项目，应组织系统内的研究力量集体攻关。要有成果转化意识和决策参考意识，认识到研究道德建设的目的全在于运用，全在于指导和干预现实的道德建设。为此，专门研究道德建设的机构要建立适宜于将研究成果转化为道德建设实际功效的内部机制。

第二节　中国道德建设的伦理制度问题

道德建设的社会保障机制建设，最重要的是关于伦理制度的建设。伦理制度建设问题，是20世纪80年代后期以来中国伦理学人一直关注的道德建设研究领域，它是适应中国道德建设的现实需要而提出来的。

伦理制度是关于道德建设的保障制度和机制，涉及道德建设的各个领域、各个方面，但要求应是关于保障道德规范的提倡和推行的制度和机制。建立中国的伦理制度，需要人们特别是专门从事伦理学研究和道德与精神文明建设的人们与时俱进地转换观念，需要全社会的共同关怀。

一、制度与伦理制度

有人说，制度就是一种规范和准则，这是不准确的。一个社会的规范和准则很多，其中许多规范和准则并不是制度，或不是严格意义上的制度，因此不应当把制度归结为规范和准则。制度的根本特征在于其强制性的规定性和约束性，凡是被制度确认的规范和准则都要求人们必须遵从和遵守，其命令方式是"必须"，而不是"应当"。

每一个社会里的制度都是一种系统，由不同层次的制度依照一定的逻辑关系构成。从制约的内容和形式来划分，一个社会的制度系统包含社会制度和非社会制度两大基本序列。前者包含经济制度、政治制度和法律制度，反映社会的基本形态和历史特征，因此是区分不同社会形态的基本标志。特定历史时代的统治者，总是要求人们必须尊奉、遵从现行的社会制度。在一定的社会里，经济、政治、法律制度是制度系统的非社会制度的现实基础和根本依据，其他任何制度的制定和推行，在价值取向上都应当与之相一致。后者，主要指的是管理体制意义上的制度，在某种意义上可视其为规范和准则，但其命令方式是"必须"，是一种特殊的规范和准则。非社会制度性质的管理制度，是制度系统中最活跃的部分，影响着社会制度的巩固、改进和完善。

看制度是否先进需要引进文明的标准。制度文明是社会文明的一大独立序列，与物质文明、精神文明构成社会文明的三维结构。制度文明是人类改造社会、创造适应社会发展要求的各种制度或体制的活动的成果，表现为经济、政治、法制、文化、道德等各项事业的制度建设的成就和进步。相对于物质文明和精神文明来说，制度文明有自己特定的内涵和形成与发展的规律。

伦理制度是社会制度文明的重要组成部分，不属于社会制度范畴，而是关于道德建设的体制意义上的特殊的制度。所谓伦理制度，指的是通过必要的奖惩措施，鼓励和鞭策人们遵循道德规范、切实加强道德建设的保障制度。现代社会的伦理制度，从道德建设的角度反映现代社会制度文明的发展水准，不仅影响着社会制度的巩固、发展和文明走向，而且对道德建设起着根本性的制约和保障作用。伦理制度也可称其为关于道德提倡的制度，本质上是关于道德建设的保障机制。

人类自从有道德教育这类社会实践活动以来，就有了关于道德教育的伦理制度。中国封建社会历朝历代都制定有关于道德教化的规定，而且十分严格，有的近乎苛刻，如明代的国子监立有一种"监规"，规定学生必须站着听讲，如有疑问必须跪着听讲，并且绝对禁止学生对社会和人生的人和事有所批评，绝对禁止学生进行任何形式的组织活动。当时的这种关于道德教化的伦理制度，显然带有封建专制制度的特质，它的制定和推行是高度集权的专制政治统治的产物。

当代中国伦理制度问题的提出，是伦理学研究和道德建设实践为适应改革开放和发展社会主义市场经济的积极表现。众所周知，市场经济既要在法律法规范围内活动，也要在道德规范的范围内活动，它是法制经济，也是道德经济。但是，道德规范对人们一切活动的规约都是"软性"的，这种先天不足使得"道德经济"也具有先天的不足，如果没有"硬性"的规定，所谓"道德经济"就易于成为空谈。事实证明也是如此，改革开放和发展社会主义市场经济以来，我们关于经济活动的道德规范的建设成绩显著。已经创建并正在发展着的经济伦理学这一新兴学科，不仅研究了市场经济活动中的道德理念和道德价值等问题，而且提出了关于市场经济活动的一系列的道德规范和要求，但毋庸置疑，这些道德规范对市场经济活动并没有发挥多少积极的引导和干预作用。根本的原因就在于，人们还没有把市场经济活动中的道德规范的提倡和推行"制度化"。与其说市场经济是"道德经济"，莫如说市场经济是"伦理制度经济"更为贴切。从这点看，说市场经济是制度经济——法制经济和伦理制度经济，才真正反映市场经济活动的客观规律和实际需要。

二、现代伦理制度的特征及类型

一般说，伦理制度是因道德规范而设置的，宗旨是为了保障道德规范的提倡和推行，从这点看，离开道德规范来谈伦理制度问题是没有意义的。伦理制度与道德规范既有联系，也有区别。伦理制度与道德规范在价值趋向上是一致的，都是为了促使人们遵循社会提倡和推行的道德价值理念和标准，引导人们从善避恶。但是，伦理制度本身不是道德规范。道德规范作为人们对共同的社会生活规则的总结，是依靠社会舆论、传统习惯和人们的内心信念起作用的，它是规劝性的行为准则，对人的行为的命令方式是"应当"，只告诉人们应当怎样做，不应当怎样做，其作用究竟发挥得如何全凭人们的自觉性，在不自觉的人的面前则无能为力，在人们普遍缺乏自觉性的社会里更是这样。伦理制度发挥作用的心理基础离不开人们的自觉性，但其作用方式则主要依靠制度的强制性，其职能是督促、监督、保障主体遵循道德规范，做"讲道德"的人，其命令方式是"必须"。简言之，道德规范是告诉人们应当从善避恶，伦理制度是要求人们必须从善避恶。道德规范不论如何地得体和先进，如何地完备和自成体系，说到底是劝人从善，而伦理制度则不是这样，它对具有道德自觉性的人来说或许是"多此一举"，而对缺乏道德自觉性的人来说却必不可少，它既称赞具有道德自觉性的人们的善举，也批评不具有道德自觉性的人们的恶行，"逼迫"这样的人从善避恶。

作为非社会制度性的制度，伦理制度与其他一切管理意义上的制度既有联系，又有区别。可以说，其他一切管理意义上的制度都是因"人性的弱点"而设置的，其立论的解读方式是"不相信人"，核心的价值理念是约束和惩罚。伦理制度的设置无疑也看到了"人性的弱点"，但它同时也肯定人性的价值，高扬"人性的亮点"。不仅看到了人履行道德义务缺乏自觉性的一面，也看到了人履行道德义务具有自觉性的一面，因此，其核心的价值理念应有"惩罚"的一面，也有"鼓励"的一面。吸烟有害健康，对谁都有害，有些地方就规定公共场所"不准吸烟"，这是道德规范，同时又规定"违者罚款"，这就是一项监督和保障"不准吸烟"的道德规范得以实行的惩罚性的伦理制度。见义勇为和拾金不昧，是传统美德性的道德规范，广东等地为使之行之有效便设立了"见义勇为"奖和"拾金不昧补偿办法"，对那些见义勇为和拾金不昧的人给予表彰，这就是一种鼓励性的伦理制度。不难想见，如果没有这类伦理制度所确立的奖惩机制，"见义勇为""拾金不昧""不准吸烟"的道德规范就易于形同虚设，就不可能真正形成相应的道德社会风尚，已经形成的社会风尚也会渐渐地消退，同时对"见义不为""拾金有昧""就是吸烟"者也就无计可施。由此看来，所谓伦理制度，可以被视作为倡导特定的道德规范而制定的"鼓励"与"惩罚"制度，本质上是一种与道德建设密切相关的社会保障和监督机制。

在社会的制度系统中，伦理制度是对法律制度和行政管理制度的补充，而不是法律、法制和行政管理意义上的制度和规范。人类社会自从进入阶级社会以来，道德与法律就是社会的两大规范系统，两者在价值内涵和趋向上基本上是一致的，但两者的调控方式和手段毕竟不一样，法律的实施依靠国家的力量，道德的提倡依靠舆论和信念的力量。历史和现实的经验都证明，一个社会的稳定和繁荣需要法律与道德这两大规范体系协调起来，共同发挥作用。而一个社会要建立自己完备的道德规范体系并不难，要在学理和知识的层面促使道德规范体系与法律规范体系相衔接也不难，加强道德理论的研究就可以逐步实现这一目标，但是要在实践中保障道德规范体系实现其应有的价值，则并非易事。所以，从实践的角度看，法律的实施和道德的提倡能否协调起来实际上是存在一个"空白地带"的。伦理制度正是一项填补这种"空白地带"的社会保障制度。从这点看，也可以说伦理制度是实现道德规范体系与法律和行政法规体系相协调的中心环节，也是关键环节。行政管理制度是对法律和法律制度的补充，与法律一样，其贯彻实行当然要靠人们的道德意识和心理发展水平，但如果没有伦理制度的支撑，也易流于形式。这也是伦理制度之所以必须成为一种独立形式的制度的又一逻辑依据。

从广义上看，一切能够保障道德规范的倡导和推行的制度都可以看成是伦理制度，包括相关的政治制度和法律制度、行政管理规章。狭义上的伦理制度，是一种有着内在逻辑联系的制度体系。这个体系，从性质上看可以分为鼓励和惩罚两种基本类型，前者旨在引导人们遵循道德规范和行动准则，促进人们走向崇高，后者旨在规约人的不道德行为，避免危害社会集体和他人的不良行为的发生。

从调节的方式看，伦理制度大体上可以分为规范补充型、管理型、协调型、执行评价型四种基本类型。

规范补充型伦理制度是保障道德规范在全社会得以提倡和推行，在社会道德生活中促使人们遵从的激励和惩罚类型的伦理制度。这种类型的伦理制度是具体的，与道德规范相匹配，因此有什么样的道德规范就应当有相应的伦理制度加以保障。这种类型的伦理制度使道德规范由"软件"变成"硬件"，它不是道德规范，而是对道德规范的补充和强化。道德建设的倡导主要不在说、写、贴，即主要不是向人们宣布一通道德规范要求就算完事，也不是营造一种社会舆论就算完事，而是要求人们遵从。这种宣布和营造是必要的，但如果没有保障道德规范得以倡导和推行的伦理制度，就易于成为空洞的道德说教，成为人人都可以这样说、却不一定能使人人愿意这样遵从的教条，显然，这种形式主义的东西难以实现道德规范内含的道德价值，因此也就无道德进步可言。

管理型伦理制度属于领导工作制度和体制范畴。道德进步依靠道德建设，道德建设作为人类社会一个重要方面的实践活动，不能停留在一般性的号召上，它需要建立相应的领导管理机构，进行指挥和组织实施。这样的机构的建立及其力量配备，都需要有必要的制度，健全相应的管理体制，以给予切实的保障，这就是管理类型的伦理制度。在道德建设中，制定和实行必要的管理类型的伦理制度是很重要的，它可以防止和杜绝把道德建设停留在口头上、"说起来很重要，做起来另一套"的官僚主义和形式主义等不良作风，督促领导管理机构和领导者按道德建设的制度办事。

协调型伦理制度是一项涉及社会生活各个领域各个方面的全社会性的伦理制度。道德建设涉及社会生活的各个领域，涉及全社会，涉及所有人群，牵动各行各业、各家各户，因此需要全社会和所有人给予关怀，为此就需要进行协调。这种协调也要有制度保障，这种制度就是协调型的伦理制度。这种伦理制度既可以建立在领导管理机构工作制度之列，也可以单独建立，以形成道德建设上的监督机制。

执行评价型伦理制度是保障道德建设得以正常、正确实施的一种伦理制度。道德建设作为人类社会精神实践活动的一个重要方面，贵在按照计划和要求付诸实际行动，而不是仅仅发发文件、做做报告，因此应当力戒空谈，提倡务实，扎扎实实地开展工作。中华民族有着重视道德建设的优良传统，但在道德建设上也长期存在着崇尚空谈和形式主义的陋习，一些地方、一些人往往不能把国家和社会提出的道德建设的计划和要求落在实处。他们喜欢"热闹",擅长搞让人看得见的"形象工程",如贴标语、办专栏、开报告会等,至于这样做是否真正能够促进道德文明和进步,则很少考虑。诚然,道德建设离不开这些做法,但仅仅如此是很难奏效的。崇尚空谈和形式主义的陋习,还影响到一些道德建设主管部门领导者的工作作风,他们看到一个单位道德建设搞得热热闹闹,很"繁荣",就以为那个单位的道德风尚不错,那里的道德"进步"了。这种陋习甚至还影响到对人的道德评价,表现为听到一个人满口仁义道德就以为这个人的道德品质是高尚的。道德建设贵在执行,而要认真执行就必须坚决反对道德建设上的形式主义,反对这种形式主义的最有效办法,就是相应建立必要的执行和评价制度。

以上四种基本类型的伦理制度的划分只是相对的,实际上,在制定和实行中它们是相互渗透、相互支撑、共同发挥作用的,从而构成一种伦理制度系统。其中,规范补充型伦理制度是伦理制度体系的基础部分,管理型和协调型是伦理制度体系的主体部分,执行评价型伦理制度是伦理制度体系的最高层次,在某种意义上可以说,它是关于伦理制度的伦理制度。

三、伦理制度的社会意义与作用

一切非社会制度的制度,其作用在于规范社会和人的行为,以维护、巩固和完善社会制度,充分体现和发挥社会制度的历史价值。伦理制度作为一类非社会制度,其作用总的来说在于规范社会和人的道德建设行为,保障道德建设正常、正确地实施。具体来说,伦理制度的社会作用主要表现在如下几个方面:

有助于"硬化"道德规范,促使道德规范实现其价值。一定社会提倡和推行的道德规范是由两个部分的内容构成的:一是传统的道德价值理念和标准,二是立足于一定社会的经济和社会整体发展需要,经过多方面的"社会加工"而提出来的行为准则。相对于现实社会来说,一定社会的道德规范所包含的传统观念和习俗文化形式总是具有先天性的"软件"特征，即使是从现实需要中提炼出来的道德行为准则，由于其发挥作用主要依靠社会舆论和人们的内心信念，所以本质上也是"软件"。这就决定，一定社会的道德规范作为道德价值形式，只是一种关于道德的价值知识，一种道德价值的可能，还不是道德的事实，要将其转化为价值事实尚需实现由可能到事实的转化。这种转化的基础是个体的"德性"，即人们通常所理解的自觉性，个体的道德品质贵在自觉。一般说，有道德的人是能够自觉遵循道德规范的，其内心信念的道德命令以"潜意识"状态而存在，这种"潜意识"只有在通过道德评价得到社会集体和他人的肯定和张扬的情况下，才能得以存续和张扬，否则，人的道德自觉性就会渐渐消退和淡化，甚至渐渐地"变坏"起来，以至于最终影响到一个单位或部门的风尚。如果道德规范只是"软件"，没有制度保障人的道德自觉性，那么人的"德性"是靠不住的。而对于缺乏道德自觉性的人来说，不论是在传统意义还是在现实意义上，道德规范实际上是无能为力的，如果道德规范只是"软件"，那么矫正这种人的行为只能诉诸法律了。

在人的发展进步和人的精神生活的意义上，个人的"德性"本身就是一种道德价值事实，同时它又是道德规范实现其价值、形成一定的道德关系或道德风尚的基础。然而，个体的"德性"又是怎么形成的呢？一般认为，当然是个体遵循道德规范，是个体按照道德要求行事的结果。于是，这里就出现、存在一个"鲸在地球上，地球在鲸上"的"怪圈"。传统中国人在解决这个"怪圈"的时候，思路是从加强道德教育破题，常用的方法便是教化，由此而形成了中华民族重视道德教育的优良传统。这一传统的现代价值是毋庸置疑的，因为人的道德自觉性不是自然形成的。通过道德教育培养人的道德意识，养成人的道德行为习惯，为人们遵循社会提倡和推行的道德规范和价值标准提供基础，在这样的道德实践中又使已经形成的"德性"得到强化和提升，从而又为社会的道德提倡提供新的更加坚实的基础，人与社会的道德文明和进步，说到底就是这样的互动的逻辑过程。

但是，社会提倡和推行的道德规范，必须经由"软件"到"硬件"的转化过程，否则在提倡和推行过程中是很难奏效的。改革开放以来，中国的道德教育事业发展很快，不仅关于道德教育的书籍和文化用品的出版、发行盛况空前，而且国家和社会都有比较完善的教育计划，有一批专门从事道德教育的队伍，但毋庸讳言，中国人的文明素养却正在出现某种意义上的下降，不能真正适应改革开放和发展社会主义市场经济的实际需要，究其原因，当然是多方面的，但不能不说与缺乏"硬化"道德规范的意识和措施有直接的关系。道德规范和价值标准如果成为人人都可以说，却又"可以"不一定人人这样去做的东西，那么它的社会作用的发挥就十分有限了。

有助于"强化"道德建设管理，促使道德建设工程落到实处。管理，有管辖、看管之意。人类的社会生产和社会生活面对和居身于自然、人工、复合三大系统中。自然系统的构成元素是自然物，其特点是自然形成的，如银河系、太阳系、生态环境系统等。人工系统是人为了达到某种目的而建立的系统，如生产系统、行政系统、教育系统等。复合系统，一般说是由自然系统与人工系统按照一定的内在逻辑关系组合而构成的，如气象预报系统、交通管制系统等。管理的对象是系统，其职能是促使人们认识和肯定系统内含的客观规律，在此前提下规约自己的行为，帮助人们实现自己的预定目的。管理体现人的自觉能动性，反映为人对自身行为的自觉意识、负责精神和积极态度。

任何管理都必须有制度保障，这是一个常识性的问题。管理中的制度是对系统内含的规律性的确认形式，只有建立相应的管理制度，管理工作才会行之有效。管理的基本特点和要求是"按制度办事"，在制度的督促、指导和约束下使社会生产和社会生活有序高效地进行。

道德建设本身属于精神生产范畴，其目的是营造适宜时代发展和文明进步的客观要求的精神生活环境，维护和提升精神生活的质量。作为精神生产活动，道德建设本身也是一种精神生活，并需要适宜的精神生活环境和质量给予保障。从管理学看，道德建设的对象是最为典型的人工系统，目标非常明确，涉及的社会生活领域最为宽泛，因此也最为复杂，必须有相应的管理。

道德建设管理所依靠的制度就是伦理制度，其意义有很多方面。

首先有助于明确道德建设的目标、方针、政策、规划和方法系统，促使这一系统规范化。在这方面，伦理制度要求道德建设的目标、方针、政策、规划和方法，都应当用"制度语言"进行"强化"性表达，不可被人用来作随意性的解释和执行，以便主管部门实行具体的检查和督促全社会进行具体的监督和评价。

其次，有助于道德建设的组织实施。凡事都需要人做，需要人做的事情都需要管理，需要管理的事情就需要有专门的组织机构和专门的人员。从实际需要看，道德建设需要专门的组织机构即人们通常所说的"主管部门"，也需要相应的专职人员。道德建设究竟需要什么样的组织机构来实施、需要建立什么样的主管部门、需要多少专职人员从事这项管理工作、这些人的素质应当是怎样的，这些问题都需要用制度的形式加以规定。在这个问题上，如果没有伦理制度约束，就会思路不明确，或者机构重叠、人浮于事，或者强调机构设置和人员配备方面的困难而采取敷衍塞责的态度，结果关于道德建设的目标、方针、政策、规划和方法的系统在运行过程中就不会畅达，道德建设就不可能落到实处，就会出现"说起来重要，做起来不要"的问题。

第三，有助于对道德建设实行检查和监督。不论是从目标、指导方针、政策、规划和方法来看，还是从道德建设的组织机构和实施过程来看，道德建设的实际过程都需要检查和监督，否则就会出现"只打雷不下雨"或"雷声大，雨点小"的问题。这样的检查和监督，既不能没有，也不能随意进行，因此必须有制度保障。

第三节　健全道德建设的思想观念系统

这是一个关于道德建设的"软环境"问题。所谓"软环境"，是指由一定的思想观念形成的社会心理和舆论氛围。人类开展任何一个方面的社会实践活动都需要一定的组织机构，实行一定的制度，同时也需要有一定的"软环境"，它是实践活动达到预期目标、收到应有成效的必备的外部条件，也是收到应有成效的必备的思想认识基础。道德建设亦是如此。"软环境"的形成也依赖建设，建设中国道德建设的"软环境"应当从如下几个方面进行。

一、营造全社会重视道德建设的舆论环境，提高人们对道德建设重要性的认识

道德是依靠社会舆论、传统习惯和人们的内心信念来评价和维系的，作为外部条件的社会舆论比传统习惯所起的作用更为重要，因为它是现实的人们"造成"的，一般说来体现的是现实道德存在和走向文明进步的客观方向和人们道德生活的实际需要，也是人们在选择自己的道德行为时首先考虑的外在因素。道德建设对于社会舆论的依赖性更明显，它离不开全社会重视道德建设的舆论支持。

营造道德建设的社会舆论环境，有助于提高人们对道德建设重要性的认识，而提高人们对道德建设重要性的认识又有助于营造道德建设的社会舆论环境，两者是相辅相成、相互促进的。

众所周知，在传统意义上中国有着重视道德建设的悠久传统。西汉以后，历代封建统治者坚持不懈地倡导和推行儒家伦理文化的道德教条，对其士阶层和全体国民进行教化，从而使得古老的中国成为人人言必称道德的"道德大国"，成为名副其实、闻名遐迩的"礼仪之邦"。中国共产党在领导革命战争期间，为适应推翻"三座大山"、建立新政权的需要，一直坚持政治教育和思想道德教育相结合的方针，用毫不利己专门利人、全心全意为人民服务的思想道德观念教育广大共产党员和革命军人，在共产党组织和革命队伍内形成了高度重视思想道德建设的舆论氛围，形成了优良的传统。这一传统在新中国成立后的一段时期内，不仅对恢复国民经济、

巩固新生政权、完成社会主义改造发挥了极为重要的积极作用，而且对新中国的思想道德建设、培育新社会人们的新人格也发挥了极为重要的积极作用。但是此后，由于受到"左"的思潮的影响，特别是受到"文化大革命"的破坏，道德建设的内容和方式都浸透了大量的"左"的东西，并且被政治化，直至被政治斗争的内容和方式所替代。在那个年代，重视思想与道德建设的社会舆论固然达到了"家喻户晓""人人皆知"的程度，但却离开了科学、正确的轨道。

中国进入改革开放和发展社会主义市场经济新时期以来，党和国家一直高度重视道德建设，实行物质文明和精神文明两手抓、两手都要硬的发展方针。但是，毋庸讳言，这一战略性的发展思想并没有真正深入人心、为人们广泛接受，全社会重视道德建设的舆论并没有真正形成。很多人现在最关心的只是经济发展，只是个人的择业和经济收入以及社会治安等问题。不少人很关注腐败和社会风气问题，关注以失之诚信为基本特征的"道德失范"问题，但多限于发泄和散布一种消极悲观情绪，评头论足，议论纷纷，而对如何重视和加强道德建设却又不大关心。对如何从自己做起以促进社会道德建设的发展关心得更少。许多企业的领导和管理者，关心的多为经济效益，很少注意到道德建设问题，或者以管理来替代道德建设，热热闹闹的表面文章，以此来装潢门面、应付检查，而真正的道德建设工作并没有做多少。理论界的一些学人，对依法治国一直存有一种片面的认识。他们用"单兵突进"的思维方式理解和宣传依法治国问题，轻视甚至用嘲讽的话语否认以德治国的作用，抵制党和国家主张把法治与德治结合起来的发展战略。如此等等，说明当代中国的道德建设亟须提高人们对道德建设的重要性的认识、营造全社会重视道德建设的舆论环境。

提高人们对道德建设重要性的认识，营造重视道德建设的社会舆论，不仅是家庭和学校的事情，也不仅仅是有关教育和文化工作主管部门的事情，而是全社会的事情。党和国家的各级领导机关在制定和实施自己的工作规划与计划的过程中，要始终把道德建设放在重要的议事日程上。领导干部部署、检查、指导和总结全局性的工作，都应当有道德建设的内容。

组织人事部门在考察任用干部的时候，都应当切实地把对象的思想道德素质当作重要的指标，做到对思想道德素质不合格或不过硬的人选坚决不用。全国各个系统、行业和单位，都应当坚持日常的思想道德建设，有适合各自特点的内容和实施制度，并有相应的时间保证。理论、宣传、广播、电影、电视、报刊、戏曲、音乐、舞蹈、美术、摄影、小说、诗歌、散文、报告文学等思想阵地和大众传媒，都应当反映社会主义道德建设的实际需要，坚持社会主义的发展方向，用科学的理论武装人、正确的舆论引导人、高尚的精神塑造人、优秀的作品鼓舞人。

诚然，中国的社会主义道德建设是一个长期的历史过程。但正因如此，我们更要坚持贯彻党和国家关于两个文明一起抓、两手都要硬的发展战略不动摇，始终高度重视提高人们对道德建设重要性的认识，营造重视道德建设的社会氛围。

二、引进伦理公平的价值观念和标准

公平作为伦理道德范畴，在西方伦理思想史上可以追溯到古希腊的"Orthos"，即"表示置于直线上的东西，往后就引申来表示真实的、公平的和正义的东西"①。在中国则是20世纪80年代中期出现的问题。1985年底，中国伦理学会在广州召开关于改革开放和道德观念变化问题的学术研讨会，有篇提交会议的论文提出道德权利这个新概念，从道德义务与道德权利之间应保持某种平衡关系立论，论述了道德生活和道德建设领域里的伦理公平和正义问题。从那以后，关注伦理公平问题的文论时而可见，但一直没有形成如同研究经济、政治和司法领域里公平问题那样的气候。目前，中国通行的伦理学范畴体系仍然没有公平的位置，各种通用的伦理学教科书和道德读本仍然没有阐述伦理公平的内容，社会的道德建设和人们的道德生活也没有形成重视和崇尚伦理公平的自觉意识和社会风尚。

这种现象是不正常的。公平作为一个伦理学问题在中国被提出绝非偶

---

① ［法］拉法格：《思想起源论》，王子野译．北京：三联书店1963年版，第6页。

然，它是应对改革开放和发展社会主义市场经济的产物。将伦理公平引进道德建设舆论，作为保障中国社会主义道德建设的一种价值观念和标准，对于促进社会主义道德建设，建立社会道德生活的新秩序，具有不可忽视的现实意义。

公平，是人类追问和追求的永恒价值。历史上，以不同内涵与形式出现的公平，要义所反映的都是权利与义务的某种合理性平衡关系，当这种相对平衡关系失衡时就会出现关于公平的呼唤，"为公平而斗争"的思维和实践就被视为历史性的课题。从思想史看，各种人文社会科学学科无不包含对公平和正义问题的意见，阐述着不同时代的公平和正义的价值理性，这也可以从中国改革开放以来几乎所有的人文社会科学学科都关注"公平与效率"问题的生动景象得到充分说明。在社会历史领域，科学如果背离公平问题也就离开了人们对自身的关心。

将公平引进伦理道德思维和道德建设领域，也是道德自身的逻辑所要求的。道德世界最重要的是道德关系，它以人的"德性"为质料构成个体和群体的"精神家园"，这是道德价值的真谛所在。而一切道德关系其实都是利益关系，都必须用"相互性"来加以解读，"相互性"使道德价值成为可能，也是道德价值得以实现的常态要求和表征。违背"相互性"特性，道德在社会关系和社会生活中除了充当政治和法律（一般为刑法）的婢女，走向政治化和法律（刑法）化——这是道德在专制时代的命运，就无立足之地。而体现这种"相互性"特性的正是主体（个人或社会集体）之间的道德权利与道德义务的合理性平衡关系。它使主体在认识和履行自己的道德义务的过程中感到有了"道德人伙伴"或"道德同路人"。经验证明，一个人当其感到自己的道德权利和道德义务处于某种合理的平衡关系状态的时候，就会感到自己有了"道德人伙伴"，相互之间的利益关系（包括所谓精神利益）的道德调整因此而具备了逻辑基础。反之，就会渐渐地不甘心于做一个"道德人"了，其"道德失范"问题就可能会随之出现。个人与社会集体的关系也是这样。当一个社会或集体大量出现"道德失范"问题，原因一般也并不是社会或集体没有提倡道德，人们放弃了

"讲"道德，而是社会或集体与其成员之间缺乏在"相互性"的意义上提倡和"讲"道德，缺乏这种自觉性和主动精神，没有形成这样的伦理氛围，道德的价值演示和实现缺乏伦理公平的社会机制。由此而论，一个社会要纠正大量出现的"道德失范"问题，在加强法制建设的同时不可不重视在道德建设中引进伦理公平机制。这是每个道德社会发展进步的经验，也是每个人道德生活的经验。

中国社会长期没有道德权利一说，中国人对道德生活的理解和把握崇尚的是义务论原则，缺乏公平观念。这是因为中国社会过去长期缺乏产生伦理公平的社会基础和机制。

中国封建社会的生产方式是普遍分散、汪洋大海式的小农经济。小农经济实行自力更生、自给自足，生产者也是消费者。在这种经济基础之上建立起来的政治制度必然是高度集权的专制政治，从而形成了以高度集权的专制政治扼制普遍分散的经济的中国传统社会的基本结构模式。在这种社会结构模式上生发和形成起来的儒家伦理文化，内含两个相互矛盾的价值层面。第一个层面是所谓的人伦伦理，与"各人自扫门前雪，休管他人瓦上霜"的自私自利的小农意识相左。主张"仁者爱人""推己及人""为仁由己"，如"己所不欲，勿施于人""己欲立而立人，己欲达而达人""君子成人之美，不成人之恶"等，含有清晰的伦理公平意识。可以说，这是中国道德文明史关于伦理公平思想的一条发展主线，也是中国优良传统道德的主要成分。但是，这种求公平的伦理意向只是立在对主体单方面的自我要求之上，不是立在主体同时可向客体一方提出"他我要求"的基点上。其思维范式是单向的道德义务而不是双向的道德义务，可以概括为：你能从自身要求出发"推己及人"的道德义务，他就会"推己及人"向你履行道德义务，大家也就都会走向崇高，社会也就因此而走向文明进步。这种理解范式不是以道德现实而是以道德假设为出发点，把每个人和整个社会的道德进步，全交给了个人对道德义务的自觉，忽视了立足于现实社会的公平调节机制。第二个层面是所谓的政治伦理，以"三纲五常"为主要内容。它是道德与专制政治和刑法实行联姻的产物，具有一种至上的权威性，在价值趋向上与"大一统"的封建专制制度保持一致，强调个人无权利地服从国与家的整体性需要，漠视个人在国家和社会生活中的主体权利，乃至起码的尊严和价值需求。历史上虽曾有"君臣有义""父慈子孝""夫和妻柔"的求公平意向，但这种孱弱的声音始终没有损伤过"君要臣死，臣不得不死""父要子亡，子不得不亡""三从四德"之类纲常伦理的主导价值。因此，总的来看，中国传统文化的基本倾向是缺乏伦理公平的基质的。

在中国共产党领导的革命战争年代形成的革命传统道德，以共产党人的崇高社会理想、不怕流血牺牲的革命英雄主义精神和关心群众生活、注意工作方法的务实态度、革命队伍和人民群众内部的人们要互相关心、互相爱护的新道德为基本内容，这些充分反映了劳苦大众要求推翻不平等的社会制度、翻身得解放和当家作主人的正义呼声。共和国成立后，经济建设上曾一度实行统一计划、高度集中。生产经营计划甚至其执行流程都在政府的掌握之中，权利在政府，义务在企业，企业是经济活动的责任主体却不是权利的主体。政治上，与计划经济相适应，强调的是高度集中、统一指挥和绝对意义上的服从。伦理道德上，战争年代形成的革命传统道德曾一度成为恢复国民经济、推行社会主义改造的精神支柱，但却没有受到顺应历史演进时势的洗礼、得到与时俱进的丰富和发展，又由于受到"以阶级斗争为纲"的基本路线和"不理解也要执行"的思维范式的深刻影响，在"左"的阴影里被作了诸多的随意曲解，虽然保存了战争年代倡导的"为人民服务""互相关心""互相帮助"的可贵价值，但在"亲不亲，线上分"、一切服从"线"的需要、"斗私批修""狠斗私字一闪念"的"左"的思想指导下，也成了一种漠视以至忽视个人道德权利的义务论道德。

进入改革开放的历史发展新时期以后，整个20世纪80年代，我们的主要精力是向前看、向外看，不仅经济建设和科学技术发展方面是这样，文化道德建设方面也受到"全盘西化"的干扰，似乎无暇顾及如何看待自己在新老意义上的两种传统道德的问题，于是关于"滑坡"还是"爬坡"

的争论骤然而起。进入 90 年代后，越来越多的社会道德问题促使人们不得不反观一下自己的道德文明史，古代传统道德和革命传统道德的教育问题被列上重要议事日程。谈到继承古代传统道德的时候我们总要说批判与继承，这是必要的，但究竟应当批判什么、怎样批判，继承什么、怎样继承，我们缺少整体把握的意识和方法。而在讲到革命传统道德的时候，我们总要说发扬，这也是必要的，可是究竟应当发扬什么，怎样发扬，我们的认识和理解其实并不是很清楚。这表明，我们在对待两种传统道德的问题上，需要运用实事求是、与时俱进的方法进行深入发展的历史任务还远远没有完成。

二十多年来，我们一个重要的进步就是社会运作机制不断地引进和建立公平、公正机制，注意从权利与义务的对应关系上评判是非善恶的价值标准，调整各个方面的社会关系，但惟独没有给予道德关系及伦理公平问题以应有的关注。伦理学界为分析"道德失范"的原因和道德重建问题一直在作艰辛的探讨，理论上取得了许多重要的成果，但在诸多的成就面前，惟独对呼之不出的伦理公平问题置之不理。多少年来，面对"道德失范"问题人们在呼吁"道德立法"和伦理制度，让道德与法律相协调，实行有限制度化，殊不知，这其实正是道德义务主体向道德权利发出的时代呼唤。

不讲权利与义务相对平衡意义上的道德，在封建社会可以借助专制制度对于权利与义务普遍失衡的专制性肯定，充当专制政治的婢女，求得自己的有限生存和价值实现；在计划经济年代，可以借助于人们高涨的政治热情和"集中统一"的政治干预，展示自己的价值魅力；在资本自由的资产阶级统治之下，可以借助于宗教的精神强制和武装到牙齿的法制手段实行有序的控制。今天，我们显然再不能让道德充当政治和法律的婢女，也不能试图以鼓动高涨的政治热情来替代伦理理性和道德生活，更不能把社会的道德问题交给什么宗教。既然如此，在道德建设和道德生活中提倡伦理公平就是势在必行了。

把公平引进道德建设领域，就应当充分肯定和尊重正当的个人利益。

如何处理个人与他人、个人与集体之间的利益关系，是人们道德生活和道德进步的永恒性主题，也一直是伦理学的基本问题。依据伦理公平的价值标准，社会应当高度重视在"利己"与"利他""利群"相统一的立足点上引导人们把握自己的德性。我们的社会，至今仍然存在着片面强调"利他"和"利群"而轻视"利己"的倾向，总觉得持有"利己心"的人不那么光彩，甚至是不道德的异类，这是有悖于伦理公平原则的。

自古至今，大多数人的德性养成并非是接受了什么系统的道德义务教育，因为他们与学校教育无缘，家庭道德教育又一直存在不规范的现象。中国的改革开放从农村起步，联产承包责任制产生了巨大的经济和社会效应，并非广大农民一开始就受到什么道德教育，提高了思想道德觉悟，而是因为国家通过适时推行合适的政策，充分肯定和尊重了广大农民的"利己心"，从而在初始的意义上激发和调动了农民的生产积极性。后来的城市改革之所以能够产生巨大的社会效应，也与此直接相关。中国改革获得巨大成功的经验已经给我们提供了一个极为有益的启迪：动员和要求人们参与任何一项国家建设和社会事业，培养和提高人的德性水平，首先需要肯定和尊重人们的"利己心"，让人们在履行对社会的义务和责任之前能够预计到自己应有的相应权利，即属于自己的"实惠"。这样，人才有可能在经验的意义上自觉和不自觉地生发对他人权利和社会责任的思考，产生一种关注之心、关切之情，才有可能继而在接受规范教育的意义上认识自己与他人和社会集体应有的这样那样的权利与义务的关系，进而也就有可能在"利己"的同时形成关于"利他"（包括"利群"）的认同感，甚至公而忘私的义务感和责任感。经验表明，社会如果离开对人们"利己心"的肯定和尊重，以至于站在"利己心"的对立面，试图用消灭"利己心"（"割资本主义的尾巴""狠斗私字一闪念"等）的方式来"净化"人们的灵魂，其结果要么因"利己心"受到压抑而表现出缺乏理性或不可信不可靠的高尚，要么诱发或强化多种社会矛盾，而当这样的要求一经结束，"利己心"则会如同"洪水猛兽"般地膨胀和泛滥开来。当社会出现这种"失态利己心"的时候，人们所要反思的应是在加强道德义务教育，梳理人们普遍存在的"利己心"的同时，检查自己在看待和处理个人与社会集体及人与人之间的权利与义务的关系问题上是否普遍地失去了特定的合理性平衡——公平，包括是否普遍地失去了伦理公平。这才是明智的选择。

"利己心"不同于利己主义已是一个老话题，但担心肯定和尊重"利己心"就会诱导利己主义泛滥则是一种较为普遍的社会认同和社会心理，这其实是一种认识和心理误区。人的"利己心"客观上存在着三个发展方向：一是"拔一毛以利天下而不为""各人自扫门前雪，休管他人瓦上霜"，这是小生产者的人格特征。它是"自保、自立"的，看重个人利益和需要，却一般不主张侵害他人的利益和需要。二是由"利己"转向"害他"，以"害他"的方式达到"利己"的目的，这是产生于垄断私有制基础之上的利己主义的典型特征。三是由"利己"而转向将"利己"与"利他"结合起来，这正是多数人实际信奉和遵循的伦理原则。就是说，一个人从"利己"的需要和追求出发，可能以不损人、不损公的方式达到个人的目的，也可能以损人、损公的方式达到目的，"利己心"与利己主义的联系和区别，全在于主体获取和处理个人利益的手段和方式。本来，贫穷和富有的差异就不是道德高尚与否的差别，惟有"何以穷""何以富"（以及"穷为何""富何为"）才能说明道德问题。亚当·斯密在《道德情操论》中所作的理论贡献在于充分肯定了人普遍的"自爱"的"利己心"，也就是对于"个人问题"的关注。他的理论失误在于将"利己心"与利己主义混为一谈，并将利己主义作为普遍原则提出了他的"经济人"和"看不见的手"的假设，掩饰了垄断私有制作为利己主义温床的实质，也忽视了市场经济活动中"经济人"与"道德人"相统一的客观要求。

运用伦理公平的思想观念和价值标准反对利己主义，也是当代中国道德建设的一种合适的选择。利己主义的基本特征是不公，以偏私的方式理解和对待人们相互之间及个人与社会集体之间的利益关系。在人类道德文明史上，与利己主义相对立的道德原则大体上有两种：一种是原始社会的平均主义和专制时代的整体主义，另一种是资本主义的人道主义和社会主义社会的集体主义。平均主义和整体主义虽存在差别却都具有漠视以至忽视个人利益和需求的共同特征，在对待个人利益问题上失之于伦理公平。人道主义，实行人与人之间的平等原则，强调尊重人，把人当人看，但由于与个人主义和利己主义结伴而忽视了个人与社会集体之间的公平关系。关于集体主义，目前我国伦理学人的理解和表述虽然不尽一致，但对其基本精神的看法却大体相同，这就是：集体主义认为个人利益与集体利益在根本上是一致的，在一般情况下主张把个人利益与集体利益结合起来。集体主义的这种基本精神所说的正是社会主义制度下的伦理公平标准。在我国，正确理解的集体主义在认识和处理各种利益关系问题上，其价值基础和内核所强调的正是伦理公平。这样来理解集体主义，既超越了原始社会的平均主义和专制时代的整体主义、资本主义社会的人道主义，也与利己主义划清了界限。当然，我们也不应当因此而主张可以用伦理公平来替代集体主义，因为除了伦理公平的价值基础和内核，集体主义还主张在特殊的情况下个人必须为集体作出必要的牺牲，这是如上所说的伦理公平无能为力的。

我们的市场经济在给社会带来繁荣的同时又给社会增加了许多"麻烦"，包括利己主义（拜金主义、享乐主义本质上是利己主义）所引起的"道德失范"问题。因此，在市场经济条件下，在认识和实践上分清"利己心"与利己主义，在伦理公平的意义上充分肯定和尊重人们的"利己心"，同时有效地反对利己主义，就成为推动人的全面发展和社会全面进步的一种必然要求，也是一种必要选择。

三、普及把依法治国与以德治国紧密结合起来的思想观念

2000年春季，江泽民在全国宣传部长会议上的讲话中指出："我们在建设有中国特色社会主义，发展社会主义市场经济的过程中，要坚持不懈地加强社会主义法制建设，依法治国，同时也要坚持不懈地加强社会主义

道德建设，以德治国。对一个国家的治理来说，法治与德治，从来都是相辅相成、相互促进的。二者缺一不可，也不可偏废。法治属于政治建设、政治文明，德治属于思想建设、属于精神文明。二者范畴不同，但其地位和功能都是非常重要的。我们应始终注意把法制建设与道德建设紧密结合起来，把依法治国与以德治国紧密结合起来"。翌年10月，中共中央颁发了《公民道德建设实施纲要》，重申以德治国这个基本思想："必须在加强社会主义法制建设、依法治国的同时，切实加强社会主义道德建设、以德治国，把法制建设与道德建设、依法治国与以德治国紧密结合起来。"

概言之，关于以德治国的基本思想有两点：一是强调以德治国对于建设社会主义现代化事业来说是极为重要的治国方略，二是强调要把依法治国与以德治国这两种治国的方略结合起来。

以德治国，是依据马克思主义关于道德作为一种特殊的社会意识形态对经济乃至整个社会生活具有巨大的反作用的基本原理提出来的，指的是充分发挥道德的社会作用，通过道德上的教育与培养提高人们的思想道德素质，增强人们鉴别是非、善恶和美丑的能力，以达到调节和控制人们的社会行为及社会生活的目的。很显然，这一战略思想和决策从根本上为加强社会主义道德建设提供了最为有力的科学依据。从一定意义上可以说，中国的社会发展，只有长期坚信不疑、坚定不移地实施以德治国和把以德治国与依法治国结合起来的发展战略，其道德建设才可能在全社会赢得真正适宜的思想价值观念基础。

但是，值得注意的是，不少人包括理论界的一些学者，对以德治国及把以德治国与依法治国结合起来的战略思想和决策的认识是模糊的，甚至抱着不以为然的态度和抵触情绪。如有的人认为，强调道德的治国作用是必要的，但不能将其放到治国方略的层面上来看待，更不能将其与依法治国同日而语、相提并论；有的人认为道德是"做人"的问题，不是治国的问题，登不上治国的大雅之堂；有的人认为德治就是人治，在实行依法治国的情况下，提出以德治国的问题，实际上是一种倒退，等等。这些模糊看法和不良情绪，无疑不利于在全社会普及以德治国和把以德治国与依法治国结合起来的战略思想，不利于这一战略决策的贯彻实施，从根本上动摇了人们对加强社会主义道德建设的认识。

这里我们要特别指出的是，把德治当成人治的看法是错误的。德治与人治不是一回事，两者之间是有着严格的分界的，不能混为一谈。

德治与人治本是两个不同概念。德治概念，其原点可以追溯到商汤辅臣伊尹提出的"德惟治，否德乱"①，即"为政以德则治，不以德则乱"的思想。周灭商后，成王摄政辅臣周公姬旦强调"天命靡常""皇天无亲，惟德是辅"和"孝""得"（德）、"礼"在治理国家中的巨大作用，力主治国须实行"明德慎罚"的基本国策。到了春秋末期，孔子一方面"从周"，继承了西周的"孝""德"等道德和礼制传统，另一方面系统地提出了"仁学"思想，极力倡导"爱人""己所不欲，勿施于人""己欲立而立人，己欲达而达人""君子成人之美，不成人之恶"之类的仁爱精神。其直接的用意在于，要用"仁学"的道德精神包容和统摄周代的孝、德，特别是主要作为国家典章制度的礼。在孔子看来，"人而不仁，如礼何？"②做人而不讲仁，怎样来对待礼仪制度呢？《论语》中说"仁"有109处，说"礼"有74处，凡说"礼"之处基本上都说到"仁"。其最终目的很清楚：使传统礼制富含仁爱精神，具有道德的文化内核，由此而使政治转变成"有德之治""仁人之治"，即所谓"为政以德"——德治。这种改造，实际上是中国政治和伦理思想史上的一次重大变革，它反映了孔子个人的智慧，适应了新兴地主阶级登上政治舞台的客观需要，应被今人视作孔子最大的历史功绩。孔子的"为政以德"——德治思想，集中体现在他的"仁本礼用"的主张上，具体分析起来应有三层意思：一是"为政以德"。孔子认为，"爱人"是政治统治的根本，既是出发点，也是归宿。为此他要求统治者要"克己复礼"，认为："克己复礼为仁。一日克己复礼，天下归仁焉。"③不难看出，所谓"为政以德"，就是要从"爱心"出发，做"爱

①《尚书·太甲下》。

②《论语·八佾》。

③《论语·颜渊》。

人之事"，取得"爱人"之实绩，这是孔子德治思想的第一要义。为此，他强调，只有"为政以德"，才能得到人民的拥护："为政以德，譬如北辰居其所而众星共之。"①二是要充分肯定和发挥道德规范和价值标准的社会作用，用道德标准规范国家管理和社会治理的活动，这也就是他所说的，"道之以政，齐之以刑，民免而无耻。道之以德，齐之以礼，有耻且格。"意思是说，用政治来诱导，用刑法来整顿，人民只是暂时地避免罪过，却没有廉耻之心。如果用道德来诱导，用礼教来整顿，人民就不但会有廉耻之心，而且会人心归附。强调道德在治理国家和社会中的精神强制作用。三是要做"仁人"。这一思想其实是"为政以德"和"道之以德，齐之以礼，有耻且格"的逻辑延伸。孔子确认"为政在人"，"为政以德"和"道之以德，齐之以礼"都取决于统治者个人的品性和品行，即他们的"仁爱"精神。在他看来，统治者个人的道德人格具有至关重要的示范作用，是一种无声的命令。他说："政者，正也。子帅以正，孰敢不正？""其身正，不令而行；其身不正，虽令不从"，"不能正其身，如正人何？"②孔子的"德治"思想，经过后续儒学大师特别是孟子、董仲舒、朱熹等人的承接和发挥，形成了中国德治思想源远流长的传统。

德治作为一种历史概念，能否反映社会主义制度下的治国理念和方略？这一问题其实并不复杂。只要我们耐心而不是浮躁地仔细审视一下传统德治思想的价值内核就不难发现，它与我们今天倡导的热爱人民、代表人民的根本利益和为人民服务、重视道德的社会价值、做有道德的人，是存在着某种内在的逻辑联系的。今天的德治，说到底就是要从人民的利益出发，为了人民的利益要充分发挥道德在治理国家和社会中的作用，国家公务员要具有为人民服务的德性，每个公民要做有道德的人。如此看来，关于德治与法治是根本对立的、实行德治势必会走人治回头路的观点，是站不住脚的。

人治这一概念，最早是1922年梁启超在他出版的《先秦政治思想史》

① 《论语·为政》。
② 《论语·颜渊》。

中提出的，他称儒家学说为"人治主义，或德治主义"，首次将人治与德治相提并论。此后，持如是观者渐少。共和国成立后，学界长期没有"人治"一说，也没有出现将人治与德治视为一体的观点。实行改革开放以来，学界时而有人对人治的含义发表自己的见解，至今大体上有三种意见：第一种意见是在社会制度意义上说的，认为人治即"一人（君主）之治"或"少数人（寡头）之治"①，此说视人治为专制。第二种意见是从国家管理体制的意义上发表的，将人治与所谓"精英政治"视为一体，认为人治是主张"依靠执政者个人的贤明来治理国家"②。第三种意见可称之为一种普遍流行的世俗性的看法：人治是一种个人说了算的领导作风。从描述的现象看，虽然第二、三两种意见与第一种意见存在着某种逻辑联系，但它们都没有涉及人治的本质。人治本质上是奴隶社会和封建社会的根本制度，人治即专制，是专制制度的代名词，反映的是专制国家的国体和政体的阶级属性。其基本特征是治国的一切权力归中央，中央权力归一人（天子），所谓"普天之下莫非王土，率土之滨莫非王臣""朕即国家""礼乐征伐自天子出"等，都是对人治的生动说明。后两种意义上的"人治"，作为管理体制和管理作风，并不体现人治的本质特征，是人治的派生物却又不是专制国家的特有现象。"依靠执政者个人的贤明来治理国家（社会）"和"个人说了算的领导作风"，起始于原始社会，后来的专制国家盛行过，现在的民主国家正在实行，其中虽然不乏一些历史痼疾，但归根到底却是人类文明演进过程中的一种必然选择，不应一概否定。就是说，在任何社会和国家，管理体制和作风都不能说明"治"的本质，都与人治不存在必然的联系。今天，德治无疑需要"依靠执政者个人的贤明来治理国家"和"个人说了算的领导作风"，法治同样离不开"依靠执政者个人的贤明来治理国家"和"个人说了算的领导作风"，不过应当对此作出合乎时代精神的理解罢了。

　　总之，就概念而论，德治与人治的内涵是有原则区别的，前者强调的

———

①　郭道晖：《法的时代呼唤》，北京：中国法制出版社1998年版，第46页。

②　《法学词典》，上海：上海辞书出版社1984年版，第11页。

是治国须用道德价值和人格力量，后者体现的则主要是治国的社会制度，因此，在"人治主义"的意义上解释传统德治，是不正确的。

从历史过程看，人治是特定的社会制度现象，德治是普遍的治国法则。原始社会、专制社会、资本主义社会的治国模式证明，集权政治离不开德治，民主政治也离不开德治，无法制的社会需要德治，有法制的社会也需要德治。

人治作为国体和政体是人类社会发展到特定历史阶段的个别现象，而德治作为一种治国方略却是自有国家以来一切历史发展阶段普遍实行的法则。到了资本主义社会，其经济与政治结构从根本上改变了封建专制的人治基础，实行法治成为一种历史必然，人治从此被放进了历史博物馆。这已是人所共知的事实。但如果因此而认为，德治也被资产阶级同时放进了历史博物馆，那就大错特错了。事实是，资产阶级在建设法治国家的过程中，不仅没有忽视传统德治所提供的治国经验，而且一直在大做这方面的文章。他们在使法治武装到牙齿的同时，致力于使德治思想深入人心。以一些老牌的资本主义国家为例，它们在不断加强和完善法制体系建设的同时，一刻也没有放松以国家民族利益至上乃至民族利己主义和个人主义的道德价值观教育本国人民，并伴之以宗教的伦理精神疏导人们的灵魂。在现代，有的老牌资本主义国家，甚至还一直在作试图用自己的文化和道德价值观"治""地球村"的努力。认为资本主义社会的法治对于封建社会的人治所作的历史性的否定，也是对德治的否定，进而否定社会主义社会实行德治的必要性，是没有什么道理的。随着社会不断走向文明和制度的变迁，法律、军队等国家机器的作用将渐渐地衰弱并最终走向消亡，道德等精神文化的社会作用将因此而渐渐地凸显起来并最终充当主角，只不过是到了无国家的社会其作用不是表现为治国而是表现为"治世"罢了。可以这样说：只要道德存在一天，国家存在一天，人存在一天，道德对国家和社会的巨大影响就会存在一天，发挥道德管理国家和治理社会的功能、实行以德治国（"治世"）就绝对不可或缺。顺便指出，道德的社会功能还表现在对依法治国的深刻影响上。实行法治，究竟是"依法"还是"以法"，学界曾有过讨论，在我看来这其实并没有多少实际意义。人是否依法治国并不取决于是"依法"还是"以法"，也不取决于所"依"或"以"的是什么样的法，而是取决于是什么样的人。人是否"依法"，是否能做到有法必依、执法必严、违法必究，关键在于"依法"者的道德素质，在于"依法"者是否"缺德"，而不在于是否"缺法"。以为只要有了趋向完备的法律和法制系统，推行"法律至上性"的价值理念，依法治国的问题就从根本上解决了，这实在是一种天真。从这点看，德性是"依法"者的根本，德治是法治的基础；"为政在人"，"为法也在人"；"依法"者须立德，依法治国也须立德。同样之理，德治须立法，德治须实现法治化。这应是实行依法治国、将德治与法治紧密结合起来，以建设社会主义法治国家的必由之路。毫无疑问，当代中国的社会现实中确实存在"人治"问题，但这与德治无关。社会主义是继资本主义之后铲除封建人治的制度基础的国家，代表着人类社会历史的发展方向。如今，我们正在实行依法治国，并强调要切实地把依法治国与以德治国紧密结合起来，以促进社会的全面进步和人的全面发展，逐步实现建设社会主义现代化强国的宏伟目标。但毋庸讳言，在我国社会主义现阶段，在管理体制和领导方式与工作作风方面的"人治"问题，还是相当严重的。比如，政治活动中随处可见的"为民作主"的特权行为和官僚作风、用人体制中大量存在的缺乏民主举才和监督机制的问题、司法活动中普遍存在的以政代法和以言代法的现象，以及国人中大量存在的只重视"官品"、期盼"清官"而又漠视"民品"和自我要求的传统旧观念和新自由主义风气，等等。这些问题虽然与专制制度意义上的人治有着本质的区别，但却是推进中国法治和德治的历史进程的严重阻碍。为什么现在从"官"到"民"几乎人人都在讲法治和德治，但法律和道德却同时变成不少人手中的玩物或律他的工具，在一些地方和单位法治和德治仅仅成为一种"宣传口号"？原因就在这里。它表明，今天，在一些特定的情况下，在一些局部的地区和部门，不仅德治有可能走"人治的回头路"，法治也可能走"人治的回头路"。

　　存在这种"人治的回头路"问题的原因，从文化上看可以从两个方面

来分析和认识：

首先，在传统的意义上我们这个民族缺少法治意识和法制观念。几千年的封建专制的人治统治，只有刑制和刑治，没有现代意义上的法制和法治，缺乏现代意义上的法制和法治文化之根。中国共产党在领导中国人民求翻身解放的过程中，革命根据地的人民政权曾颁布了诸如《中华苏维埃共和国宪法大纲》《陕甘宁边区宪法原则》等重要法律，在解放区内普遍实行人民群众在法律面前一律平等、实行革命人道主义、注重调查研究和走群众路线等立法思想和法制精神。作为一种革命传统，这实际上是为后来的共和国奠定了法制基础。但是，共和国成立后，由于受到"左"的思潮的严重影响，这种革命传统几乎被丢尽了，取而代之的是"无产阶级专政下的继续革命""阶级斗争为纲"和"政治可以冲击其他"的建国方针和路线。在这期间，在"左"的建国思想的控制之下，我们对西方一切可资借鉴的文化包括法制文化采取的是拒绝的方针。而人治作为一种历史文化现象，在现实社会中仍然顽强地表现其"历史惯性"。这就必然使得我们这个民族在法制文化的心理构成上，既缺少批判自己传统的意识，又缺少吸收外来先进文化的意识。其次，在现实的意义上我们这个民族也缺少道德文化和德治文化的价值观念。在"左"的年代，我们搞乱了自己的伦理文化，丢掉了自己道德和德治的传统。实行改革开放以来，我们的伦理文化视野注重的是向前看、向外看，相比之下反观自己的道德和德治传统做得很不够，以至于今天仍然有不少人对伦理文化历史不甚了解却又夸夸其谈，采取的是不屑一顾的鄙视态度。这又使得我们这个民族的不少人尤其是年轻一代，在伦理文化的心理构成上既缺少"寻根意识"，又缺乏传统的道德和德治观念。以上两个方面的原因，都是不争的事实。它使得法治与德治的思想和理念都远远没有成为全体国人特别是一些"为政者"的自觉意识和行动，今天的依法治国和以德治国都缺乏一种深厚的土壤。造成今天"人治"问题的现实原因，主要是体制上还存在一些需要改革和完善的地方，其弊端的消极影响不仅表现在可以冲淡以至消解正在建立的法律制度和市场经济体制，而且也表现在可以冲淡和消解正在提倡的社会主义道德体系及以德治国所必需的伦理氛围。本来，在"治"的方式上，不同层次含义的人治就存在某种相通之处，基本特征就是"为民作主"，表现为"个人说了算，乃至于个人只说不做，习惯于把法律乃至道德等一切的社会规约和价值标准转变为只律他人而不律自己的教条和工具。而传统人治思想的"历史惯性"、法制和伦理文化观念的淡薄以及政治体制目前存在的弊端，恰恰为这种"转变"开了方便之门，这也应是不争的事实。

　　但同时也必须看到，今天"回头路"的"人治"绝非封建专制意义上的人治，其所以"回头"也绝非因为实行了德治，当然也绝非因为实行了法治。只要我们坚持将法治与德治紧密结合起来的治国方略，努力推动人的全面进步和社会的全面发展，此种"回头路"的情况将会越来越少，直至从根本上被遏止。通过以上简要分析可以看出，德治与人治是两个不同的概念，德治是自古以来治国（"治世"）的普遍法则，人治只是人类社会特定历史发展阶段的现象；作为治国（"治世"）的方略，以往的社会和国家可以实行德治，社会主义国家也可以实行德治；社会主义从制度上铲除了人治赖以生存的基石，但仍普遍存在着"人治"问题；根除这种"人治"问题，将是一个长期的历史过程。我们不能因此而否认实施把以德治国与依法治国结合起来的发展战略的必要性，从根本上动摇加强社会主义道德建设的思想观念基础。健全作为道德建设的"软环境"的思想观念系统，是一项长期的任务，只有坚持不懈，精心组织，才能不断取得成效。

后　记

　　总结和提炼是人们成就事业的重要方法和手段，是推动事物发生质变的重要环节，任何人都概莫能外。通观钱老师的这套文集，也正是在总结和提炼的基础上形成的重大成果。从微观看，老师在伦理学、思想政治教育、辅导员工作等领域的研究，多是以总结的方式用专业的话语表达出来的。从宏观看，老师的总结和提炼站位高远、视野宽阔、格局恢弘。这又成就了老师在理论上的纵横捭阖、挥洒自如，呈现出老师深厚的学术底蕴和坚实的理论功底。

　　比如在谈到思想政治教育整体有效性问题的时候，老师说：马克思主义认为，世界是不同事物普遍联系的整体，某一特定的事物也是其内部各要素之间普遍联系的整体，事物内部各要素之间的关系是怎样的，事物的整体就是怎样的。恩格斯说："当我们通过思维来考察自然界或人类历史或我们自己的精神活动的时候，首先呈现在我们眼前的，是一幅由种种联系和相互作用无穷无尽地交织起来的画面。"①为了"足以说明构成这幅总画面的各个细节"，"我们不得不把它们从自然的或类似的联系中抽出来"②。就是说，人们只是为了细致分析和把握事物某部分的个性，也是为了进而把握事物的整体，才"不得不"在许多情况下把事物某部分从整体关联中"抽出来"。然而，这样的认识规律却往往给人们一种错觉和误

---

①《马克思恩格斯文集》第9卷，北京：人民出版社2009年版，第385页。

②《马克思恩格斯文集》第3卷，北京：人民出版社2009年版，第539页。

导：轻视以至忽视从整体上把握事物内在的本质联系，惯于就事论事，自说自话。这种缺陷，在思想政治教育有效性的研究中也曾同样存在。

20世纪80年代初，中国改革开放和社会转型的序幕拉开后，由于受到国内外各种因素的影响和激发，人们特别是青年学生的思想道德和政治观念发生着急剧的变化，传统的思想政治教育面临严峻挑战，受到挑战的核心问题就是思想政治教育的"缺效性"以至"反效性"问题。思想政治教育作为一门科学、进而作为一种特殊专业和学科的当代话题由此而被提了出来。因此，在这种意义上完全可以说，推进新时期思想政治教育走向科学化的原动力，正是思想政治教育有效性问题的研究。然而，起初的思想政治教育有效性问题的研究只是围绕思想政治工作展开的，关注的问题只是思想政治教育实际工作的原则和方法，缺乏从思想政治教育专业和学科整体上来把握有效性问题的意识。而当思想政治教育作为一门学科的"原理"基本建构起来之后，关于思想政治工作有效性问题的学术话语却又多被搁置在"原理"之外，渐渐地被人们淡忘，以至于渐渐退出学科的研究视野。不能不说，这是一种缺憾。

推进思想政治教育科学化是解决这一问题的根本途径。思想政治教育科学化本质上反映的是全面贯彻党和国家的教育方针，培养和造就一代代社会主义事业的合格建设者和可靠接班人提出的理论与实践要求，具体表现为大学生思想政治素质的全面发展、协调发展和可持续发展，即凸显整体有效性。这种整体有效性，不只是大学生思想政治教育单个要素的有效性，也不是各个要素有效性的简单相加，而是思想政治教育要素、过程和结果的整体有效性；大学生思想政治教育要素、过程和结果的整体有效性不是静态有效，也不是各个阶段有效性的简单叠加，而是各个要素在各个阶段有效性的有机统一，是整体有效性的全面协调可持续提升。

…………

当我们合上老师的文集，类似的宏论一定会在我们的脑海里不断涌现，或似深蓝大海上的朵朵浪花，或似微风吹皱的湖面上的粼粼波光，令人醍醐灌顶、振聋发聩。

在老师的文集付梓之际，我们深深感谢为此付出过辛勤劳动的同学们。在整理文稿期间，一群活泼阳光的思想政治教育专业的同学通过逐字逐句的阅读、录入和校对，为文集的出版做了大量的最基础的工作。

感谢安徽师范大学副校长彭凤莲教授为文集的出版所做的大量努力。

感谢安徽师范大学马克思主义学院领导给予的高度关注和大力支持。

感谢安徽师范大学出版社，在文集出版的过程中，从策划、编校到设计、印制，同志们付出了许多的心血。

感谢我们的师母，在老师病重期间对老师的温暖陪伴和精心呵护。一个老人是一个家庭的精神支柱，一个老师是一个师门的定盘星。我们衷心祝福老师健康长寿，带着愉悦的心情看到自己的理论成果在民族复兴的伟大征程中发光发热，能够在中华民族伟大复兴即将来临之际，安享晚年。

执笔人　路丙辉

二〇二二年八月